"十四五"高等职业教育大数据技术与应用规划教材

大数据分析与可视化

DASHUJU FENXI YU KESHIHUA

陈　群　吴丽萍◎主　编
曹蓓蓓　魏晓旭◎副主编

中国铁道出版社有限公司
CHINA RAILWAY PUBLISHING HOUSE CO., LTD.

内 容 简 介

本书根据《大数据职业技能等级标准》和高等职业院校“大数据分析与可视化”的课程体系编写，结合实际案例，采用模块化项目式编写体例，精选了八个具有代表性的实际项目，以“做中学、学中做”的方法论推动学习过程。每个项目难度逐层递增，引导读者理解和掌握大数据分析与可视化的基本知识与应用技能。

全书分为四个模块，模块一“初识数据分析与可视化呈现”中，读者将通过两个具体项目学习如何进行招生人数和考试成绩的数据分析，为后续更复杂的数据处理打下基础；模块二“数据过滤与数据钻取”则聚焦于农作物产量和网站访问统计分析，通过实践让读者掌握如何提取有价值的信息；模块三“精细化数据解析与图形表达”提供了更高级的数据解析技巧，包括对旅游集团销售毛利率及金融产品用户画像的深度剖析，使读者能够运用先进工具进行复杂问题解决；在模块四“复杂数据加工与商业智慧”中，涉及文创产品销售动态以及企业员工离职趋势分析等实战案例，让读者学会将所学知识应用于真实业务场景。

本书适合作为高等职业院校计算机类及管理类相关专业的“大数据分析与可视化”课程的教材，也可供对大数据分析与可视化感兴趣的人员自学参考。

图书在版编目（CIP）数据

大数据分析与可视化 / 陈群，吴丽萍主编. -- 北京 : 中国铁道出版社有限公司，2025. 1. --（“十四五”高等职业教育大数据技术与应用规划教材）. -- ISBN 978-7-113-31800-0

Ⅰ. TP31

中国国家版本馆CIP数据核字第2024DQ5093号

书　　名：大数据分析与可视化
作　　者：陈　群　吴丽萍

策　　划：曹莉群　　**编辑部电话：**（010）63549501
责任编辑：贾　星　贾淑媛
封面设计：郑春鹏
责任校对：安海燕
责任印制：赵星辰

出版发行：中国铁道出版社有限公司（100054，北京市西城区右安门西街 8 号）
网　　址：https://www.tdpress.com/51eds
印　　刷：北京联兴盛业印刷股份有限公司
版　　次：2025 年 1 月第 1 版　2025 年 1 月第 1 次印刷
开　　本：787 mm × 1 092 mm　1/16　**印张：**15.5　**字数：**378 千
书　　号：ISBN 978-7-113-31800-0
定　　价：49.50 元

前　言

在新一代信息技术迅速发展的背景下，大数据分析与可视化已成为各行各业不可或缺的重要工具。随着数据量的激增和企业对数据驱动决策的依赖，掌握大数据分析与可视化技能对相关人才的未来发展就显得尤为重要，因此很多高校都开设了相关课程。

本书全面贯彻党的二十大精神，秉承立德树人的根本任务，强调产教融合，力求在培养高素质技术技能人才方面发挥积极作用。在内容设计上，本书严格遵循《国家职业教育改革实施方案》（国发〔2019〕4号）的要求，将理论知识与实际操作紧密结合，以提高学生的问题解决能力和实践能力。

本书围绕当前大数据领域的发展趋势，结合上海市计算机等级考试的标准，致力于为高等院校计算机类及管理类相关专业的学生提供一套系统、实用的立体化学习材料。全书采用模块化项目式的体例结构，从基础知识到高级应用逐步展开，确保学生能够循序渐进地掌握必要理论和实践技能，为未来职业生涯打下坚实基础。

这种项目实践导向的方法不仅能有效巩固理论知识，还能提升解决实际问题的能力。本书共分为四个模块，每个模块涵盖不同的数据处理主题，均包含两个项目，从基础入门到高级应用，通过项目引导学生学习理论知识和操作技能。这种项目式编写不仅能增强学习兴趣，还能帮助学生在真实场景中运用所学知识，加深理解。模块一中，通过两个比较简单的项目——招生人数和考试成绩的数据分析，介绍数据分析及可视化的基础知识和基本操作，为后续更复杂的数据处理打下基础；模块二聚焦于数据过滤与数据钻取技术，通过农作物产量和网站访问统计分析两个项目让读者掌握如何提取有价值的信息；模块三提供了更高级的数据解析技巧——精细化数据分析与图形表达，通过对旅游集团销售毛利率及金融产品用户画像的深度剖析，讲解如何运用先进工具进行复杂问题解决；模块四包括文创产品销售动态以及企业员工离职趋势分析两个综合项目，让读者学会将所学知识应用于真实业务场景。

本书的特色如下：

1. 超强实战性

本书通过精选八个具有代表性的项目，将知识点融入到实际项目中，使读者在完成项目的过程中学习和应用相关技能。例如，项目一“某教育培训部各省招生人数分析”帮助读者掌握基本的数据处理方法，而项目二“信息技术统考成绩分析”则引导读者运用统计技巧进行深入分析。

2. 融入课程思政

本书在教授大数据分析与可视化技能的同时，注重融入思政教育，引导学生增强对数据安全性的认识和责任感。在实践中培养团队协作能力，并强调遵守法律法规的重要性，如个人隐私保护及数据使用规范。同时，通过项目实践发展批判性思维能力和解决复杂问题的能力，以更好地适应未来职场需求。

3. 对接上海市计算机等级考试证书标准

本书紧密围绕《大数据职业技能等级标准》编写，对接上海市计算机等级考试证书体系，确保内容涵盖初级、中级及高级所需掌握的大数据分析与可视化核心技能。通过明确对应技能考核点，让学生能够系统地提升自己的专业素养，为后续就业打下坚实基础。

4. 配套资源丰富

本书提供丰富的配套资源，包括项目案例资料、PPT课件、微视频等，可以通过中国铁道出版社有限公司教育资源数字化平台（https://www.tdpress.com/51eds）下载。这些资源将进一步帮助读者理解课程内容并加深实践体验。

为确保教学内容的全面覆盖和深入理解，本书建议安排的总学时数为32学时，编者根据自己的教学经验安排了建议的学时分配，供广大教师和学生参考。各个项目的参考学时数如下表所列。

主要内容与学时分配表

模　块	项　目	参考学时
模块一 初识数据分析与可视化呈现	项目一　某教育培训部各省招生人数分析	2
	项目二　信息技术统考成绩分析	2
模块二 数据过滤与数据钻取	项目一　农作物产量分析	3
	项目二　某游戏网站访问统计数据分析	3
模块三 精细化数据解析与图形表达	项目一　某旅游集团全国旅行线路销售毛利率分析	5
	项目二　构建金融机构理财产品用户画像	5
模块四 复杂数据加工与商业智慧	项目一　文创产品销售动态数据分析	6
	项目二　企业员工离职趋势分析	6
总　计		32

本书由陈群、吴丽萍任主编，曹蓓蓓、魏晓旭任副主编。本书在编写过程中，得到了许多专家、同行以及企业技术专家的帮助，在此特别感谢，正是他们的帮助才使得本书更加完善。

尽管在编写过程中力求准确和全面，但由于时间和能力的限制，书中可能仍存在不足之处，希望广大读者提出宝贵的意见和建议，以便本书不断改进和完善。

编　者

2024年10月

目 录

模块一

初识数据分析与可视化呈现

本模块旨在开启数据分析和可视化领域的初步探索之旅，引领读者迈入这一充满洞见的领域。通过本模块，读者将首次接触并初步理解数据分析与数据可视化流程及核心概念，同时了解数据处理与分析的基本操作，以及数据可视化的专业技能。本模块精心安排了两个基础项目，循序渐进地引导读者分析具体数据集，并运用所学知识将数据分析结果以直观、生动的方式可视化呈现，从而在实践中加深对数据分析与可视化展示的理解。

项目一 某教育培训部各省招生人数分析

项目目标

（1）了解数据分析及可视化的流程。

（2）了解数据准备和管理的过程。

（3）了解数据分析的基本方式，了解组件、维度和指标的概念。

（4）了解FineBI中组件设置及仪表板的设计。

（5）了解FineBI中可视化结果的保存与导出。

（6）了解分析报告的撰写方法。

项目描述

分析某教育培训部2009—2018年各省（包括自治区、直辖市，下同，不再一一说明）的招生数据，系统地整理并归纳出这十年间各个省份在计划招生人数和实际招生人数方面的详细统计。具体要求如下：

（1）计算并展示各省的平均计划招生人数和实际招生人数，将这些信息以直方图的形式直观呈现，确保数据的对比清晰且易于理解。

（2）汇总并分析各年全国范围内的计划招生总数和实际招生总数，通过折线图的形式展示这些数据的年度变化趋势，以便观察招生规模的动态调整与实际情况的吻合程度。

（3）深入探讨计划招生与实际招生之间的差异，分析可能导致这种差异的原因，以及这种差异对教育培训部运营策略的影响。同时，关注不同省份之间的招生情况对比，揭示地域性差异及其对整体招生策略的意义。

（4）通过这些深入的数据分析与直观的图表展示，不仅能够清晰地看到各省份在招生工作中的实际表现，还能够据此对招生策略、资源配置以及宣传推广等方面提出有针对性的改进建议。这些建议旨在优化招生流程，提高招生效率，从而推动教育培训部向着更加精准、高效的方向发展，更好地服务于广大学员与教育机构的需求。

项目实施

1. 分析思路

（1）确定核心指标体系，如图1.1.1所示。

（2）分析指标。培训招生、录取人数、年平均值对于教育机构、政策制定者以及市场参与者都具有重要的参考价值。这些分析有助于了解市场趋势、评估教育机构的运营状况、优化教育资源配置、制定政策以及进行市场竞争分析。通过对招生人数的计划及录取情况进行分析，可以在一定程度上评估该教育机构的运营状况。本项目的主要指标就涉及计划招生人数及实际录取人数两个指标，但这两个指标又从年份及地区两个维度进行分析，如图1.1.2所示。

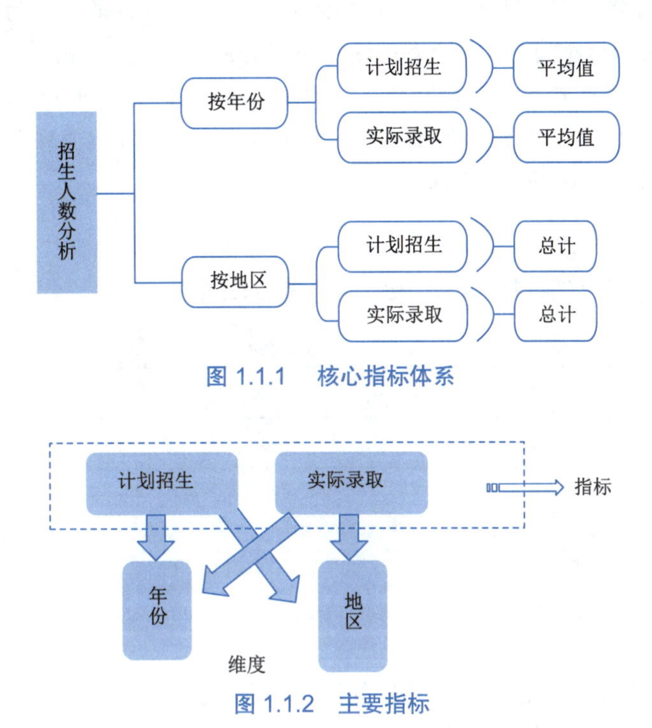

图 1.1.1　核心指标体系

图 1.1.2　主要指标

2. 数据准备

1）数据源说明

本案例数据来源于FineBI“当前工程上”的行业数据教育培训类中的源表“各省招生人数表”。

知识详解：

（1）数据分析与可视化：数据分析是通过统计方法处理大量数据，以揭示数据间的关系和内在规律，为决策提供依据。它涉及数据收集、处理、分析及展现等多个环节。而数据可视化则是将复杂数据通过图形、图表等视觉形式直观展现，便于人们快速理解数据特征和趋势。两者紧密相连，数据分析为可视化提供基础，可视化则使数据分析结果更加直观易懂。通过数据分析与可视化，人们能更有效地挖掘数据价值，做出更明智的决策，广泛应用于商业、科研等多个领域。

业务数据分析全流程如图1.1.3所示。

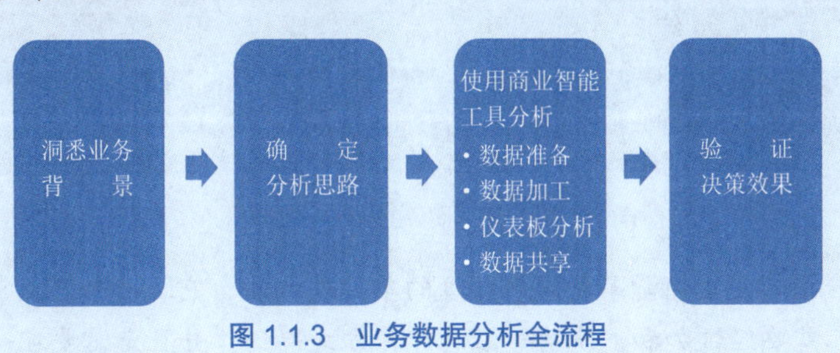

图 1.1.3　业务数据分析全流程

（2）FineBI：在数字化时代，数据被誉为新的石油，具备着无限的潜力。在这种背景下，出现了FineBI这个商业智能（business intelligence）工具。FineBI作为一款强大的数据可视化工具，不仅具备出色的功能，还提供了丰富多样的图表和组件供用户选择。用户可以根据自己的需求灵活地使用这些图表和组件，将数据以直观、美观的方式展示出来。本书所有项目均在FineBI中操作完成。

2）数据表含义

观察数据表，可以得到数据表的原表结构，见表1.1.1。

表 1.1.1　原表结构

字　段　名	字 段 结 构	备　　注
地区	文本	
年份	文本	
计划招生	数值	
实际录取	数值	

3. 指标定义

本例的目标1是分析机构招生在近几年的情况，目标2是找出招生存在的地区性问题。由此可以拆解指标为以下几个指标，见表1.1.2。根据定义的指标，确定分析目标1的维度为年，目标2的维度为地区。

表 1.1.2　指标定义

指　　标	定　　义
计划招生平均值	分地区按照年计算平均值
计划招生总和	依据年份按照地区计算总和
实际录取平均值	分地区按照年计算平均值
实际录取总和	依据年份按照地区计算总和

知识详解：

（1）数据分析指标拆解：使用FineBI洞察数据背后的意义，需要将拿到的数据进行分析，考虑这些数据将从哪些角度进行分析，就是如何进行数据指标的拆解，建立自己的指标体系，从而达到分析目的。常规的拆解流程如图1.1.4所示。

微视频

指标拆解流程

图 1.1.4　数据指标拆解流程

（2）指标：指标用于衡量事物发展程度的单位或方法，它还有个IT上常用的名字，也就是度量。指标需要经过加和、平均等汇总计算方式得到，并且是需要在一定的前提条件进行汇总计算，如时间、地点、范围，也就是常说的统计口径与范围。指标可以分为绝对数指标和相对数指标，绝对数指标反映的是规模大小的指标，如人口数、GDP、收入、用户数，而相对数指标主要用来反映质量好坏的指标，如利润率、留存率、覆盖率等。分析一个事物发展程度就可以从数量和质量两个角度入手分析，以全面衡量事物发展程度。

（3）维度：指标用于衡量事物的发展程度，那这个程度是好还是坏，这就需要通过不同维度来对比。维度就是事物或现象的某种特征，如性别、地区、时间等都是维度。其中，时间是一种常用的、特殊的维度，通过时间前后对比，就可以知道事物的发展是好了还是坏了，如用户数环比上月增长10%、同比上年同期增长20%，这就是时间上的对比，也称为纵比；另一个比较就是横比，如不同国家人口数、GDP的比较，不同省份收入、用户数的比较，不同公司、不同部门之间的比较，这些都是同级单位之间的比较，简称横比。

维度可以分为定性维度和定量维度，也就是根据数据类型来划分，数据类型为字符型（文本型）数据，就是定性维度，如地区、性别都是定性维度；数据类型为数值型数据的，就为定量维度，如收入、年龄、消费等，一般我们对定量维度需要做数值分组处理，也就是数值型数据离散化，这样做的目的是为了使规律更加明显，因为分组越细，规律就越不明显，最后细到成为最原始的流水数据，那就无规律可循。

4. 数据处理

1）数据表及内容

根据分析框架，梳理出所需数据包含：计划招生各年平均值、实际录取各年平均值、计划招生各地区总和、实际录取各地区总和。

2）创建分析主题

“分析主题”是在FineBI中进行分析的容器，所有的分析都是在分析主题中进行的。同时“分析主题”支持不同用户之间进行协作编辑，极大地方便了用户对分析内容的共享。因此，在做业务分析前，需要新建分析主题，分析主题可以按照业务功能分布在文件夹中。

知识详解：

（1）FineBI的安装：从FineBI官网下载相关产品的安装包，并按照常规方式安装即可。

（2）FineBI的界面认识：

启动FineBI服务器后，将在浏览器中出现登录对话框，如图1.1.5所示。默认登录账号和密码均为Admin。

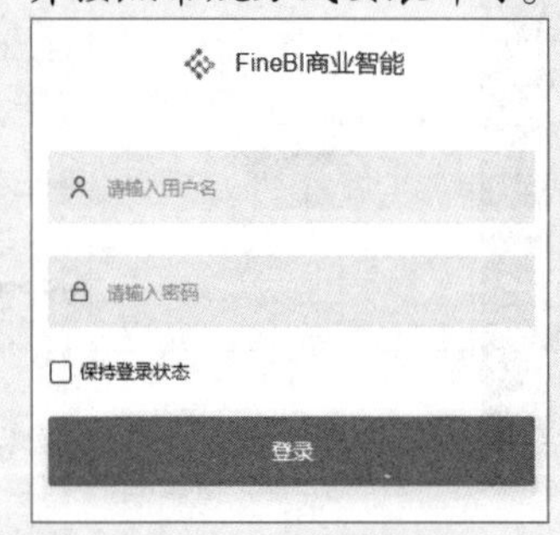

图 1.1.5 登录对话框

进入BI主界面窗口后，界面的左侧为“目录”“我的分析”“公共数据”“管理系统”“用户中心”“BI工具”“回收站”七个模块，如图1.1.6所示。根据用户的身份不同，涉及不同的模块。对于大多数业务人员来说，常用的模块主要是“目录”“我的分析”“数据中心”“用户中心”。

其中，“我的分析”模块用于前端的分析，可供业务员创建主题，进行数据分析和可视化分析，其功能板块分布如图1.1.7所示。左侧分别为“新建分析”“搜索/筛选、排序分析主题”、“分析列表”（标记为从上到下的顺序），右侧分别为“分析主题路径”“进入分析主题”“预览区域”(标记为从上到下的顺序)。

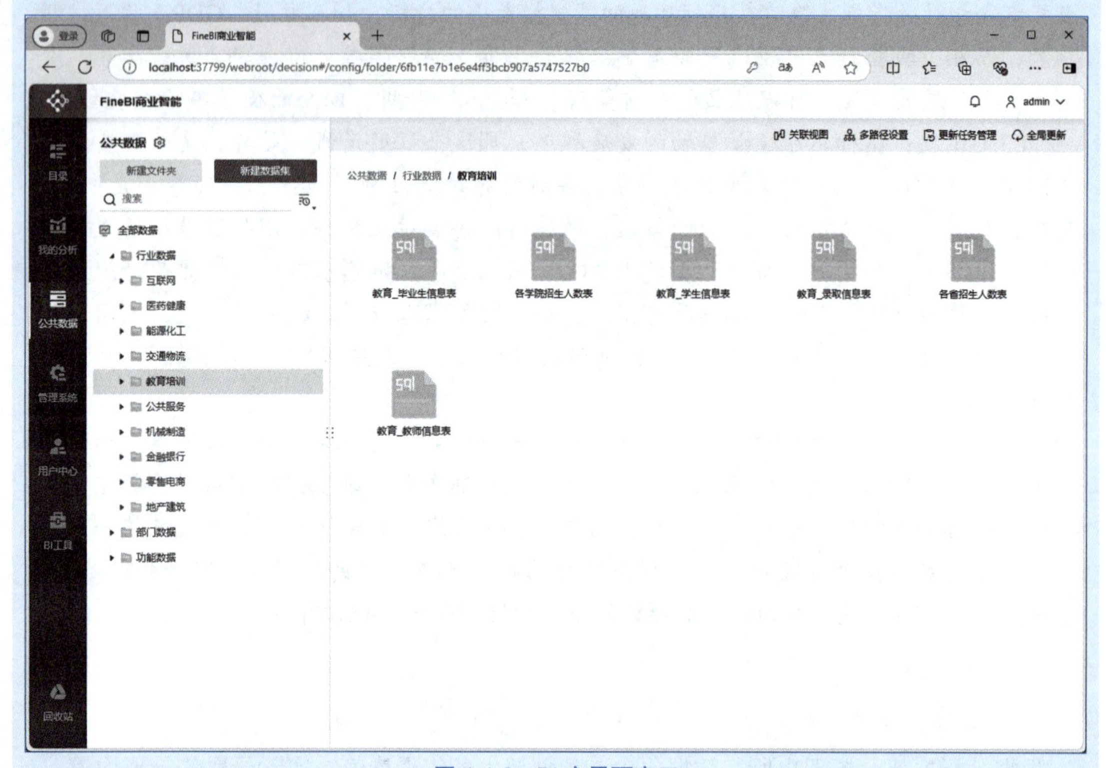

图 1.1.6 BI 主界面窗口

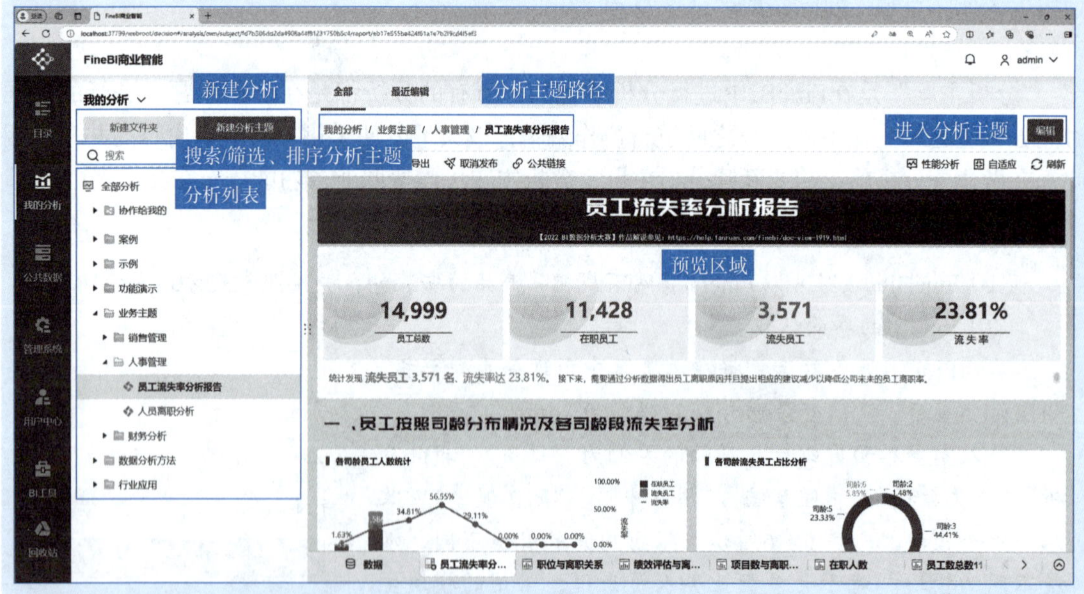

图 1.1.7 “我的分析”窗口

“公共数据”是用户可以公共使用的数据存放的地方。管理员可以将复用度很高的表添加或发布到公共数据集中，其功能板块分布如图1.1.8所示。左侧分别为“切换数据属性”、“文件夹数据集创建”和“数据集列表”（标记为从上到下的顺序），右侧分别为“数据集路径”、“数据源表”、下一步编辑涉及的“修改SQL”、“编辑”和“创建分析主题”（标记为从上到下的顺序）。

图 1.1.8　“公共数据”窗口

操作步骤：

步骤1　双击FineBI图标，进入连接FineBI服务器的状态，输入账户名和密码后，进入创建分析状态。

步骤2　进入“我的分析”树状目录，单击“新建文件夹”按钮，将在“全部分析”中创建一个名为“文件夹”的文件夹，在该文件夹右侧的展开菜单中，选择“重命名”命令，如图1.1.9所示，将新建文件夹命名为“分析项目”。

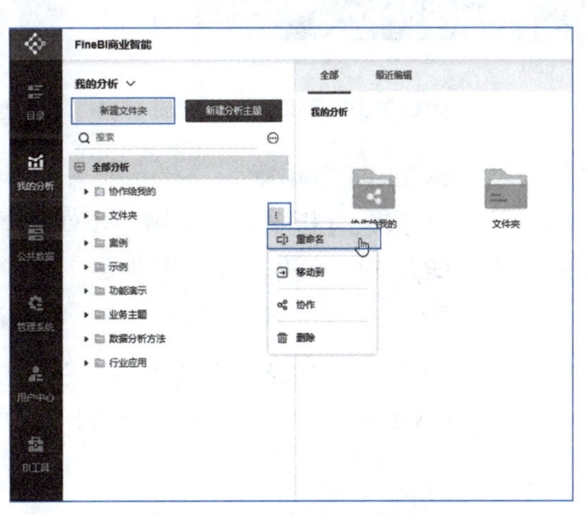

图 1.1.9　新建文件夹及重命名

注：单击目录树上方“新建分析主题”按钮，也可以在该文件下创建一个分析主题。

步骤3 选择重命名后的文件夹，选择该文件夹的“+”→“分析主题”命令，如图1.1.10所示，在该文件下创建一个分析主题，将打开“分析主题”窗口，如图1.1.11（a）所示，同时在该窗口中将打开“选择数据”对话框，等待创建数据连接，如图1.1.11（b）所示。

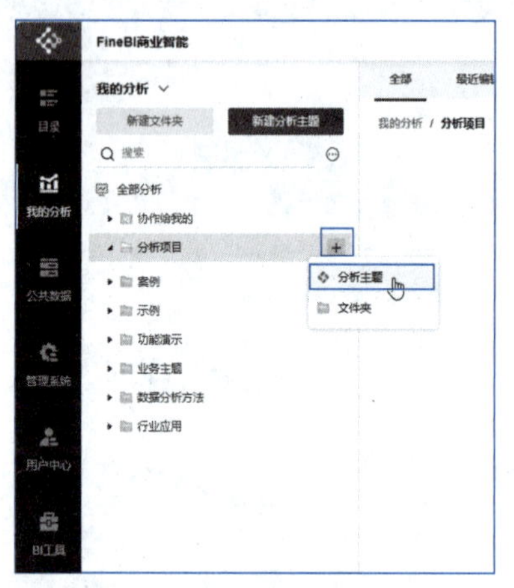

图 1.1.10　新建分析主题

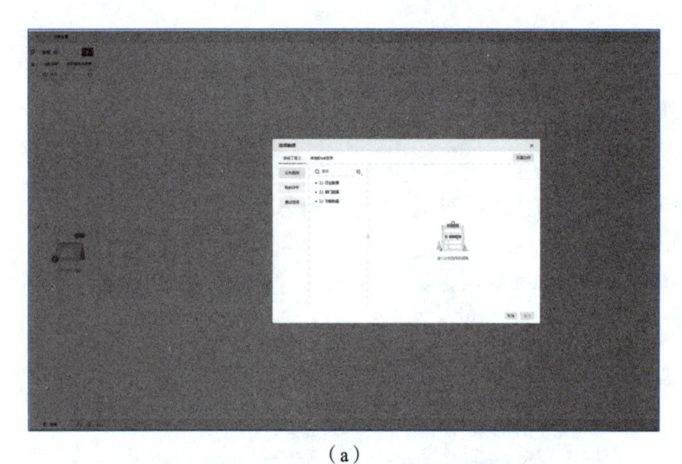

（a）

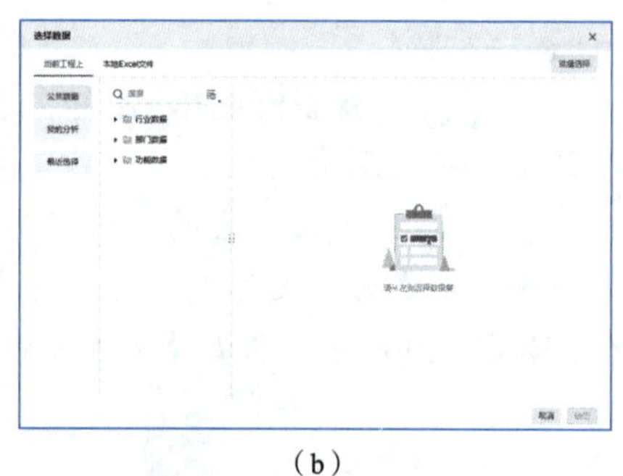

（b）

图 1.1.11　“分析主题”窗口中的“选择数据”对话框

3）处理数据表的关联逻辑，建立自主数据集

数据分析的基础是数据。因此，进入分析主题后的第一步就是添加数据。本案例是单表数据，所以不需要处理表的关联逻辑，也无须创建自主数据集。

操作步骤：

步骤1 在“选择数据”对话框中，选择“当前工程上”选项卡，单击“公共数据”按钮，选择“教育培训”→“各省招生人数表”数据表，如图1.1.12所示，完成数据的连接。

知识详解：

FineBI中数据连接可以是当前工程上的“公共数据”“我的分析”“最近选择”中的各种数据表，也可以是由“本地的Excel文件”上传获得数据表，还可以是配置数据库参数后连接的数据表文件。

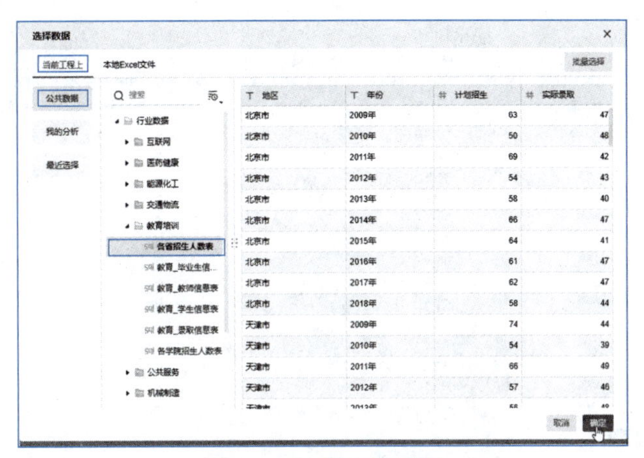

图 1.1.12　指定数据表

注：添加完数据后，如果有对数据进行编辑的过程，需要保存并更新主题。

步骤2　在“分析主题”中，单击 ⋮ 按钮，选择“重命名”命令，如图1.1.13所示，将当前主题命名为“培训招生分析”。

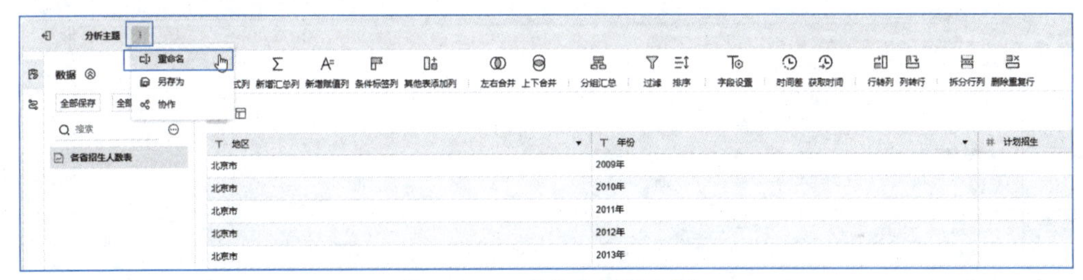

图 1.1.13　重命名分析主题

4）数据清洗及加工

本例所选取数据表来源是当前工程中的有效数据表，涉及的分析指标是对几年内的数据进行求和及平均，计算在FineBI中可以直接在“组件”中完成，故当前数据表不需要对数据进行清洗和加工处理。

知识详解：

（1）组件：组件是构成数据可视化系统或工具的独立模块或元素，是利用已有的数据制作可视化报告的基础。它们用于呈现和交互数据的基本构建模块，可以在数据可视化应用程序中使用和组合，以创建丰富的界面和功能。

（2）仪表板：仪表板就是一份清晰明了的报告，它能迅速将复杂的数据转化为可理解的信息，构成的基础是“组件”。

5. 数据展现

1）制作组件

以地区为分组依据，罗列各年份的计划招生及实际录取人数，需要有一个直观的人数线性波动分析，选择“多系列折线图”图表类型表达观察数据的特征。

操作步骤：

步骤1　选择主窗口下方“创建组件”按钮，如图1.1.14所示，进入组件编辑窗口。

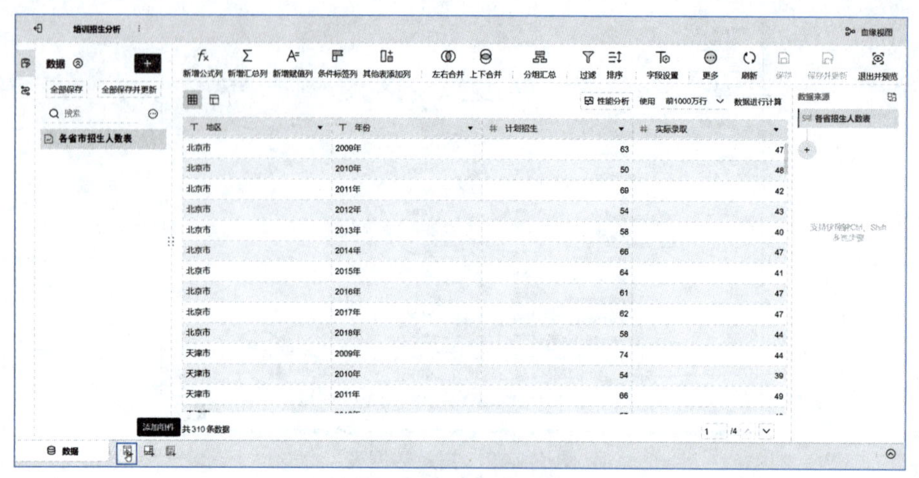

图 1.1.14　创建组件

知识详解：

在组件制作时，左侧的一列是待分析区域，可以对数据进行处理，如图1.1.15所示。

图 1.1.15　组件编辑

注：图中①为筛选待分析区域显示的表；②为搜索待分析区域内容；③为待分析区域的设置项；④为待分析区域字段。

步骤 2　在图1.1.15的图表配置区的“图表类型”中选择“多系列柱形图”，如图1.1.16所示。

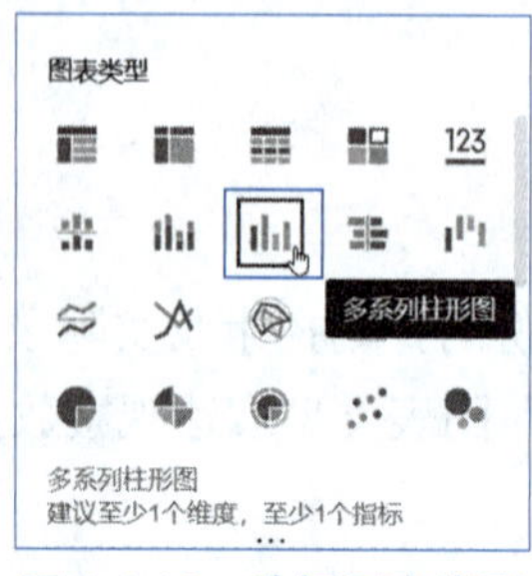

图 1.1.16　选择图表类型

知识详解：

图表种类繁多，选择正确的图表可以达到“一图胜千言”的效果。图表可以分成几个大类，分别为比较类、占比类、趋势或关联类、展示类、分布类、其他，见表1.1.3，可根据自己的需要选择合适的图表。

表 1.1.3　图表分类及常规选择

分　类	图 表 名 称
比较	普通柱形图、普通条形图、堆积柱形图、堆积条形图、多系列柱形图、多系列条形图、分区柱形图、平行条形图、区间柱形图、对比柱状图、玫瑰图、分区折线图、多系列折线图、维度对比折线图、雷达图、聚合气泡图、迷你图、矩形块图、词云
占比	百分比堆积柱形图、百分比堆积条形图、多系列百分比堆积条形图、环形饼图、普通饼图、多层饼图、百分比堆积面积图
趋势或关联	瀑布图、普通折线图、普通面积图、范围面积图、堆积面积图、桑基图、漏斗图
展示	多指针仪表盘、百分比仪表盘、试管型仪表盘、KPI 指标卡、文本图、颜色表格
分布	散点图、多维度散点图、箱形图、热力区域图
其他	甘特图、K 线图、矩形树图、组合图

步骤3　按照分析框架，将待分析区中的“地区”拖动到分析区域字段框中的“横轴”作为交折线分组的依据；将待分析区中的“计划招生”“实际录取”拖动到分析区域字段框中的“纵轴”作为分析的指标，如图1.1.17（a）所示，最终效果如图1.1.17（b）所示。

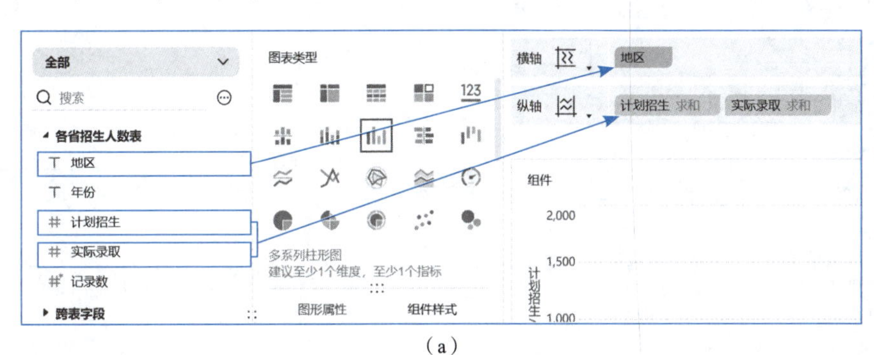

（a）

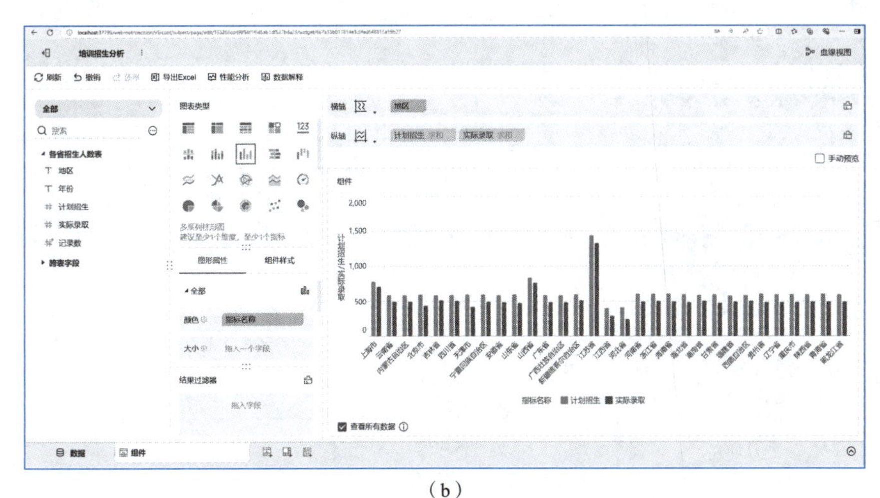

（b）

图 1.1.17　横纵轴构建及效果

步骤4 单击“组件”按钮，如图1.1.18所示，将当前组件重命名为“地区招生总数分析”。

步骤5 选择主窗口下方“组件”选项卡，再次创建新组件，并重命名该组件为“年度招生平均分析”。在图表配置区的“图表类型”中选择“多系列折线图”，如图1.1.19所示。

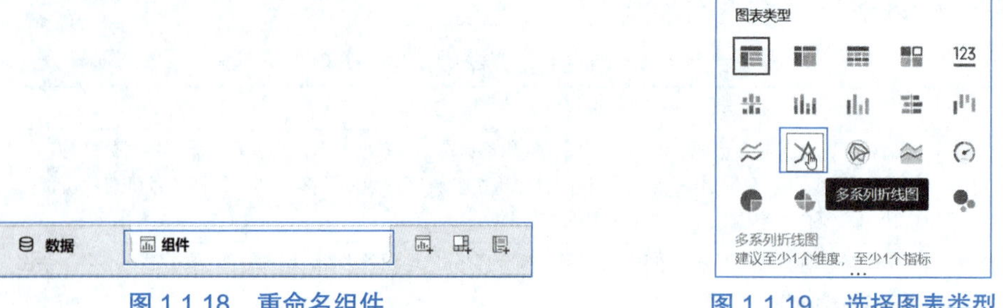

图 1.1.18 重命名组件　　图 1.1.19 选择图表类型

步骤6 按照分析框架，将待分析区中的“年份”拖动到分析区域字段框中的“横轴”作为交折线分组的依据；将待分析区中的“计划招生”“实际录取”拖动到分析区域字段框中的“纵轴”作为分析的指标，如图1.1.20（a）所示，最终效果如图1.1.20（b）所示。

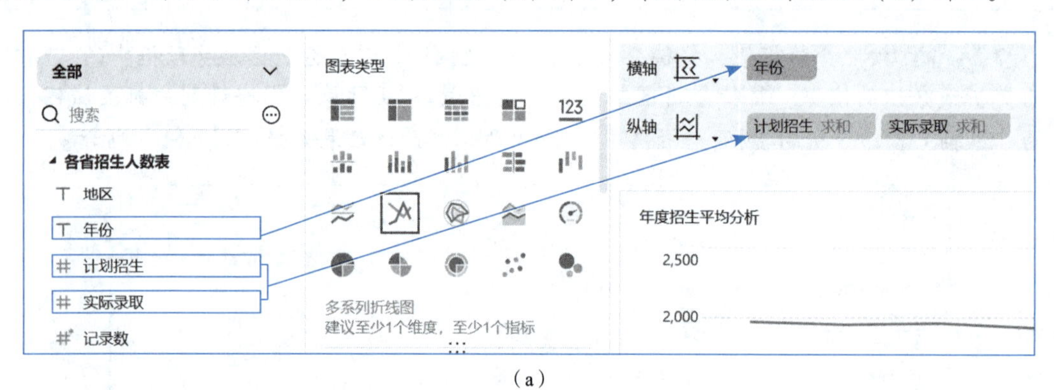

（a）

（b）

图 1.1.20 横纵轴构建及效果

步骤7　单击纵轴中的"计划招生"后的下拉按钮，如图1.1.21（a）所示，在下拉菜单中选择"汇总方式"（求和）→"平均"命令，如图1.2.21（b）所示，将"实际录取"的计算方式也修改为"平均"。

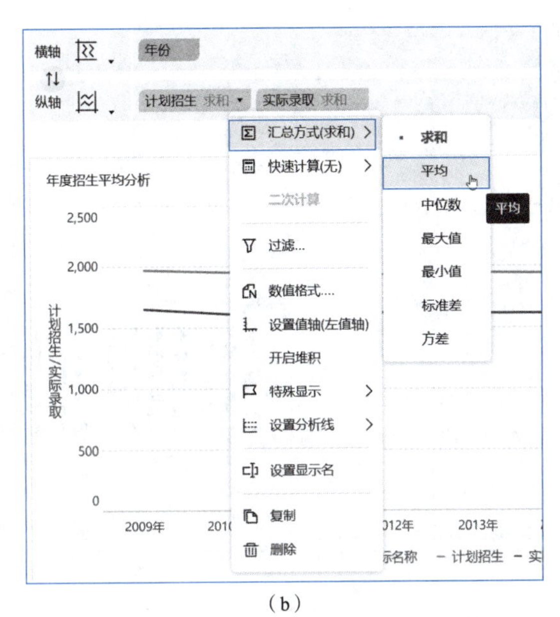

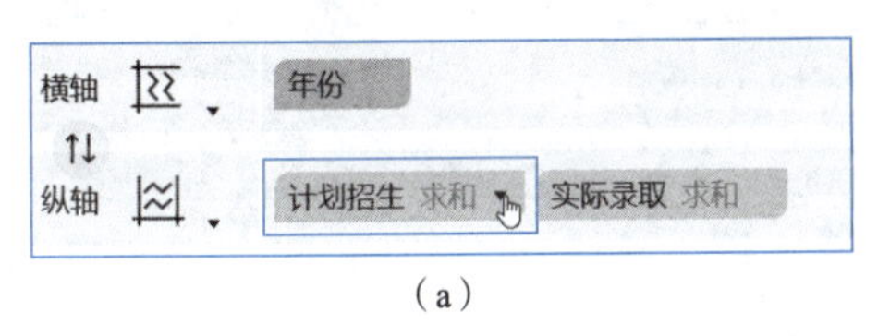

（a）　　（b）

图 1.1.21　计算方式修改

2）组件美化

本表是针对招生数据的分析，使用对比色较大的颜色可以使得数据信息清晰，背景应尽量简约。

操作步骤：

步骤1　单击"地区招生总数分析"组件名称，在图表配置区，选择"图形属性"选项卡，单击展开"全部"前的▸，依次单击"颜色"→"配色方案"按钮，设置"计划招生"和"实际录取"展示的不同颜色，如图1.1.22所示。

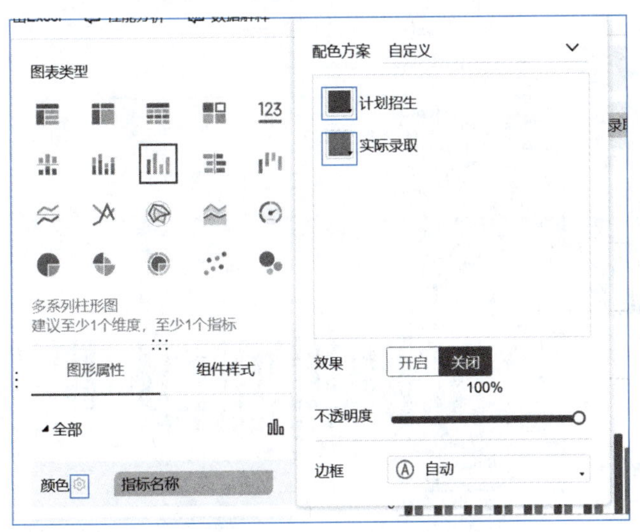

图 1.1.22　设置配色

步骤2 在图表配置区，单击展开“计划招生（求和）”前的▸，将“计划招生”字段拖动到“标签”栏中，预览区域将在柱形图中显示具体的求和数字，如图1.1.23所示。用相同的方式给“实际录取（求和）”项也增加标签。

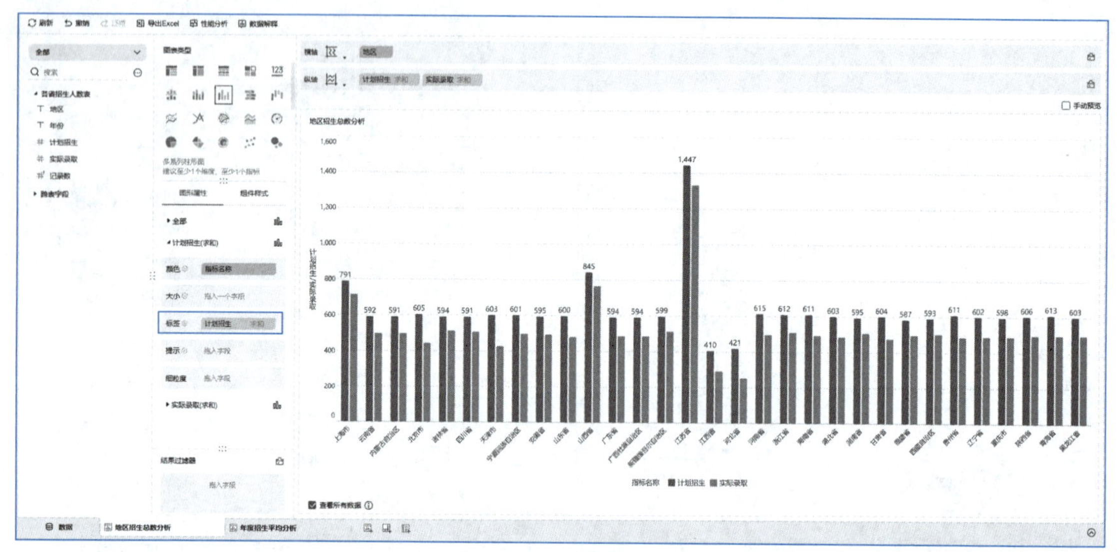

图 1.1.23 设置标签

注：此处调整了浏览器显示比例，因此预览区的效果有一定的变化。

步骤3 在图表配置区，选择“组件样式”选项卡，展开“图例”前的▸，将“位置”设置为“靠右居上”，如图1.1.24（a）所示。用相同的方式给“实际录取（求和）”项也增加标签，结果如图1.1.24（b）所示。

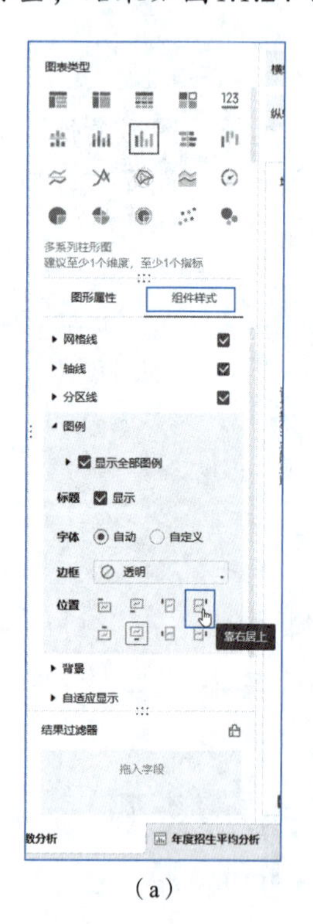

（a）

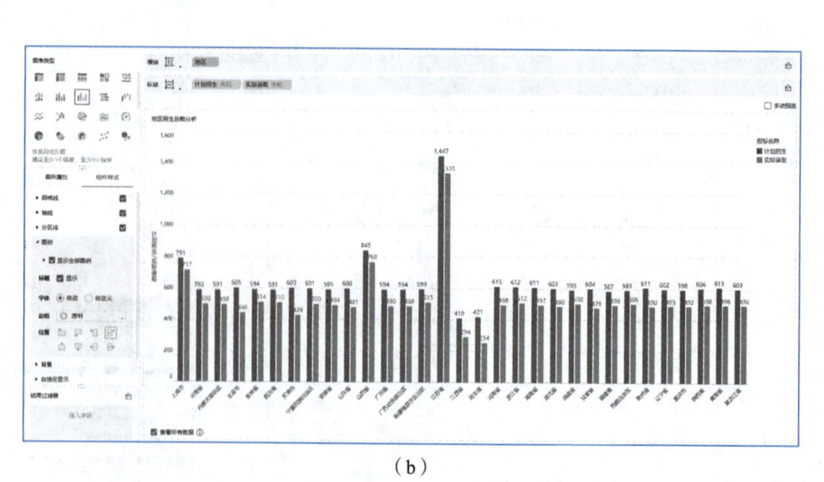

（b）

图 1.1.24 设置图例

步骤4　在图表配置区，选择“组件样式”选项卡，展开“背景”前的▸，将“标题背景”设置为“标题样式”，并选择“科幻标题装饰”的效果如图1.1.25（a）所示；再将“组件背景”中的圆角设置为“3”px，“边框”设置为“2”，如图1.1.25（b）所示。

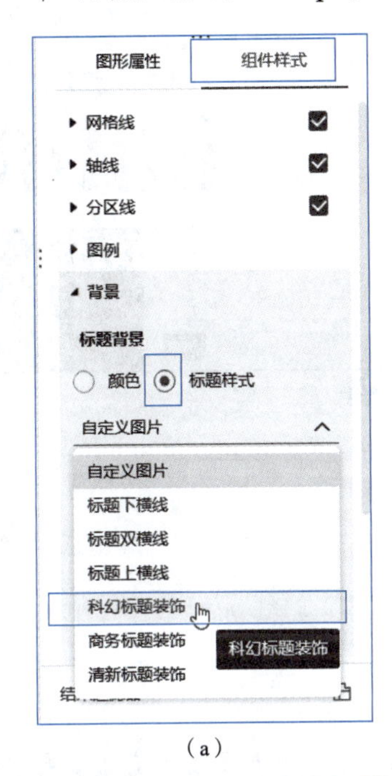

（a）

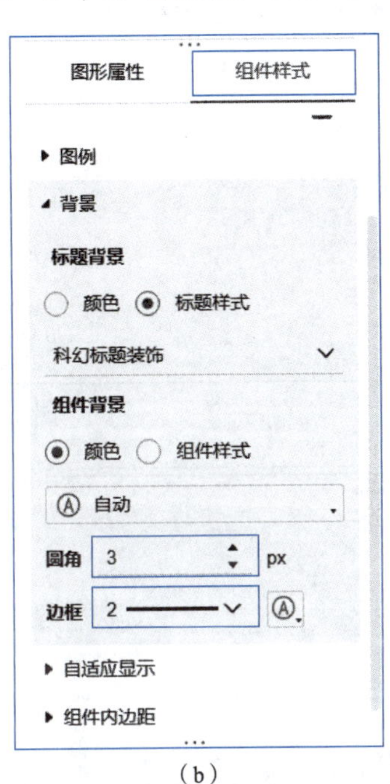

（b）

图 1.1.25　设置背景

步骤5　在维度指标区，单击“实际录取”后的下拉按钮，在展开的菜单中设置“特殊显示”，选择“注释”命令，如图1.1.26所示。设置注释条件“实际录取”最大的3个，并设置格式为加粗、橙黄色，如图1.1.27所示。预览区显示的最终效果如图1.1.28所示。

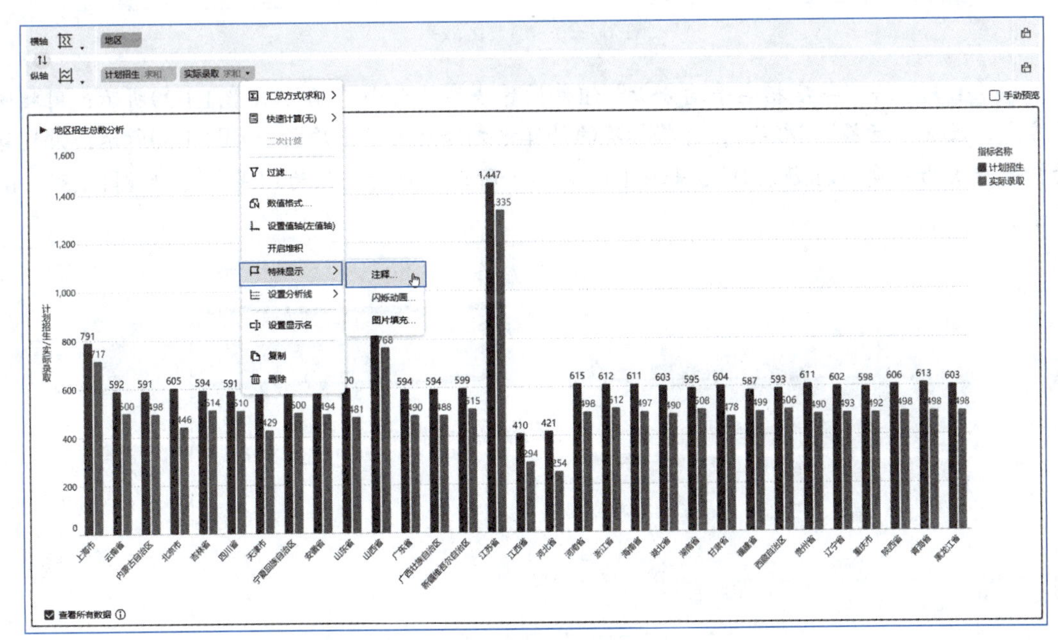

图 1.1.26　设置特殊显示

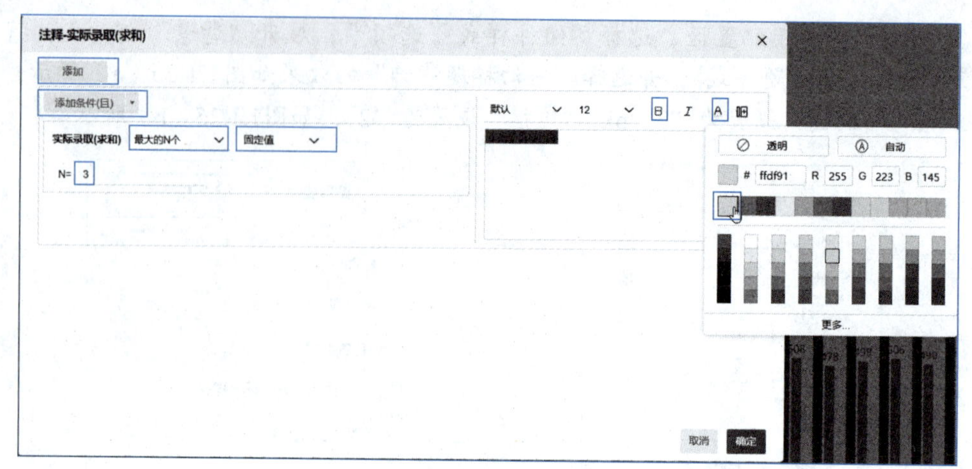

图 1.1.27　注释设置参数

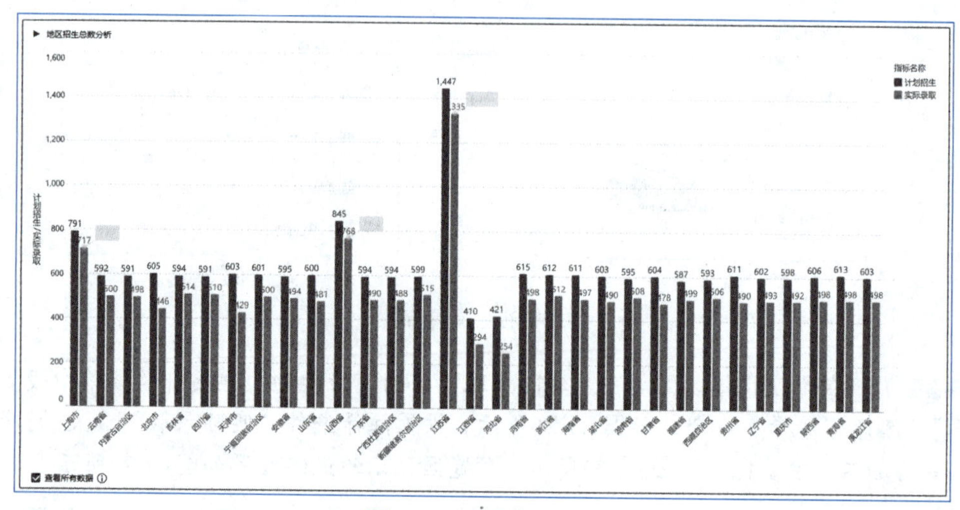

图 1.1.28　预览区效果

步骤 6 给“年度招生平均分析”组件设置线型的大小“20”，如图1.1.29所示；用相同的方式，设置“标签”“颜色”，并将标签的计算方式修改为“平均”，如图1.1.30所示；设置背景标题样式为“商务标题装饰”，如图1.1.31（a）所示，背景颜色为“浅灰”，如图1.1.31（b）所示。

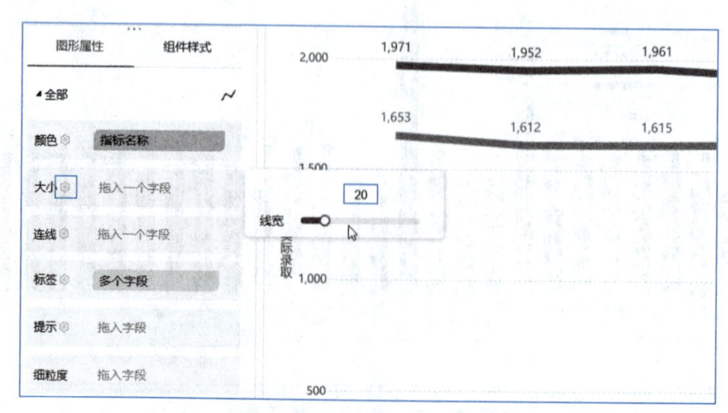

图 1.1.29　线型大小设置

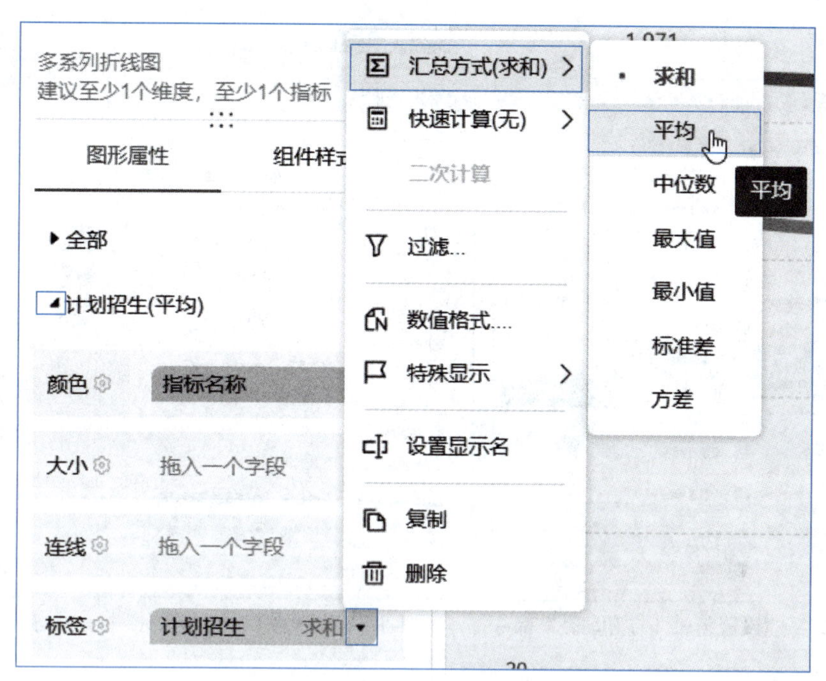

图 1.1.30　标签显示设置

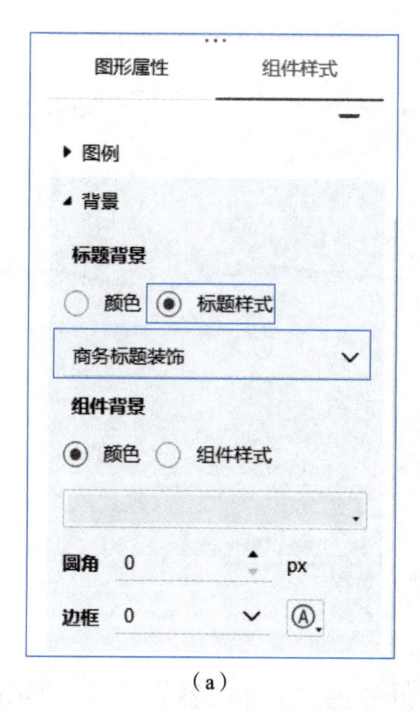

（a）

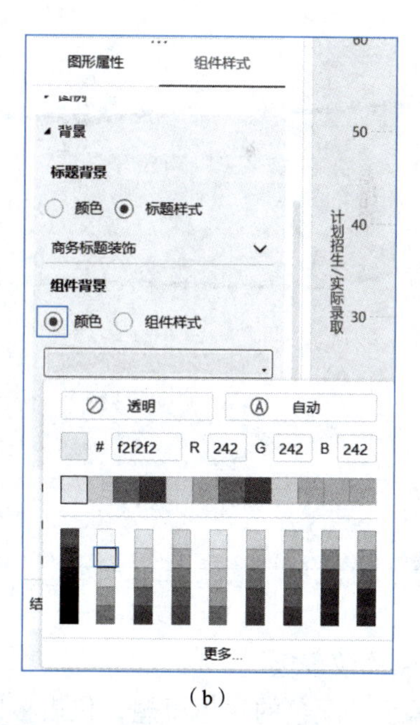

（b）

图 1.1.31　设置背景

步骤7　在维度指标区，单击“计划招生”后的下拉按钮，在展开的菜单中选择“设置值轴（左值轴）”命令，如图1.1.32所示。设置值轴显示范围为“自定义”最小值为“40”、最大值为“70”、间隔值为“5”，如图1.1.33所示。预览区显示的最终效果如图1.1.34所示。

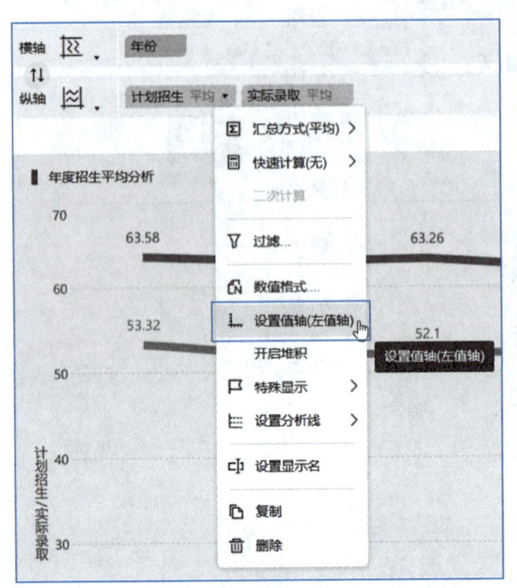

图 1.1.32　选择“设置值轴（左值轴）”命令

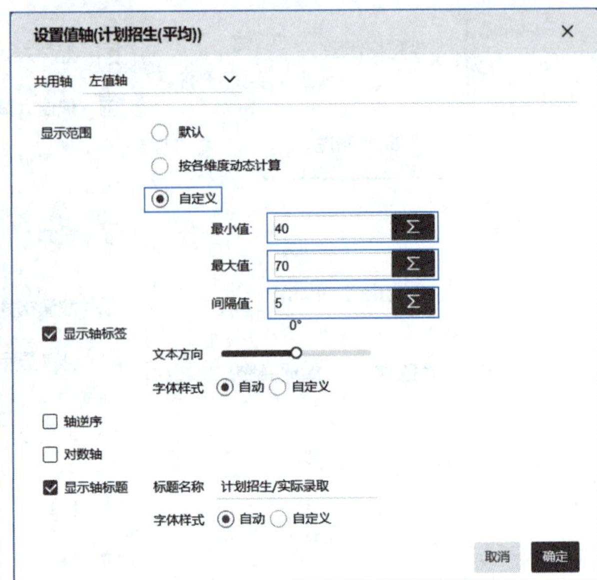

图 1.1.33　“设置值轴（计划招生（平均））”对话框

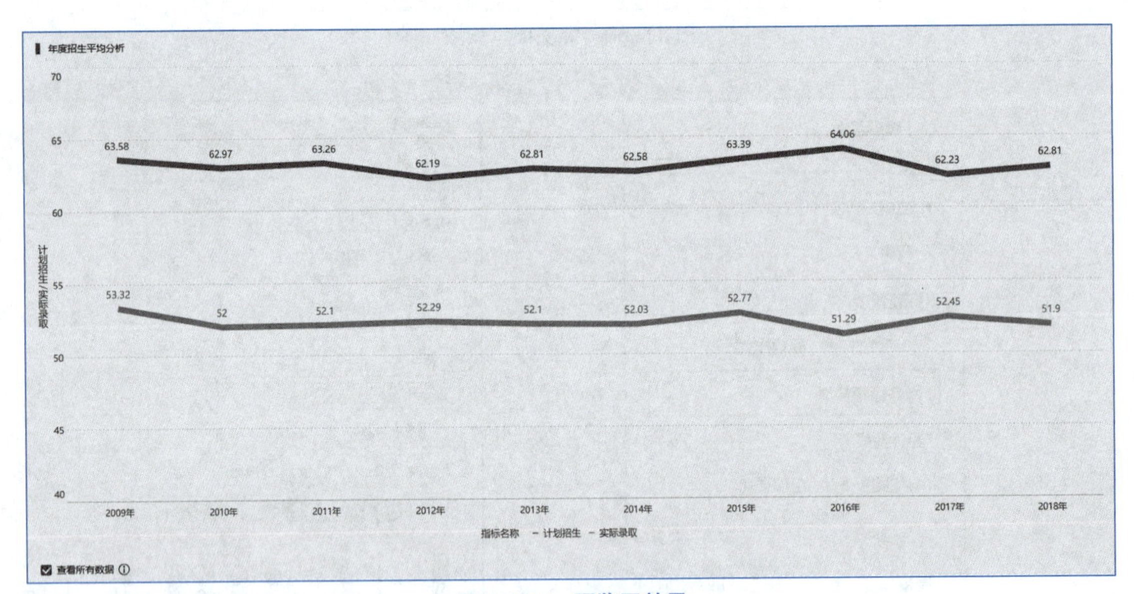

图 1.1.34　预览区效果

3）制作仪表板

秉承组件配色的主体思想，仪表板以浅色背景为主，主体内容为一张柱形图和折线图，以及根据表得到的结论，因此，仪表板的构成为两张图和文字组件。

操作步骤：

步骤1 在当前分析主题“培训招生分析”窗口的下方，单击“添加仪表板”按钮，进入仪表板编辑窗口，在窗口的左上角选择“其他”命令，展开“添加其他”窗口，如图1.1.35所示，选择“图片组件”拖动到仪表板窗口中。

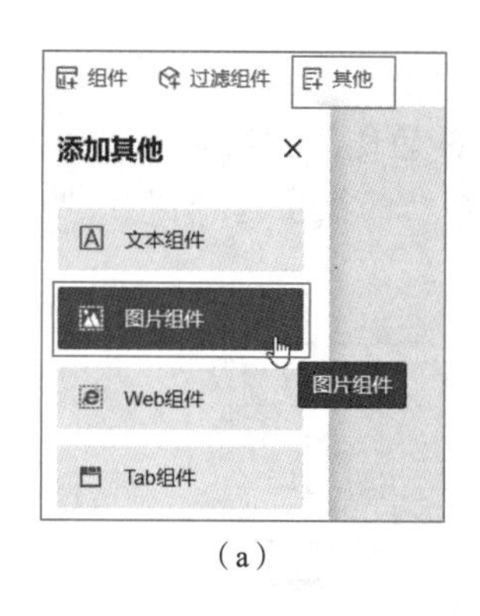

（a）

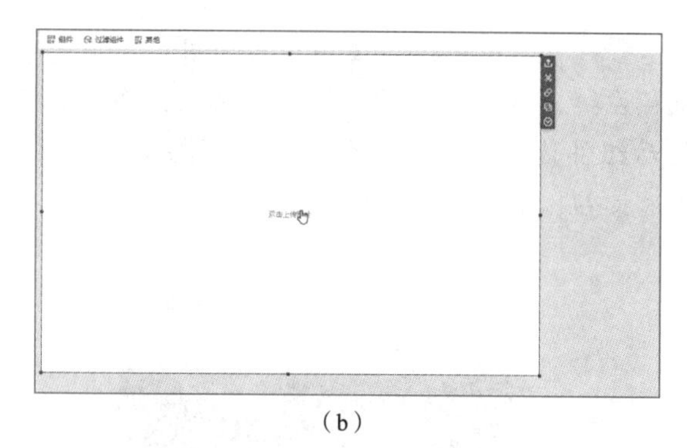
（b）

图 1.1.35　添加其他组件

知识详解：

（1）仪表板及设计流程：数据分析仪表板是一种用于多任务处理、组织、可视化、分析和跟踪数据的工具，借助实时数据，这些工具使公司能够提取可操作的见解并确保持续增长。数据分析仪表板的最终目标是让数据分析师、决策者和普通用户更简单地理解他们的数据、获得更深入的见解并做出更好的数据驱动决策。数据仪表板旨在从各种数据源、服务和 API 中集成和提取关键信息。想更好地设计出一个有效的 BI 看板仪表板，可以遵循以下思路流程，如图1.1.36所示。

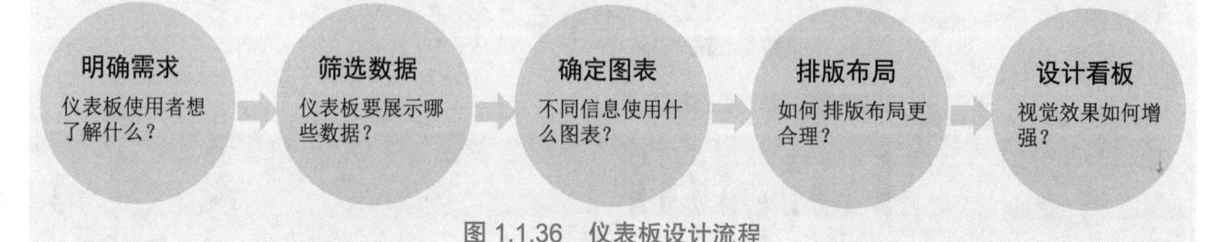

图 1.1.36　仪表板设计流程

（2）仪表板及设计技巧：一份好的仪表板就像是一份清晰明了的报告，它能迅速将复杂的数据转化为可理解的信息。如果仪表板的内容杂乱无章，就像是一盘散沙，无法给用户提供有价值的洞见。可见，清晰明了的内容是仪表板的灵魂，它能帮助我们快速洞察数据背后的真相。制作清晰明了、吸引人的仪表板，可以从以下几个方面着手优化：

- 掌握最基本的图表类型。
- 创建简易仪表板。
- 固定布局，逐步深入地制作自适应仪表板。
- 谨慎使用颜色，从灰色开始，统一图表配色。
- 统一字体，尽量选择一种无衬线字体，并仅设置粗细，以适合长篇阅读。
- 精简图表元素。
- 注意留白，不仅图表外部需要留白，图表内部的填充也能让图表更突出。
- 利用相邻性关系，将相关的图例、标签和图表元素分组，形成视觉上的整体，增强数据的可读性。
- 通过相似性原则，可以使用统一的色彩、字体和形状等设计元素建立视觉上的联系，引导观者的视线，突出重点信息。

步骤2 在当前组件双击，添加图片，再选中组件，当鼠标指针显示为手形状态时，按住鼠标左键，拖动组件调整组件的位置，移动鼠标指针到组件的边界控制点上，按住鼠标左键拖动组件边界调整组件的大小，保持选中组件不变，在浮动面板中选择图片“适应组件”单选按钮，如图1.1.37所示。

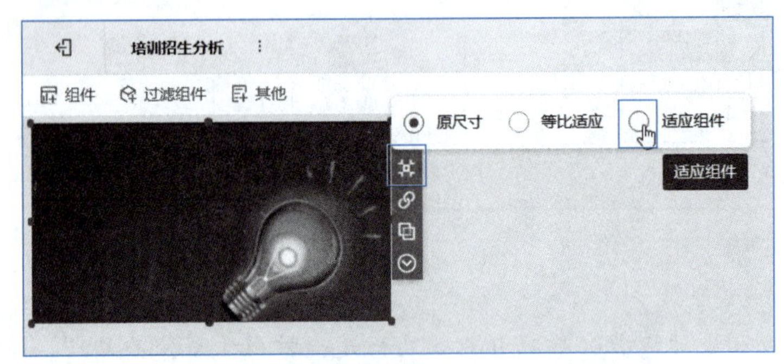

图 1.1.37　选择“适应组件”单选按钮

步骤3 继续添加“文本组件”，并输入文字，设置该组件的效果，字体“庞门正道”、大小“64”、颜色“深色橙红”、水平居中、垂直居中，如图1.1.38所示。

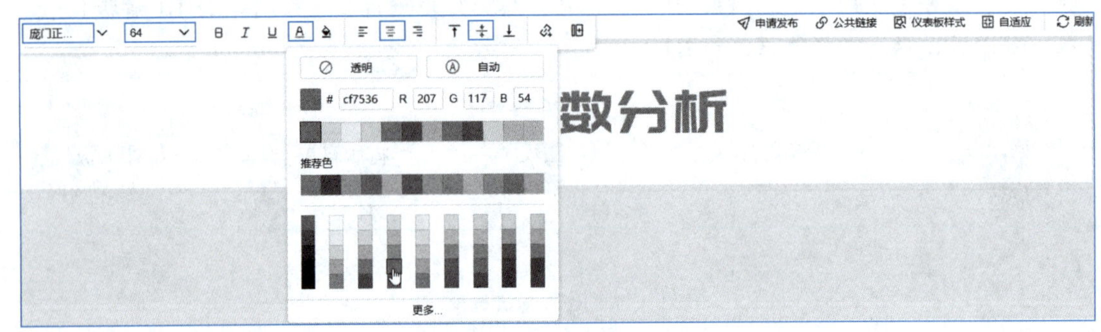

图 1.1.38　设置组件效果

步骤4 将当前两个组件“年度招生平均分析”“地区招生总数分析”，如图1.1.39（a）所示，分别由组件展开窗口拖动到仪表板的主窗口，调整大小，如图1.1.39（b）所示。

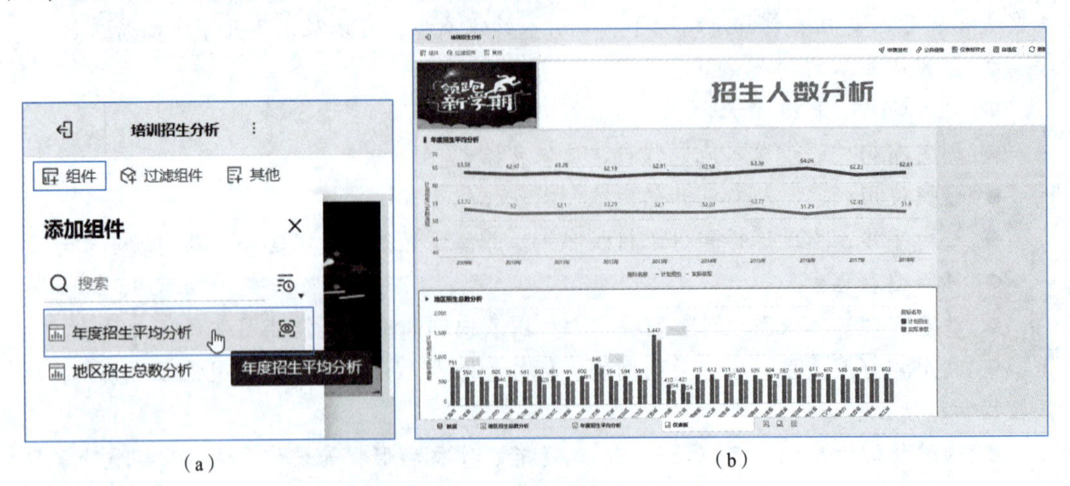

图 1.1.39　调整组件位置及大小

步骤5 再从“其他”展开窗口拖动三个文本组件，作为放置结论的组件，并根据图表组件录入结论，调整组件的位置及大小，如图1.1.40所示。

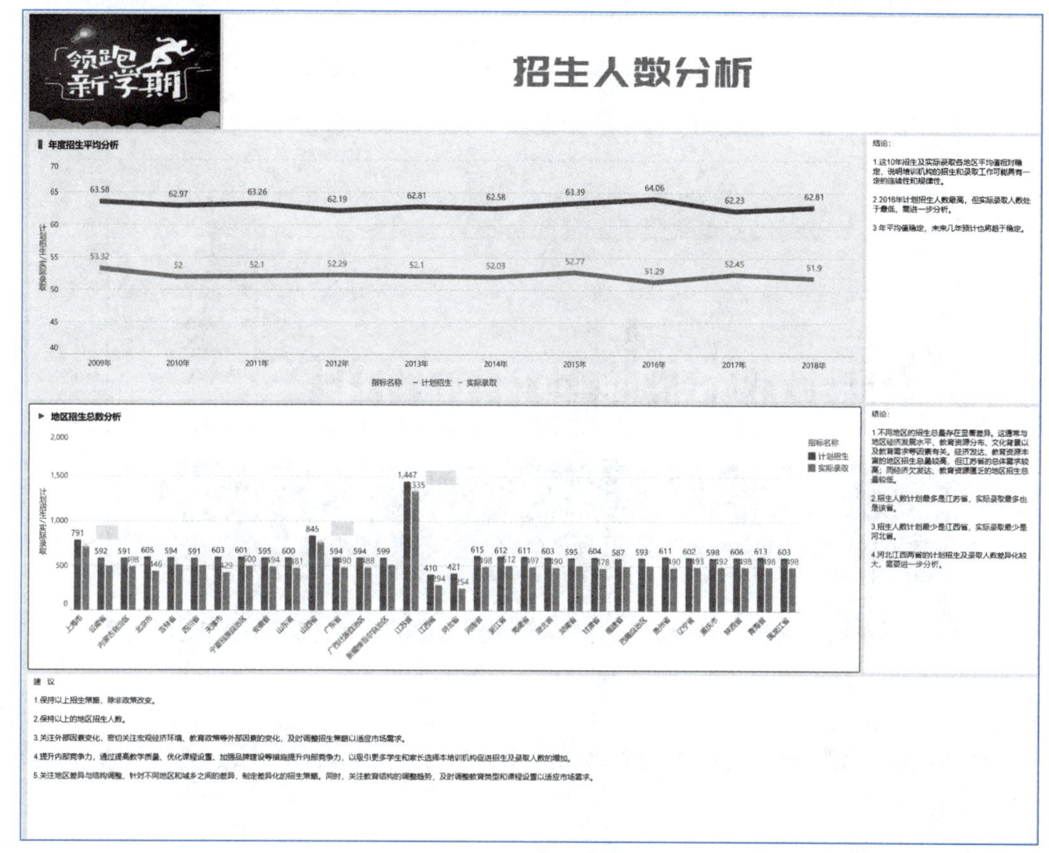

图 1.1.40　设置文本组件

知识详解：

分析结论的写法：对组件数据进行进一步的解释和讨论，比较和评估与现有研究和理论的一致性或差异，并提供可能的解释，根据分析结果提出结论，然后再根据以上结论，提供对未来研究或实践的建议。总的来说，可以从以下几个方面考虑结论和建议的书写：

（1）总结关键和探寻发现。这一步骤涉及从可视化数据中提炼出最为重要和引人注目的信息点。

（2）坚持用数据说话，避免主观臆断。避免使用“我感觉、我猜测、我觉得”等主观词汇。

（3）提出有针对性的建议。结合实际业务，提出有针对性的建议，建议的数量要适中，不能过多，以免增加决策成本。同时，建议要具有可落地性，让决策者能够根据建议合理安排资源。

步骤6 根据结论的重要程度，分别设置结论、建议等标题以及结论文字中的重要部分。设置的原则是不能过于杂乱、突出重点、配色与主体一致。参考设置效果如图1.1.41所示。

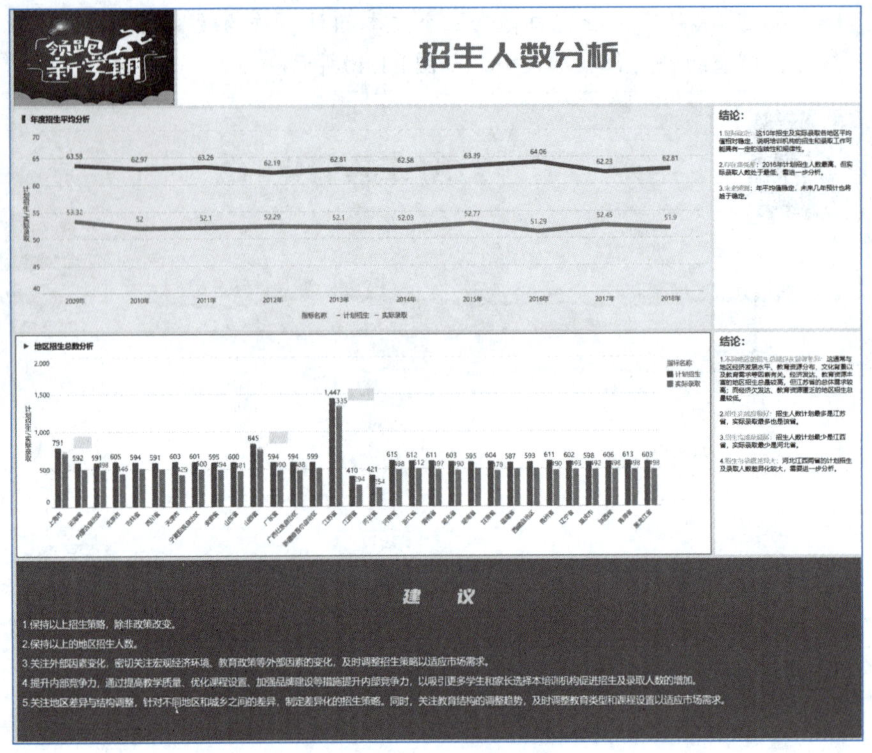

图 1.1.41 仪表板最终效果

4）仪表板美化

本例的主体风格就是经典简单的风格，因此，不另设仪表板的展示效果。仪表板最终效果如图1.1.41所示。

5）导出仪表板

操作步骤：

步骤1 选择图表组件，在浮动面板中单击下拉按钮，在展开的菜单中选择“导出Excel”命令，如图1.1.42所示，导出该组件的Excel文件。

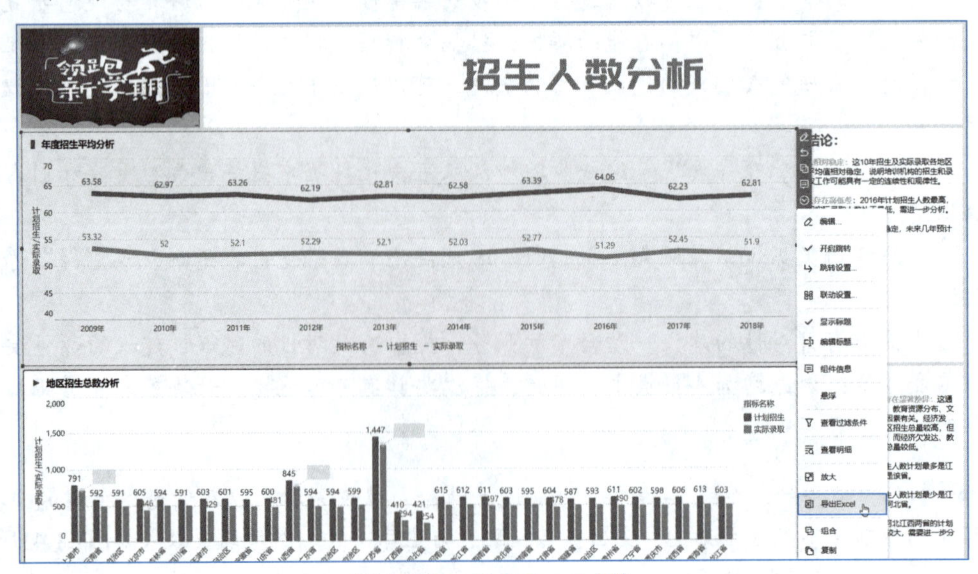

图 1.1.42 导出 Excel 文件

步骤2 单击仪表板上方的“导出”按钮，选择“导出Pdf”命令，可以导出当前仪表板的当前状态PDF文件格式，如图1.1.43所示。

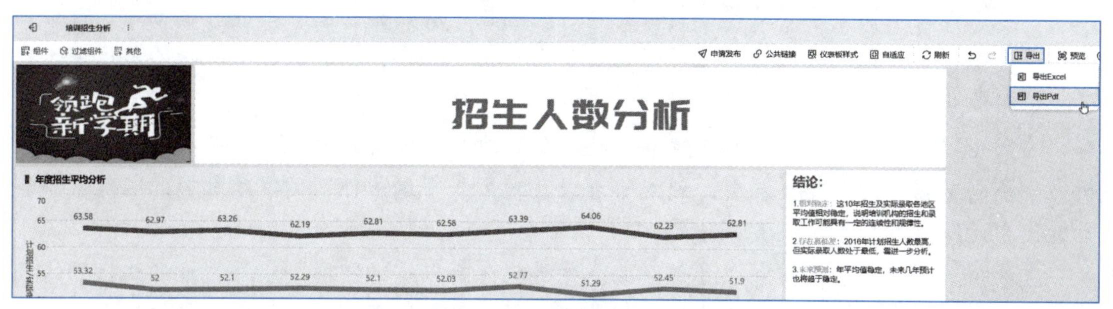

图 1.1.43　导出 PDF 文件

6. 分析结果

针对10年招生及实际录取人数的分析显示，整体趋势相对稳定，表明培训机构的招生和录取工作具有一定的连续性和规律性。然而，2016年出现异常，计划招生人数达到高峰，但实际录取人数却跌至低谷，需深入探究其原因。鉴于年平均值稳定，预测未来几年招生及录取人数将继续保持稳定态势。

从各省计划招生与实际招生总数的对比来看，地区间招生总量存在显著差异，这主要受地区经济发展水平、教育资源分布、文化背景及教育需求等多重因素影响。江苏省招生总量及完成度均表现最佳，而江西省计划招生最少，河北省实际录取最少。值得注意的是，河北与江西两省的招生与录取人数差异显著，需进一步分析原因。

基于上述分析，建议培训机构：

（1）保持现有招生策略，除非有政策变动。

（2）继续维持现有地区招生人数分配。

（3）密切关注外部环境变化，如宏观经济、教育政策等，及时调整招生策略。

（4）提升内部竞争力，通过优化教学质量、课程设置和品牌建设等措施吸引更多生源。

（5）关注地区差异，制定差异化招生策略，并适时调整教育结构和课程设置以适应市场需求。

拓展训练

利用所给素材包，创建属于自己的第一张仪表板，并基于这些结果提出产品销售策略。

具体要求：

（1）选用合适的组件（柱状图）展示数据表中的指标（不同产品的利润率）。

（2）仪表板设计合理，配色简洁。

项目小结

针对教育培训部2009—2018年各省招生数据的深入分析任务，读者不仅初步认识了

FineBI工具，还深入掌握了数据分析及可视化的全流程，以及数据准备、管理和分析的关键技术方法。

首先，读者全面了解了数据分析及可视化的流程，从数据收集、清洗、整合到分析、可视化、报告撰写，每一步都做到了严谨细致。通过这一过程，读者对数据分析的整体框架有了更清晰的认识。

在数据准备和管理方面，读者掌握了FineBI自助数据集构建的功能，能够高效整合和分析来自不同数据源的数据。同时，通过合理设置参数和筛选条件，确保了数据的准确性和连贯性，为后续分析打下了坚实基础。

在数据分析环节，读者深入了解了基本的数据分析方式，掌握了组件、维度和指标的概念，并能够运用这些概念进行多维度数据分析。通过对比不同省份、不同年份的数据，成功揭示了招生趋势的变化和异常点，为教育培训部的决策提供了有力支持。

此外，读者还掌握了FineBI中组件设置及仪表板的设计技巧，能够根据需要自定义图表类型和样式，使可视化结果更加直观易懂。同时，了解了FineBI中可视化结果的保存与导出方法，方便将分析结果分享给相关人员。

最后，在撰写分析报告时，读者能够将分析结果与业务场景相结合，提出有针对性的建议和策略。通过清晰的逻辑和准确的数据支持，使报告更具说服力和实用性。

项目二

信息技术统考成绩分析

项目目标

（1）了解数据分析及可视化的流程。

（2）初步掌握数据准备、数据清洗和整理、管理的过程。

（3）初步掌握数据分析的基本方式，了解组件、维度、指标的概念。

（4）初步了解聚合函数Count_AGG和分析函数DEF、逻辑函数的使用。

（5）掌握FineBI中组件设置及仪表板的设计。

（6）掌握FineBI中可视化结果的保存与导出。

（7）进一步了解分析报告的撰写方法。

项目描述

分析学生2023年信息技术统考的成绩数据，系统地整理并归纳出各年级、各院系在优秀率、合格率以及缺考率等方面的详尽信息。具体要求如下：

（1）计算并展示各年级、各院系的通过率、优秀率、缺考率，并通过排名将这些信息以数据表格的形式直观呈现，确保数据的对比清晰且易于理解，以此作为评估教学成效与学生学习状态的重要参考。

（2）在此基础上，统计并展示应届考生与往届考生的平均分、最大值、最小值和标准差等数据，将数据以表格形式清晰展示，揭示出往届生对整体成绩的影响情况。

（3）深入探讨学生在信息技术统考中的实际表现，据此对教学方式、学习模式以及管理方式提出有针对性的改进建议。这些建议旨在促进教学质量的提升、激发学生的学习兴趣与潜能，从而推动整个教育体系向着更加高效、科学的方向发展。

项目实施

1. 分析思路

1）确定核心指标体系

确定核心指标体系，如图1.2.1所示。

2）分析指标

在业务流程上，作为考试关注的主要指标也是核心指标，为通过率、优秀率、缺考率和标准差，比较能反应学生学习的差异性。获得这四组指标的相关指标项目来自于实际通过人数（合格及优秀人数）、优秀人数、缺考人数和参考人数等子指标，如图1.2.2所示。次要指标涉及最高分、最低分、平均分。

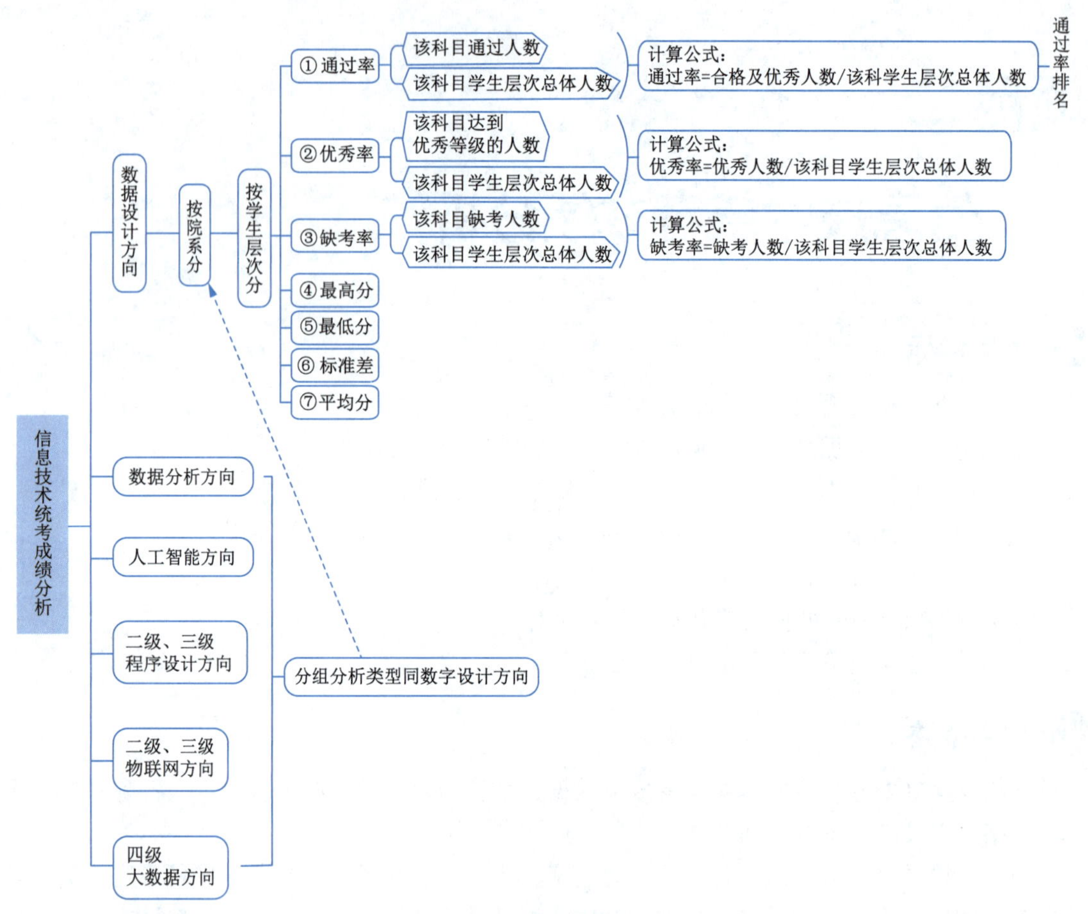

图 1.2.1　核心指标体系

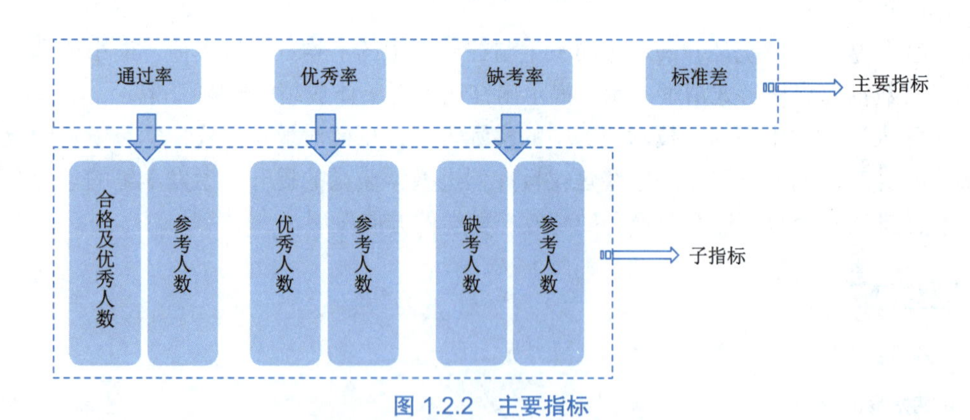

图 1.2.2　主要指标

知识详解：

（1）通过率：根据一定的规则，对参加测试的对象进行筛选，所有通过筛选的对象与所有参加测试的对象的比值称为通过率。

（2）优秀率和缺考率的含义与通过率相似，不再赘述。

（3）标准差：各数据偏离平均数的距离（离均差）的平均数，它是离差平方和平均后的方根。因此，标准差也是一种平均数，平均数相同的，标准差未必相同。标准差能反映一个数据集的离散程度。标准差越小，说明分组中学生之间的差异较小，反之较大。

2. 数据准备

1）数据源说明

本案例来源于某高校2023年信息技术统考成绩。

2）数据标准化

数据标准化是一种数据预处理技术，主要用于将不同的数据集合进行统一处理，使其具有可比较性和可解释性。在现代数据分析和机器学习中，数据标准化是一个非常重要的环节，因为不同来源的数据可能具有不同的数据类型、格式和范围，这会导致在进行数据分析时遇到很多困难。

通过对原数据表的结构化了解，可以得到原始数据表中对应字段及结构，见表1.2.1。从原表结构中找指标的定义点从而确定指标。

表 1.2.1　原始数据表结构

字　段　名	字 段 结 构	备　　注
序号	数值	
姓名	文本	
准考证号	文本	数字存储为文本格式，且大于15位，存在重复值
科目	文本	分组依据
等第	文本	
总分	数值	有空值，不完整
入学年份	数值	分组依据
院系	文本	分组依据
专业	文本	

知识详解：

数据标准化是必要的，因为不同来源的数据可能具有不同的数据类型、数据格式和数据范围，这会导致在进行数据分析时遇到很多困难。通过数据标准化，我们可以将不同来源的数据进行统一处理，使其具有可比较性和可解释性，从而提高数据分析效率，并获得更准确的分析结果。数据规范性的要素有以下几条：

（1）数据格式规范：数据应该按照一定的格式进行录入和存储。

（2）数据一致性：同样的数据在不同的环境下应该保持一致。

（3）数据完整性：数据应该包含所有必要的字段和信息，以便完整地描述一个实体或事件。

（4）数据准确性：数据应该反映真实的情况或事实。录入数据时需要进行必要的验证和检查，以确保数据的准确性。

（5）数据唯一性：数据应该是唯一的，不应该出现重复的记录或数据项。重复的数据会导致冗余和不必要的处理，降低数据的可信度和使用效率。

（6）数据约束：为了确保数据的合法性和一致性，可以使用约束来限制数据的取值范围或关系。

（7）数据文档和元数据：数据应该有相应的文档和元数据，以帮助用户理解和使用数据。

3. 指标定义

本例的分析目标：一是各个科目考试不同学生层次的考试情况，二是找出主考科目数字设计方向各个院系不同学生层次的考试情况。由此可以拆解指标为以下几个，见表1.2.2。根据定义的指标，确定分析目标1和2的维度为科目、院系和学生层次。

表 1.2.2　指标定义

指　标	定　义
平均值	按照分组获取得分的平均值，各组比较
最大值	按照分组获取得分的最大值，各组比较
最小值	按照分组获取得分的最小值，各组比较
标准差	按照分组获取得分的标准差，查找标准差较大的分组
通过率	按照分组获取等第通过的计数，各组比较
优秀率	按照分组获取等第优秀的计数，各组比较
缺考率	按照分组获取等第缺考的计数，各组比较

知识详解：

维度和指标：FineBI中默认将文本类型或日期型的字段设置为维度，数值类型的字段设置为指标。这是因为在数据分析中，文本类型的字段通常用于对数据进行分组、筛选、排序等操作，而数值类型的字段通常用于计算和衡量数据。当用户将一个字段拖入数据分析报表中时，FineBI会自动根据该字段的数据类型将其设置为维度或指标。

4. 数据处理

1）数据脱敏

本例数据涉及隐私的内容，已经在原始Excel数据表中进行脱敏处理。

知识详解：

数据脱敏指的是对某些敏感信息通过特定的脱敏规则进行数据的变形，实现对敏感隐私数据的可靠保护。一般涉及脱敏的内容有：个人信息（姓名、身份证号、住址、手机号、邮箱）、商业敏感信息（客户号、卡号、财务数据、知识产权信息）、其他敏感信息（设备信息、受保护的健康信息、地理位置信息等）。

在实施数据脱敏时，需要根据不同的应用场景和数据特征制定合适的脱敏策略。这些策略可能包括：

（1）静态脱敏：在数据抽取到非生产环境之前进行脱敏处理，确保脱敏后的数据与生产环境隔离。

（2）动态脱敏：在生产环境中实时进行脱敏处理，根据用户角色、权限和数据访问场景动态调整脱敏策略。

（3）自定义脱敏规则：根据业务需求和数据特征自定义脱敏规则，确保脱敏后的数据既满足安全要求又保持一定的业务价值。

2）确定数据表及内容

根据分析框架梳理出所需数据包含：姓名、准考证号、科目、等第、总分、入学年份、院系等数据。

3）创建分析主题

操作步骤：

步骤1 双击FineBI图标，进入连接FineBI服务器的状态，输入账户名和密码后，进入创建分析状态。

步骤2 进入“我的分析”树状目录，单击制作项目一时创建的“分析项目”文件夹。选择该文件夹的“+”→“分析主题”命令，在该文件下创建一个分析主题，如图1.2.3所示，分析主题创建的同时弹出“选择数据”对话框，等待创建数据连接，如图1.2.4所示。

图 1.2.3 创建分析主题

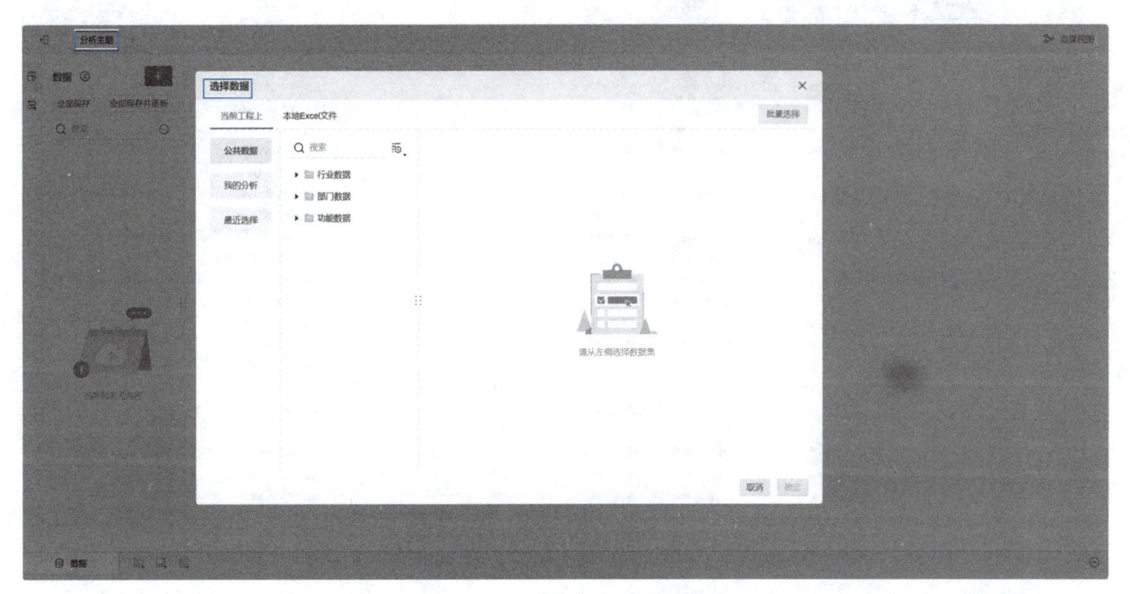

图 1.2.4 “选择数据”对话框

4）处理数据表的关联逻辑，建立自主数据集

数据分析的基础是数据。因此，进入分析主题后的第一步就是添加数据。本案例是单表数据，所以不需要处理表的关联逻辑，也无须创建自主数据集。导入指定的Excel表后，就完成了数据的连接。

操作步骤：

步骤1 选择“本地Excel文件”选项卡，如图1.2.5（a）所示单击“上传数据”按钮，如图1.2.5（b）所示，选择素材文件表“2023年信息技术成绩表.xlsx”所在的地址目录并选中上传，将打开“新建Excel数据集”窗口，如图1.2.6所示，当前界面为数据集的明细展示。

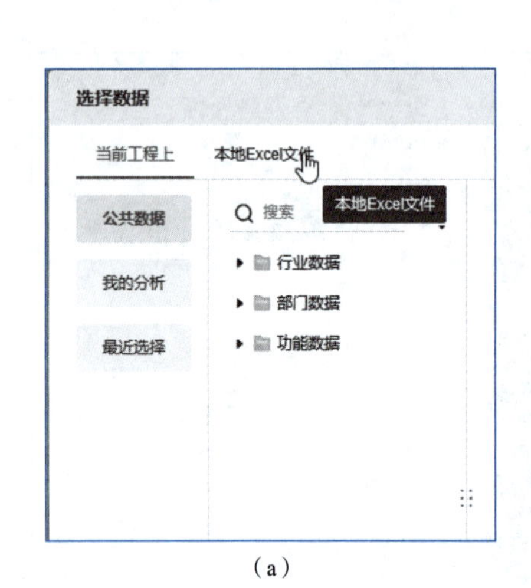

（a）

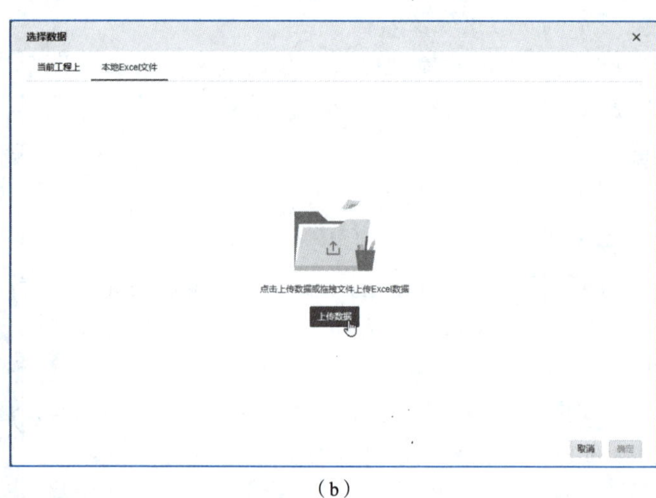

（b）

图 1.2.5 “选择数据”对话框上传数据

新建Excel数据集　　取消　确定

已选择1张表　继续上传

2023年信息技术成绩表.xlsx

所有查询结果

表名　2023年信息技术成绩表

预览前100行数据，第一行为字段名，第二行开始为字段的值

序号	姓名	准考证号	科目	等第	总分	入学年份	院系	专业
1	沈*	5505122311680428	数字设计方向	不合格	33	2,019	智能制造工程学院	工业智能
2	韩**	5505112311660161	数字设计方向	缺考	0	2,019	智能制造工程学院	工业智能
3	严**	5505112311650402	数字设计方向	合格	62	2,019	智能制造工程学院	工业智能
4	秦**	5505112311640154	四级大数据及区块链	合格	75	2,019	智能制造工程学院	数据科学与大数据技术
5	吕**	5505112311620406	数字设计方向	不合格	52	2,019	智能制造工程学院	数据科学与大数据技术
6	曹**	5505112311630153	数字设计方向	不合格	52	2,019	智能制造工程学院	数据科学与大数据技术
7	孙**	5505112311670161	数字设计方向	缺考	0	2,019	智能制造工程学院	数据科学与大数据技术
8	戚**	5505112311660307	数字设计方向	缺考	0	2,019	智能制造工程学院	物联网工程
9	柳**	5505112311610129	数字设计方向	缺考	0	2,019	计算机科学与工程学院	网络工程
10	王**	5505112311650140	数字设计方向	合格	74	2,019	计算机科学与工程学院	虚拟现实技术
11	吴*	5505112311640150	数字设计方向	优秀	89	2,019	文化产业管理学院	大数据管理与应用
12	许**	5505112311620112	数字设计方向	合格	74	2,019	文化产业管理学院	经济学（传媒经济方向）
13	金**	5505112311610204	数字设计方向	不合格	39	2,020	智能制造工程学院	工业智能
14	王*	5505112311660101	人工智能方向	合格	76	2,020	智能制造工程学院	工业智能
15	秦**	5505112311630101	数字设计方向	优秀	89	2,020	智能制造工程学院	智能感知工程
16	秦*	5505112312710107	数字设计方向	不合格	54	2,020	智能制造工程学院	物联网工程
17	魏*	5505112311650413	数字设计方向	缺考	0	2,020	新闻与传播学院	编辑出版学
18	周*	5505112311610124	数字设计方向	不合格	44	2,020	新闻与传播学院	编辑出版学
19	李*	5505112311630131	数字设计方向	优秀	86	2,020	新闻与传播学院	编辑出版学
20	岳*	5505112312710106	数字设计方向	优秀	89	2,020	新闻与传播学院	传播学

图 1.2.6 “新建 Excel 数据集”窗口

步骤2 检查数据集，查看是否存在不规范的数据类型。如果存在不规范的数据类型，可以通过表头的字段类型修订，如图1.2.7所示。本例字段类型符合分析需求，无须修订。单击“新建Excel数据集”窗口右上角“确定”按钮（见图1.2.6），完成数据集的添加。

等第	总分	入学年份
不合格	33	2,019
缺考	0	2,019
合格	62	2,019
合格	75	2,019
不合格	52	2,019

文本
数值
日期

图 1.2.7 修改数据集字段类型

知识详解：

在业务处理过程中，能添加的数据表除了Excel外，还可以有数据库表、SQL数据集。数据库表、SQL数据集都需要添加到FineBI的公共数据中，然后使用时进行选择。

对添加的Excel数据集，需要遵循以下一些规则：①表中不得包含透视数据；②表中数据需要从文件的A1单元格（即第一行第一列）开始；③表中数据无空行空列；④第一行必须包含表的字段名，且名称唯一；⑤同一列中的数据具有相同的数据类型。

5）数据清洗及加工

操作步骤：

步骤1 单击表头中“准考证号”字段右侧下拉按钮，在展开的下拉列表中，可以观测到第一条数据有两条，如图1.2.8（a）所示。对于“准考证号”字段而言，应该在表中具有唯一性，目前多了一条，说明存在重复值。勾选这个准考证号，可以进一步观察这条数据，经过观测发现，信息基本一致，且后面一条缺少姓名，如图1.2.8（b）所示。因此，处理的方式可以考虑直接删除该行。

（a）

（b）

图 1.2.8　观测重复数据

步骤2 在“数据来源”记录中回撤到表名称处，单击“删除重复行”按钮，选择去重字段为“准考证号”，如图1.2.9所示。

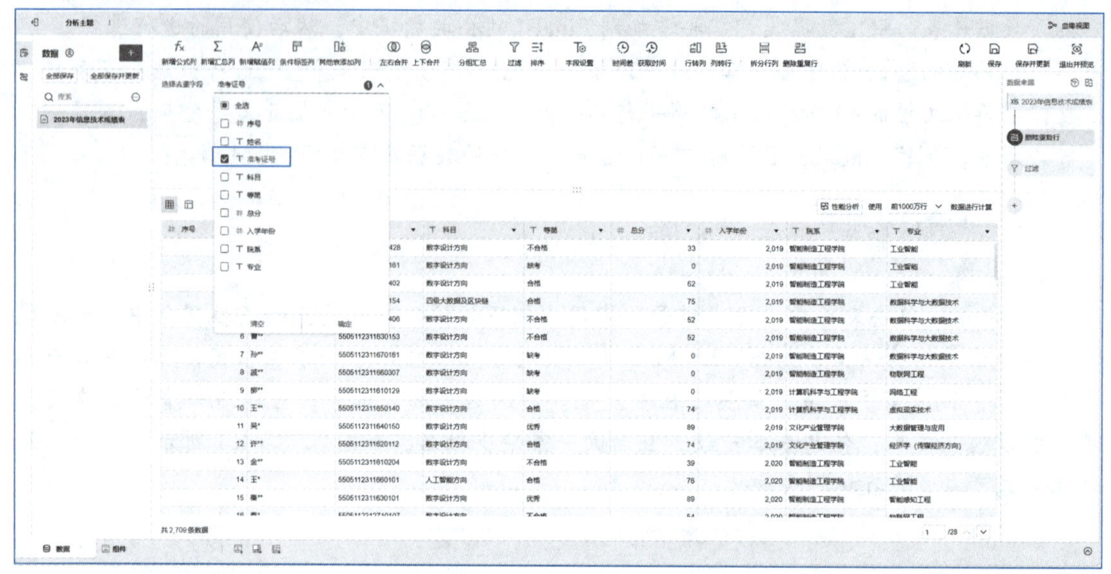

图 1.2.9 设置去重字段

步骤3 单击表头中“总分”字段右侧的下拉按钮，在展开的下拉列表中选择空字段，如图1.2.10（a）所示，可以看到“总分”行中有部分数据为空值，如图1.2.10（b）所示。

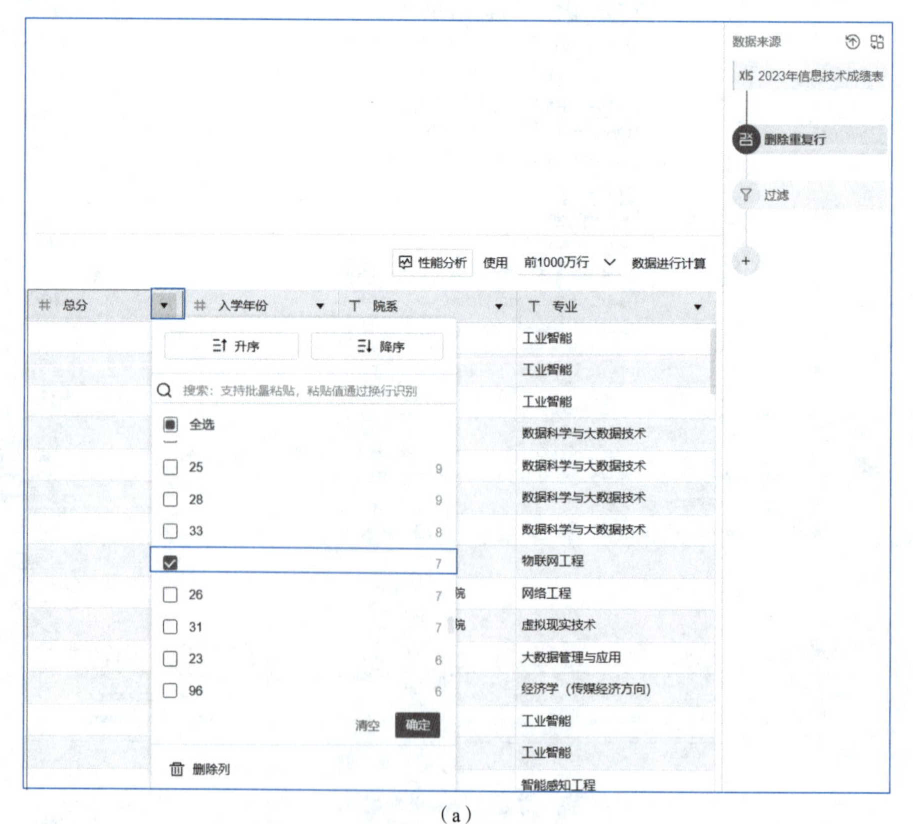

（a）

图 1.2.10 观测空值

# 序号	T 姓名	T 准考证号	T 科目	T 等第	# 总分
43	施**	5505112311620316	数字设计方向	缺考	
103	戚**	5505122311810233	数字设计方向	缺考	
141	钱*	5505122314210142	数字设计方向	缺考	
625	曹*	5505122311650323	数字设计方向	缺考	
678	陶*	5505122311640428	数字设计方向	缺考	
735	蒋**	5505112311620145	数字设计方向	缺考	
892	施**	5505112311670313	数字设计方向	缺考	

（b）

图 1.2.10　观测空值（续）

步骤4 在右侧“数据来源”步骤区单击“过滤”步骤后的“...”，展开菜单后选择“删除”命令，如图1.2.11所示。然后单击窗口上方的“新增公式列”按钮，在弹出的“新增公式列”对话框中，设置新增公式列，列名为“总分修正”，字段类型为自动，选择函数IF，对总分数据设置空值修正为0，其余不变。公式为“IF(总分=null,总分=0,总分)”，如图1.2.12所示。

图 1.2.11　删除“过滤”步骤

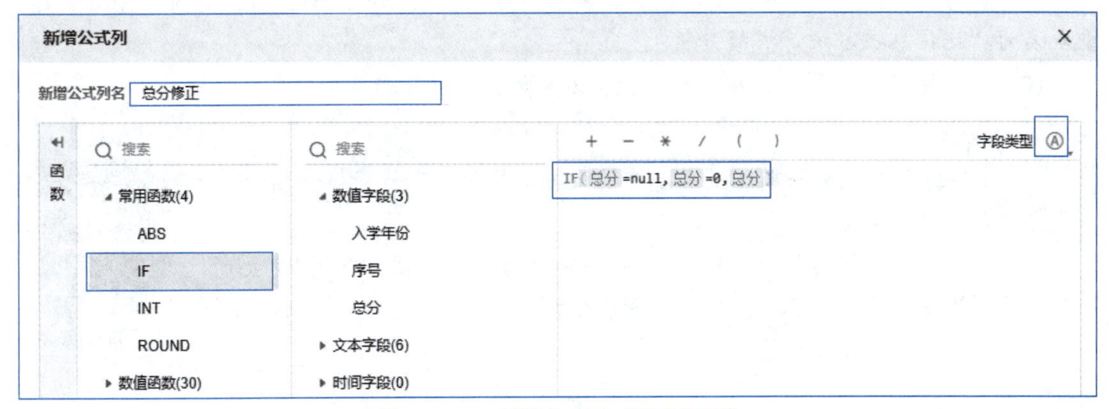

图 1.2.12　新增公式列“总分修正”

注： 此处的函数可以手动输入，字段需要在字段区域中选择。

步骤5 单击“新增公式列”按钮，使用IF函数，将“入学年份”列简化为“学生层次”列，学生层次分为“应届考生”和“往届考生”，字段类型为“文本”，如图1.2.13所示。

公式为：IF(入学年份=2022,"应届考生","往届考生")。

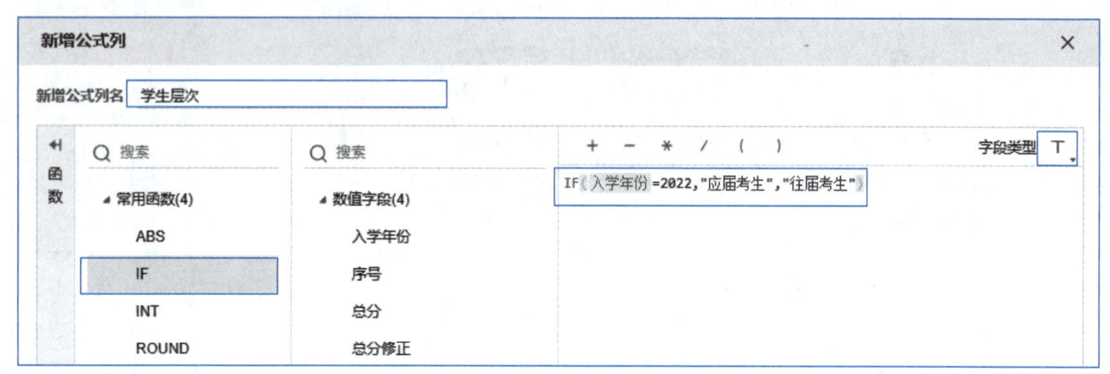

图 1.2.13　新增公式列“学生层次”

步骤6 单击“字段设置”按钮，取消“序号”“姓名”“准考证号”“总分”“入学年份”“专业”相关字段的勾选状态，保证数据的精简，如图1.2.14所示。

图 1.2.14　设置字段

步骤7 单击“保存并更新”按钮，将当前数据集所作的改动保存，并将“分析主题”重命名为“23信息技术考试成绩分析”。

注： 完成保存并更新动作后，此按钮将为灰色，不可单击。

知识详解：

（1）在进行数据分析前，业务本身的数据结构往往不能直接开始分析，通常需要一些常规处理。

①使用“拆分行列”“行列转换”命令实现结构的优化。如图1.2.15所示，原始数据字段内容混杂，不利于开展分析；如图1.2.16所示，经过拆分行列并转换后，字段结构简单清晰。

微视频

数据加工：拆分行列、行列转换、去重、去空值的方法

T 考试结果
语文90 数学80 英语88
语文95 数学88 英语78
语文85 数学84 英语87
语文95 数学88 英语88
语文90 数学80
语文87 数学78 英语99

图 1.2.15　原始数据字段

性能分析　使用　前1000万行　数据进行计算

# 语文-考试结果-拆…	# 数学-考试结果-拆…	# 英语-考试结果-拆…
90	80	88
95	88	78
85	84	87
95	88	88
90	80	
87	78	99

图 1.2.16　拆分转换行列后

②去除重复数据。去除重复数据需要考虑去除的是哪一条数据。第一种是保留任意一行都不影响分析，例如，“A、A、A”保留一个A即可，可以直接使用“删除重复行”命令；第二种情况是需要保留特定的一行，那么就需要根据数据出现的规律进行排序，要保留的根据排序规律位于数据最上方一行，然后执行“删除重复行”命令。

③对空值的处理。在数据量巨大的时候，如果null值很少，不会对计算总和或平均值造成很大的波动，那可以直接忽略。若有些null值在处理时希望直接作为脏数据整行剔除时，则可以使用表头的快捷过滤迅速将空值行进行过滤排除。如果对数据分析有影响，这个空值不能直接去除，那么就需要用“新增公式列”或者更方便的“条件标签列”，有条件的修改空值或打上标签，以便在后续的分析中有选择地过滤。

（2）函数（IF）。IF函数是一个常用的判断并返回值的函数。其语法结构为：

```
IF(条件表达式1,结果1,条件表达式2,结果2,...,其他结果)
```

如果满足条件表达式1，则返回结果1，如果满足条件表达式2且不满足条件表达式1，则返回结果2，如果无满足的条件表达式，则返回其他结果。

5. 数据展现

1）制作组件

以科目、院系、年份为分组依据，罗列分析指标，选择“交叉表”表达呈现更能直观观察数据之间的比较性。

操作步骤：

步骤1 单击主窗口下方“组件”选项，如图1.2.17所示，进入组件编辑窗口。在图表配置区的“图表类型”中选择“交叉表”，如图1.2.18所示。

步骤2 按照分析框架，将待分析区中的“科目”“院系”拖动到分析区域字段框中的“行维度”作为交叉表的行分组的依据；将待分析区中的“学生层次”拖动到分析区域字段框中的“列维度”作为交叉表的列分组的依据，如图1.2.19（a）所示，最终结果如图1.2.19（b）所示。

数据　组件

图 1.2.17　选择“组件”选项

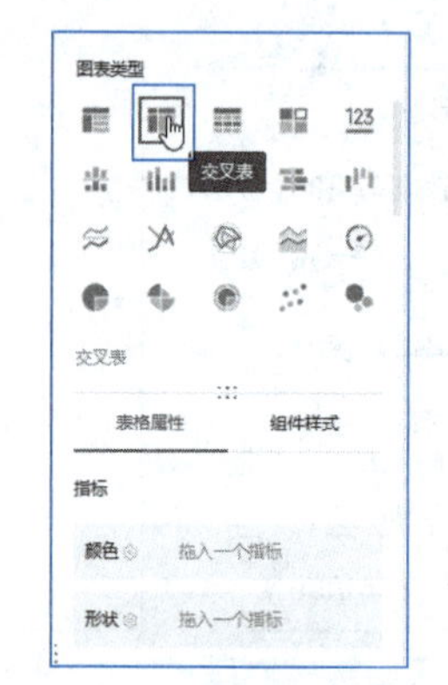

图 1.2.18　选择“交叉表”

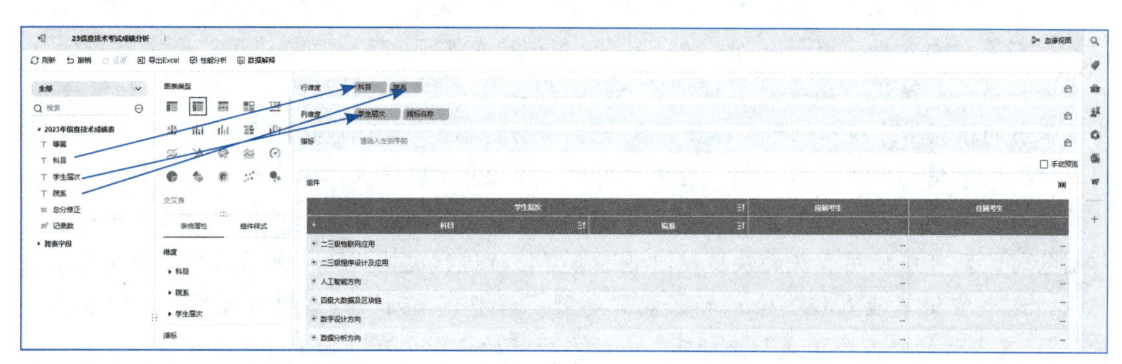

（a）

组件

学生层次		应届考生	往届考生
科目	院系		
二三级物联网应用	智能制造工程学院	--	--
二三级程序设计及应用	智能制造工程学院	--	--
	计算机科学与工程学院	--	--
人工智能方向	智能制造工程学院	--	--
四级大数据及区块链	智能制造工程学院	--	--
数字设计方向	动画与数字艺术学院	--	--
	国际传媒教育学院	--	--
	外语学院	--	--
	影视艺术学院	--	--
	文化产业管理学院	--	--
	新闻与传播学院	--	--
	智能制造工程学院	--	--
	艺术设计学院	--	--
	计算机科学与工程学院	--	--
数据分析方向	智能制造工程学院	--	--

（b）

图 1.2.19　行列维度构建及组件呈现效果

注： 列维度“学生层次”位于“指标名称”前面，可以按住鼠标左键拖动“指标名称”调整其位置。

步骤 3　按照分析框架，分析各科目各院系不同学生的平均分、最大值、最小值、标准差这些指标均与总分相关，将待分析区中的“总分修正”拖动四次到分析区域字段框中的“指标”作为交叉表的分析指标。单击第一个指标后的下拉按钮，在展开的菜单中选择“汇总方式（求和）→平均”命令，如图1.2.20所示，获得平均值指标数据。

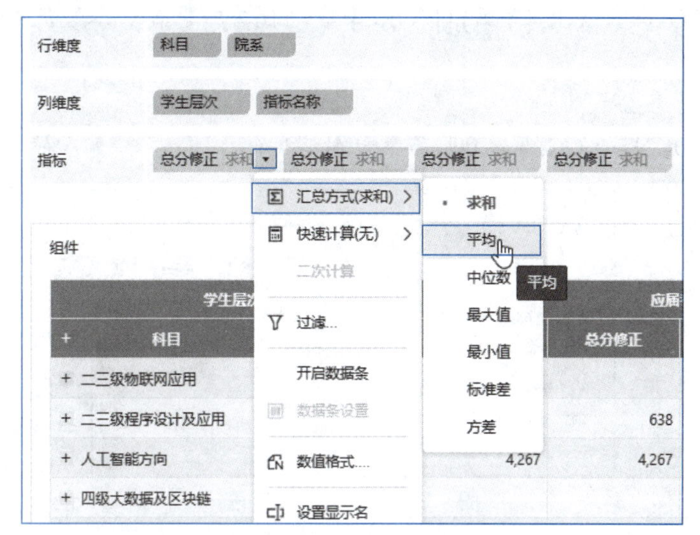

图 1.2.20　获取分数的不同维度平均值

步骤4　单击第一个指标按钮，将该指标的显示名称修改为“平均分”。指标名称修改及图表生成区中组件显示效果如图1.2.21所示。

行维度　科目　院系

列维度　学生层次　指标名称

指标　平均 平均　总分修正 求和　总分修正 求和　总分修正 求和

手动预览

组件

学生层次		应届考生				往届考生					
科目	院系	平均	总分修正	总分修正	总分修正	平均	总分修正	总分修正	总分修正	平均	总分
+ 二三级物联网应用						63.92	3,196	3,196	3,196	63.92	
+ 二三级程序设计及应用		63.8	638	638	638	72.58	871	871	871	68.59	
+ 人工智能方向		76.2	4,267	4,267	4,267	76	76	76	76	76.19	
+ 四级大数据及区块链						43.1	3,405	3,405	3,405	43.1	
+ 数字设计方向		65.52	118,468	118,468	118,468	33.7	21,565	21,565	21,565	57.2	
+ 数据分析方向		65.37	3,334	3,334	3,334	55	55	55	55	65.17	
合计		65.82	126,707	126,707	126,707	37.25	29,168	29,168	29,168	57.56	

图 1.2.21　修正指标名称后的组件显示效果

注：修改指标名称可以单击该指标后的下拉按钮，在展开的菜单中选择“设置显示名”命令，修改指标名称。

步骤5　用同样的操作方式设置后续三个指标，分别修正汇总方式为“最大值”“最小值”“标准差”，并修改对应指标的名称为“最大值”“最小值”“标准差”。

步骤6　为获得“通过率”“优秀率”“缺考率”指标，需要构建新的字段。单击待分析区中上方的“…”按钮，在展开的菜单中执行“添加计算字段”命令（见图1.2.22），使用DEF_ADD函数和COUNT_AGG函数构建新的分析字段“通过人数”，如图1.2.23所示。公式为：

DEF_ADD(COUNT_AGG(等第),[],[OR(等第="合格",等第="二级合格",等第="三级合格",等第="优秀",等第="二级优秀",等第="三级优秀")])

步骤7　参照“通过人数”的构建方式，构建“优秀人数”和“缺考人数”字段。“优秀人数”字段公式为：

DEF_ADD(COUNT_AGG(等第),[],[OR(等第="优秀",等第="二级优秀",等第="三级优秀")])

“缺考人数”字段公式为：

DEF_ADD(COUNT_AGG(等第),[],[等第="缺考"])

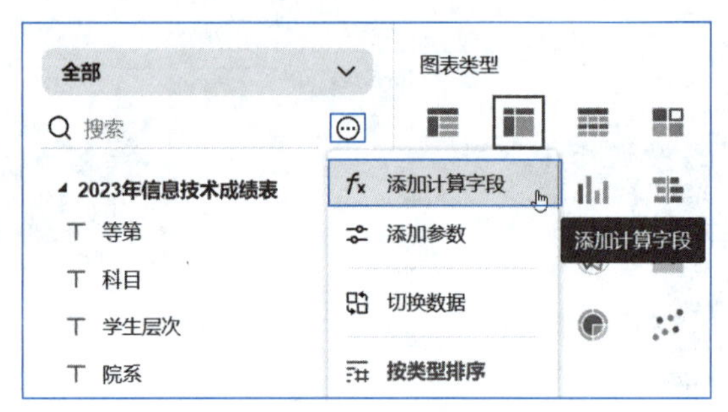

图 1.2.22 添加计算字段

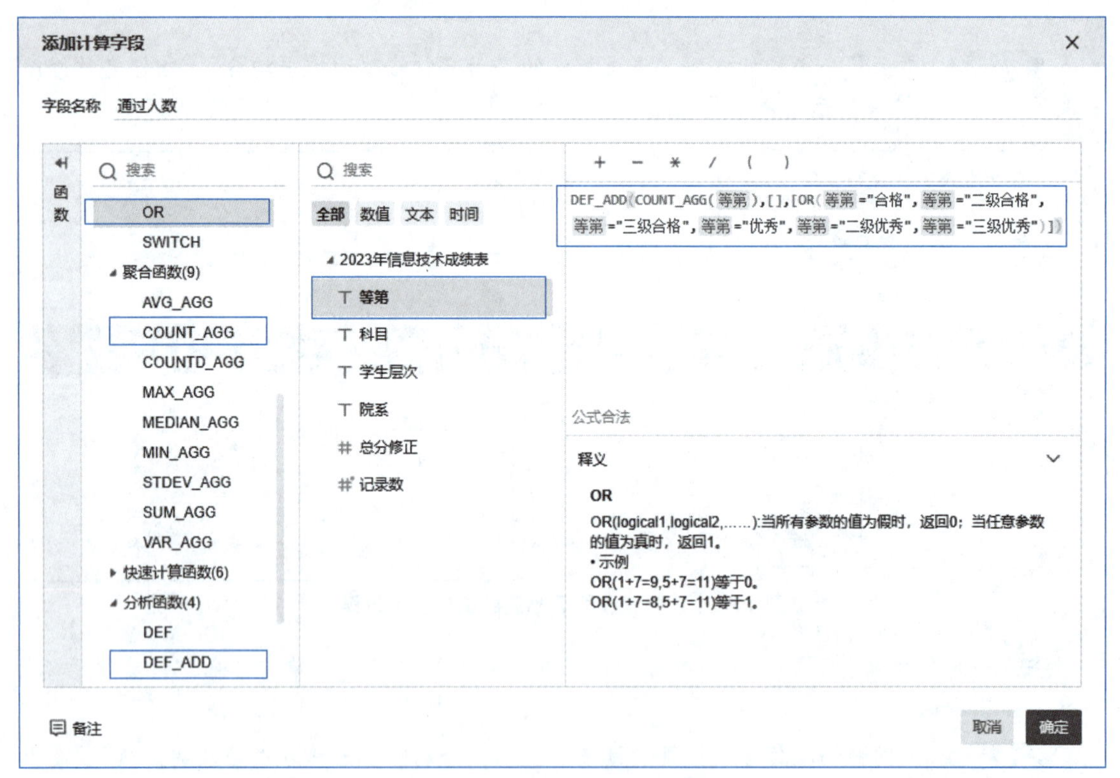

图 1.2.23 构建“通过人数”字段

步骤8 选择“添加计算字段”命令，“通过人数”字段配合DEF_ADD函数和COUNT_AGG函数构建新的分析字段“通过率”字段，如图1.2.24所示。公式为：

通过人数/DEF_ADD(COUNT_AGG(等第))

步骤9 参照“通过率”的构建方式，构建“优秀率”和“缺考率”字段。“优秀率”字段公式为：

优秀人数/DEF_ADD(COUNT_AGG(等第))

“缺考率”字段公式为：

缺考人数/DEF_ADD(COUNT_AGG(等第))

步骤10　将“通过率”拖动到指标中，并单击该指标后的下拉按钮，在展开的菜单中选择“快速计算（无）→组内排名→降序排名”命令，设置排名指标，如图1.2.25所示，修改该指标名称为“通过率排名”。

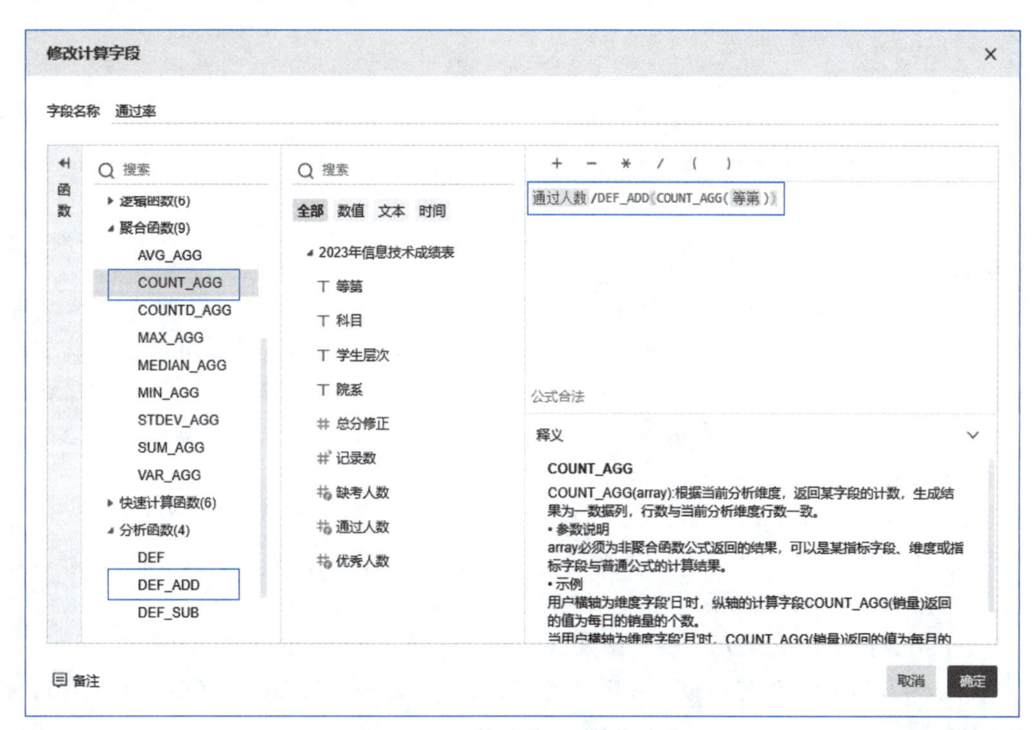

图 1.2.24　构建“通过率”字段

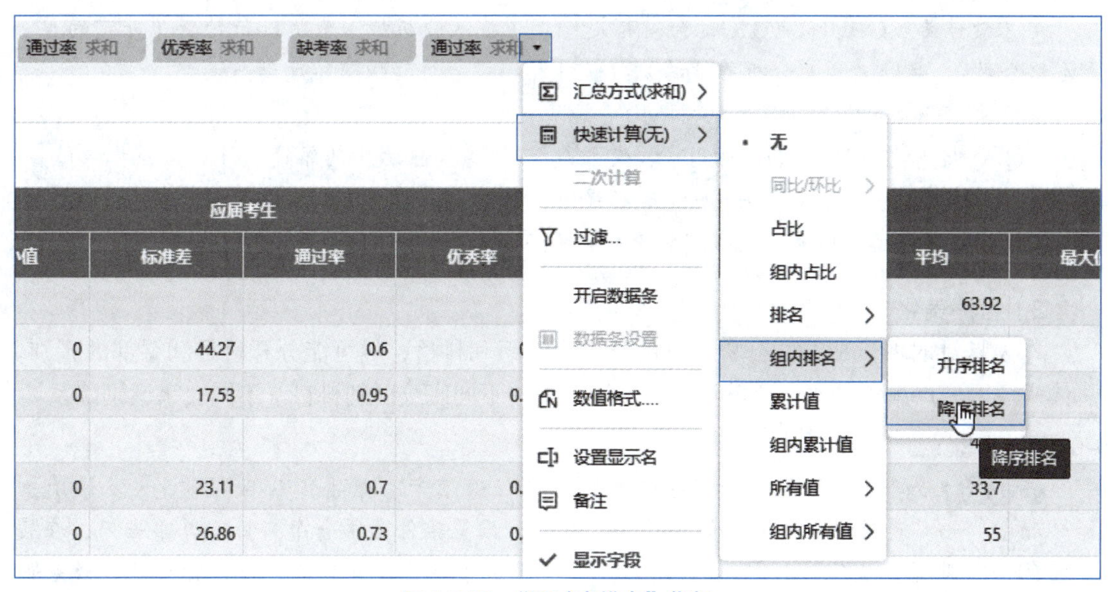

图 1.2.25　“通过率排名”指标

步骤11 在组件标签处单击，修改组件名称为“2023各系部分科目统计分析”。结构效果如图1.2.26所示。

2023各系部分科目统计分析

学生层次		应届考生									
科目	院系	平均	最大值	最小值	标准差	通过率	优秀率	缺考率	通过排名	平均	最大值
二三级物联网应用										63.92	133
二三级程序设计及应用		63.8	134	0	44.27	0.6	0.2	0.2	4	72.58	144
人工智能方向		76.2	96	0	17.53	0.95	0.32	0.04	1	76	76
四级大数据及区块链										43.1	96
数字设计方向		65.52	98	0	23.11	0.7	0.19	0.05	3	33.7	94
数据分析方向		65.37	92	0	26.86	0.73	0.24	0.1	2	55	55
合计		65.82	134	0	23.31	0.71	0.2	0.06	1	37.25	144

图 1.2.26　结构效果

知识详解：

（1）表格类型：明细表、分组表、交叉表。

①明细表，用于展示明细数据，通常包含了大量的数据记录，可以用于进行分析、查询等操作。

②分组表，由行维度和数值区域组成，没有列维度，按照行表头拖动的维度分组，对指标内的数据进行汇总统计。

③交叉表，是由行维度、列维度、数值区域组成的较为复杂的表格。“行维度”一般在数据表的左侧，“列维度”在数据表的上部，行和列的交叉处即“数值区域”。可以让数据进行横向扩展和纵向扩展，支持从两个维度（变量）定位一个指标。

（2）函数：逻辑函数OR、聚合函数COUNT_AGG、分析函数DEF_ADD。

①逻辑函数OR，任何一个参数逻辑值为 TRUE即返回 TRUE；所有参数的逻辑值为FALSE才返回 FALSE。

语法：OR(logical1,logical2,…)

②聚合函数COUNT_AGG，为对指定维度（拖入分析栏）数据进行计数（非空的单元格个数），且随着用户分析维度的切换，计算字段会自动跟随维度动态调整。

语法：COUNT_AGG(array)

③分析函数DEF_ADD，使用“指定维度”+“分析区域中的维度”计算聚合指标值。“分析区域中维度”的增删会影响函数结果。

语法：DEF_ADD(聚合指标, [维度1,维度2,…],[过滤条件1, 过滤条件2,…])

2）组件美化

本表是针对考试成绩的分析，且区分各个院系和科目，尽可能分开科目和系部的区别。总体来说以庄严肃穆的底色（默认）为基调，采用不同底纹区别科目、不同文字区别院系。

操作步骤：

步骤1 在图表配置区，单击“表格属性”选项卡，单击“科目”前的▸，依次选择“颜色”→“属性设置”→“添加条件”命令，设置条件为第一个科目，并单击Ⓐ，在展开的色板中设置背景色，如图1.2.27所示。依次添加条件，设置其他科目的背景色，效果如图1.2.28所示。

步骤2 参照上述方式，设置各院系名称显示字体颜色，字体颜色偏浅色，效果如图1.2.29所示。

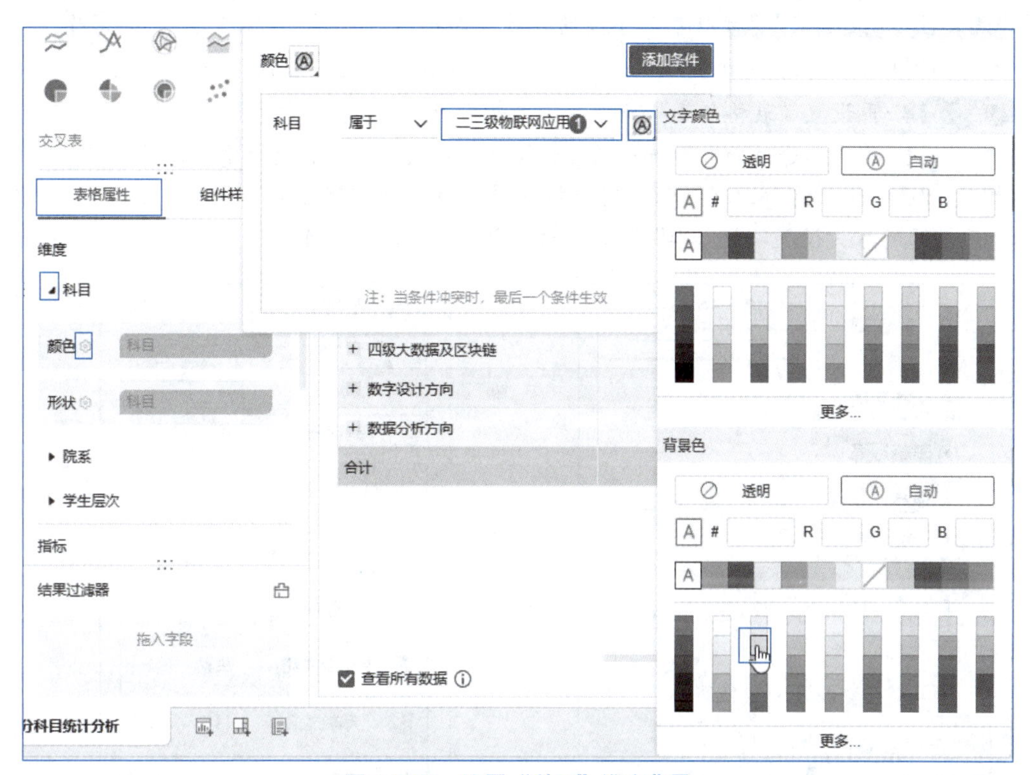

图 1.2.27 设置“科目”维度背景

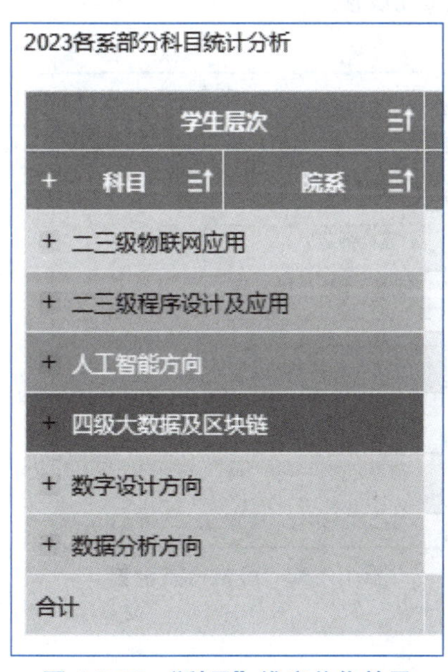

图 1.2.28 “科目”维度美化效果

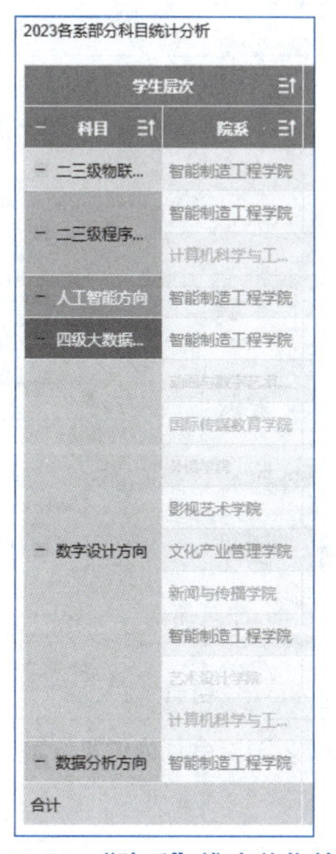

图 1.2.29 “院系”维度美化效果

步骤3 单击“组件样式”选项卡，展开“合计行/列”，分别在“行”和“合计方式”选项卡中设置：取消“总合计行”和“组内合计行”的勾选如图1.2.30（a）所示，取消“平均”“最大值”“最小值”“标准差”字段的合计，勾选“通过率”“优秀率”“缺考率”字段的合计，如图1.2.30（b）所示。在“列”选项卡中设置位置为“左侧”，如图1.2.31所示。

步骤4 再设置“表格行高”属性，勾选表头为“自动换行”复选框，如图1.2.32所示。

步骤5 单击“通过率”指标后的下拉按钮，在展开的下拉菜单中选择“数值格式”命令，如图1.2.33（a）所示，在打开的对话框中设置数值为“百分比”显示，如图1.2.33（b）所示。用相同的方式设置“优秀率”和“缺考率”指标的数值格式。

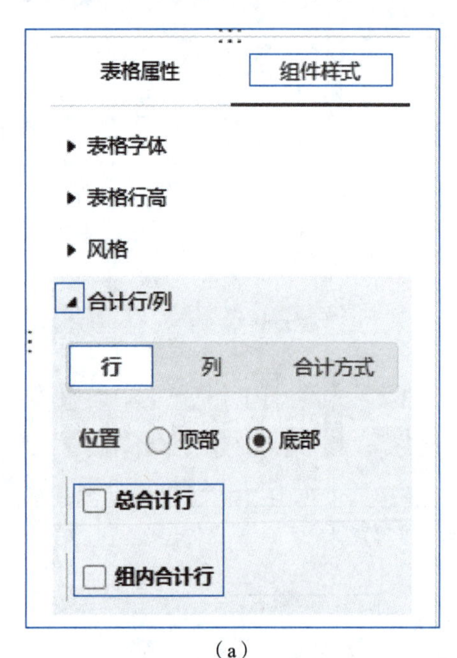

（a）

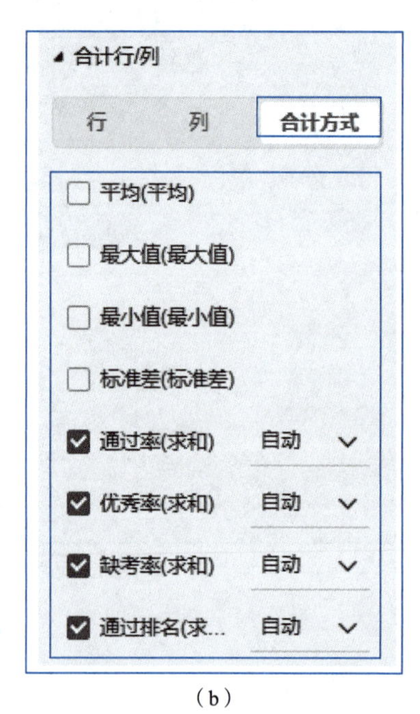

（b）

图 1.2.30 合计行 / 列美化设置

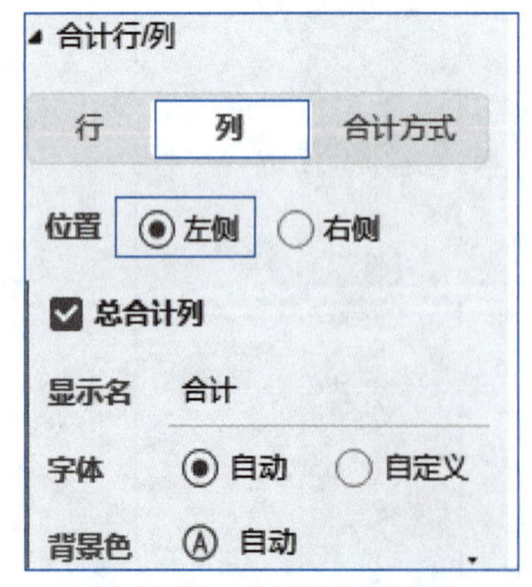

图 1.2.31 合计列位置设置

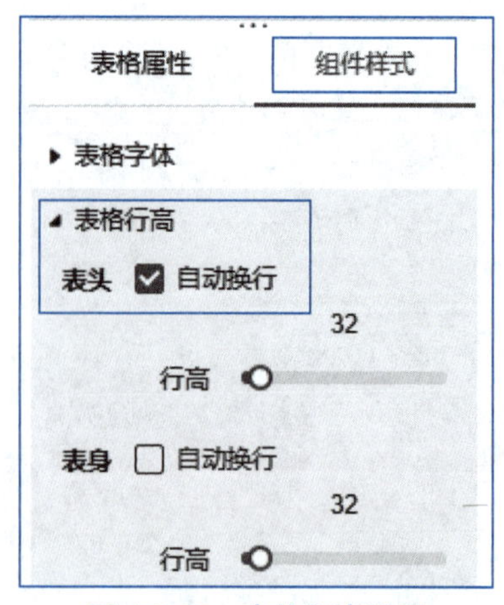

图 1.2.32 表格行高设置

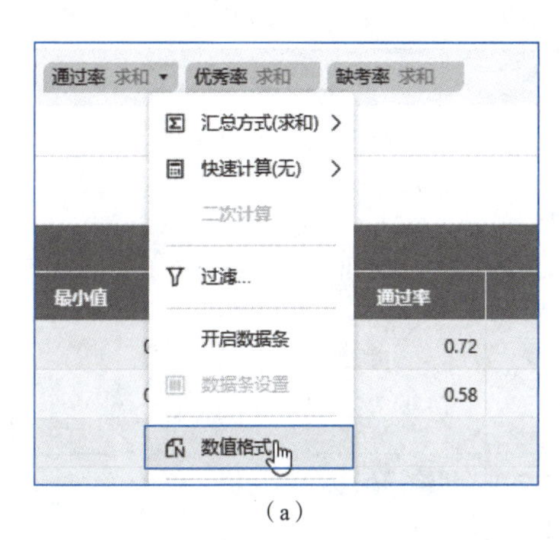

(a)

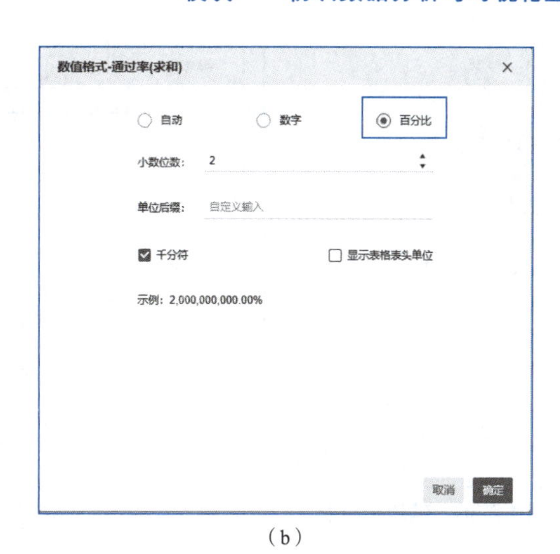

(b)

图 1.2.33　数值格式美化设置

3）制作仪表板

秉承组件配色的主体思想，仪表板以深色背景为主。主体内容只有一张交叉表，以及根据表得到的结论，因此，仪表板的构成为交叉表和文字组件。

操作步骤：

步骤1　在窗口的下方，单击“添加仪表板”按钮，进入仪表板编辑窗口，将当前组件“2023各系部分科目统计分析”拖动到仪表板的主窗口。

步骤2　选中组件，当鼠标指针显示为手形状态时，按住鼠标左键，拖动组件调整组件的位置，移动鼠标指针到组件的边界控制点上，按住鼠标左键拖动组件边界调整组件的大小。

步骤3　鼠标指针移动到表格的两列交接处，按住鼠标左键手动调整表格的列宽。

4）仪表板美化

操作步骤：

步骤1　单击窗口上方的“仪表板样式”按钮 仪表板样式 ，在展开的样式中，选择预设“冷静蓝灰”作为仪表板基础样式，如图1.2.34所示。

步骤2　选中组件，在右侧的浮动菜单中单击下拉按钮，在展开的菜单中选择“编辑标题”命令，如图1.2.35所示，在弹出的“编辑标题”对话框中，设置组件名称的字体、大小、对齐方式，如图1.2.36所示。

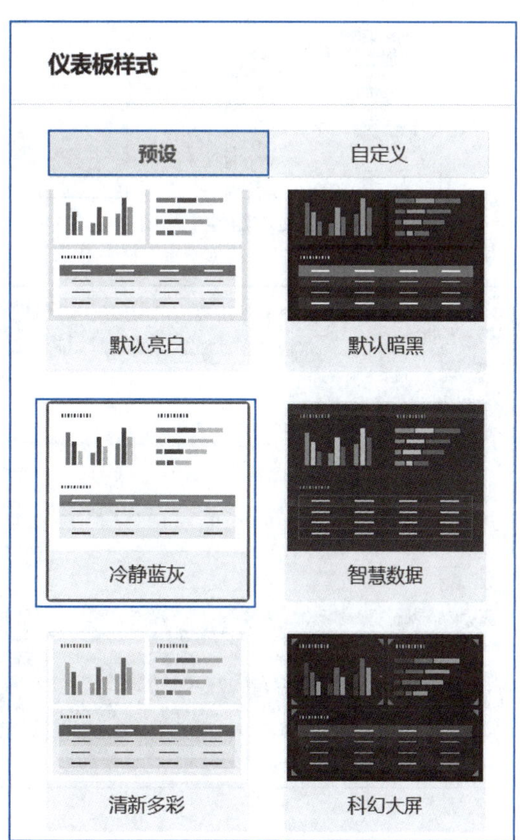

图 1.2.34　仪表板背景

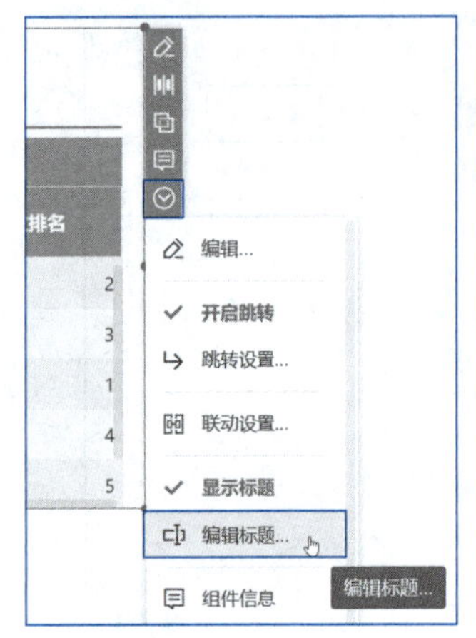

图 1.2.35　编辑标题样式

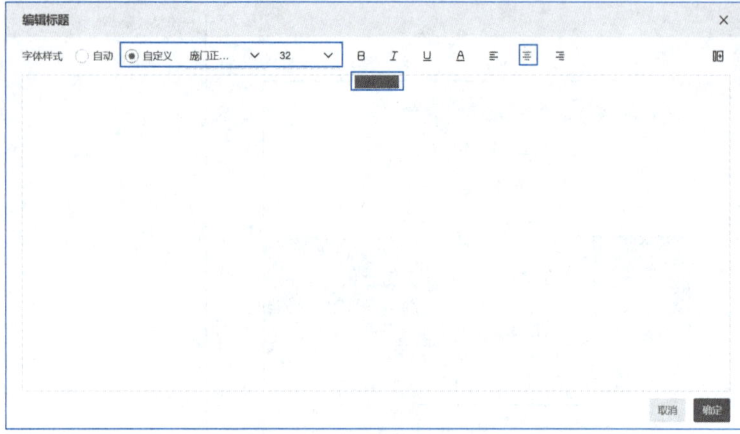

图 1.2.36　“编辑标题”对话框

步骤3 调整好组件后，单击窗口左上角“其他”按钮，在展开的菜单中选择“文本组件”命令并拖动到仪表板中，添加一个可以描写分析结论的文本组件，如图1.2.37所示。调整该文本组件的位置与交叉表组件平齐等大，然后在其中写入分析结论。

步骤4 根据结论中的文字重要程度，选择文本，在浮动的窗口栏中对文本属性进行设置，如图1.2.38所示。仪表板展开最终效果如图1.2.39所示。

图 1.2.37　添加文本组件

图 1.2.38　文本属性设置

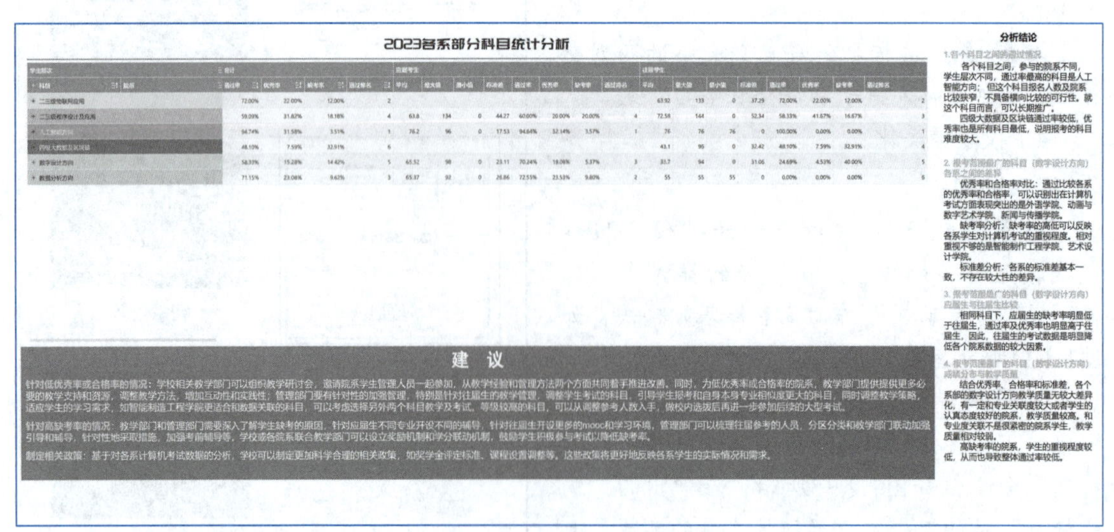

(a)

图 1.2.39　仪表板效果

2023各系部分科目统计分析

学生层次		合计				应届考生								往届考生							
科目	院系	通过率	优秀率	缺考率	通过排名	平均	最大值	最小值	标准差	通过率	优秀率	缺考率	通过排名	平均	最大值	最小值	标准差	通过率	优秀率	缺考率	通过排名
二三级物联网应用	[illegible]	72.00%	22.00%	12.00%	1									63.92	133	0	37.29	72.00%	22.00%	12.00%	1
二三级程序设计及应用	[illegible]	60.00%	35.00%	20.00%	1	65.38	134	0	49.34	62.50%	25.00%	25.00%	1	72.58	144	0	52.34	58.33%	41.67%	16.67%	1
	[illegible]	50.00%	0.00%	0.00%	2	57.5	61	54	3.5	50.00%	0.00%	0.00%	2								
人工智能方向	智能制造工程学院	94.74%	31.58%	3.51%	1	76.2	96	0	17.53	94.64%	32.14%	3.57%	1	76	76	76	0	100.00%	0.00%	0.00%	1
四级大数据及区块链	[illegible]	48.10%	7.59%	32.91%	1									43.1	96	0	32.42	48.10%	7.59%	32.91%	1
数字设计方向	[illegible]	77.46%	16.90%	9.86%	2	68.6	92	0	22.03	82.17%	18.60%	6.20%	1	35.31	79	0	33.69	30.77%	0.00%	46.15%	3
	[illegible]	51.08%	8.06%	9.68%	7	60.42	95	0	21.8	57.46%	10.45%	2.99%	9	43.04	91	0	29.51	34.62%	1.92%	26.92%	1
	[illegible]	77.66%	21.81%	2.66%	1	71.86	96	0	17.58	81.61%	23.56%	1.15%	2	42.5	74	0	24.83	28.57%	0.00%	21.43%	4
	[illegible]	56.39%	7.93%	17.62%	4	63.91	96	0	22.34	67.07%	9.15%	5.49%	5	31.21	92	0	32.62	28.57%	4.76%	49.21%	4
	文化产业管理学院	52.58%	12.89%	15.98%	6	63.38	95	0	22.9	67.27%	16.55%	4.32%	4	27.58	91	0	29.45	15.45%	3.64%	45.45%	8
	新闻与传播学院	68.46%	24.36%	10.77%	3	72.1	96	0	19.82	81.11%	29.32%	2.93%	3	31.08	94	0	30.18	21.69%	6.02%	39.76%	7
	智能制造工程学院	47.40%	11.07%	19.72%	9	62.98	95	0	23.88	63.98%	18.01%	5.59%	7	35.88	91	0	30.44	26.56%	2.34%	37.50%	6
	[illegible]	48.39%	15.21%	18.43%	8	62.22	98	0	25.5	62.11%	19.88%	8.07%	8	24.38	88	0	25.97	8.93%	1.79%	48.21%	9
	[illegible]	56.06%	15.68%	17.81%	5	62.08	95	0	26.34	65.33%	18.00%	10.33%	6	39.13	94	0	33.34	33.06%	9.92%	36.36%	2
数据分析方向	智能制造工程学院	71.15%	23.08%	9.62%	1	65.37	92	0	26.86	72.55%	23.53%	8.80%	1	55	55	55	0	0.00%	0.00%	0.00%	1

建　议

针对低优秀率或合格率的情况：学校相关教学部门可以组织教学研讨会，邀请院系学生管理人员一起参加，从教学经验和管理方法两个方面共同着手推进改善。同时，为低优秀率或合格率的院系，教学部门提供提供更多必要的教学支持和资源，调整教学方法，增加互动性和实践性；管理部门要有针对性的加强管理，特别是针对往届生的教学管理，调整学生考试的科目，引导学生报考和自身本身专业相似度更大的科目，同时调整教学策略，适应学生的学习需求，如智能制造工程学院更适合和数据关联的科目，可以考虑选择另外两个科目教学及考试。等级较高的科目，可以从调整参考人数入手，做校内选拔后再进一步参加后续的大型考试。

针对高缺考率的情况：教学部门和管理部门需要深入了解学生缺考的原因，针对应届生不同专业开设不同的辅导，针对往届生开设更多的mooc和学习环境，管理部门可以梳理往届参考的人员，分区分类和教学部门联动加强引导和辅导，针对性地采取措施，加强考前辅导等，学校或各院系联合教学部门可以设立奖励机制和学分联动机制，鼓励学生积极参与考试以降低缺考率。

制定相关政策：基于对各系计算机考试数据的分析，学校可以制定更加科学合理的相关政策，如奖学金评定标准、课程设置调整等。这些政策将更好地反映各系学生的实际情况和需求。

分析结论

1.各个科目之间的通过情况

各个科目之间，参与的院系不同，学生层次不同，通过率最高的科目是人工智能方向；但这个科目报名人数及院系比较狭窄，不具备横向比较的可行性。就这个科目而言，可以长期推广。

四级大数据及区块链通过率较低，优秀率也是所有科目最低，说明报考的科目难度较大。

2.报考范围最广的科目（数字设计方向）各系之间的差异

优秀率和合格率对比：通过比较各系的优秀率和合格率，可以识别出在计算机考试方面表现突出的是外语学院、动画与数字艺术学院、新闻与传播学院。

缺考率分析：缺考率的高低可以反映各系学生对计算机考试的重视程度。相对重视不够的是智能制作工程学院、艺术设计学院。

标准差分析：各系的标准差基本一致，不存在较大性的差异。

3.报考范围最广的科目（数字设计方向）应届生与往届生比较

相同科目下，应届生的缺考率明显低于往届生，通过率及优秀率也明显高于往届生，因此，往届生的考试数据是明显降低各个院系数据的较大因素。

4.报考范围最广的科目（数字设计方向）成绩分布与教学质量

结合优秀率、合格率和标准差，各个系部的数字设计方向教学质量无较大差异化，有一定和专业关联度较大或者学生的认真态度较好的院系，教学质量较高。和专业度关联不是很紧密的院系学生，教学质量相对较弱。

高缺考率的院系，学生的重视程度较低，从而也导致整体通过率较低。

（b）

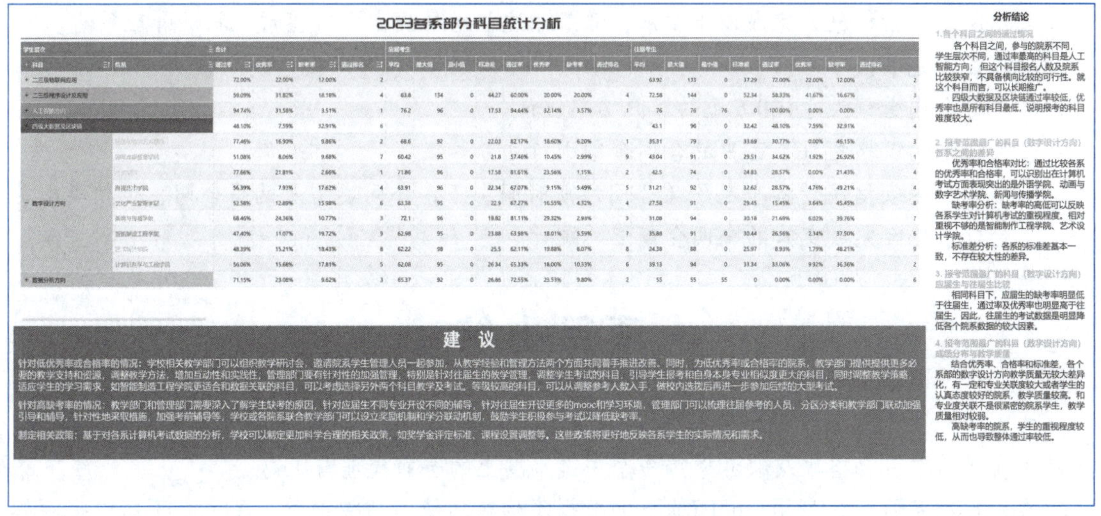

2023各系部分科目统计分析

学生层次		合计				应届考生								往届考生							
科目	院系	通过率	优秀率	缺考率	通过排名	平均	最大值	最小值	标准差	通过率	优秀率	缺考率	通过排名	平均	最大值	最小值	标准差	通过率	优秀率	缺考率	通过排名
二三级物联网应用		72.00%	22.00%	12.00%	2									63.92	133	0	37.29	72.00%	22.00%	12.00%	2
二三级程序设计及应用		59.09%	31.82%	18.18%	4	63.8	134	0	44.27	60.00%	20.00%	20.00%	4	72.58	144	0	52.34	58.33%	41.67%	16.67%	3
人工智能方向		94.74%	31.58%	3.51%	1	76.2	96	0	17.53	94.64%	32.14%	3.57%	1	76	76	76	0	100.00%	0.00%	0.00%	1
四级大数据及区块链		48.10%	7.59%	32.91%	6									43.1	96	0	32.42	48.10%	7.59%	32.91%	4
数字设计方向	[illegible]	77.46%	16.90%	9.86%	2	68.6	92	0	22.03	82.17%	18.60%	6.20%	1	35.31	79	0	33.69	30.77%	0.00%	46.15%	3
	[illegible]	51.08%	8.06%	9.68%	7	60.42	95	0	21.8	57.46%	10.45%	2.99%	9	43.04	91	0	29.51	34.62%	1.92%	26.92%	1
	[illegible]	77.66%	21.81%	2.66%	1	71.86	96	0	17.58	81.61%	23.56%	1.15%	2	42.5	74	0	24.83	28.57%	0.00%	21.43%	4
	[illegible]	56.39%	7.93%	17.62%	4	63.91	96	0	22.34	67.07%	9.15%	5.49%	5	31.21	92	0	32.62	28.57%	4.76%	49.21%	4
	文化产业管理学院	52.58%	12.89%	15.98%	6	63.38	95	0	22.9	67.27%	16.55%	4.32%	4	27.58	91	0	29.45	15.45%	3.64%	45.45%	8
	新闻与传播学院	68.46%	24.36%	10.77%	3	72.1	96	0	19.82	81.11%	29.32%	2.93%	3	31.08	94	0	30.18	21.69%	6.02%	39.76%	7
	智能制造工程学院	47.40%	11.07%	19.72%	9	62.98	95	0	23.88	63.98%	18.01%	5.59%	7	35.88	91	0	30.44	26.56%	2.34%	37.50%	6
	[illegible]	48.39%	15.21%	18.43%	8	62.22	98	0	25.5	62.11%	19.88%	8.07%	8	24.38	88	0	25.97	8.93%	1.79%	48.21%	9
	[illegible]	56.06%	15.68%	17.81%	5	62.08	95	0	26.34	65.33%	18.00%	10.33%	6	39.13	94	0	33.34	33.06%	9.92%	36.36%	2
数据分析方向		71.15%	23.08%	9.62%	3	65.37	92	0	26.86	72.55%	23.53%	9.80%	2	55	55	55	0	0.00%	0.00%	0.00%	6

建　议

针对低优秀率或合格率的情况：学校相关教学部门可以组织教学研讨会，邀请院系学生管理人员一起参加，从教学经验和管理方法两个方面共同着手推进改善。同时，为低优秀率或合格率的院系，教学部门提供提供更多必要的教学支持和资源，调整教学方法，增加互动性和实践性；管理部门要有针对性的加强管理，特别是针对往届生的教学管理，调整学生考试的科目，引导学生报考和自身本身专业相似度更大的科目，同时调整教学策略，适应学生的学习需求，如智能制造工程学院更适合和数据关联的科目，可以考虑选择另外两个科目教学及考试。等级较高的科目，可以从调整参考人数入手，做校内选拔后再进一步参加后续的大型考试。

针对高缺考率的情况：教学部门和管理部门需要深入了解学生缺考的原因，针对应届生不同专业开设不同的辅导，针对往届生开设更多的mooc和学习环境，管理部门可以梳理往届参考的人员，分区分类和教学部门联动加强引导和辅导，针对性地采取措施，加强考前辅导等，学校或各院系联合教学部门可以设立奖励机制和学分联动机制，鼓励学生积极参与考试以降低缺考率。

制定相关政策：基于对各系计算机考试数据的分析，学校可以制定更加科学合理的相关政策，如奖学金评定标准、课程设置调整等。这些政策将更好地反映各系学生的实际情况和需求。

分析结论

1.各个科目之间的通过情况

各个科目之间，参与的院系不同，学生层次不同，通过率最高的科目是人工智能方向；但这个科目报名人数及院系比较狭窄，不具备横向比较的可行性。就这个科目而言，可以长期推广。

四级大数据及区块链通过率较低，优秀率也是所有科目最低，说明报考的科目难度较大。

2.报考范围最广的科目（数字设计方向）各系之间的差异

优秀率和合格率对比：通过比较各系的优秀率和合格率，可以识别出在计算机考试方面表现突出的是外语学院、动画与数字艺术学院、新闻与传播学院。

缺考率分析：缺考率的高低可以反映各系学生对计算机考试的重视程度。相对重视不够的是智能制作工程学院、艺术设计学院。

标准差分析：各系的标准差基本一致，不存在较大性的差异。

3.报考范围最广的科目（数字设计方向）应届生与往届生比较

相同科目下，应届生的缺考率明显低于往届生，通过率及优秀率也明显高于往届生，因此，往届生的考试数据是明显降低各个院系数据的较大因素。

4.报考范围最广的科目（数字设计方向）成绩分布与教学质量

结合优秀率、合格率和标准差，各个系部的数字设计方向教学质量无较大差异化，有一定和专业关联度较大或者学生的认真态度较好的院系，教学质量较高。和专业度关联不是很紧密的院系学生，教学质量相对较弱。

高缺考率的院系，学生的重视程度较低，从而也导致整体通过率较低。

（c）

图 1.2.39　仪表板效果（续）

5）导出仪表板

操作步骤：

步骤1　选择交叉表组件，在浮动面板中单击下拉按钮，在展开的菜单中选择“导出Excel”命令，导出该组件的Excel文件。

步骤2　单击仪表板上方的“导出”按钮，选择“导出Pdf”命令，可以导出当前仪表板的当前状态PDF文件格式。

6. 分析结果

各科目通过率呈现出显著差异性，其中人工智能方向的科目尽管报名范围有限，但其通过率位居前列，显示了该领域对学生具有较强的吸引力，且长期推广价值被看好。相比之下，四级大数据及区块链科目难度较大，导致通过率和优秀率相对较低。

在数字设计方向的科目中，不同院系的学生表现各异，但普遍反映出学习方法、学习积极性和生源质量对成绩有显著影响。部分院系如外语学院、动画与数字艺术学院等，在数字设计领域学生表现较为突出，这可能与学生群体本身较高的学习兴趣和积极性有关。

应届生在考试中通常表现出优于往届生的特点，他们缺考率低、通过率和优秀率高，为院系数据带来了积极影响。这可能与应届生在学习态度、时间管理以及备考策略上更为积极和有效有关。

针对以上情况，建议学校教学部门组织教学研讨会，鼓励各院系调整教学方法，加强对学生学习积极性的引导和管理，特别是要关注往届生的学习状态和需求。此外，引导学生根据自身专业背景和兴趣选择适合的科目进行报考，也是提高考试通过率的有效途径。对于难度较高的科目，学校可以考虑通过校内选拔等方式筛选出更具潜力的学生进行重点培养，从而提升整体通过率。

拓展训练

利用所给的素材包，完成以下要求，并基于这些结果提出合同签订现状及管理策略。

具体要求如下：

①单笔合同金额大于100万元的客户名单统计。

②用合适的表格把每个客户的合同金额进行划分等级。

③用合适的表格统计各个年份（合同注册时间）下，合同类型是购买合同、付款类型是一次性付款、已经完成交货的合同金额汇总统计。

项目小结

本项目专注于深入挖掘和分析学生2023年信息技术统考成绩的数据，实现了对各年级、各院系在优秀率、合格率及缺考率等多个关键维度上的全面梳理与汇总。

在数据准备阶段，利用FineBI的自助数据集构建功能，高效地整合了来自不同数据源的数据，并进行了数据清洗和整理。

在数据分析阶段，借助聚合函数Count_AGG、分析函数DEF函数及逻辑函数等，极大地丰富了数据分析的手段，使分析结果更加准确和深入。

为了更深入地挖掘数据背后的信息，我们进行了详细的对比分析。通过对比最高最低比率的院系，深入剖析了教学成效与学生学习状态的潜在问题。在这一过程中，运用了数据分析的基本方式，深入理解了组件、维度、指标等核心概念，从而能够更准确地解读数据背后的故事。

在数据可视化呈现方面，充分利用FineBI的组件设置及仪表板设计功能，根据实际需要自定义了分组表格形式进行展现。借助清晰明了的图表，迅速洞察到各院系在考试中的整体表现，并发现应届考生与往届考生之间的成绩差异。同时，还掌握了FineBI中可视化结果的保存与导出方法，方便将分析结果及时分享给相关人员，为决策的制定提供了有力的支持。

最后，撰写了详细的分析报告，将数据分析结果以清晰、有条理的方式呈现出来，为决策者提供了有力的数据支持。

模块二

数据过滤与数据钻取

本项目旨在进一步深化读者在数据分析和可视化领域的专业能力，帮助他们在已掌握的基础知识之上实现技能跃升。通过本项目，读者将不仅巩固数据分析与数据可视化的核心概念，还将深入探索高级分析工具和技术，以及更为复杂的数据处理和分析流程。特别是，项目将重点培养读者的数据处理和分析技能，包括数据钻取与日期过滤、组件跳转与数据过滤，以及组件联动与文本过滤等关键能力。通过这些技能，读者将能够更深入地挖掘数据集中的隐藏信息，运用高级算法和模型进行数据分析。同时，项目还鼓励读者掌握更多样化的数据可视化技术和工具，以创建更为精细、具有洞察力的数据可视化作品。通过这一系列挑战性任务，读者将能够在实践中显著提升其数据分析与数据可视化的综合能力，从而更有效地从数据中提取有价值的信息和洞见。

项目一

农作物产量分析

项目目标

（1）进一步掌握数据编辑的方法。

（2）初步了解数据过滤的概念及方法。

（3）掌握数据钻取的概念方法。

项目描述

根据2022年与2023年部分省市和自治区粮食作物与经济作物的种植面积及产量数据，系统地整理并总结出部分省市在各类作物上的种植面积、总产量以及单位面积产量等关键指标。具体要求如下：

（1）学习数据钻取功能，设置钻取目录，得到大区、省份/直辖市/自治区，以及粮食作物/经济作物、各品类农作物分级钻取的数据展示。

（2）统计并展示部分省份/直辖市/自治区主要农产品总产量数据，将这些数据以堆积柱形图图表进行可视化表达。

（3）计算并呈现比较2022年和2023年部分省份/直辖市/自治区主要农产品单位面积产量数据，以多系列柱形图图表进行可视化表达，确保数据的对比清晰且易于理解。

（4）以不同农产品品类单位面积产量占比为统计数据，制作饼图组件，直观展示各品类农产品产量占比情况。

（5）根据这些数据分析与直观的图表展示，清晰地洞察各省市在粮食作物与经济作物种植中的实际表现，并据此对农业政策、种植策略以及资源配置提出有针对性的优化建议。

项目实施

1. 分析思路

1）确定核心指标体系

确定核心指标体系，如图2.1.1所示。

2）分析指标

总产量、播种面积、单位面积产量是农业生产三大核心指标。总产量衡量了农业生产总量，反映经济实力与增长潜力；播种面积则揭示了农作物生产规模及耕地利用程度，是评估农业生产布局与资源配置的关键；单位面积产量则直接体现土地生产能力和农业生产效率，是衡量农业生产工作质量的重要指标。这三大指标相互关联，共同描绘出农业生产的全面图景，为政府决策、农业生产结构调整及资源优化提供了重要依据，助力实现农业可持续发展，提升农业生产效益与竞争力，因此，本项目作为基础分析，以总产量和单位面积产量作为分析指标，如图2.1.2所示。

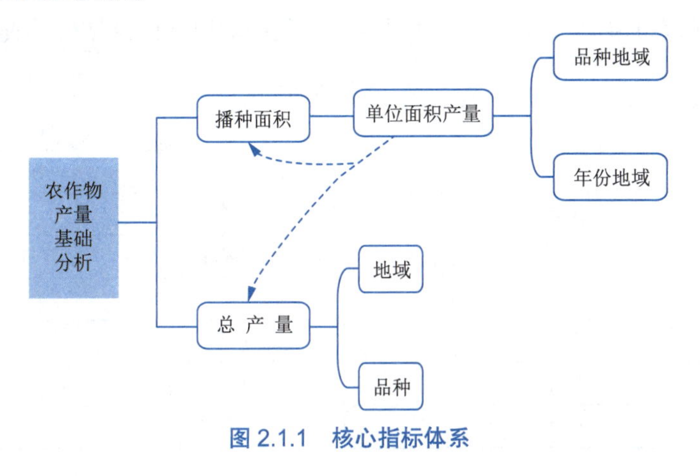

图 2.1.1　核心指标体系

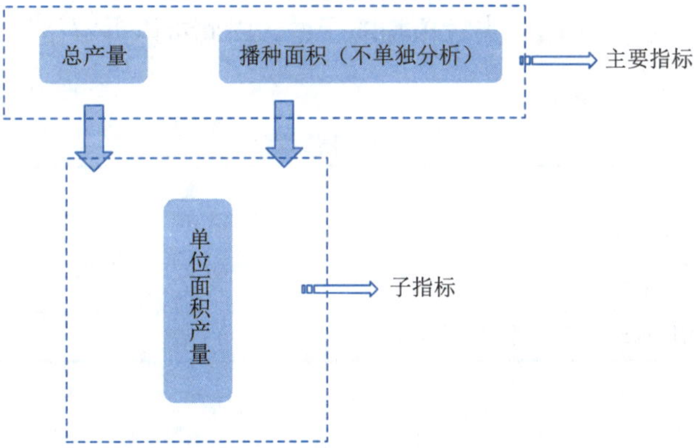

总产量
播种面积（不单独分析）
主要指标
单位面积产量
子指标

图 2.1.2　主要指标

知识详解：

（1）单位面积产量：单位面积产量，又称为收获率或单产，是指在一定土地面积上所收获的农产品数量。这个指标通常以每公顷或每亩的产量来表示，用于衡量土地的生产能力和农业生产效率。它是综合反映土地生产能力和农业生产工作质量的重要指标，对于评估农业生产效益、优化农业资源配置及制定农业政策具有重要的参考价值。

（2）总产量：总产量是指在一定时期内（通常为一季或一年），某个地区或某个农业生产单位所生产的全部农产品的总量。这个总量通常以重量、数量或货币价值来衡量，反映了农业生产的总体规模和产出水平。总产量是衡量农业生产活动总量和农业生产水平的重要指标之一，对于评估农业生产效益、制定农业政策和规划农业生产具有重要意义。

2. 数据准备

1）数据源说明

本案例数据由国家统计局年度公开数据整理生成。

2）数据表含义

通过对原数据表的结构化了解，得出原始数据表中对应字段及结构见表2.1.1。

表 2.1.1　原始数据表结构

字　段　名	字 段 结 构	备　　注
年份	文本	分组依据
一级分类	文本	
二级分类	文本	有空值，不完整
三级分类	文本	
地区	文本	
播种面积（千公顷）	数值	有空值，不完整
总产量（万吨）	数值	有空值，不完整

3. 指标定义

本例的分析目标是各省市的各类种植物的产量，由此可以拆解指标为以下几个指标，见表2.1.2。

表 2.1.2　指标定义

指　　标	定　　义
播种面积	原始字段
总产量	原始字段
单位面积产量	由播种面积、总产量指标共同获得

4. 数据处理

1）数据脱敏

本例数据公开，不涉及隐私内容，不需要做相关脱敏处理。

2）数据表及内容

根据分析框架，梳理出所需数据包含：年份、一级分类、二级分类、三级分类、大区、省份/直辖市、播种面积、总产量、单位面积产量。

3）创建分析主题

操作步骤：

连接FineBI服务器并进入分析工作窗口后，在“我的分析”→“分析项目”文件夹中创建一个分析主题，在“选择数据”对话框完成Excel数据表连接，再将该分析主题重命名为“农作物产量基础分析”，如图2.1.3所示。

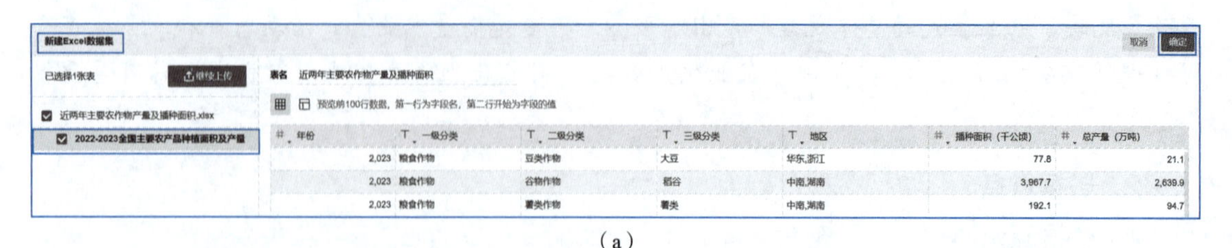

（a）

图 2.1.3　连接数据库并修改分析主题名称

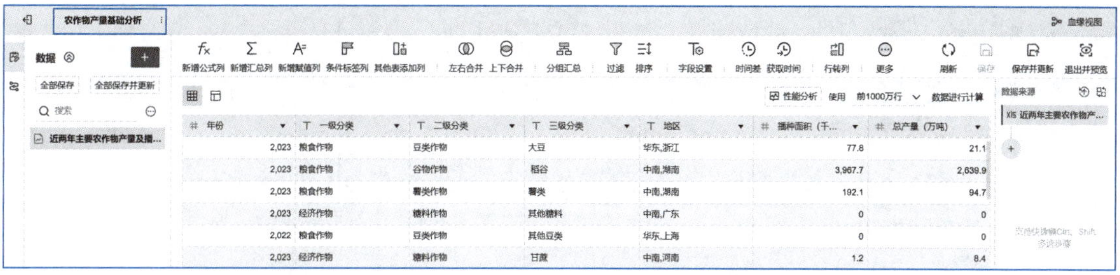

（b）

图 2.1.3　连接数据库并修改分析主题名称（续）

4）数据表及关联逻辑，建立自主数据集

本案例是单表数据，所以不需要处理表的关联逻辑，也无须创建自主数据集。导入指定的Excel表后，就完成了数据的连接。

5）数据清洗及加工

操作步骤：

步骤1 单击窗口上方“删除重复行”按钮，选择去重字段为“一级分类、二级分类、三级分类、地区”，删除多余重复的数据，如图2.1.4所示。（数据总数将从993条变为992条）

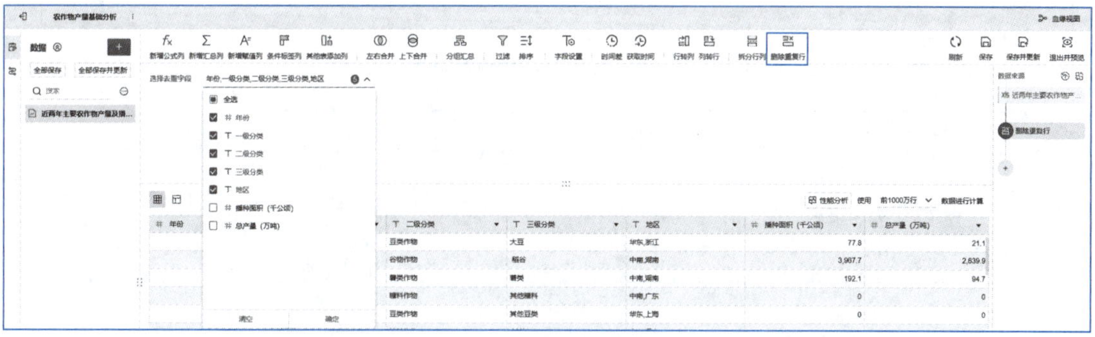

图 2.1.4　设置去重字段

步骤2 “播种面积”字段中存在空值数据，为了不影响数据的计算，需要将空值设置为数值“0”。单击窗口上方的“新增公式列”按钮，在弹出的“新增公式列”对话框中输入公式“IF(播种面积（千公顷）=null,0,播种面积（千公顷）*1000)”，如图2.1.5所示。在新增列将重置空值为0，同时将原有的数据单位转换为公顷。

步骤3 使用相同的方法，增加公式列，输入公式“IF(总产量（万吨）=null,0,总产量（万吨）*10000*1000)”，利用该公式将原有的总产量中空值设置为0，同时将原有的数据单位转换为公斤（国际标准单位为千克）。

步骤4 单击窗口上方的“字段设置”按钮，将原有的“总产量”（万吨）和“播种面积（千公顷）”字段前的复选框勾选取消，不在数据列中显示，如图2.1.6（a）所示，最终结果如图2.1.6（b）所示。

步骤5 再新增公式列，重命名为“主要农产品单位面积产量（公斤/公顷）”，并输入公式“IF(主要农产品播种面积（公顷）=0,0,主要农产品总产量（公斤）/主要农产品播种面积（公顷）)”，完成单位面积产量的计算，如图2.1.7所示。

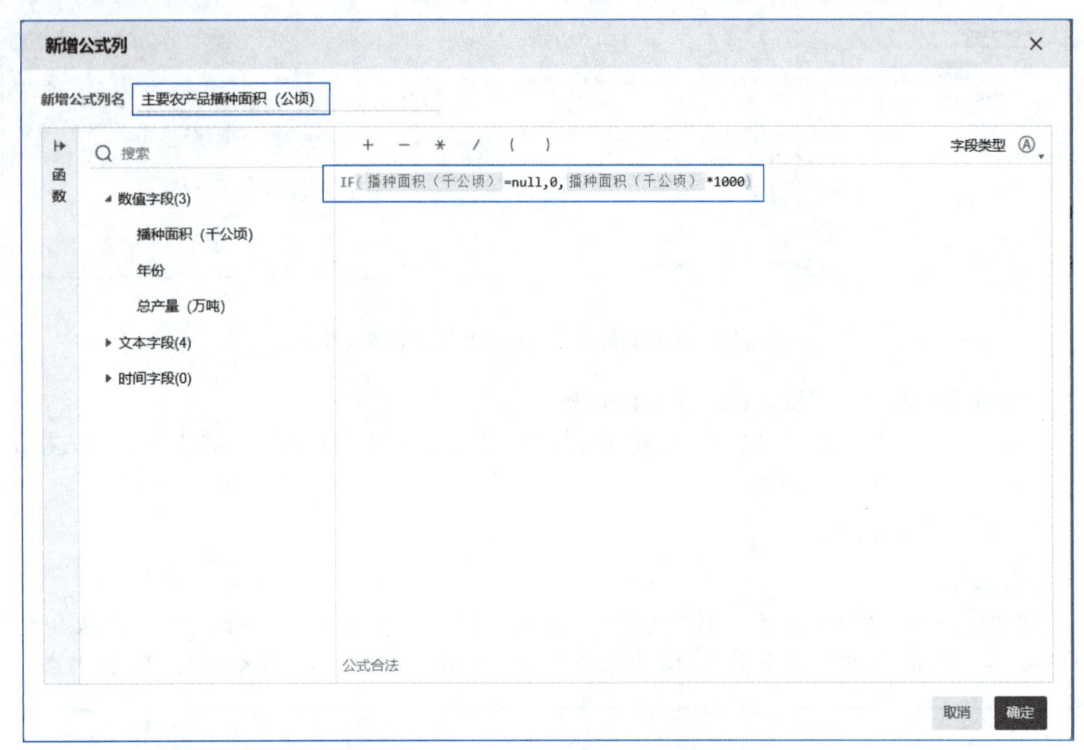

图 2.1.5 新增“主要农产品播种面积”公式列

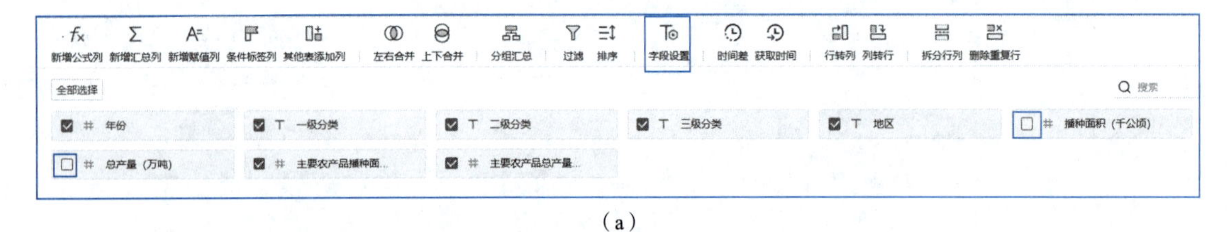

（a）

（b）

图 2.1.6 隐藏“总产量”（万吨）和“播种面积（千公顷）”字段

图 2.1.7　新增"主要农产品单位面积产量（公斤 / 公顷）"公式列

步骤6　单击窗口中的"拆分行列"按钮，在按钮下方出现的属性中设置"选择字段"为"地区"，拆分方式选择","的"按分隔符"方式，拆分成"列"，拆分结果为"前N个列"设置为2，如图2.1.8（a）将"地区"字段拆分为"地区-1"和"地区-2"两个字段，因此，地区就可以拆分为大区及具体行政省市，最终结果如图2.1.8（b）所示。

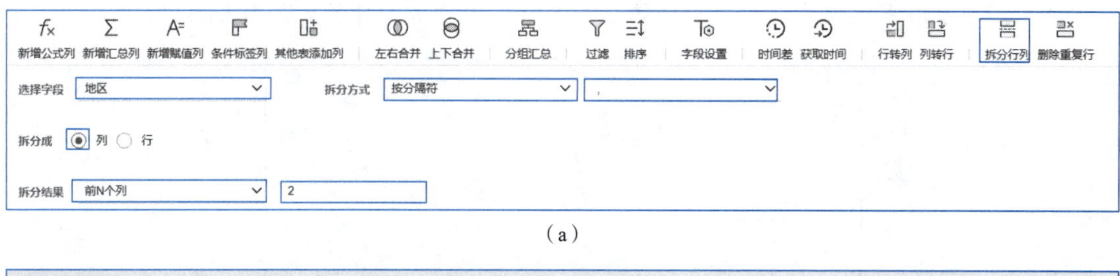

（a）

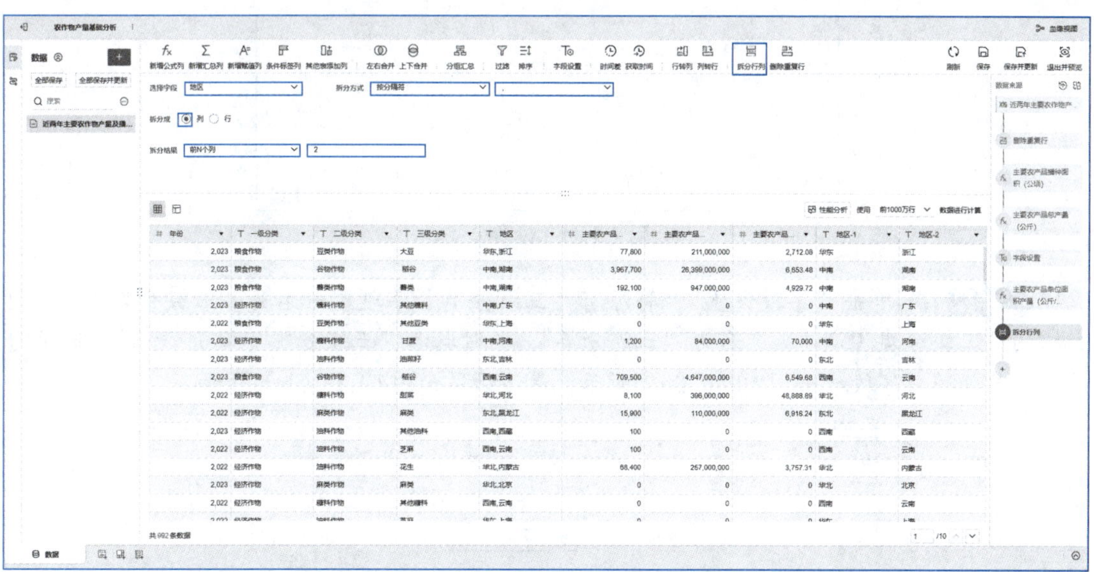

（b）

图 2.1.8　拆分"地区"列

步骤7 单击“字段设置”按钮，将原有字段“地区”前的复选框勾选取消，同时修改拆分列产生“地区-1”和“地区-2”字段的字段名为“大区”和“省份/直辖市”，如图2.1.9所示。

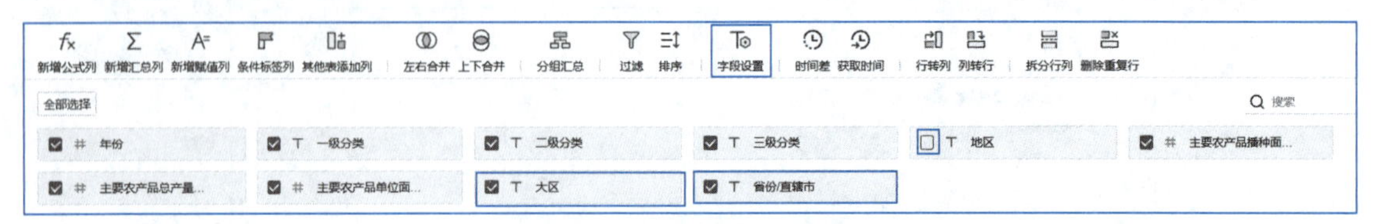

图 2.1.9 修改字段属性

步骤8 此处的年份数据不用参与计算，为便于识别，单击“年份”字段前的“#”，修改“年份”字段的字段属性为“文本”类型，如图2.1.10所示。

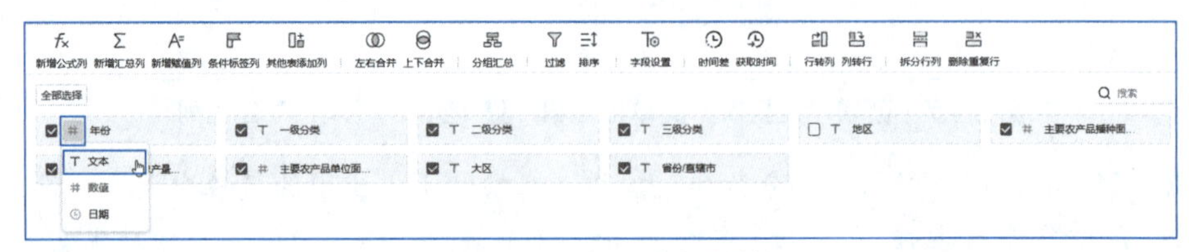

图 2.1.10 修改字段属性

步骤9 单击“新增公式列”，重命名为“三级分类（新）”，并输入公式“TRIM(三级分类)”，去除该字段中原有文字首尾的空格，以免影响后续计算，如图2.1.11所示。

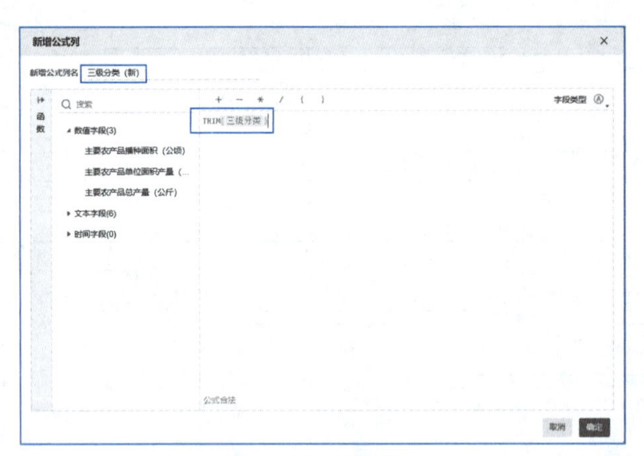

图 2.1.11 设置公式

步骤10 单击“字段设置”，将原有“三级分类”字段重命名为“三级分类（旧）”，新增的“三级分类（新）”重名为“三级分类”，同时取消“三级分类（旧）”前的复选框勾选，以此隐藏该字段，如图2.1.12（a）所示，最终结果如图2.1.12（b）所示。

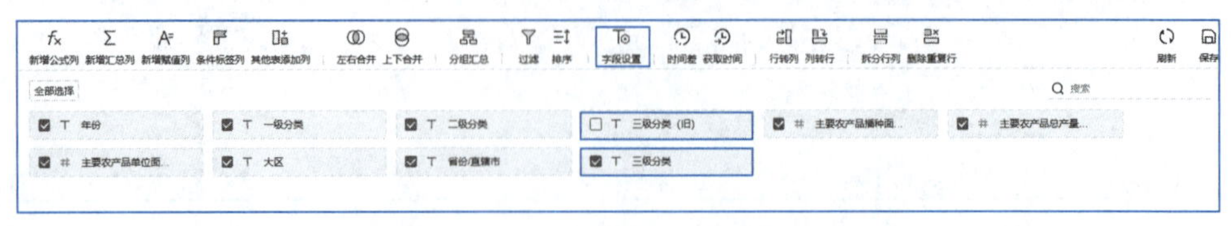

（a）

图 2.1.12 修改字段属性

农作物产量基础分析

新增公式列　新增汇总列　新增赋值列　条件标签列　其他表添加列　左右合并　上下合并　分组汇总　过滤　排序　字段设置　时间差　获取时间　行转列　列转行　拆分行列　删除重复行　刷新　保存　保存并更新　退出并预览

数据　全部保存　全部保存并更新　近两年主要农作物产量及播...

全部选择　年份　一级分类　二级分类　三级分类（旧）　主要农产品播种面...　主要农产品总产量...　主要农产品单位面...　大区　省份/直辖市　三级分类

性能分析　使用　前1000万行　数据进行计算

年份	一级分类	二级分类	主要农产品播...	主要农产品总产...	主要农产品单...	大区	省份/直辖市	三级分类
2023	粮食作物	豆类作物	77,800	211,000,000	2,712.08	华东	浙江	大豆
2023	粮食作物	谷物作物	3,967,700	26,399,000,000	6,653.48	中南	湖南	稻谷
2023	粮食作物	薯类作物	192,100	947,000,000	4,929.72	中南	湖南	薯类
2023	经济作物	糖料作物	0	0	0	中南	广东	其他糖料
2022	粮食作物	豆类作物	0	0	0	华东	上海	其他豆类
2023	经济作物	糖料作物	1,200	84,000,000	70,000	中南	河南	甘蔗
2023	经济作物	油料作物	0	0	0	东北	吉林	油菜籽
2023	粮食作物	谷物作物	709,500	4,647,000,000	6,549.68	西南	云南	稻谷
2022	经济作物	糖料作物	8,100	396,000,000	48,888.89	华北	河北	甜菜
2022	经济作物	麻类作物	15,900	110,000,000	6,918.24	东北	黑龙江	麻类
2023	经济作物	油料作物	100	0	0	西南	西藏	其他油料
2022	经济作物	油料作物	100	0	0	西南	云南	芝麻
2022	经济作物	油料作物	68,400	257,000,000	3,757.31	华北	内蒙古	花生
2023	经济作物	麻类作物	0	0	0	华北	北京	麻类
2022	经济作物	糖料作物	0	0	0	西南	云南	其他糖料

共992条数据　1 /10

数据来源　近两年主要农作物产...　删除重复行　主要农产品播种面积（公顷）　主要农产品总产量（公斤）　字段设置　主要农产品单位面积产量（公斤/...　拆分行列　字段设置　三级分类（新）　字段设置

数据　按地区分析不同农产品总量　按品种分析不同地区农产品单位...

（b）

图 2.1.12　修改字段属性（续）

步骤 11　单击窗口右上角的“保存并更新”按钮，完成数据的处理，如图2.1.13所示。

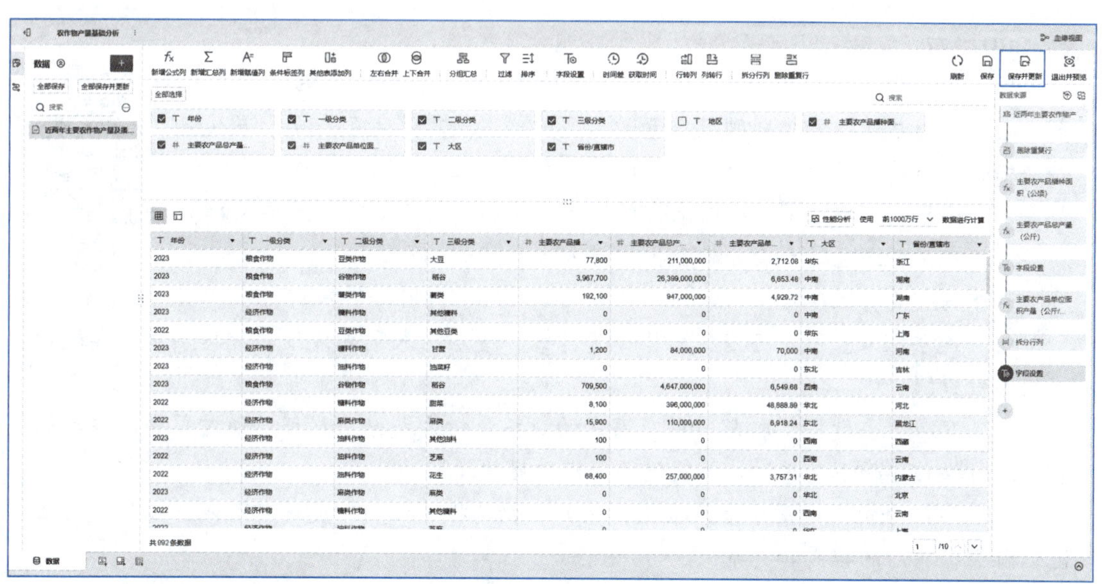

图 2.1.13　保存并更新

5. 数据展现

1）制作组件

根据观测指标，将完成以“总产量”为指标按照地区维度进行分析（2023年）、以不同的农作物品类单位面积产量为指标按照地区进行分析（2023年）、依据单位面积产量为指标按照地区和年份进行分析，数据范围较广，且有比较的趋势，因此在选择组件时使用“堆积柱形图”“饼图”“多系列柱形图”实现分析。

操作步骤：

步骤 1　以“总产量”为指标按照地区维度进行分析（2023年）。单击窗口下方的“添加组件”按钮，生成一个组件窗口。在待分析区域，单击“省份/直辖市”字段后面的下拉按钮，在展开的下拉菜单中选择“创建钻取目录”命令，如图2.1.14所示。钻取目录的默认名称就是选择的字段名，可以按照需求修改，此处维持默认设置即可，如图2.1.15所示。

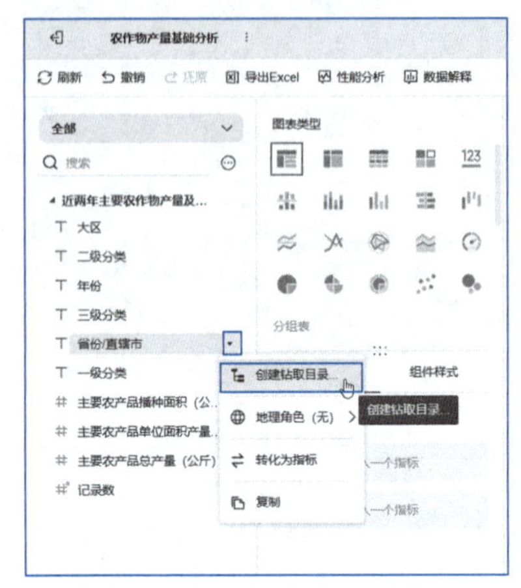

图 2.1.14　创建钻取目录

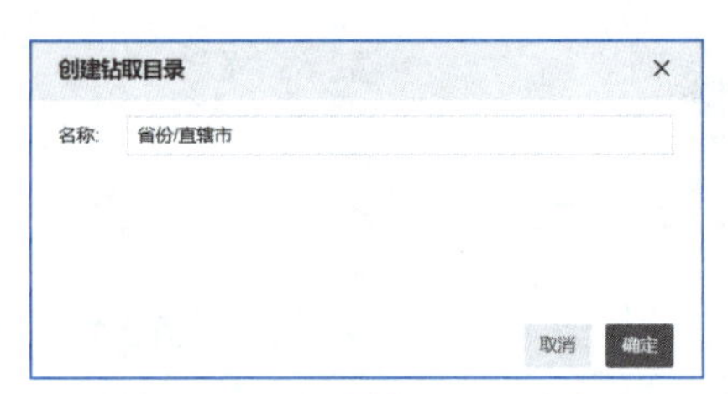

图 2.1.15　创建钻取目录的名称

知识详解：

钻取：钻取是一种在数据分析和报表中深入探查详细信息的交互式技术。它允许用户从汇总级别的数据开始，通过单击或其他交互手段，深入到更详细的数据层次，以便更全面地了解特定数据的上下文和详细信息。也就是说，允许用户可以了解一个报表内的不同层次的信息。定义不同层次的信息，这些定义方式也代表着分析数据构建方法。

钻取的主要特点包括：

（1）逐层深入：用户可以从总体概览开始，逐层深入到更详细的数据层次，实现数据的逐步拆解。

（2）交互性：数据钻取是一种交互式的数据分析方式，用户可以通过单击、滚动等方式进行操作，而不是被动地被提供已经汇总好的结果。

（3）多维分析：适用于多维数据，用户可以选择关注的维度进行深入，以便更全面地理解数据背后的模式和关系。

（4）实时性：提供实时数据查看，用户能够立即看到细节数据，快速响应变化和发现新的见解。

（5）定制化：数据钻取通常支持用户定制化的需求，使其能够选择关注的指标、维度，以及希望深入查看的特定数据。

数据钻取对于深入理解数据、发现潜在趋势和异常，以及进行更精准的决策都非常有帮助。

在报表和数据可视化工具中，数据钻取为用户提供了更高层次的数据探索和分析能力。

步骤2　将“一级分类”“二级分类”“三级分类”分别拖动到刚刚创建的“省份/直辖市”目录内部，形成主次关系，如图2.1.16所示。

知识详解：

按钻取的设置方法，可以分为三种：

（1）地图钻取：在地图组件上进行钻取。

（2）日期钻取：对日期维度进行钻取，如实现【年-月-日】的下钻。

（3）普通钻取：除以上两种条件的所有钻取都是普通钻取情况。

钻取是改变维的层次、变换分析的粒度。它包括向上钻取和向下钻取。设置钻取时，默认是向下钻取，如果要上钻时，只需要在钻取顺序固定的情况下，把钻取目录的顺序颠倒即可。即，选择钻取目录中顶层的字段，按住鼠标左键不放，如图2.1.17（a）所示，拖动字段到钻取目录下方，如图2.1.17（b）所示，在窗中钻取的方向就颠倒了。本例按照默认顺序即可。

在分析主题模型中设置了关联的多张表，可实现跨表钻取。

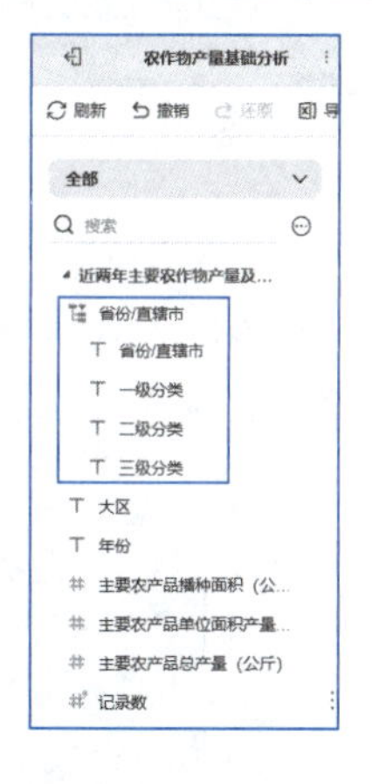

图 2.1.16　创建钻取关系

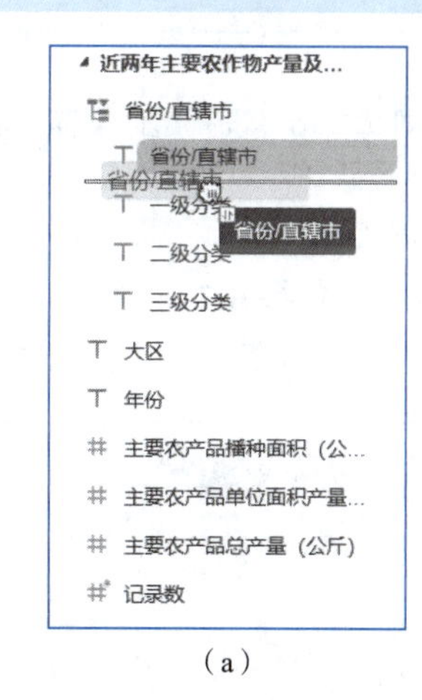

（a）

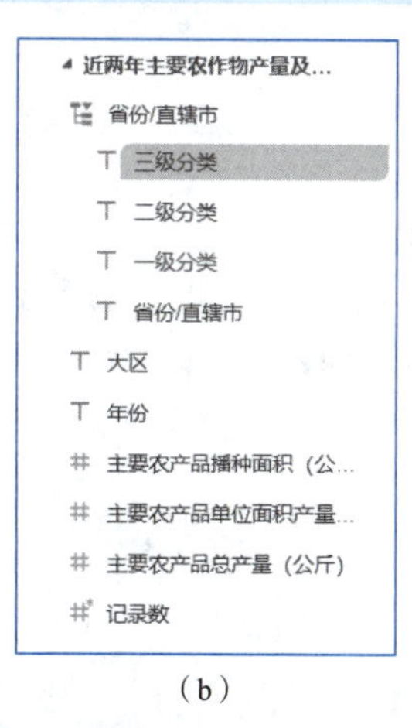

（b）

图 2.1.17　调整钻取关系（上钻）

步骤3　将钻取目录拖动到横轴，主要农产品总产量拖动到纵轴，如图2.1.18（a）所示，并在图表区域单击“堆积柱形图”按钮，如图2.1.18（b）所示。

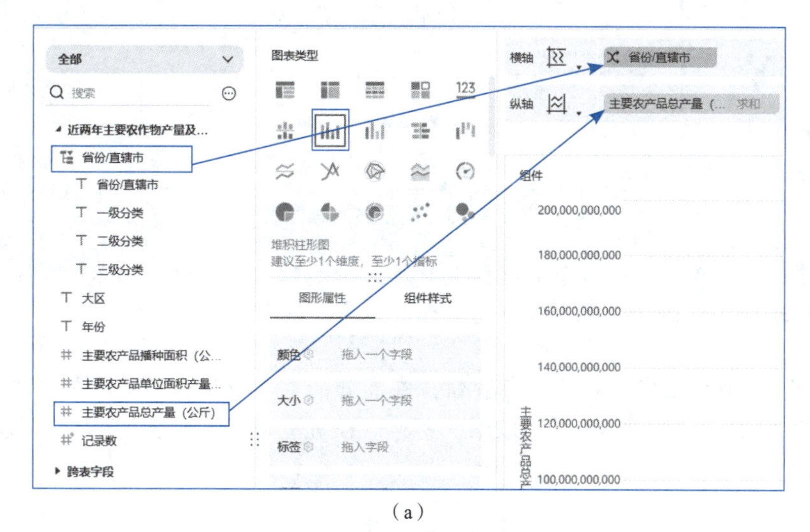

（a）

图 2.1.18　设置组件维度和指标

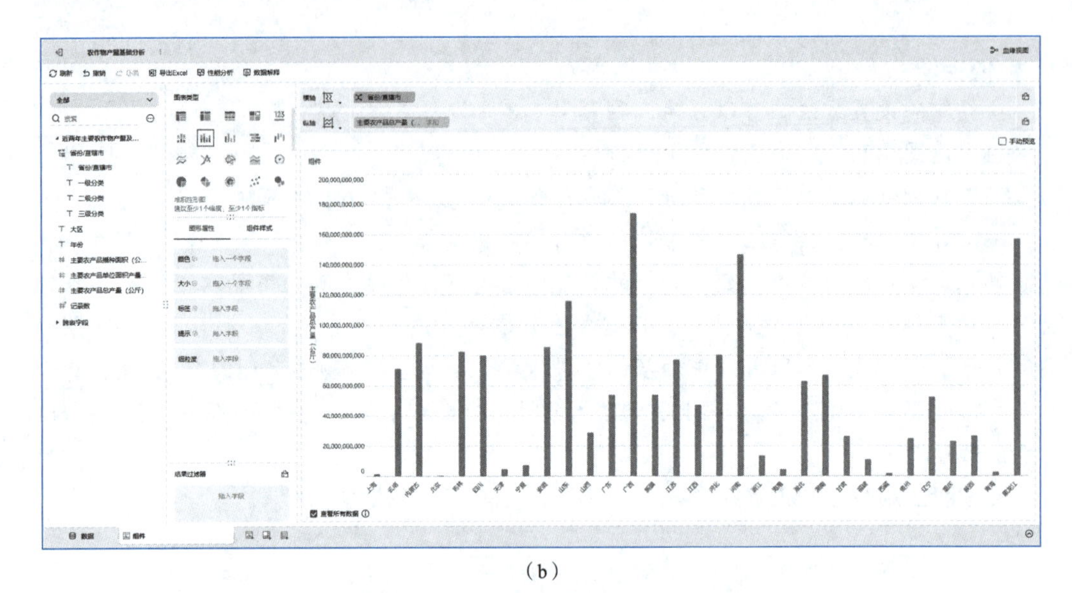

（b）

图 2.1.18　设置组件维度和指标（续）

知识详解：

（1）单击横轴钻取字段后下拉按钮，在展开的下拉菜单中选择“钻取顺序”命令，可以设置钻取顺序为“固定”或“不固定”，系统默认为“固定”，如图2.1.19所示。

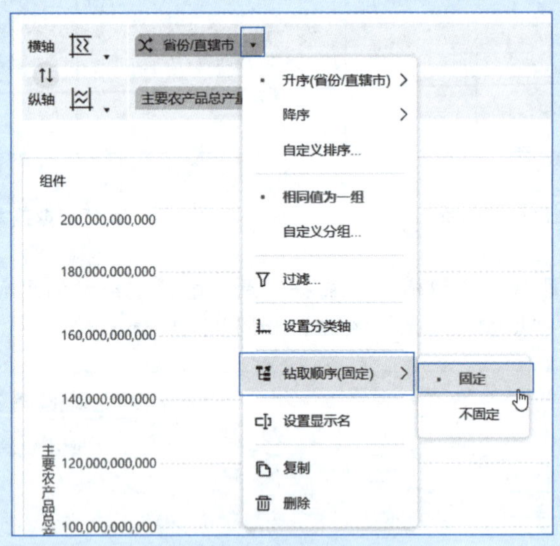

图 2.1.19　调整钻取顺序

（2）钻取顺序固定表示在钻取的时候固定按照钻取目录中的字段的顺序钻取。钻取顺序不固定表示钻取时自定义选择下钻字段。

步骤4　单击横轴字段后的下拉按钮，在展开的菜单中选择“降序”→“主要农产品总产量（公斤）（求和）”选项，如图2.1.20所示。设置完成后，预览区域中的数据展示效果如图2.1.21所示。

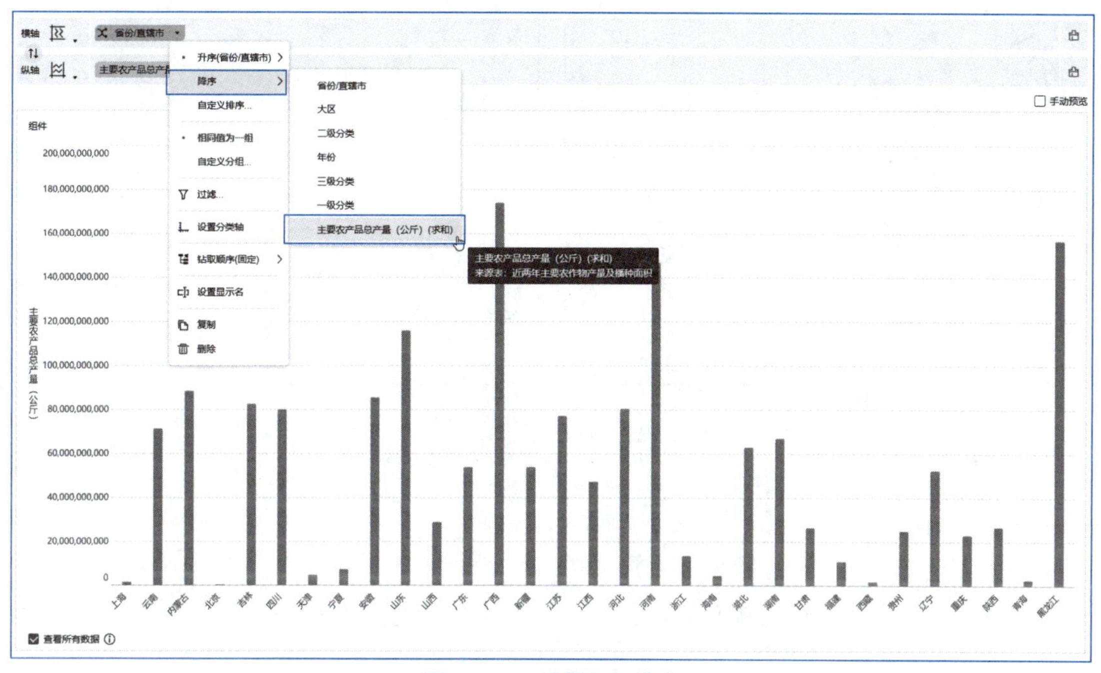

图 2.1.20　设置显示排序

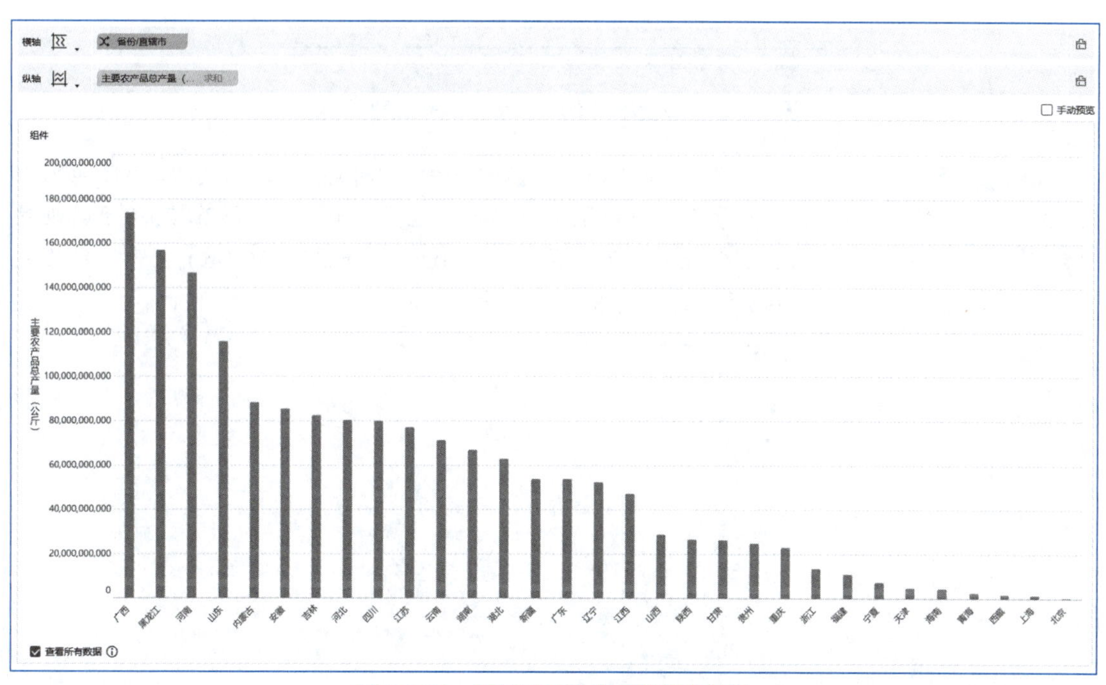

图 2.1.21　设置显示排序后的预览效果

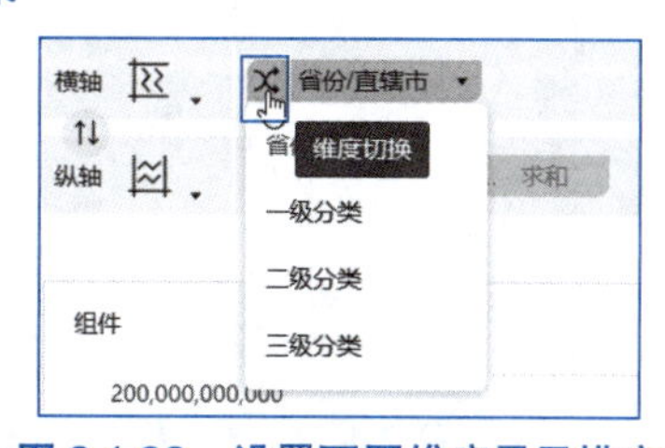

图 2.1.22　设置不同维度显示排序

步骤5　单击横轴字段前的，即可切换维度字段，如图2.1.22所示，切换后可以对切换的维度字段进行设置。依据上述的办法将维度“一级分类”“二级分类”“三级分类”均设置排序为“主要农产品总产量（公斤）（求和）”的降序，分别如图2.1.23所示。

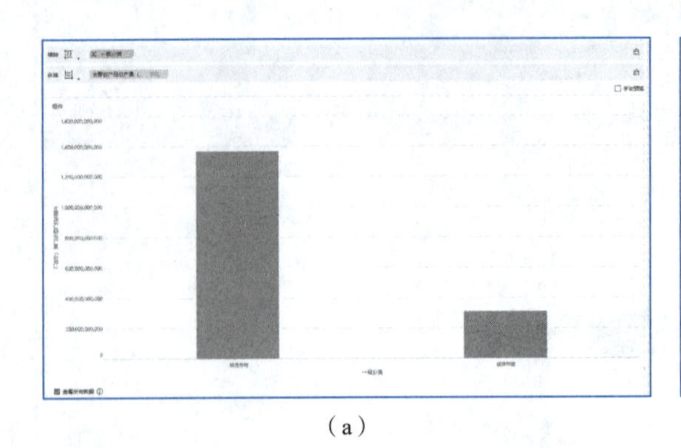

（a）

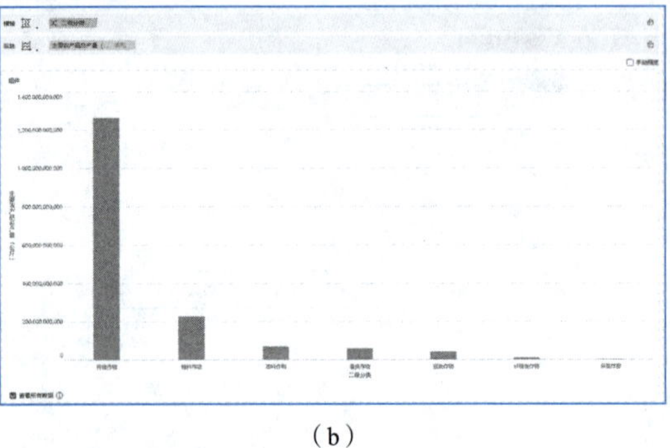

（b）

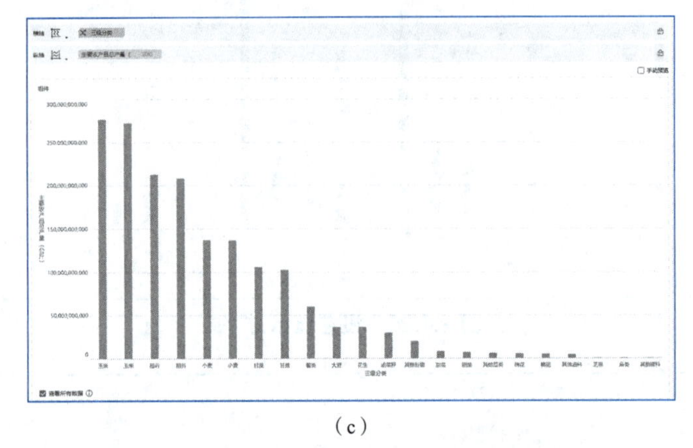

（c）

图 2.1.23　设置不同维度显示排序后的预览效果

步骤 6　将“年份”字段拖动到“结果过滤器”中，如图2.1.24所示，单击过滤器中“年份”字段后的下拉按钮，在展开的下拉菜单中选择“过滤”命令，如图2.1.25所示，设置过滤字段为“年份”，如图2.1.26（a）所示设置值为“2023”，如图2.1.26（b）所示。设置完成后，将该组件命名为“按地区分析不同农产品总量”。

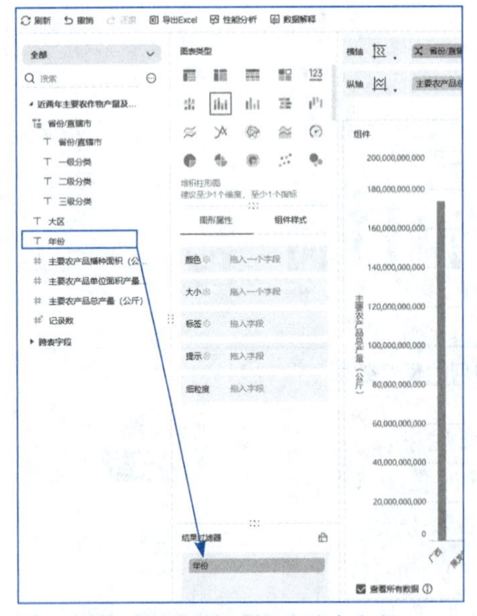

图 2.1.24　设置拖动过滤字段

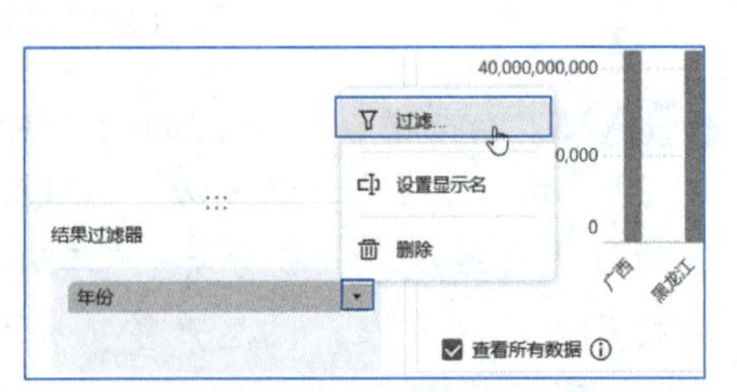

图 2.1.25　设置过滤

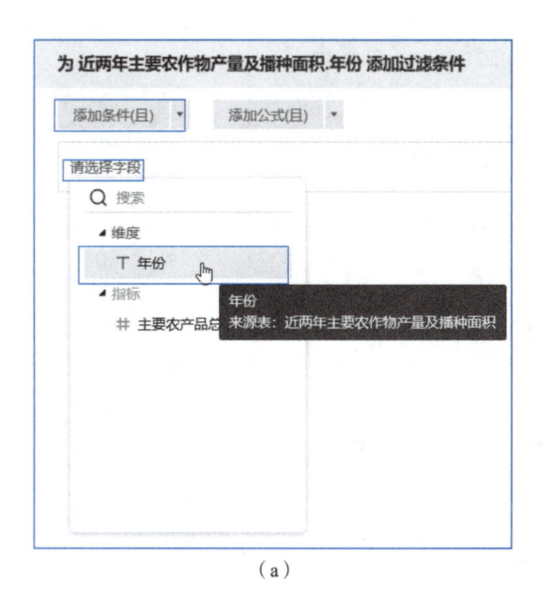

(a)

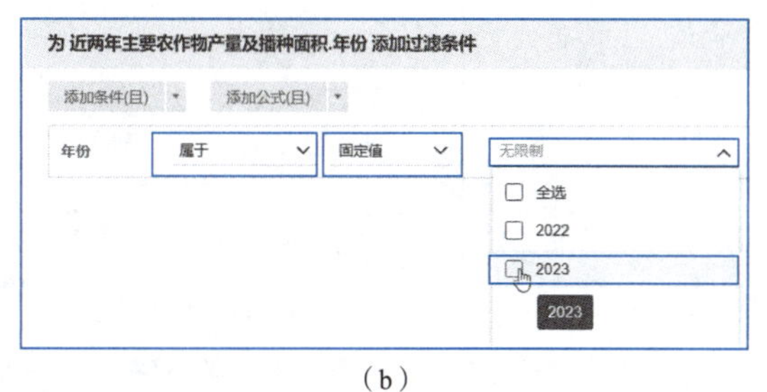

(b)

图 2.1.26　设置过滤属性

知识详解：

数据过滤是一种用于筛选、排除或提取数据集中特定部分的方法。通过数据过滤，用户可以根据特定的条件或规则，从整体数据集中选择符合条件的数据，以满足特定需求或进行进一步的分析。这可以帮助用户聚焦于关注的数据，简化数据集，提高数据分析的效率和准确性。数据过滤可以发生在不同的数据层次和数据类型上，在FineBI中可以在以下几个区域实现数据过滤：

（1）数据集过滤：在编辑数据中，既可以添加过滤步骤，对数据进行完整复杂的过滤，又可以直接单击表头进行简单过滤。

（2）组件过滤器：对组件内设置的过滤条件进行检查与修改，组件中进行的过滤都会出现在过滤器中，方便用户对组件内的过滤进行核查和修改；使用 def 函数计算结果后，再依据 def 值进行明细过滤；当前组件中不参与计算的数据可以使用过滤器筛除。

（3）过滤组件：FineBI 中自带的过滤组件有时间过滤组件、文本过滤组件、数值过滤组件、树过滤组件、复合过滤组件、查询重置组件。在查看仪表板时，可以灵活改变要过滤的值，或者同时对多个组件进行过滤。

微视频

数据交互：过滤组件

步骤7　以不同的农作物品类单位面积产量为指标按照地区进行分析（2023年）。单击窗口底部的“添加组件”按钮，并将当前新增组件重命名为“按品种分析不同地区农产品单位产量”。

步骤8　在待分析区域中单击“三级分类”字段后的下拉按钮，在展开的菜单中选择“复制”命令，复制一个“三级分类”字段，如图2.1.27所示。

步骤9　以当前复制的“三级分类1”字段作为钻取目录，设置钻取目录名称为“三级分类”，将“大区”字段拖动到钻取目录中，再复制一个“省份/直辖市”字段，如图2.1.28所示。再将这个字段拖动到钻取目录底层，如图2.1.29所示。

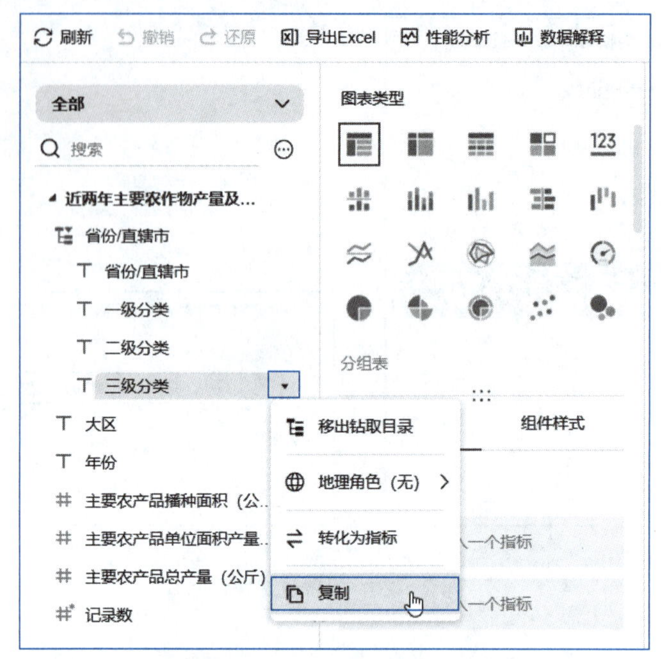

图 2.1.27　复制字段

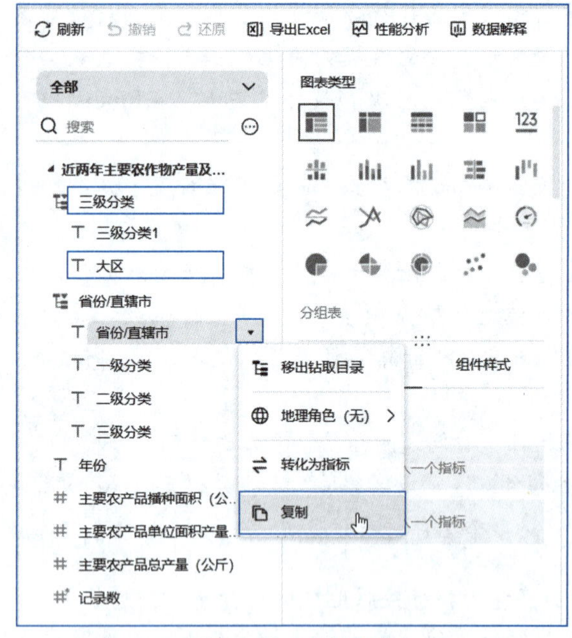

图 2.1.28　复制字段

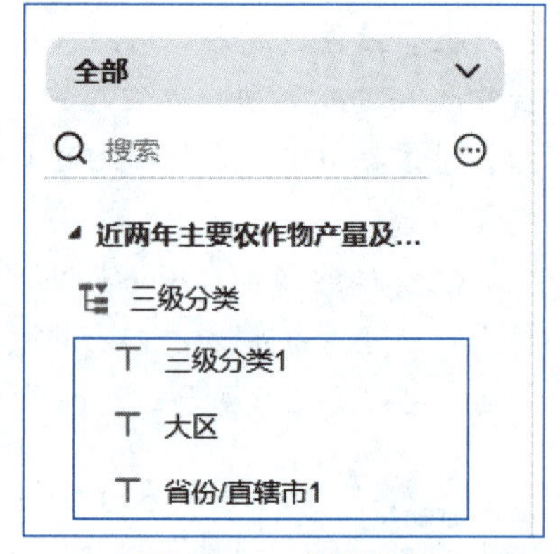

图 2.1.29　钻取顺序

步骤 10 选择图表类型中的“饼图”，然后将钻取目录“三级分类”拖动到“图形属性”选项卡的“颜色”栏，将“主要农产品单位面积产量（公斤/公顷）”字段拖入到“角度”栏中，单击该字段后的下拉按钮，设置“汇总方式”为“平均”，如图2.1.30所示。

步骤 11 将“年份”字段拖入到“结果过滤器”中，并设置过滤值为“2023”，如图2.1.31所示。完成后的效果如图2.1.32所示。

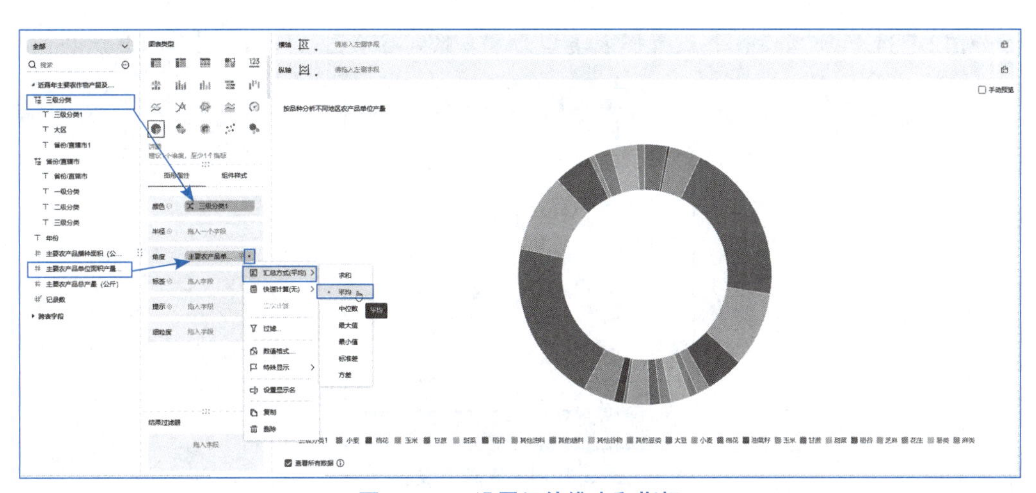

图 2.1.30　设置组件维度和指标

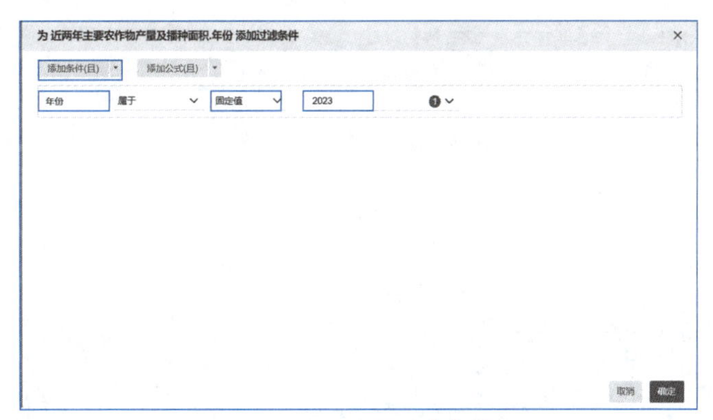

图 2.1.31　设置过滤条件

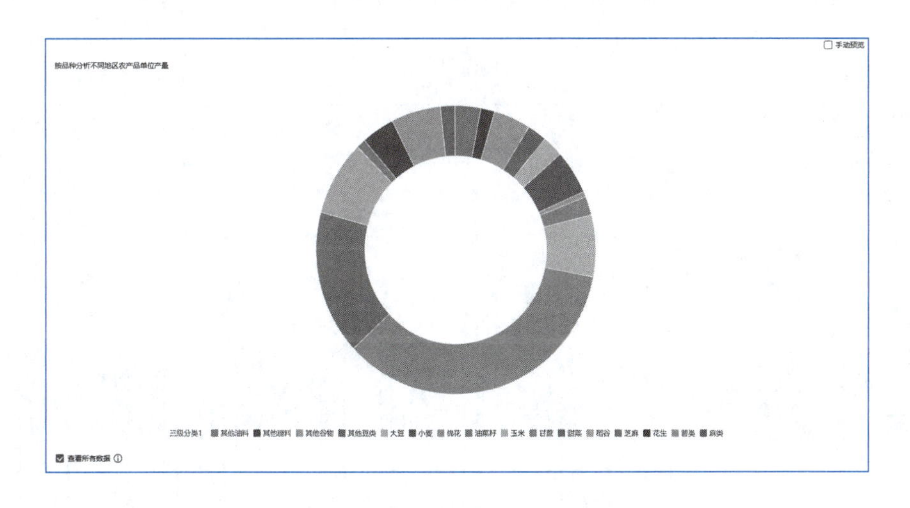

图 2.1.32　组件完成效果

步骤12 单击窗口底部“添加组件”按钮，将新增组件重命名为“分年份分析不同地区单位产量分析”。复制“省份/直辖市”字段，如图2.1.33所示，并将该复制字段和“年份”字段拖动到维度（横轴），“主要农产品单位面积产量（公斤/公顷）”字段拖动到指标（纵轴），如图2.1.34（a）所示，并设置图表类型为“多系列柱形图”，如图2.1.34（b）所示。

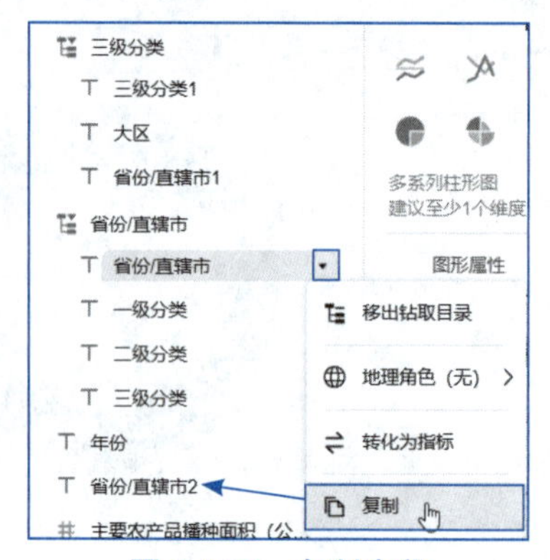

图 2.1.33　复制字段

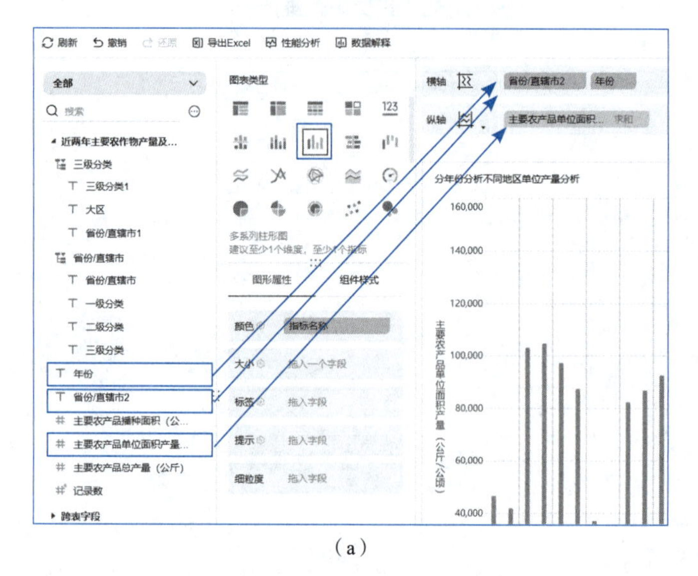

（a）

（b）

图 2.1.34　构建维度与指标

2）组件美化

本表是针对粮食产量分析，属于比较庄重肃穆的事情，因此尽量简约，颜色主色调以灰色、蓝色、红色为基调。

操作步骤：

步骤1 选择“按地区分析农产品总量”组件，在图表配置区，选择“图形属性”→“颜色”后的设置命令，在展开的窗口中设置颜色为棕色，如图2.1.35所示。设置完成后各个钻取级别的效果分别如图2.1.36所示。

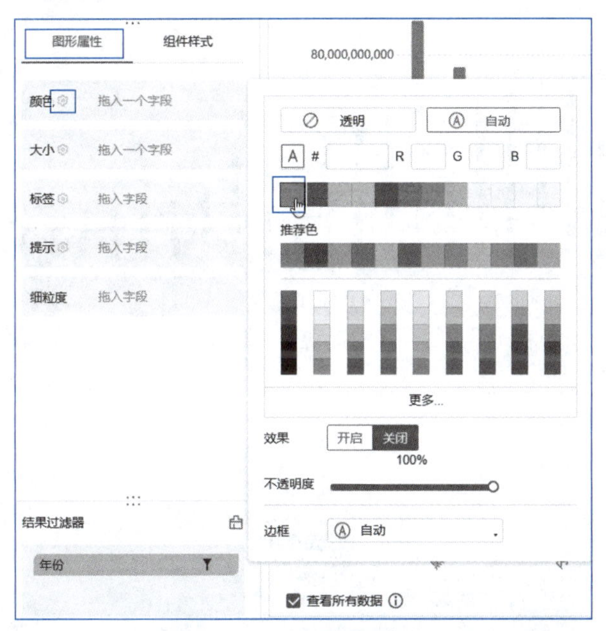

图 2.1.35 设置图形颜色

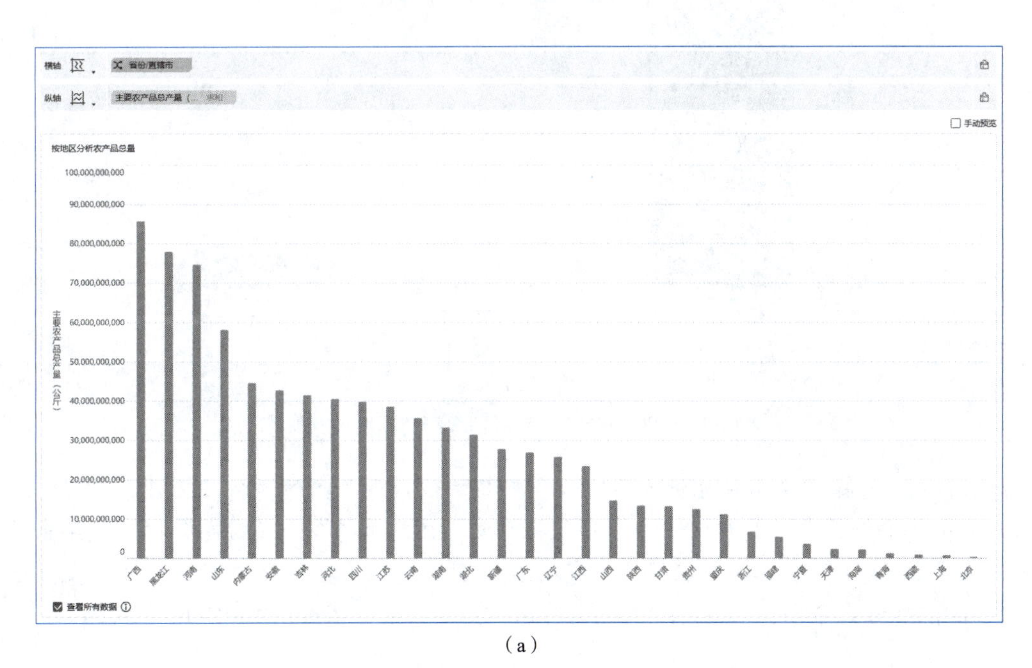

（a）

图 2.1.36 设置图形颜色后各钻取级别预览效果

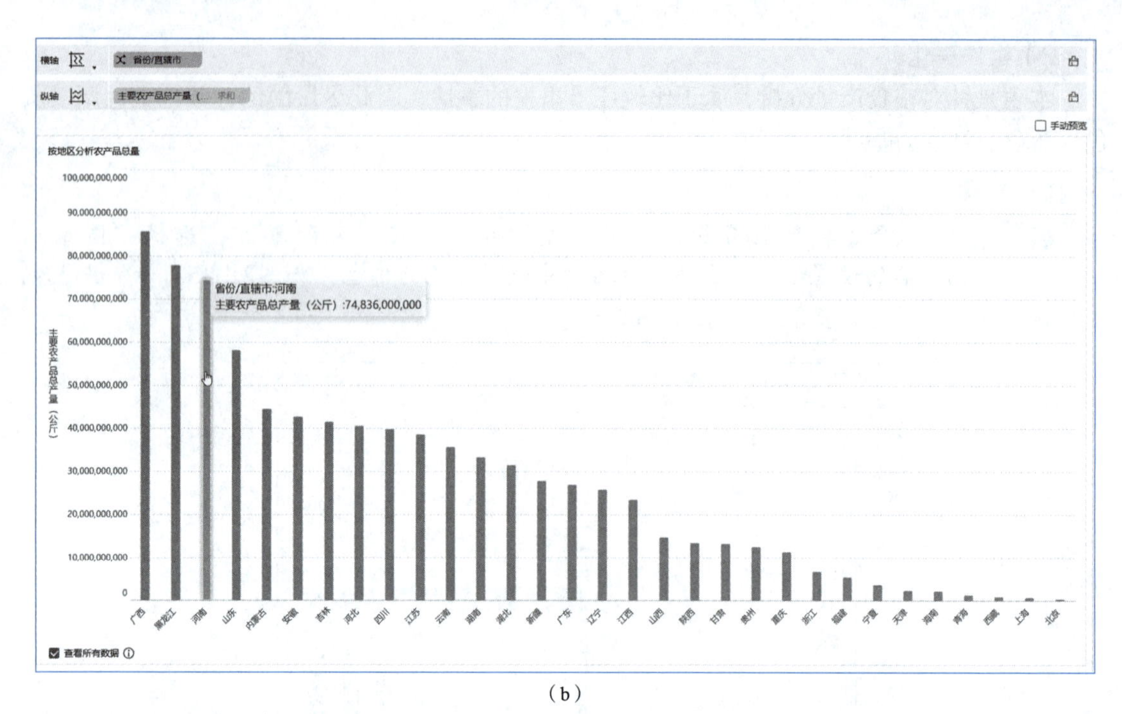

（b）

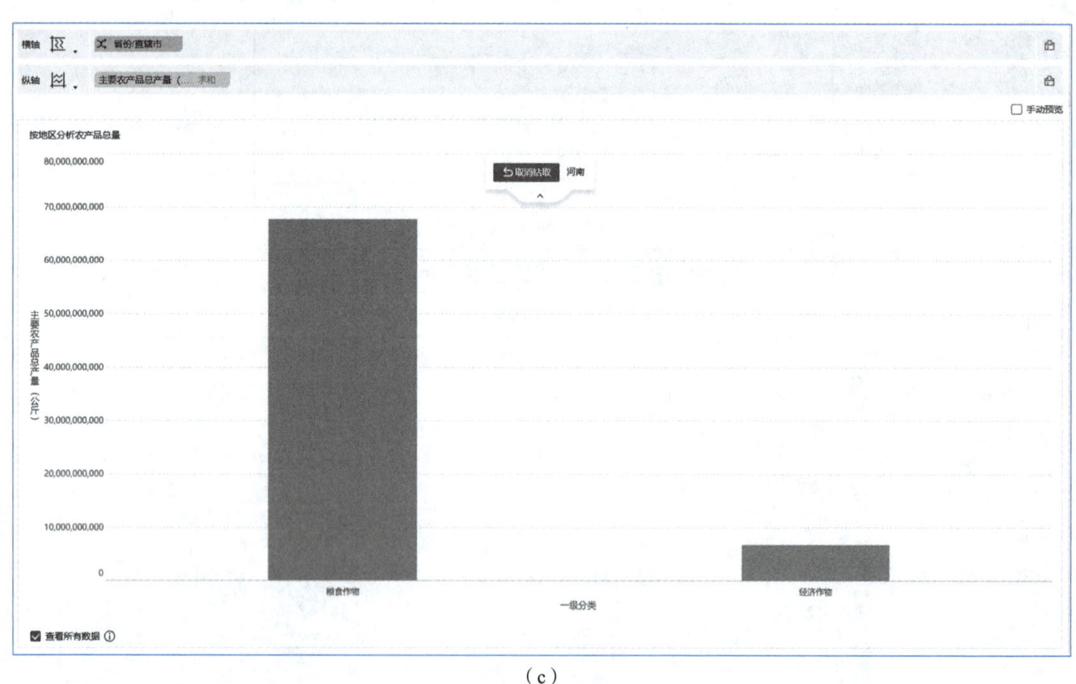

（c）

图 2.1.36　设置图形颜色后各钻取级别预览效果（续）

步骤 2 选择“按品种分析不同地区农产品单位产量”组件，将“三级分类”和“主要农产品单位面积产量（公斤/公顷）”字段拖动到“图形属性”→“标签”栏中，单击“主要农产品单位面积产量（公斤/公顷）”字段后的下拉按钮，在展开的下拉菜单中设置选择“平均”的汇总方式命令，如图2.1.37（a）所示，最终效果如图如图2.1.37（b）所示。

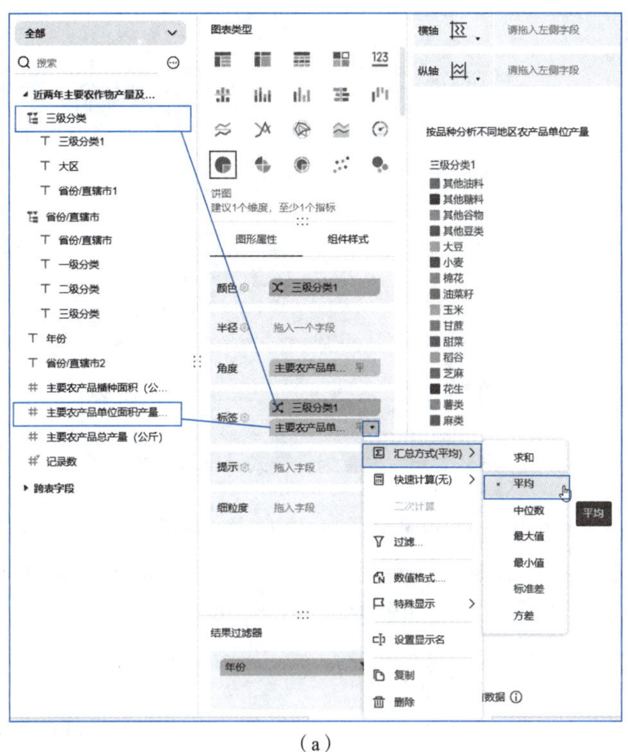

（a）

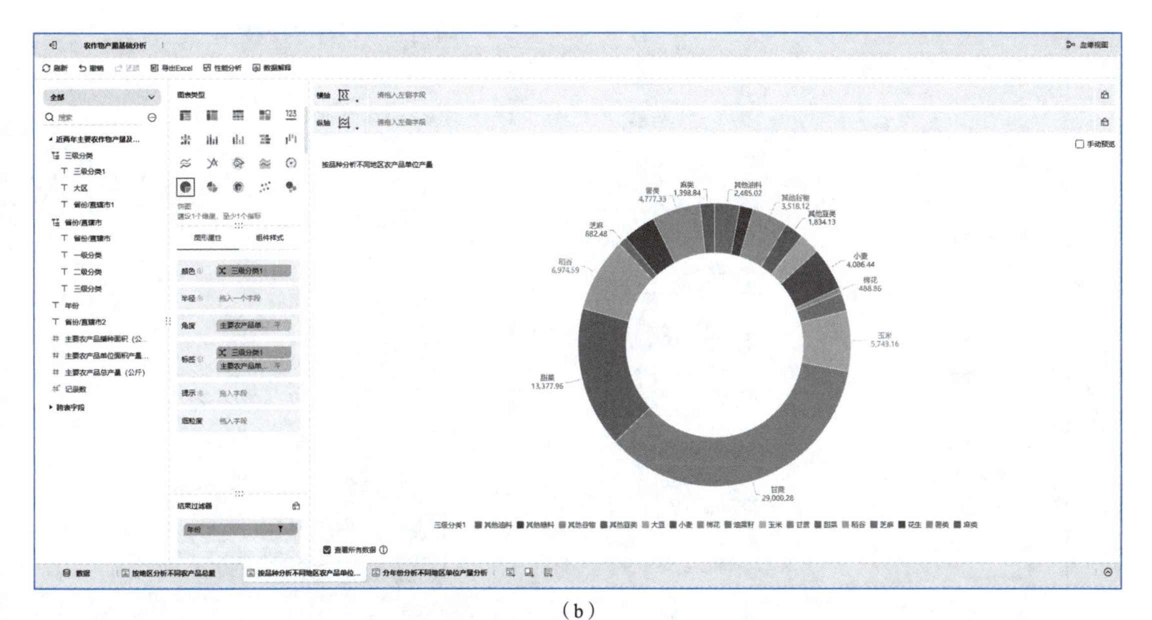

（b）

图 2.1.37　设置图形标签及预览效果

步骤3　选择“组件样式”选项卡，再单击“图例”左侧的三角按钮，在展开的窗口中单击“位置”中的“靠左居上”按钮，设置图例位置，如图2.1.38（a）所示，最终效果如图2.1.38（b）所示。

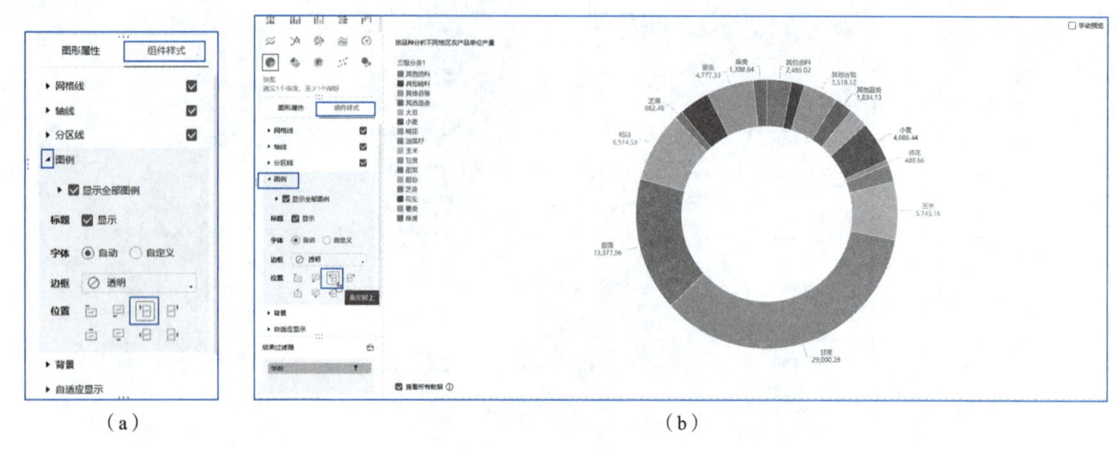

（a）　　　　　　　　　　（b）

图 2.1.38　设置组件样式及预览效果

步骤4　选择“分年份分析不同地区单位产量分析”组件，将“年份”字段拖动到“图形属性”→“颜色”栏中，单击“颜色”栏后的⚙，在展开的窗口中设置“2023”对应的颜色，如图2.1.39（a）所示，最终效果如图2.1.39（b）所示。

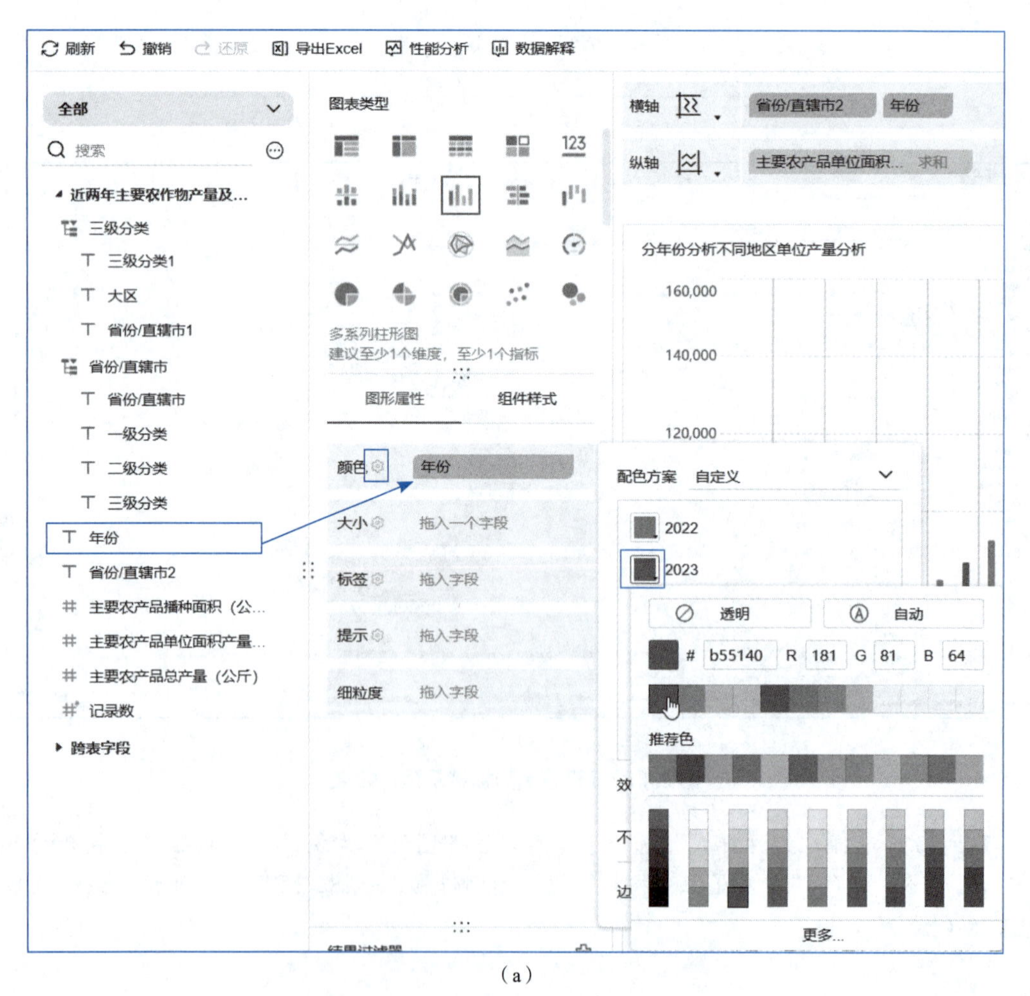

（a）

图 2.1.39　设置组件样式及预览效果

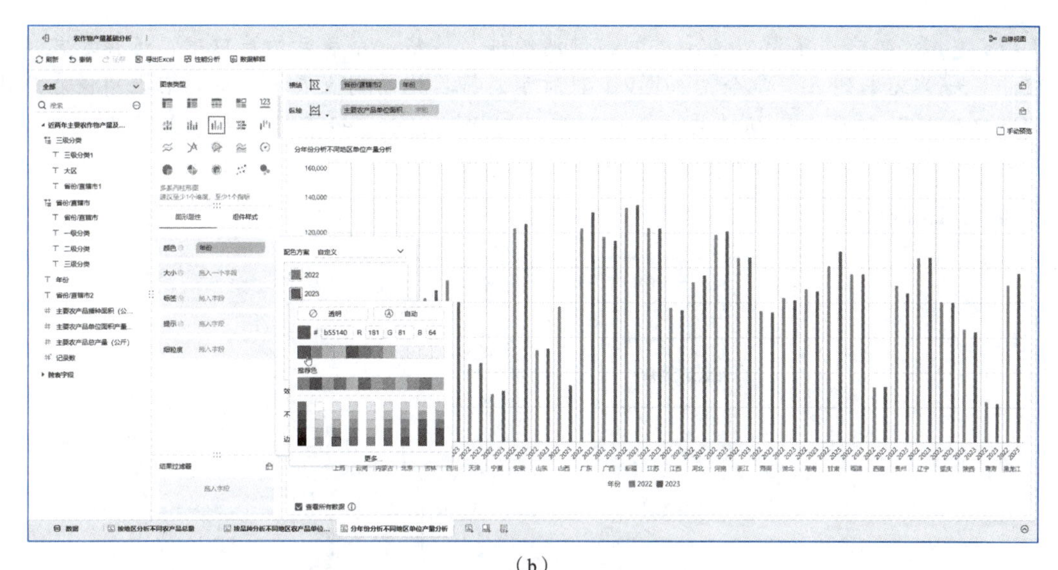

（b）

图 2.1.39　设置组件样式及预览效果（续）

3）制作仪表板

秉承组件配色的主体思想，仪表板以浅色背景为主。主体内容有三个组件，且两个组件涉及横轴数据较多，并有根据图得到的结论，因此，仪表板的构成为三个图形组件和文字组件；为了区别“分年份分析不同地区单位产量”组件的年份，需要设置过滤组件以供查看时选择。

操作步骤：

步骤 1　在窗口的下方单击“添加仪表板”按钮，将三个组件分别拖动到当前仪表板中，同时再拖入五个文本组件，大致布局如图2.1.40所示。

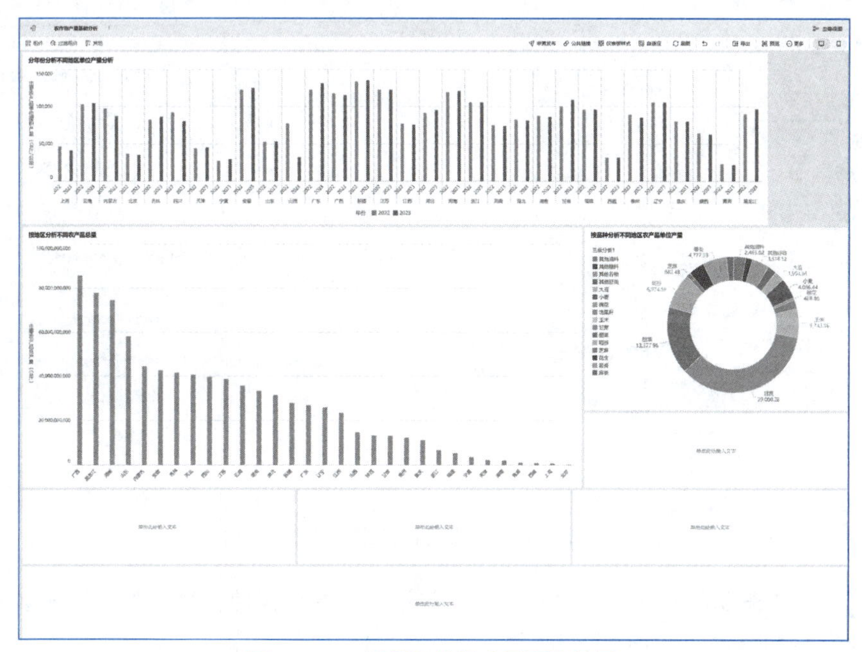

图 2.1.40　设置组件样式及预览效果

步骤2 单击当前窗口左上方的“过滤组件”按钮，在展开的窗口中，选择“文本过滤组件”→“文本列表”命令，如图2.1.41所示，将其拖动到仪表板窗口的右上角，在弹出的“过滤组件”窗口中拖动“三级分类”字段到字段栏中，设置“过滤方式”为“单选”，“控制范围”为“分年份分析不同地区单位产量分析”组件，并设置“其他油料”为默认选项，如图2.1.42所示。

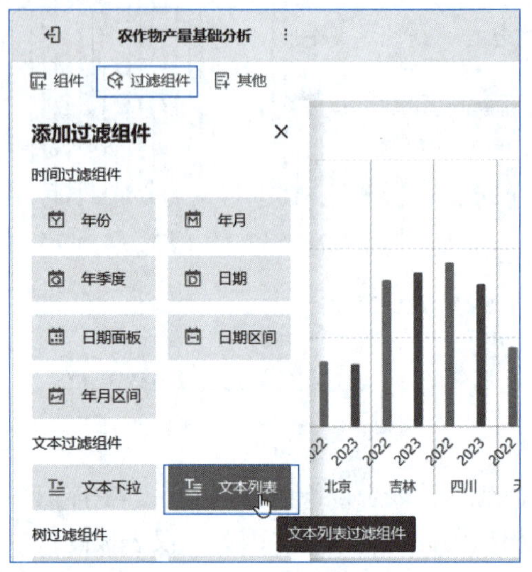

图 2.1.41 选择“文本列表”文本过滤组件

图 2.1.42 设置过滤组件属性

步骤3 单击当前窗口右上方的“更多”按钮，在展开的窗口中展开“开启默认联动”命令，取消默认的联动，如图2.1.43所示。

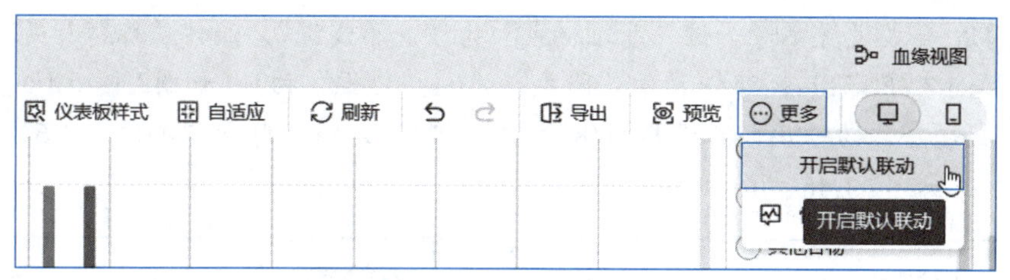

图 2.1.43　关闭联动

步骤4 在对应的文本组件中输入标题，并设置标题效果，参考效果如图2.1.44所示。

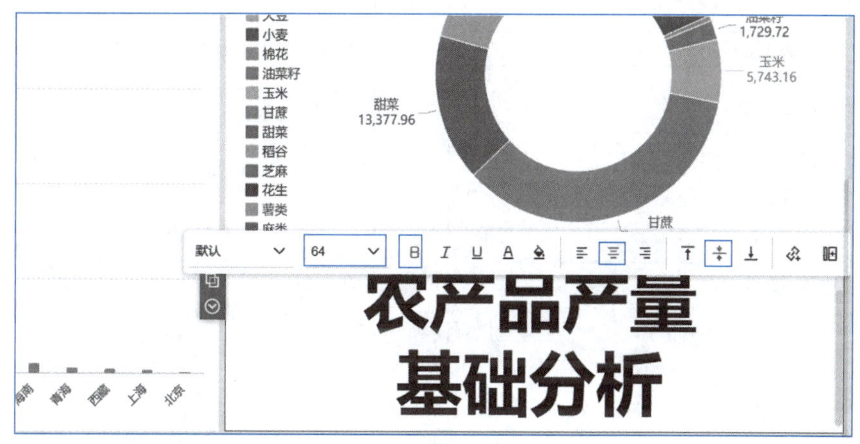

图 2.1.44　标题设置

步骤5 在对应的文本组件中输入图表分析结论。

4）仪表板美化

操作步骤：

步骤1 单击窗口右上角的“仪表板样式”按钮，在展开的窗口中设置仪表板样式，如图2.1.45所示。

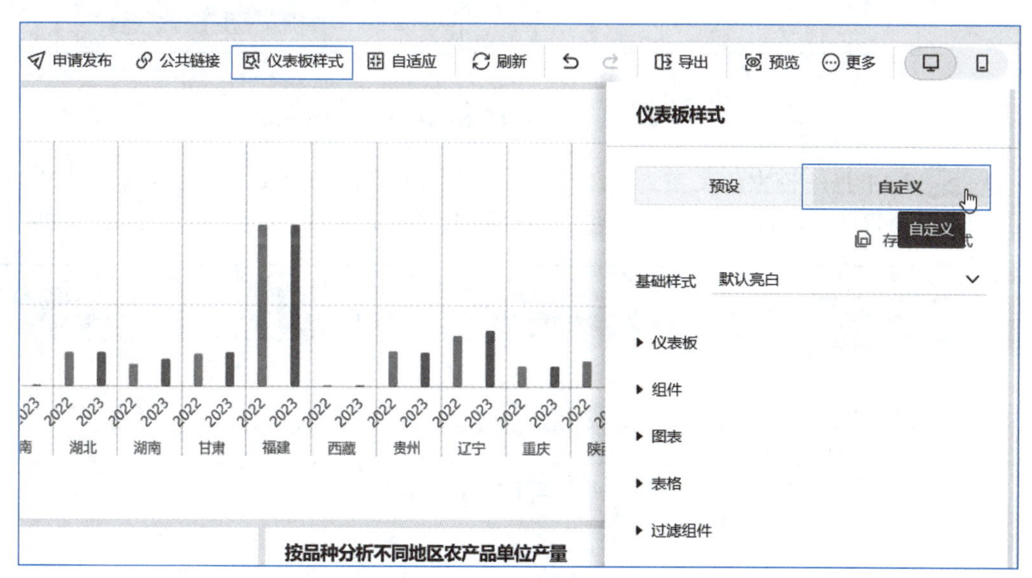

图 2.1.45　仪表板样式定义

步骤2 样式设置参考属性“基础样式”为“淡雅浅绿”，组件“标题背景”为“标题下横线”，标题文字“20”，组件背景“圆角”为6，“边框”为1，如图2.1.46（a）所示；过滤组件文字标题字体为“庞门正道标题体”，文字“16”，组件背景“圆角”为6，“边框”为1，设置参数，如图2.1.46（b）所示。

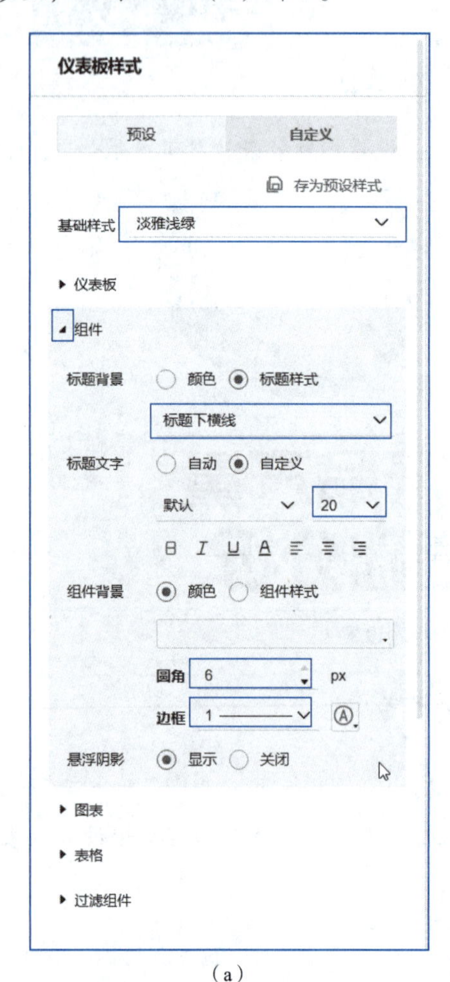

（a）

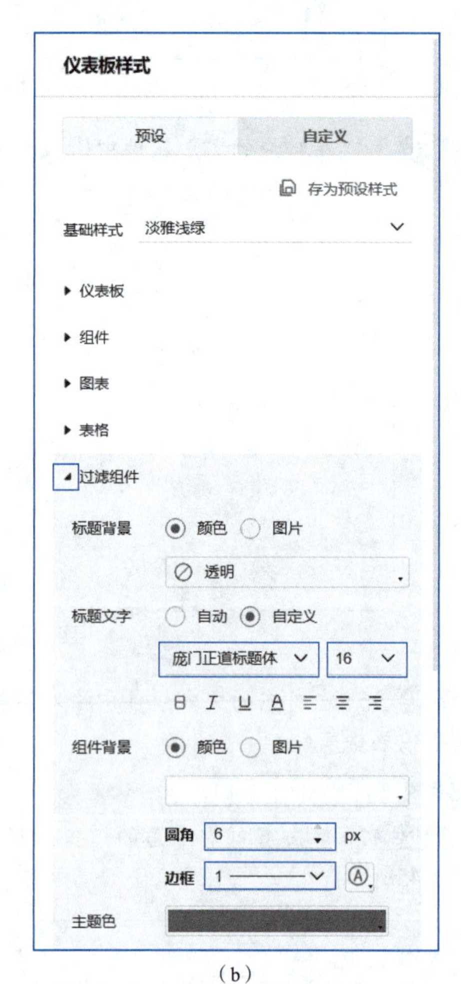

（b）

图 2.1.46　仪表板样式定义

步骤3 根据结论中的文字重要程度，选择文本，在浮动的窗口栏中对文本属性进行设置，如图2.1.47所示。仪表板展开最终效果如图2.1.48所示。

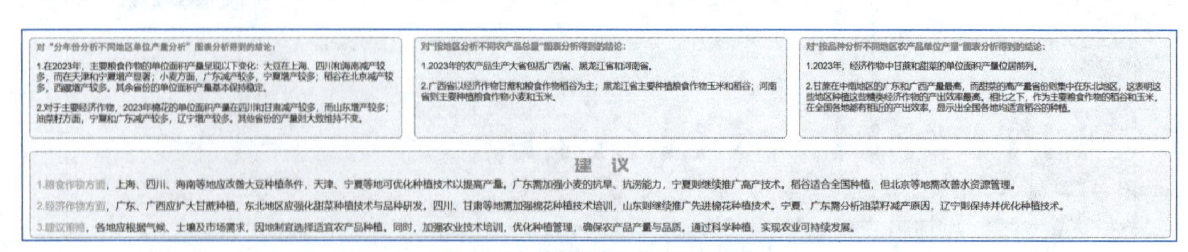

图 2.1.47　文字组件设置效果

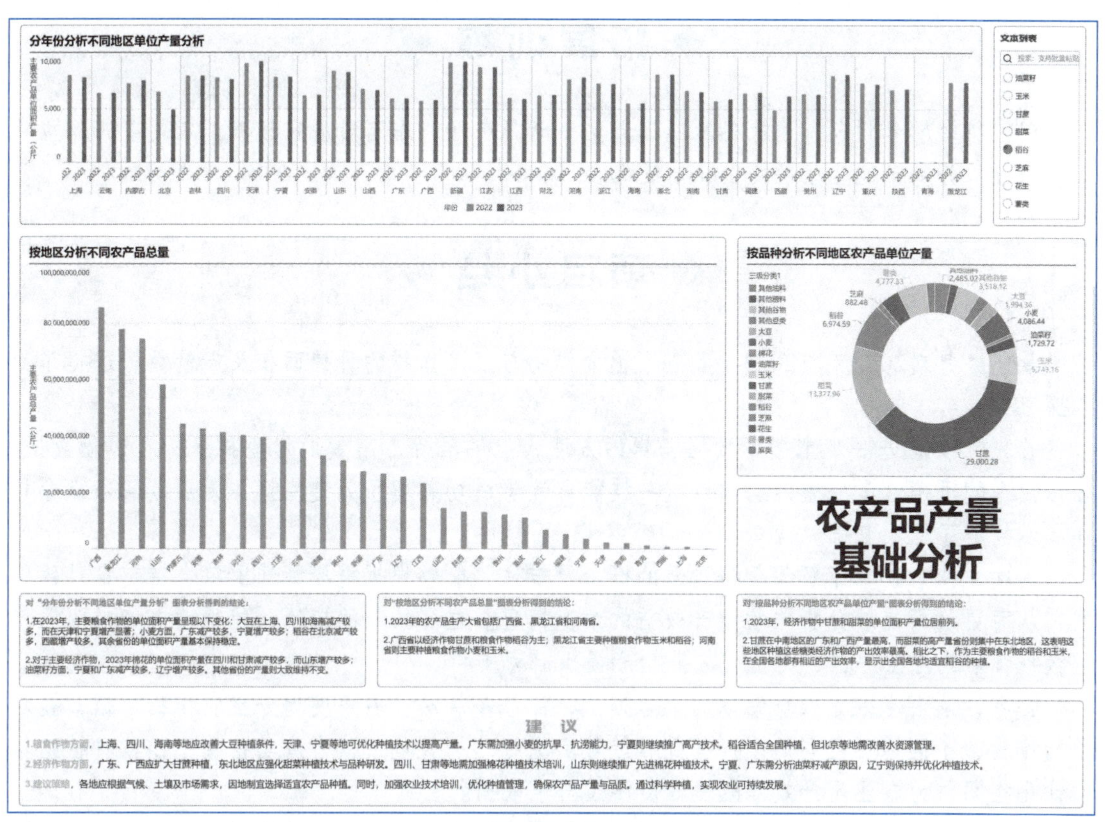

图 2.1.48　仪表板效果（当前状态）

5）导出仪表板

操作步骤：

步骤1 选择各个组件，在浮动面板中单击下拉按钮，在展开的菜单中选择“导出Excel”命令，导出该组件的Excel文件。

步骤2 单击仪表板上方的“导出”按钮，选择“导出Pdf”命令，可以导出当前仪表板的当前状态Pdf文件格式。

6. 分析结果

2023年，我国农产品生产呈现出一定的地域性差异与作物特色。针对粮食作物，如：大豆在上海、四川、海南等地减产较多，需改善种植条件，在天津、宁夏等地增产显著，可进一步优化种植技术；小麦方面，广东需强化抗旱抗涝措施，宁夏则继续推广高产技术；稻谷作为全国广泛种植的作物，北京等地需特别关注水资源管理。

经济作物方面，甘蔗在广东、广西等地产量突出，应继续扩大种植规模；甜菜在东北地区的高产量显示出其种植潜力，需强化种植技术与品种研发。棉花在四川、甘肃等地减产，需加强技术培训；山东等地则继续推广先进的棉花种植技术。油菜籽在宁夏、广东等地减产较多，需深入分析原因并采取措施；辽宁等地则需保持并优化现有种植技术。

总体而言，各地应根据当地气候、土壤条件及市场需求，因地制宜地选择适宜农产品进行种植。同时，加强农业技术培训，优化种植管理，提升农产品产量与品质，以实现农业可持续发展，保障粮食安全，促进农业经济健康发展。

拓展训练

利用所给的素材包，依次钻取所属大区、所属小区、店名对应的数据，从而展开相应的维度分析，并基于这些结果提出营销策略。

项目小结

此任务针对2022年与2023年各省市粮食作物与经济作物的种植面积及产量数据进行了深入探究：

首先，读者进一步掌握了数据编辑的方法，能够准确、高效地处理和分析农作物数据，确保数据的准确性和完整性。通过这一技能，读者成功整理了关键指标，为后续的数据分析和展示打下了坚实基础。

其次，读者初步了解了数据过滤的概念及方法，能够根据需要筛选出符合特定条件的数据，从而更加聚焦地分析作物生产效益的演变情况。这一技能的应用，使得读者能够深入挖掘数据背后的深层原因，为优化农业生产提供有力支持。

再者，读者掌握了数据钻取的概念方法，能够多层次、多角度地分析农作物数据，揭示不同作物、不同地区之间的生产差异和趋势。通过这一技能，读者成功挖掘了作物种植结构的优化空间，为农业生产效率的提升提供了科学依据。

在数据展示方面，读者采用了直观清晰的图表形式，使得农作物数据条理清晰、易于解读。这一做法不仅提高了信息的可读性和理解效率，还为决策者提供了更加直观、有力的数据支持。

最后，基于深入的数据分析和直观的数据展示，读者提出了有针对性的优化建议，旨在提升农业生产效率，促进作物种植结构的优化调整。这些建议的提出，不仅体现了读者对农业体系的深刻理解，也为推动农业体系向着更加高效、科学的方向发展提供了有力支撑。

项目二　某游戏网站访问统计数据分析

项目目标

（1）进一步掌握构建组件、美化组件和仪表板的方法。

（2）进一步掌握数据编辑的方法。

（3）进一步了解数据过滤的概念及方法。

（4）掌握数据跳转的概念方法。

（5）掌握数据联动的概念方法。

项目描述

分析2023年7月至2024年5月间某游戏网站的访问统计数据，全面细致地了解用户在不同维度上的访问行为。具体要求如下：

（1）从用户信息（性别、年龄）、访问平台信息（Windows、Android、iOS）以及访问区域信息（各个省市）三个方面进行深入分析，涵盖浏览量、访问次数、跳出次数和停留时间等关键指标。依据用户信息对数据进行分类，探讨不同性别和年龄段的用户在游戏网站上的访问习惯。这包括计算并展示各年龄段用户的平均浏览量、访问次数、跳出次数及停留时间，通过直方图或玫瑰环形图等形式直观呈现，以便清晰地观察到不同年龄段用户的偏好和差异。

（2）分析不同访问平台（Windows、Android、iOS）的用户访问情况，并通过折线图或散点图等形式展示这些数据的对比情况。这将有助于了解不同平台用户的使用习惯和偏好，为优化跨平台体验提供数据支持。

（3）根据访问区域信息（各个省市）进行数据分析，揭示不同地域用户的访问特点，通过用户列表、访问量柱形图等形式直观呈现地域性差异。这将有助于识别重点区域和潜在市场，为制定针对性的市场推广策略提供数据依据。

（4）在深入分析这些数据的基础上，进一步探讨用户访问习惯背后的原因，包括用户群体特征、平台使用习惯以及地域文化等因素对访问行为的影响。同时，关注不同维度之间的关联性和相互影响，以更全面地理解用户行为模式。

（5）根据这些分析结果提出有针对性的改进建议，旨在优化用户体验、提高用户黏性，并推动游戏网站向着更加精准、高效的方向发展。这些建议可能包括改进页面设计、优化内容推荐算法、加强跨平台兼容性以及开展针对性的市场推广活动等措施。通过这些努力，更好地服务于广大游戏用户，提升游戏网站的竞争力和影响力。

项目实施

1. 分析思路

1）确定核心指标体系

确定核心指标体系，如图2.2.1所示。

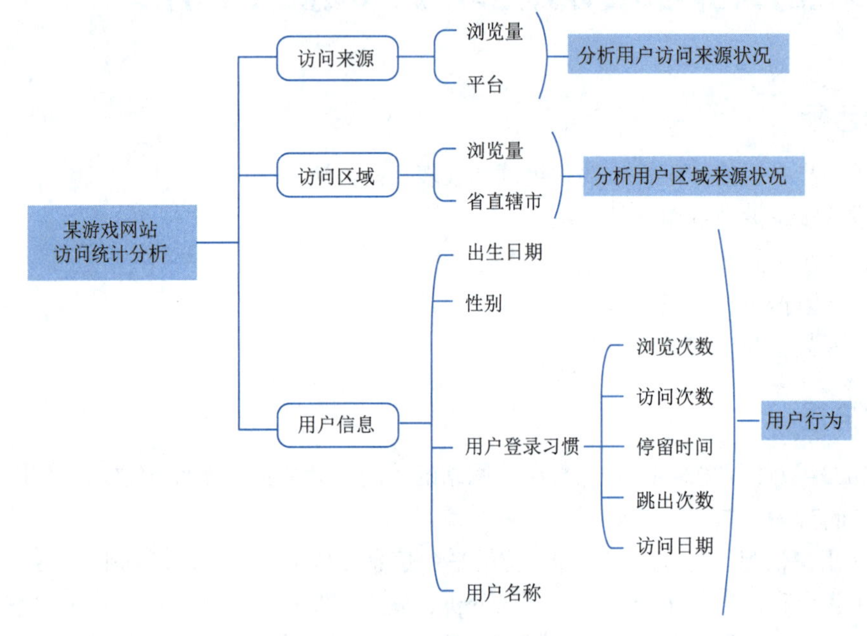

图 2.2.1　核心指标体系

2）分析指标

浏览量、访问次数是访问网站的基础指标，浏览量反映了网站页面的受欢迎程度，是网站流量分析的重要指标之一；访问次数反映了访客对网站的活跃度和黏性。跳出次数、停留时长是网站访问的用户指标，跳出次数反映了网站用户体验和效果，停留时长反映了用户在网站上停留的时间长短，对于评估网站的用户体验和效果具有重要意义；访问来源揭示了用户是如何找到并访问网站的，访问区域有助于网站管理员根据地区差异调整网站内容、语言、推广方式等，以更好地满足用户需求，提高网站流量和转化率；针对不同年龄层次的用户和不同用户性别结构进行网站优化是提高用户体验和网站流量的重要手段。因此，本项目可以从访问指标（基础指标）、访问指标（用户指标）、其他指标三个方面进行基础分析，以浏览量作为主要的分析指标，从平台、区域、访问日期等多个维度分析，再从访问次数、跳出次数、停留时长、用户不同年龄人数作为分析指标，分析网站的用户体验效果及用户黏性，如图2.2.2所示。

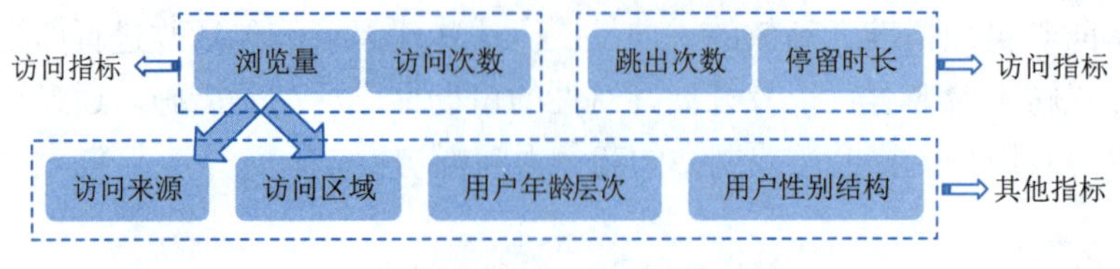

图 2.2.2　主要指标

知识详解：

（1）浏览量：用户每打开一个页面就被记录1次，PV越多越说明该页面被浏览得越多。PV之于网站，就像收视率之于电视，已成为评估网站表现的基本尺度。

（2）访问次数：访客在网站上的会话（session）次数，一次会话过程中可能浏览多个页面。

（3）跳出次数：指访问者访问一个页面而没有采取任何进一步行动（如单击内部链接、提交表单或购买商品等）即离开网站（跳出）的次数。

（4）停留时长：用户在单个网站上的总停留时间。它是基于用户离开该网站的最后一个时间点与首次进入该网站的第一个时间点之间的差来计算的。

2. 数据准备

1）数据源说明

本案例数据来源于某游戏公司用户访问数据整理生成。

2）数据表含义

通过对原数据表的结构化了解，原始数据表中对应字段及结构见表2.2.1。

表 2.2.1　原始表结构

字段名	字段结构	备注
用户 ID	文本	
用户	文本	
省直辖市	文本	
市县	文本	
性别	文本	
出生年月	日期	日期存储，无具体“日”
访问平台	文本	
访问日期	日期	
浏览量	数值	
访问次数	数值	
跳出次数	数值	
停留时间	数值	

3. 指标定义

本例的分析目标查看各个时期、各个地域、各个平台、不同年龄段用户的浏览量、不同年龄段用户的停留时间、跳出次数、访问次数，以及用户的年龄构成和的性别构成。由此可以拆解指标为以下几个指标，见表2.2.2。

表 2.2.2　指标定义

指标	定义
浏览量	原始字段
访问次数	原始字段
跳出次数	原始字段

续表

指　标	定　义
停留时间	原始字段
用户年龄	用用户的出生年月获得

4. 数据处理

1）数据脱敏

本例数据涉及隐私内容，已经在原始Excel数据表中进行脱敏处理。

2）数据表及内容

根据分析框架，梳理出所需数据包含：用户ID、用户、省直辖市、市县、性别、出生年月、访问平台、访问日期、浏览量、访问次数、跳出次数、停留时间、年龄。

“年龄”作为由“出生年月”字段计算获得的字段，可以在数据处理阶段产生，也可以在组件制作阶段生成“计算字段”，本例使用后一种方式获得。

3）创建分析主题

进入FineBI服务编辑窗口，在“分析项目”中创建一个新的分析主题，并重命名为“游戏网站访问统计分析”。

4）数据表及关联逻辑，建立自主数据集

本案例是单表数据，所以不需要处理表的关联逻辑，也无须创建自主数据集。数据表的格式是csv，导入文件表的方式同xlsx类型文件一致。

5）数据清洗及加工

观测本例数据，数据干净，字段结构合理，满足分析的需要，不需要进行数据清洗及加工，只需要将导入的数据集保存并更新即可。

5. 数据展现

1）主仪表板制作组件

以访问区域作为入手指标，再从访问来源、用户信息着手，可视化展现在“主要仪表板”和“详情仪表板”中，形成主次关系，数据分析的细粒程度更高。根据仪表板的定位，在“主要仪表板”中创建和访问区域、访问来源相关的数据分析指标，在“详情仪表板”中创建和用户信息相关的数据分析指标。

操作步骤：

步骤1 单击窗口下方的“组件”选项卡，在组件编辑窗口中，将组件名称重命名为“访问次数”，如图2.2.3（a）所示，将分析主题重名为“网站访问分析”，如图2.2.3（b）所示。

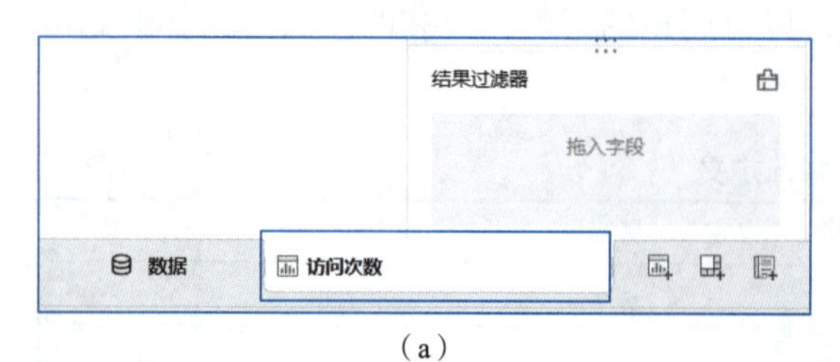

（a）

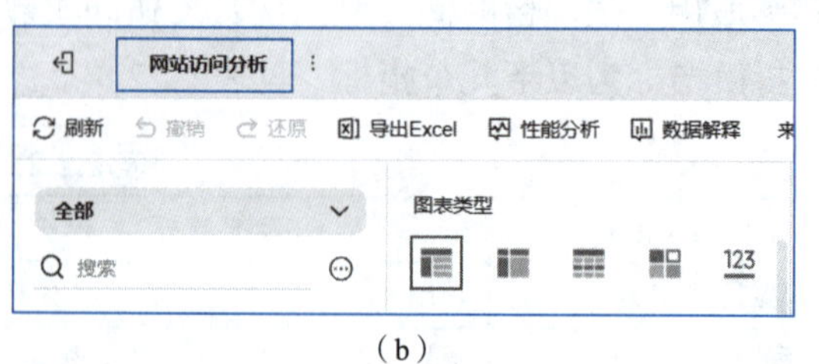

（b）

图 2.2.3　重命名分析主题及组件

步骤2 在“图表类型”区域中选择“kpi指标卡”，拖动“访问次数”字段到“图形属性”选项卡中“文本”框，如图2.2.4所示，展示总的访问次数。用同样的方式，制作“浏览量”“跳出次数”“停留时间”kpi指标卡的组件。

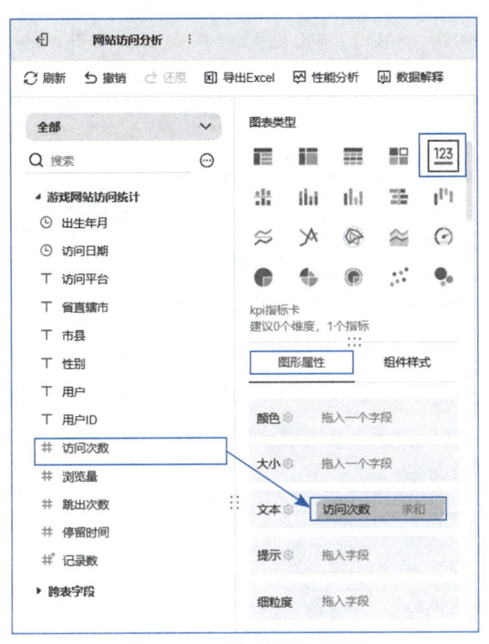

图 2.2.4 构建组件维度

步骤3 新建组件并重命名为“浏览量趋势”，在“图表类型”区域中选择“分区折线图”，拖动“访问日期”字段到“横轴”，“访问平台”和“浏览量”拖动到“纵轴”，如图2.2.5所示，展示不同平台的浏览量。

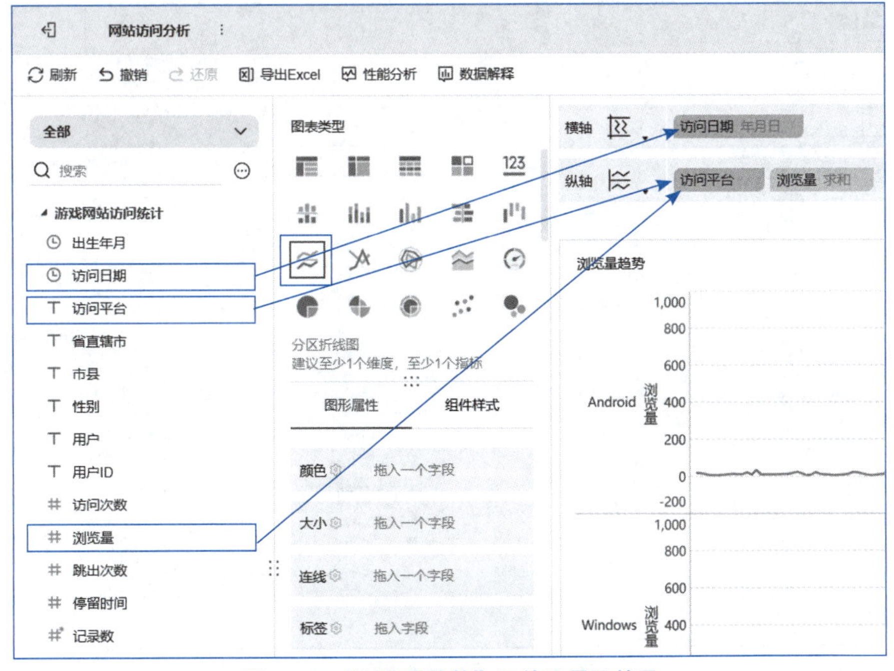

图 2.2.5 “浏览量趋势”组件设置及效果

步骤4 新建组件并重命名为“用户Top10”，在待分析区的搜索栏后，单击⊙按钮，在展开的菜单中选择“fx 添加计算字段”命令，如图2.2.6所示。

图 2.2.6　添加计算字段

步骤5 在打开的窗口中设置字段名为“年龄”，单击左侧“函数”折叠按钮，在展开的函数中选择函数“DATEDIF”，按照该函数设置的格式将对应的日期选入函数参数中，并返回“年数”，最终公式为“DATEDIF(出生年月,NOW(),"y")”，如图2.2.7所示。

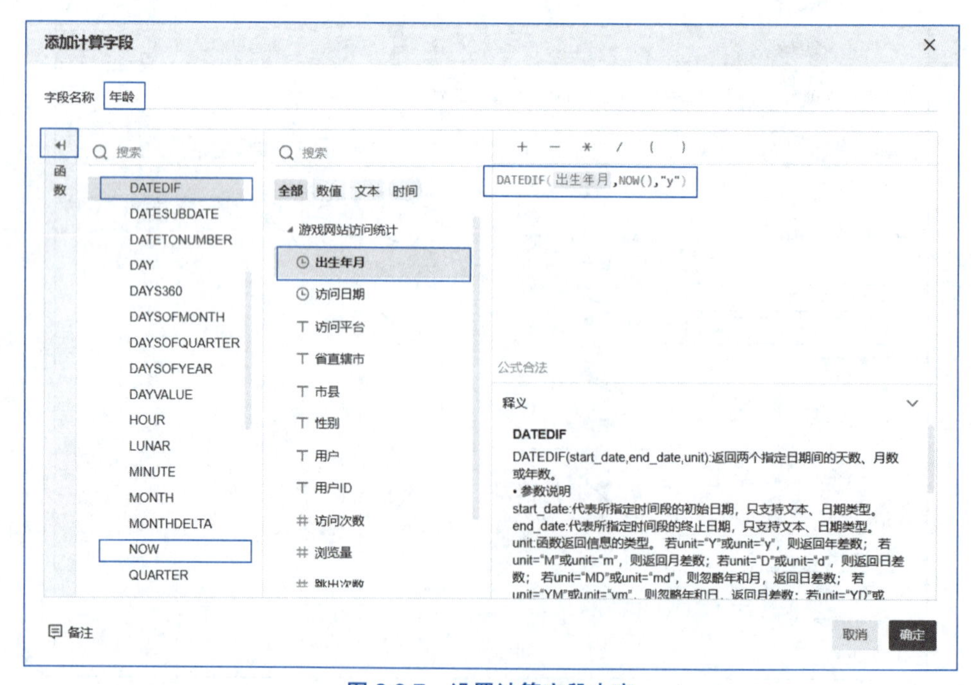

图 2.2.7　设置计算字段内容

知识详解：

（1）计算字段：计算字段允许利用数据源中已存在的数据创建新数据。创建计算字段时，本质上是在数据源中创建一个新字段（或列），其值或成员由所控制的计算来确定。此新计算字段将保存到 FineBI 中，并且可用于创建图表，原始数据会保持不变。如果要进行数据分割、转换字段的数据类型、聚合数据（仅适用于组件）、筛选结果、计算占比等操作，可以使用计算字段。

（2）DATEDIF主要用于日期计算，可以精确求出相隔的年份、月份以及天数，使用DATEDIF的这些特性，可以实现例如生日提醒这样的功能。其函数的格式如下：

```
DATEDIF(start_date,end_date,unit)
```

返回两个指定日期间的天数、月数或年数。

参数说明：

①start_date：代表所指定时间段的初始日期，只支持文本、日期类型。

②end_date：代表所指定时间段的终止日期，只支持文本、日期类型。

③unit：函数返回信息的类型。若unit="Y"或unit="y"，则返回年差数；若unit="M"或unit="m"，则返回月差数；若unit="D"或unit="d"，则返回日差数；若unit="MD"或unit="md"，则忽略年和月，返回日差数；若unit="YM"或unit="ym"，则忽略年和日，返回月差数；若unit="YD"或unit="yd"，则忽略年，返回日差数。

步骤6 在“图表类型”区域中选择“自定义图表”，在“图形属性”中选择“文本”选项，再拖动“用户”“性别”“年龄”“浏览量”“省直辖市”“市县”字段到“图形属性”文本栏中（如果没有按照这个顺序拖动，也需要调整位置按照这个顺序），将“用户ID”字段拖动到纵轴，如图2.2.8所示，罗列用户的信息。

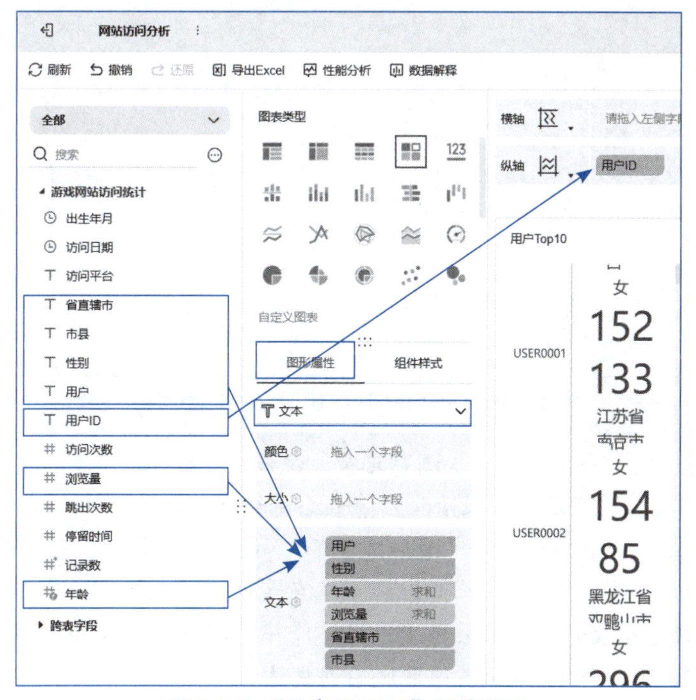

图 2.2.8　“用户 TOP10”组件设置

步骤7 设置纵轴“用户ID”排序方式为“浏览量”降序排列，如图2.2.9所示。在同一个展开菜单中，选择“过滤”命令，如图2.2.10所示，在展开菜单中设置过滤的条件为“浏览量前10个”，如图2.2.11所示。

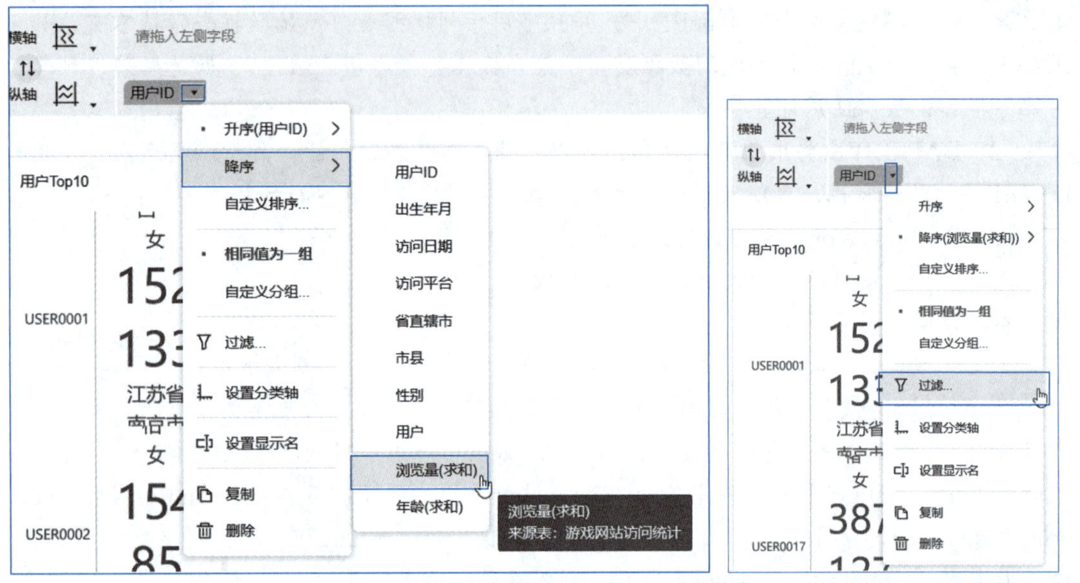

图 2.2.9 “用户 TOP10”组件设置排序　　图 2.2.10 “用户 TOP10”组件设置过滤

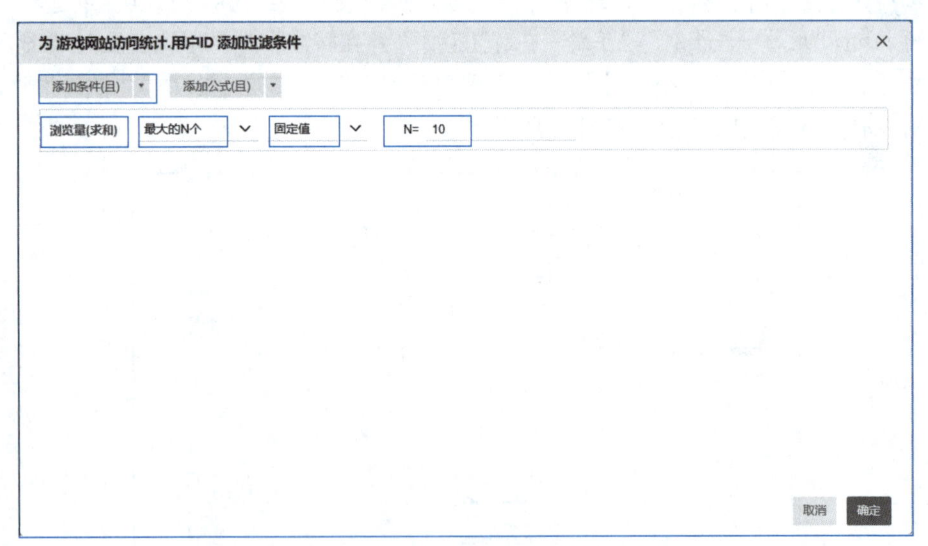

图 2.2.11 “用户 TOP10”组件设置过滤

步骤8 由于同一个用户有多次浏览记录，统计时年龄不能叠加，因此，选择“文本”栏中的“年龄”字段，将其汇总方式修改为“平均”命令，如图2.2.12所示。

步骤9 新建组件并重命名为“省份浏览量”，在“图表类型”区域中选择“分区柱形图”，拖动“浏览量”字段到“横轴”，拖动“省直辖市”到纵轴，并单击纵轴“省直辖市”字段后的下拉按钮，在展开的下拉菜单中选择“降序（浏览量（求和））”→“浏览量（求和）”命令，如图2.2.13所示，展示不同区域的浏览量。

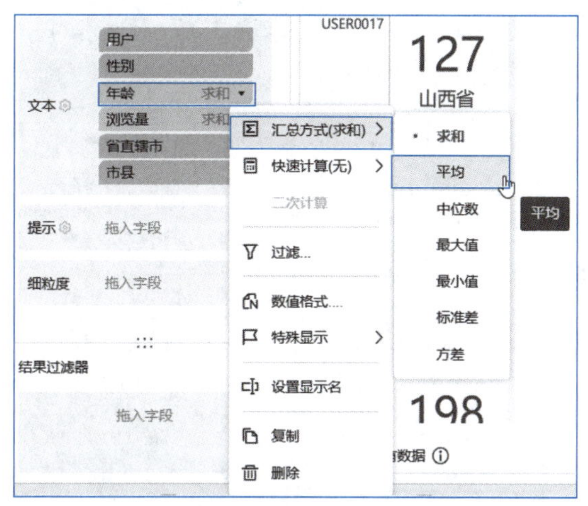

图 2.2.12　修正“年龄”字段的汇总方式

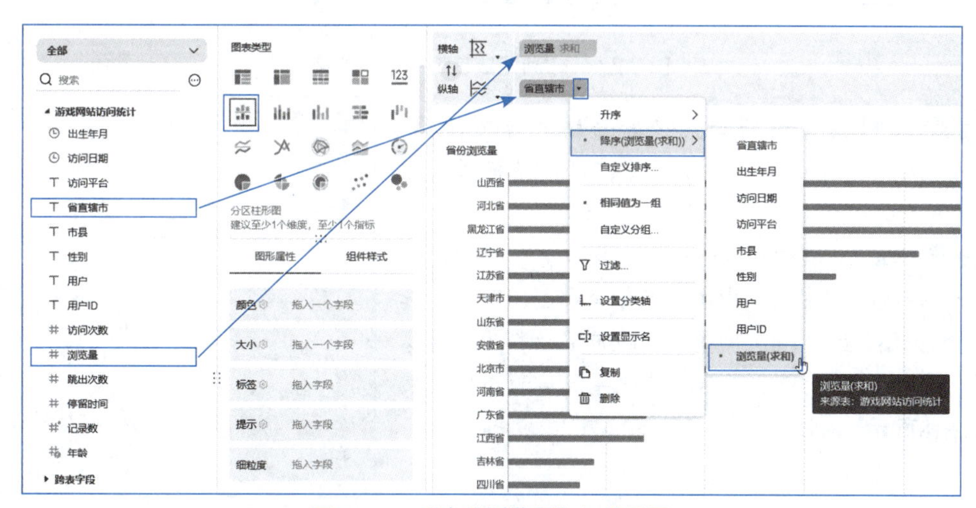

图 2.2.13　“省份浏览量”组件设置

2）主仪表板组件美化

本表中的组件是体现游戏用户的访问总数据分析，可以应用糖果色系，以绿色为主基调，可以营造出清新、自然、舒适的视觉效果，同时体现多元化的风格，凸显游戏的风格。故而在组件的配色上，可以选择明亮度高、饱和度高的色调搭配。

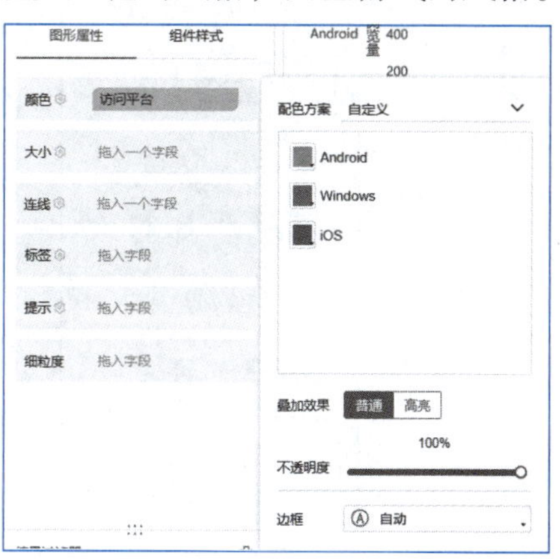

图 2.2.14　“浏览量趋势”组件美化

操作步骤：

步骤1　选择“浏览量趋势”组件，在图表配置区，选择“图形属性”→“颜色”后的设置命令，在展开的窗口中设置三个平台的颜色，参考设置值分别为RGB（255，184，122），RGB（73，164，118），RGB（181，81，64），设置颜色效果如图2.2.14所示。

步骤2　单击纵轴“浏览量”字段后的下拉按钮，在展开的下拉菜单中选择“设置值轴”命令，如

图2.2.15（a）所示，在“设置值轴（浏览量（求和））”对话框中，取消“显示轴标签”和“显示轴标题”的勾选，如图2.2.15（b）所示。

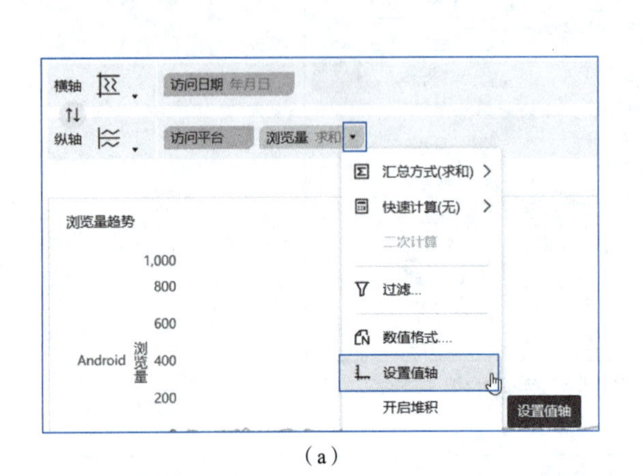

（a）

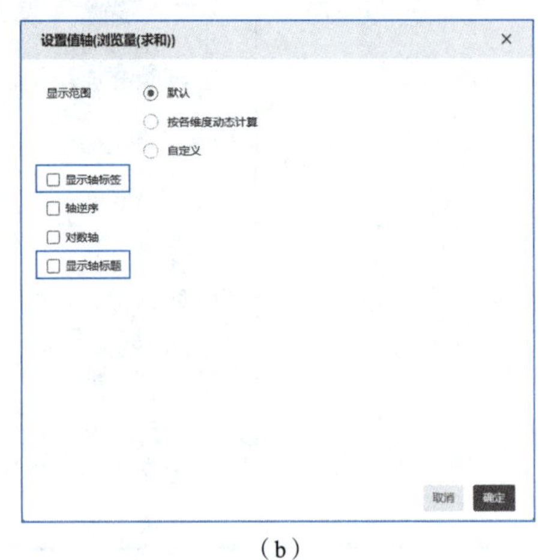

（b）

图 2.2.15 “浏览量趋势”组件美化

步骤3 用同样的方式设置横轴“访问日期”的“分类轴”格式：不显示轴标签，显示轴标题，名称为默认“访问日期”，如图2.2.16所示。

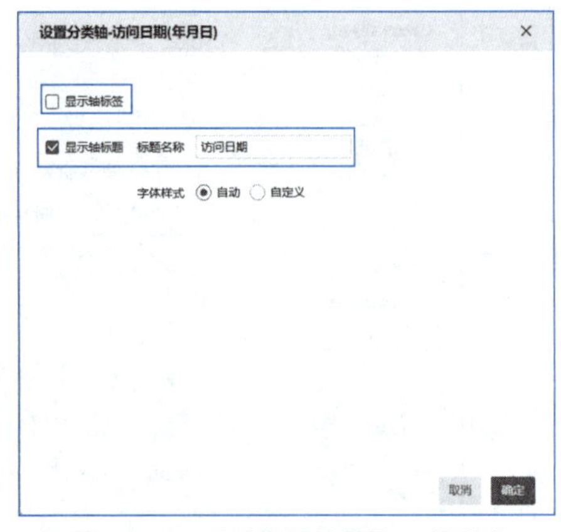

图 2.2.16 “浏览量趋势”组件美化

步骤4 选择“组件样式”选项卡，取消“网格线”和“轴线”、“图例”中的“显示全部图例”的复选框勾选，如图2.2.17（a）调整“自适应显示”为“整体适应”，如图2.2.17（b）所示。美化完成后的组件效果如图2.2.18所示。

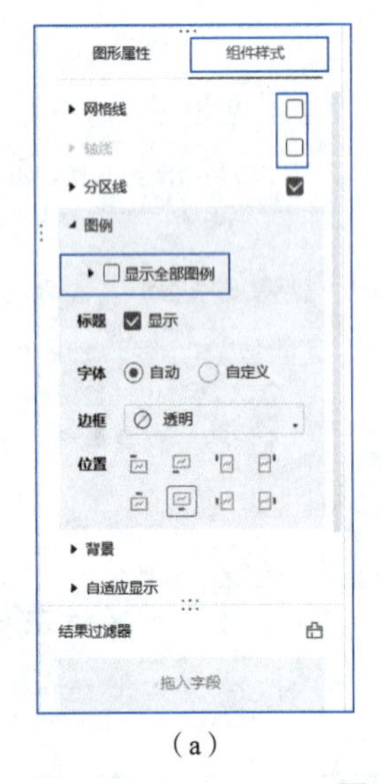

（a）

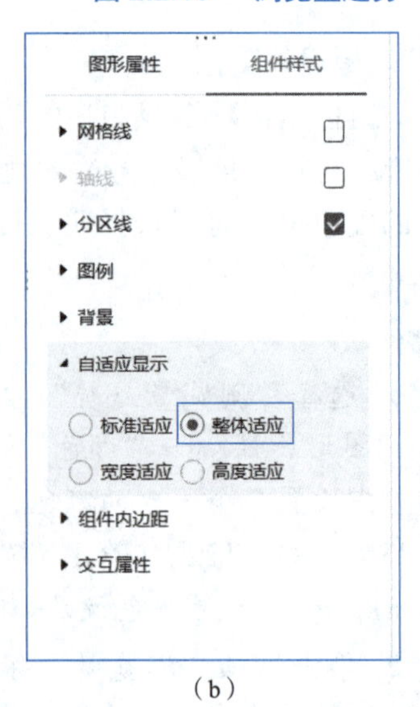

（b）

图 2.2.17 “浏览量趋势”组件美化

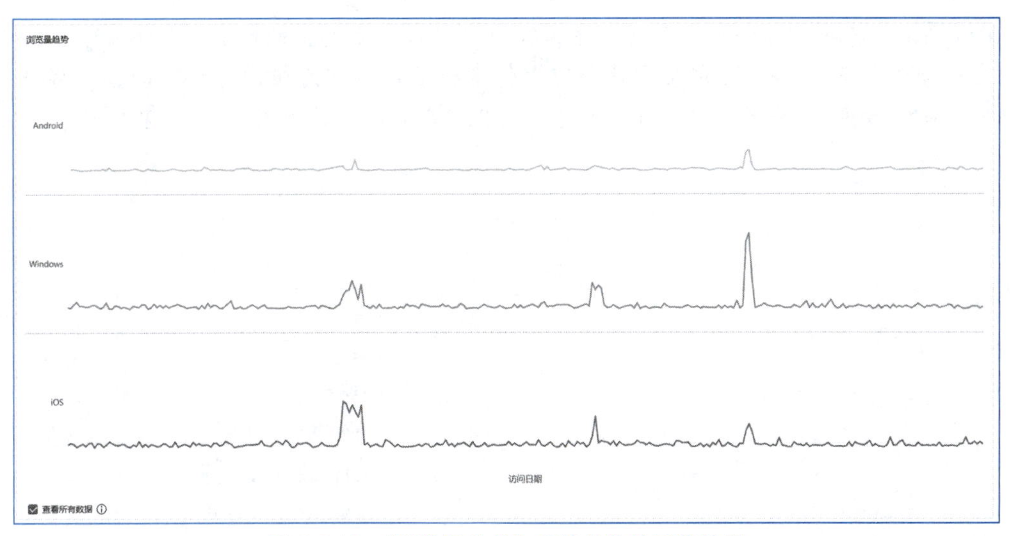

图 2.2.18　“浏览量趋势”组件美化的预览效果

步骤 5　选择“用户Top10”组件，在图表配置区，选择“图形属性”→“文本”后的设置命令，在打开的“内容格式”窗口中，如图2.2.19（a）所示，单击✎按钮，打开“编辑文本”对话框，将原始纵向排列的字段变更为横向排列（删除回车符），并在适当的位置输入提示文字，再设置字体样式和大小、位置、颜色，如图2.2.19（b）所示。颜色参考为：性别（红）、提示文字（蓝）、年龄和浏览量数值（黄）、省直辖市（黄）、市县（绿），设置参考效果如2.2.20所示。

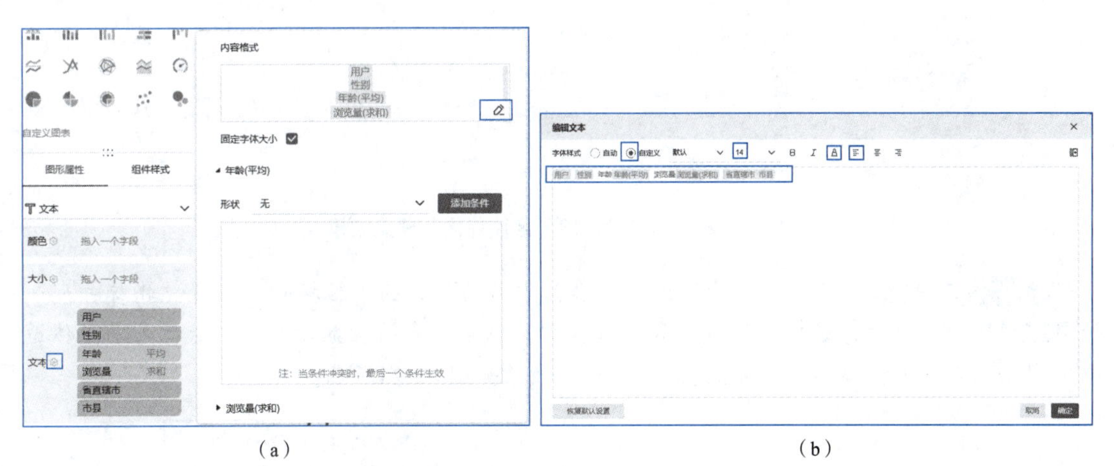

（a）　　　　　　　　　　　　（b）

图 2.2.19　“用户 Top10”组件美化

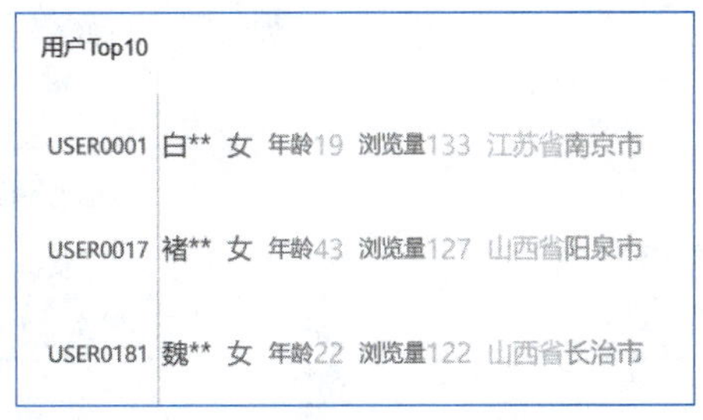

图 2.2.20　“用户 Top10”组件美化预览效果

步骤6 选择“组件样式”选项卡，取消“轴线”复选框的勾选，如图2.2.21（a）所示，在“组件背景”→“自定义图片”中上传素材图片，作为组件背景，调整“自适应显示”为“整体适应”，如图2.2.21（b）所示。美化完成后的组件效果如图2.2.22所示。

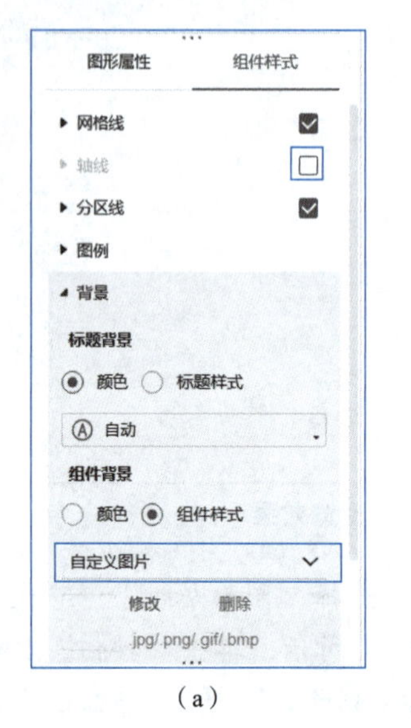

（a）

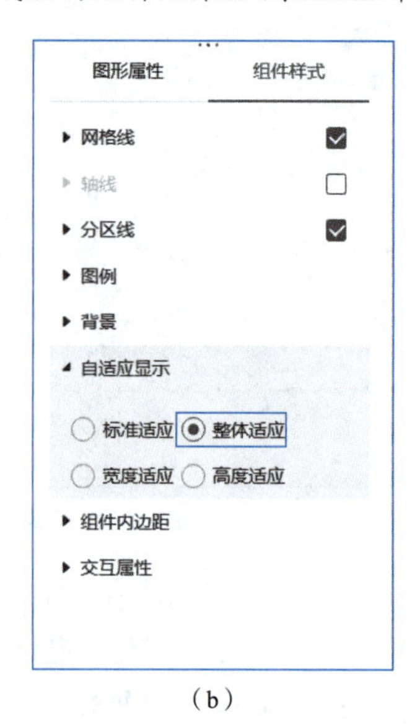

（b）

图 2.2.21 “用户 Top10”组件美化

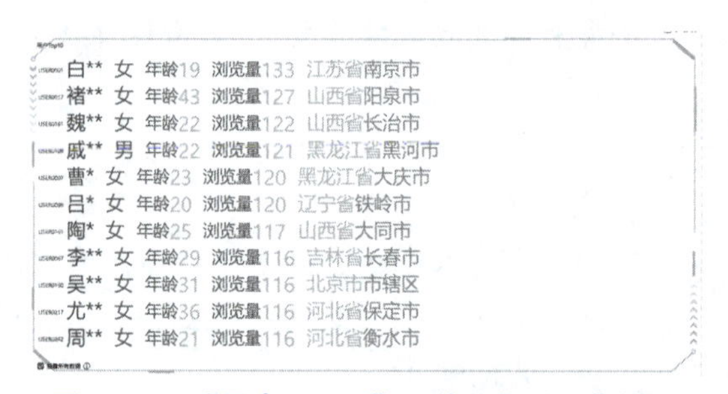

图 2.2.22 “用户 Top10”组件美化后预览效果

步骤7 选择“省份浏览量”组件，单击“横轴”后的下拉按钮，设置“指标并列”，如图2.2.23（a）所示再选择“组件样式”选项卡，调整“自适应显示”中的选择为“整体适应”，如图2.2.23（b）所示。设置完成后的预览效果如图2.2.24所示。

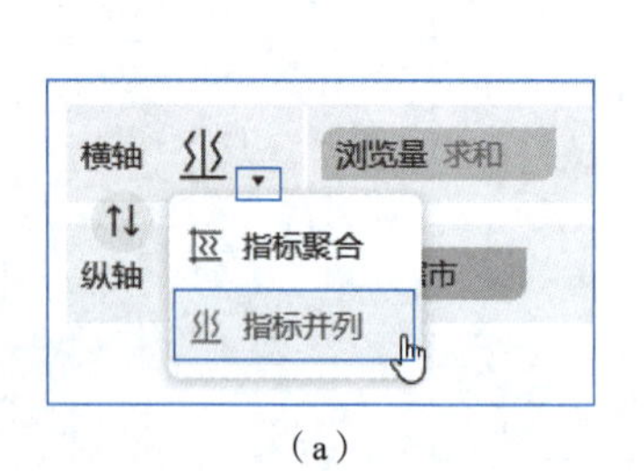

（a）

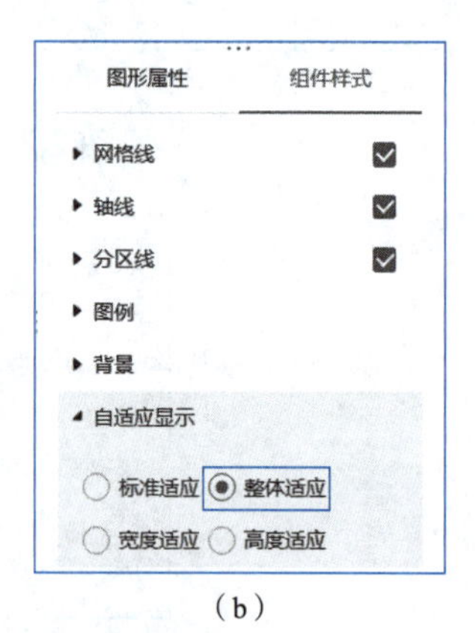

（b）

图 2.2.23 “省份浏览量”组件美化

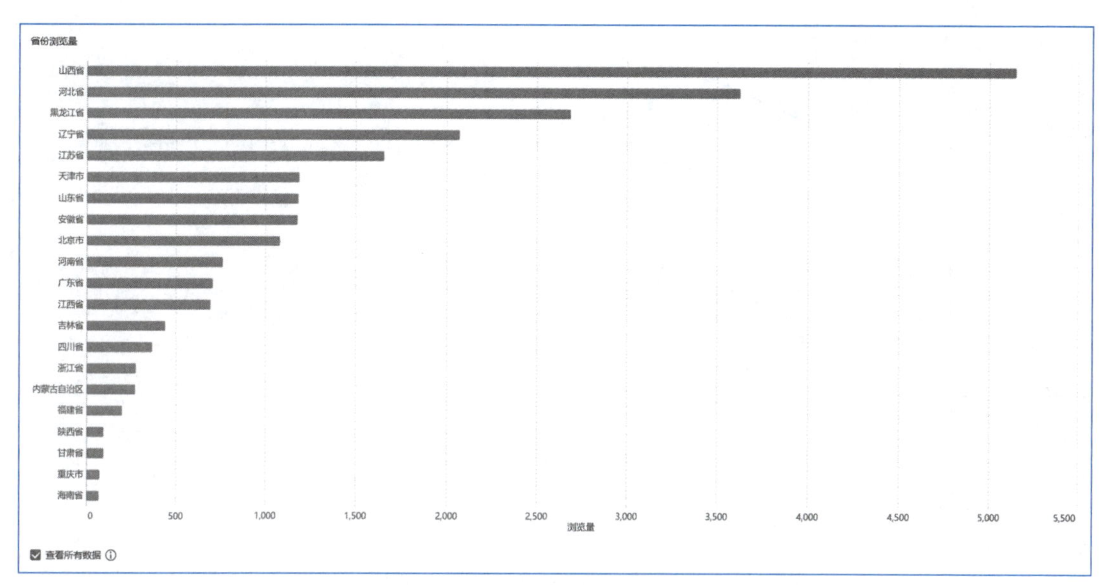

图 2.2.24　“省份浏览量”组件美化后预览效果

3）次仪表板制作组件及美化

操作步骤：

步骤1　新建“组件”，利用“明细表”图表类型完成“城市用户信息”组件。

“城市用户信息”：需要在表中顺序展示“用户ID”、“用户”、“性别”、“出生年月”、“省直辖市”、“访问日期”、“访问平台”、“访问次数”、“浏览量”、“停留时间”和“跳出次数”，表的风格简约。

第一步，将待分析区中的相关字段，拖动到“数据”维度中即可，如图2.2.25（a）所示。

第二步，在“组件样式”中，设置表格“风格”为“风格3”，如图2.2.25（b）所示。

组件美化效果如图2.2.25（c）所示。

步骤2　新建“组件”，利用“词云”图表类型完成“浏览大省云图”组件。

“浏览大省云图”：展示各个省直辖市的名称，用各省浏览量的和区分词云大小，颜色区别各省直辖市。

第一步，将待分析区中的相关字段“省直辖市”和“浏览量”拖动到“图形属性”的“大小”“文本”中即可，如图2.2.26（a）所示。

第二步，将待分析区中的相关字段“省直辖市”拖动到“图形属性”的“颜色”中，指定默认颜色，如图2.2.26（b）所示。

第三步，在“组件样式”中，设置“图例”的“位置”为“靠右居上”，如图2.2.26（c）所示。

组件美化效果如图2.2.26（d）所示。

步骤3　新建“组件”，利用“散点图”图表类型完成“浏览信息表”组件。

“浏览信息表”：按照平台分组显示各个用户浏览量的分布，同时说明用户ID和用户名。平台顺序为Windows、Android、IOS，三个平台的用户标注不同的颜色。

第一步，将待分析区中的相关字段“访问平台”、“用户ID”和“浏览量”，拖动到横轴和纵轴中即可，如图2.2.27所示。

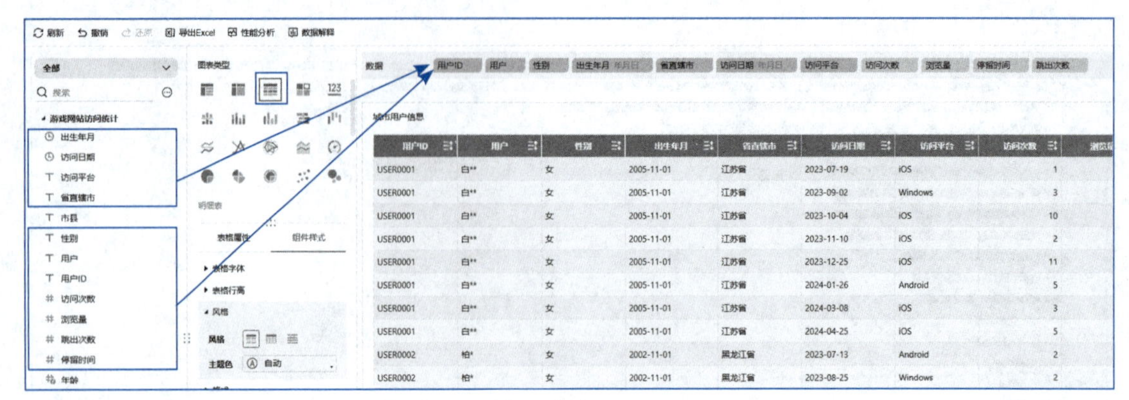

（a）

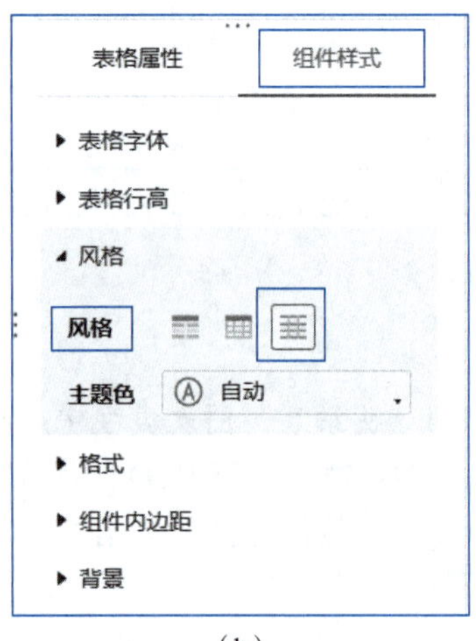

（b）

城市用户信息

用户ID	用户	性别	出生年月	省直辖市	访问日期	访问平台	访问次数	浏览量	停留时间	跳出次数
USER0001	白**	女	2005-11-01	江苏省	2023-07-19	iOS	1	14	1,188	4
USER0001	白**	女	2005-11-01	江苏省	2023-09-02	Windows	3	12	1,008	4
USER0001	白**	女	2005-11-01	江苏省	2023-10-04	iOS	10	26	10,728	5
USER0001	白**	女	2005-11-01	江苏省	2023-11-10	iOS	2	14	1,656	4
USER0001	白**	女	2005-11-01	江苏省	2023-12-25	iOS	11	28	7,416	5
USER0001	白**	女	2005-11-01	江苏省	2024-01-26	Android	5	13	1,044	4
USER0001	白**	女	2005-11-01	江苏省	2024-03-08	iOS	3	12	1,008	4
USER0001	白**	女	2005-11-01	江苏省	2024-04-25	iOS	5	14	504	4
USER0002	柏*	女	2002-11-01	黑龙江省	2023-07-13	Android	2	15	1,116	4
USER0002	柏*	女	2002-11-01	黑龙江省	2023-08-25	Windows	2	10	108	4
USER0002	柏*	女	2002-11-01	黑龙江省	2023-10-03	iOS	14	23	5,904	4
USER0002	柏*	女	2002-11-01	黑龙江省	2023-11-04	iOS	4	6	1,584	4
USER0002	柏*	女	2002-11-01	黑龙江省	2023-12-23	Windows	3	10	360	4
USER0002	柏*	女	2002-11-01	黑龙江省	2024-02-29	Windows	2	8	1,512	4
USER0002	柏*	女	2002-11-01	黑龙江省	2024-04-17	Android	3	13	1,548	4
USER0003	鲍**	女	1987-05-01	山西省	2023-07-07	Windows	2	13	684	4
USER0003	鲍**	女	1987-05-01	山西省	2023-08-19	Windows	2	8	540	4
USER0003	鲍**	女	1987-05-01	山西省	2023-10-01	Android	3	9	468	5
USER0003	鲍**	女	1987-05-01	山西省	2023-10-27	Windows	2	6	432	4

共 2,039 条数据　　1 /21

（c）

图 2.2.25 “城市用户信息”组件美化后预览效果

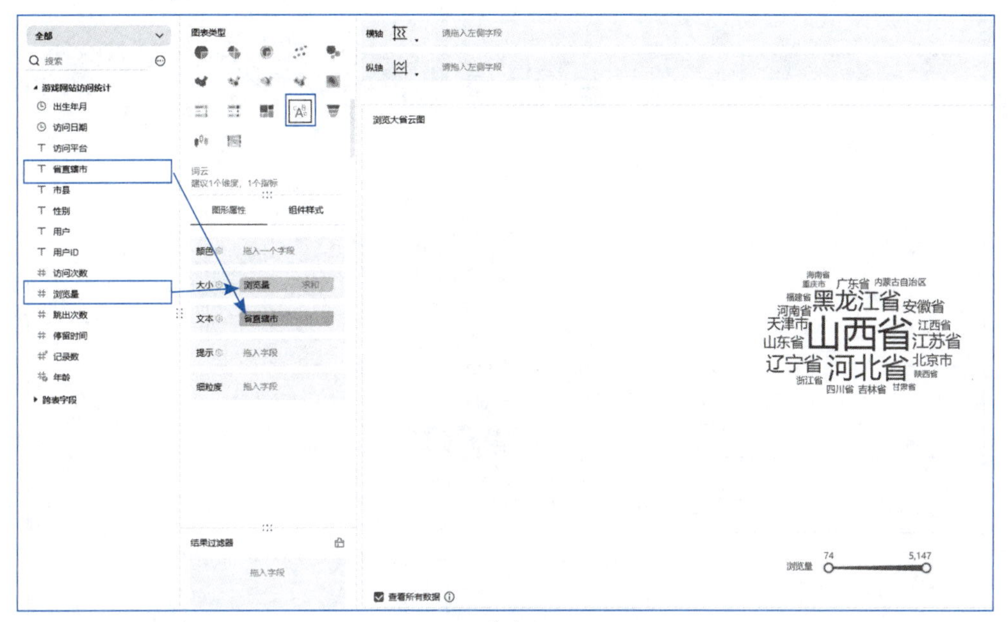

（a）

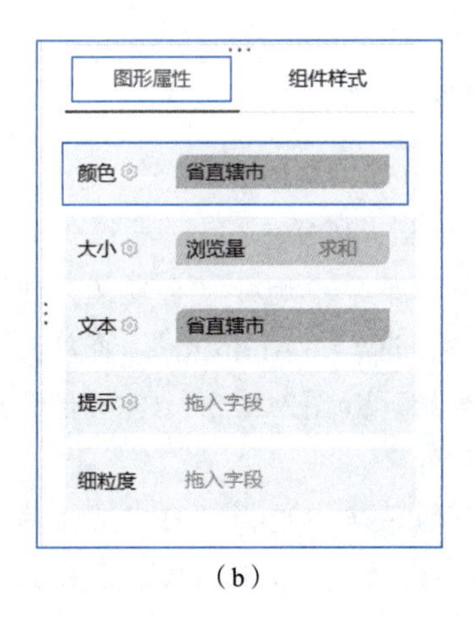

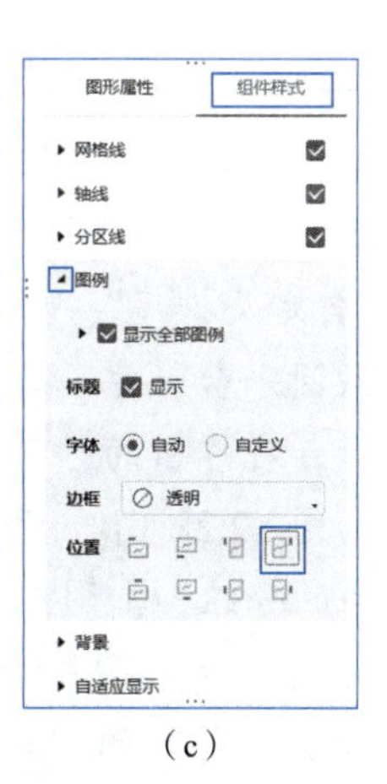

（b）　　　　　　　　　　　　（c）

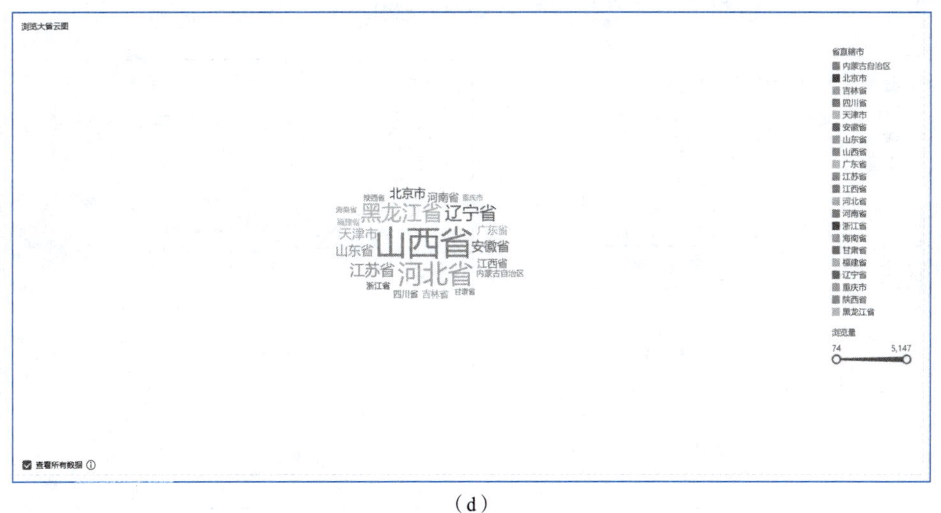

（d）

图 2.2.26　“浏览大省云图”组件美化后预览效果

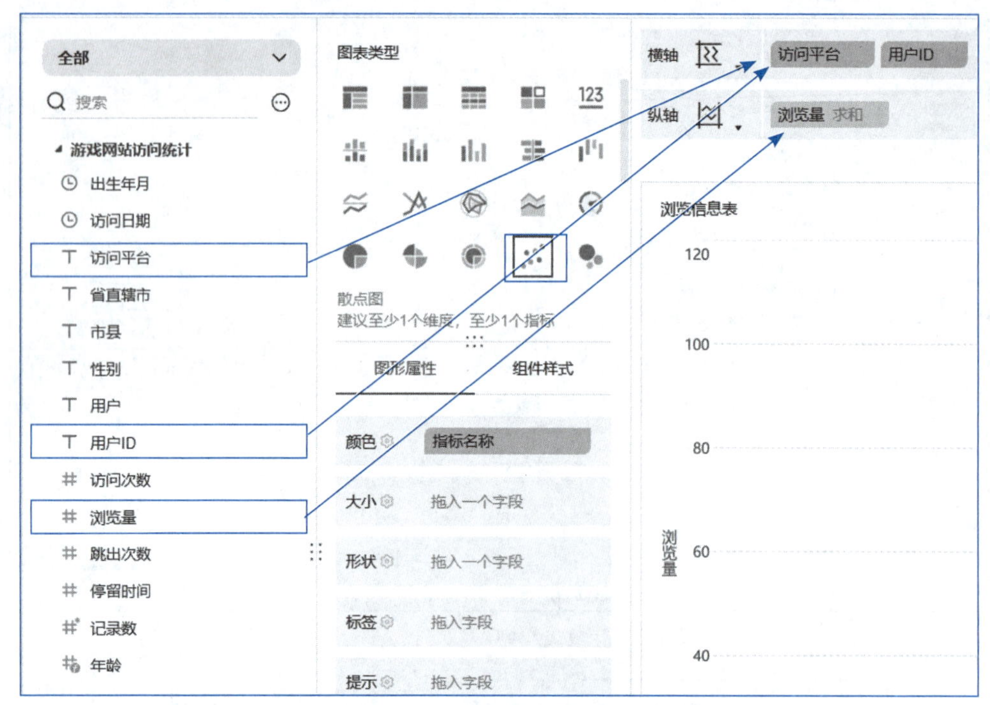

图 2.2.27　组件设置维度和指标

第二步，设置“访问平台”的“自定义分组”为IOS、Windows、Android，同时指定“访问平台”的“自定义排序”规则为Windows、Android、IOS。

单击横轴“访问平台”字段后的下拉按钮，在下拉菜单中选择“自定义分组”命令，如图2.2.28（a）所示，在弹出的“自定义分组”窗口中，选择“Android”，再单击上方的“添加分组”按钮，如图2.2.28（b）所示，完成一组的分组，如图2.2.28（c）所示，用同样的方式，完成其他两组的分组，如图2.2.28（d）所示。

单击横轴“访问平台”字段后的下拉按钮，在下拉菜单中选择“自定义排序”命令，如图2.2.29（a）所示，在弹出的“自定义排序”窗口中，选择“Window”条目，按住鼠标左键向上移动，和“Android”条目交换位置，如图2.2.29（b）所示。

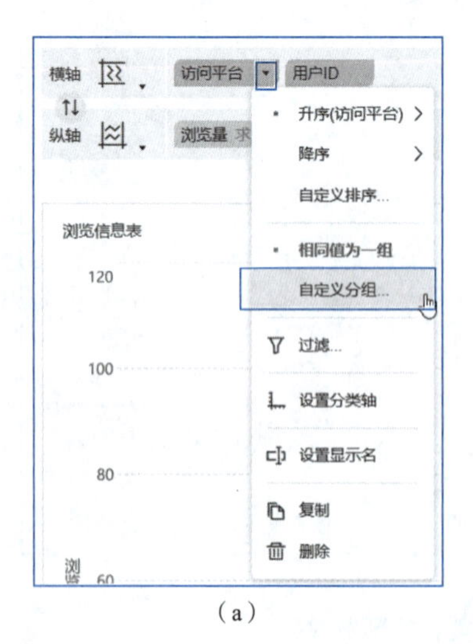

（a）

（b）

图 2.2.28　“访问平台”维度设置自定义分组

（c）

（d）

图 2.2.28　“访问平台”维度设置自定义分组（续）

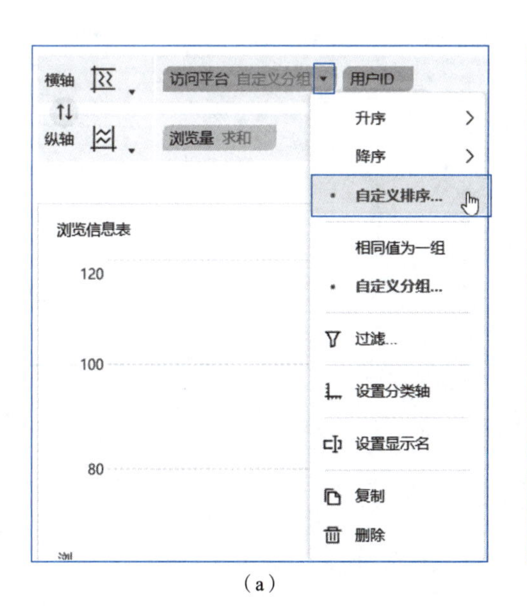

（a）

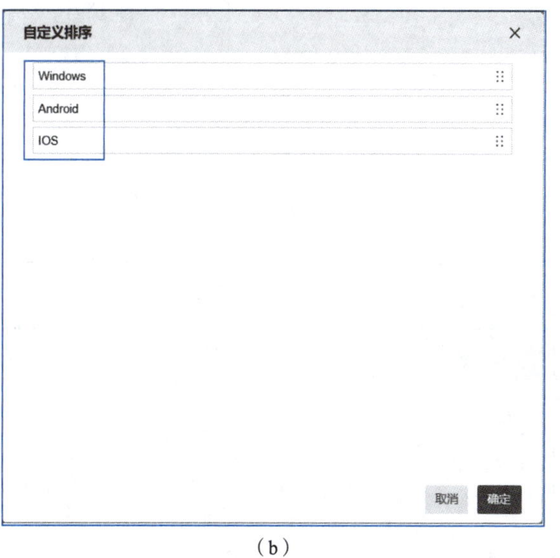

（b）

图 2.2.29　“访问平台”维度设置自定义排序

第三步，在“组件样式”中，在“图形属性”选项卡中设置“颜色”、“大小”和“提示”，在“组件样式”中设置“自适应显示”。

选择“图形属性”选项卡，拖动“访问平台”字段到“颜色”栏中，单击“颜色”后的设置按钮，设置配色，配色方案参考值为RGB（255，214，204）、RGB（255，201，71）、RGB（101，191，184），如图2.2.30（a）所示。

选择“组件样式”选项卡，选择“自适应显示”下的“整体适应”单选按钮，如图2.2.30（b）所示。

选择“图形属性”选项卡，单击“大小”后的设置按钮，设置“半径”大小为“2”，如图2.2.30（c）所示，最终效果如图2.2.30（d）所示。

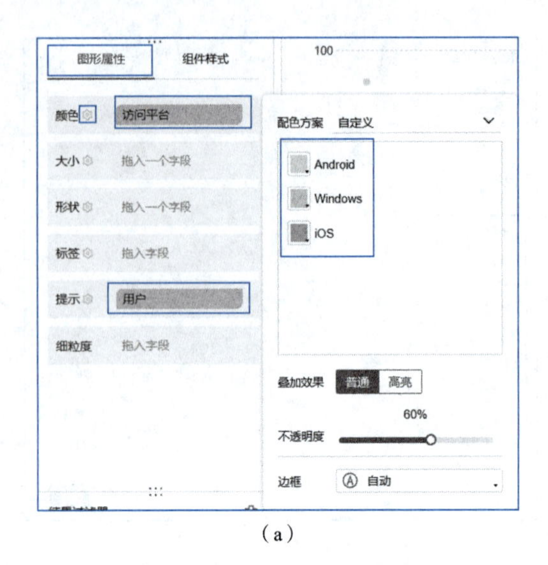

(a)

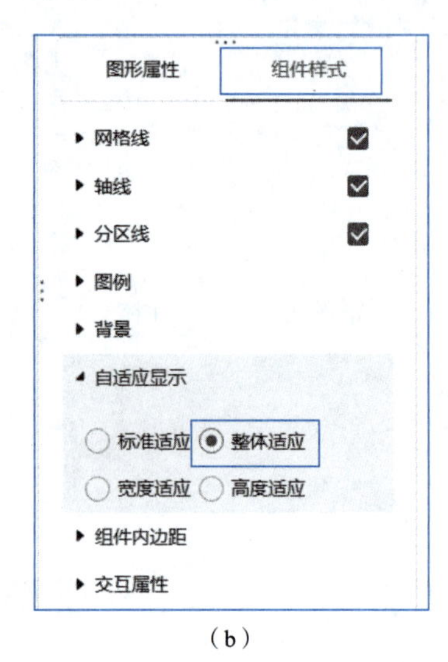

(b)

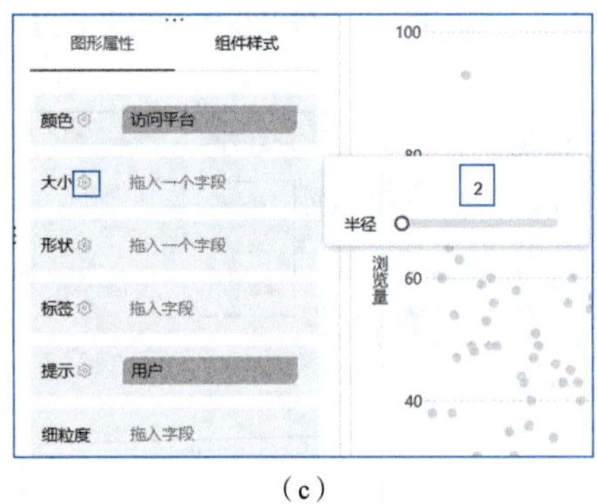

(c)

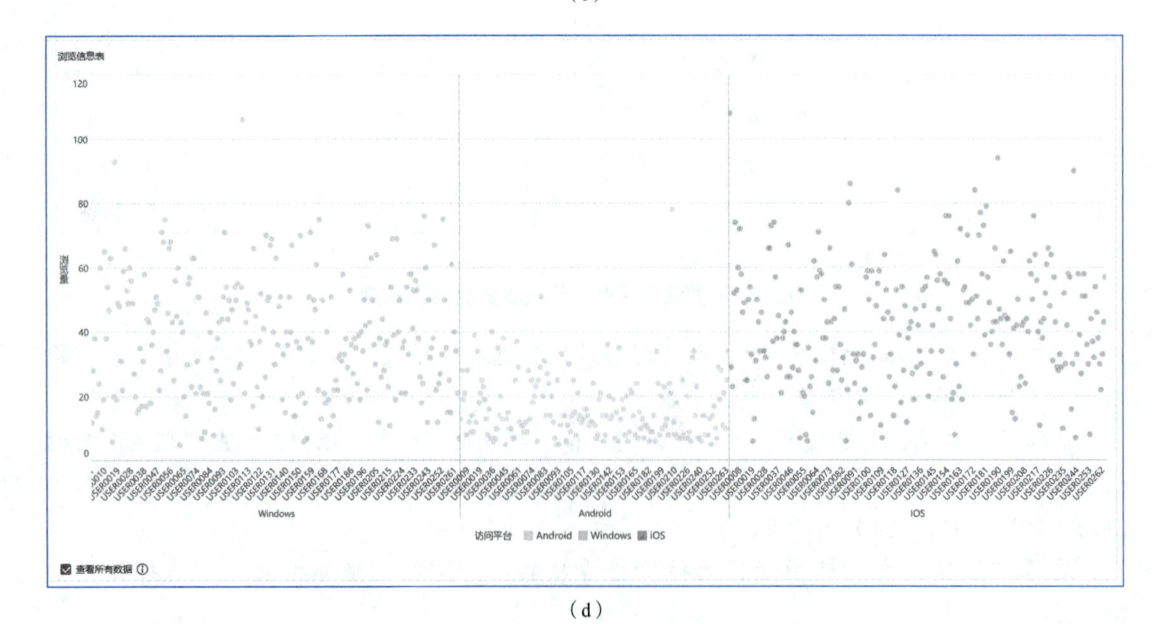

(d)

图 2.2.30 “浏览信息表”组件美化及当前预览效果

第四步，设置分类轴显示。

单击横轴“用户ID”后的下拉按钮，在展开的下拉菜单中选择“设置分类轴”命令，在弹出的“设置分类轴-用户”对话框中取消所有的勾选，如图2.2.31所示。

单击横轴“访问平台”后的下拉按钮，在展开的下拉菜单中选择“设置分类轴”命令，在弹出的“设置分类轴-访问平台（自定义分组）”对话框中，将“显示轴标签”设置为“缩略显示”，如图2.2.32所示。设置完成后的效果如图2.2.33所示。

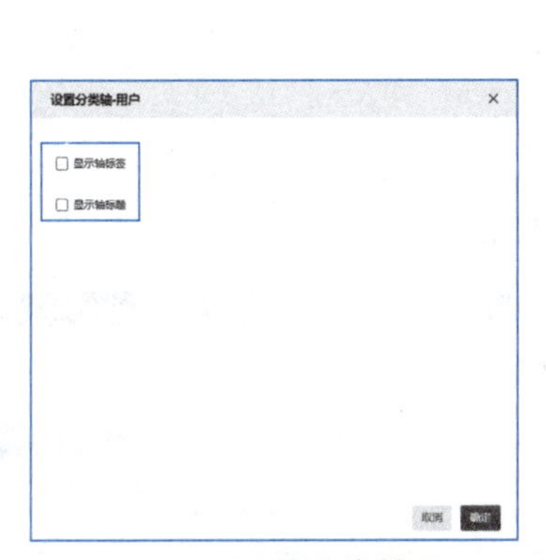

图 2.2.31　设置分类轴显示

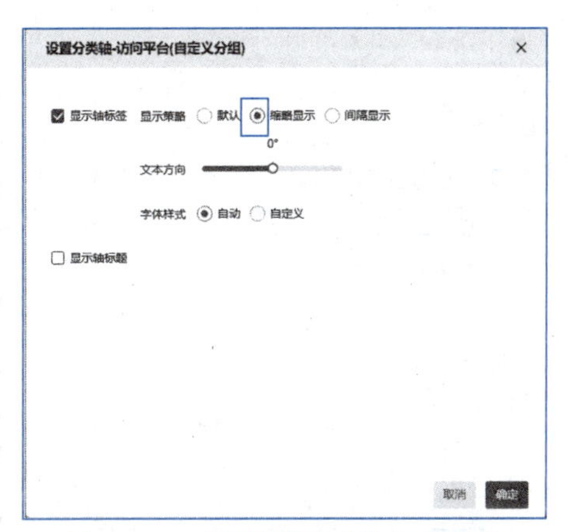

图 2.2.32　“浏览信息表”组件美化

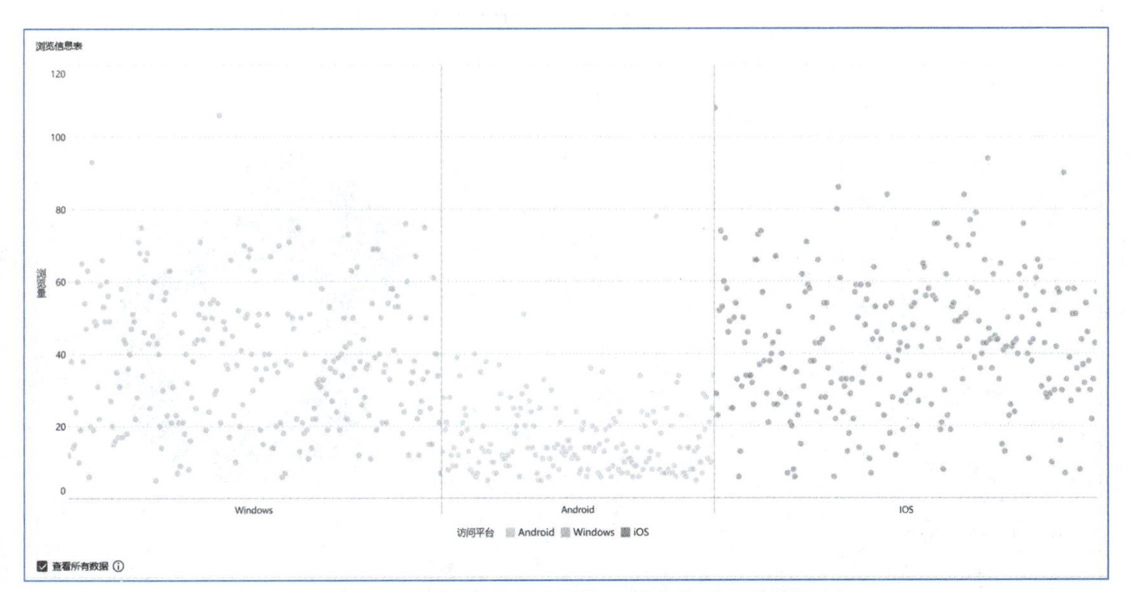

图 2.2.33　“浏览大省云图”组件美化后预览效果

步骤4　新建“组件”，利用“玫瑰图”图表类型完成“男女比例”组件。

“男女比例”：男女人数的显示用颜色和形状加以区分。

第一步，将“性别”字段拖动到“图形属性”选项卡中的“半径”栏和“颜色”栏，“记录数”拖动到“角度”栏，单击“颜色”后的设置按钮，设置配色，配色方案颜色参考值为RGB（128，173，113）和RGB（230，126，133），如图2.2.34（a）所示。

第二步，单击“半径”后的设置按钮，设置“内径占比”为“40%”，如图2.2.34（b）所示。

第三步，在“组件”样式中，设置“图例”的位置，如图2.2.34（c）所示。

组件美化效果如图2.2.34（d）所示。

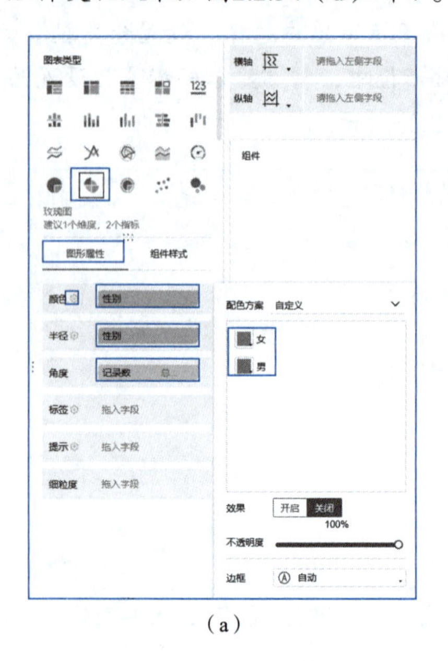

（a）

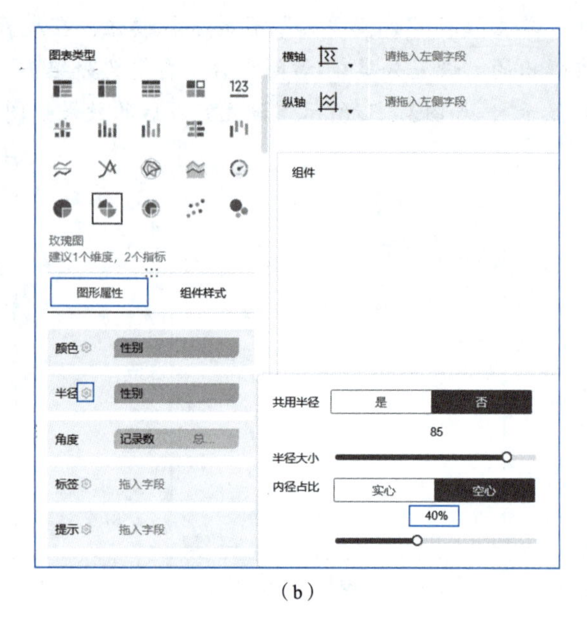

（b）

（c）

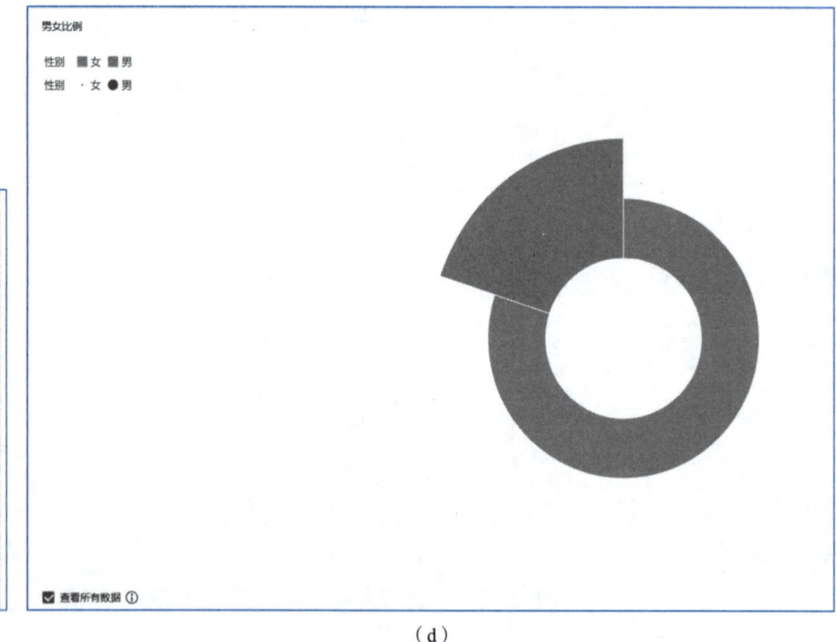

（d）

图 2.2.34 “男女比例”组件美化后预览效果

步骤5 新建“组件”，利用“多系列柱形图”图表类型完成“用户行为”组件。

“用户行为”：不同年龄段，青年（18~25）、青中年（25~30）、中年（30~35）、中年以上（35以上）的“浏览量”“访问次数”“停留时间”“跳出次数”的显示，用颜色加以区分。

第一步，统计的维度是“年龄”，因此，复制“年龄”字段，单击“年龄1”字段后的下拉按钮，在展开的下拉菜单中选择“转化为维度”，如图2.2.35（a）所示，结果如图2.2.35（b）所示。

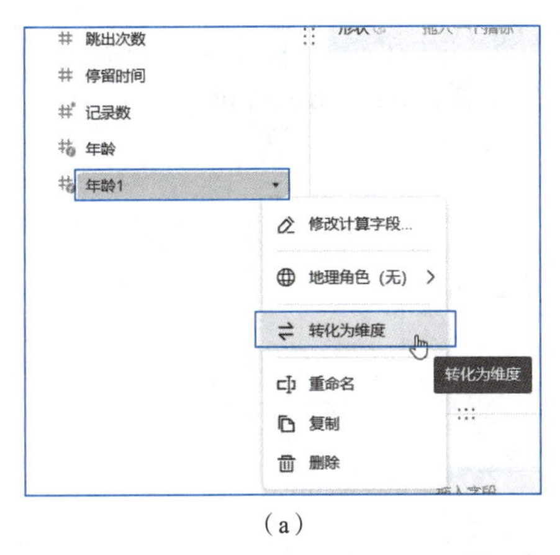

（a）

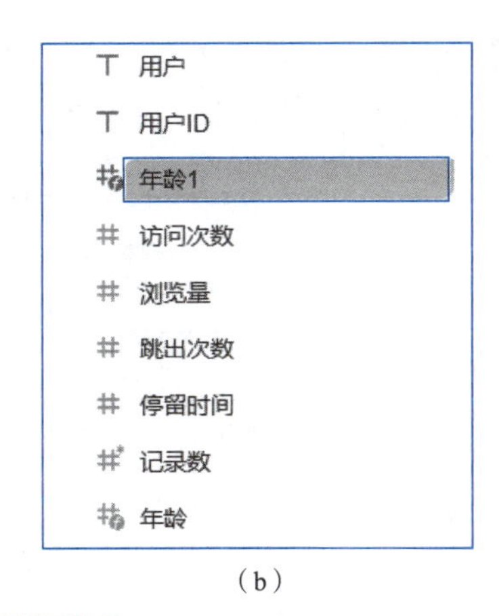

（b）

图 2.2.35　“年龄”转换维度

知识详解：

（1）指标转维度：需要将数值字段放到待分析区域的维度栏时，可以使用“转化为维度”功能，数值维度字段的默认分组方式为“区间分组”，若是需要将所有数值都罗列出来，需要将分组方式改为“相同值为一组”。

（2）维度转指标:可以将维度字段（日期和文本类型的字段）转化为指标，获得指标为该字段的去重计数值。可以根据实际需求对维度进行转换，以便更好地理解数据。

第二步，将转为维度后的“年龄1”拖动到维度栏中，单击该字段后的下拉按钮，在展开的菜单中选择“区间分组设置”命令，如图2.2.36所示。

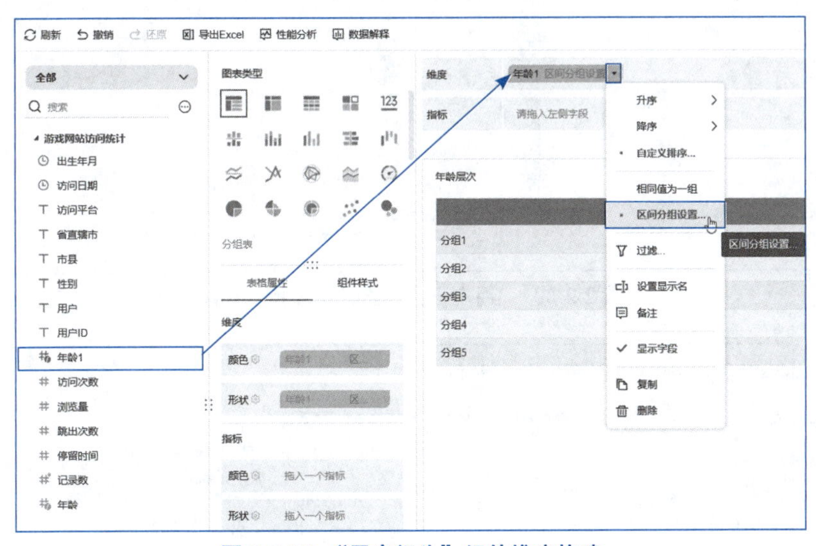

图 2.2.36　“用户行为”组件维度构建

第三步，在窗口“区间分组设置（最小值18 最大值50）”中设置分组的区间及显示的名称，如图2.2.37所示。

第四步，将图形类型修改为“多系列柱状图”，然后将待分析区中的“浏览量”“访问次数”“停留时间”“跳出次数”拖动到纵轴中，如图2.2.38所示。

第五步，分别单击“浏览量”“访问次数”“跳出次数”字段后的下拉按钮，在展开的下拉菜单中选择“设置值轴（左值轴）”命令，如图2.2.39（a）所示，在“设置值轴（跳出次数（求和））”对话框中设置“共用轴”为“右值轴”，如图2.2.39（b）所示。

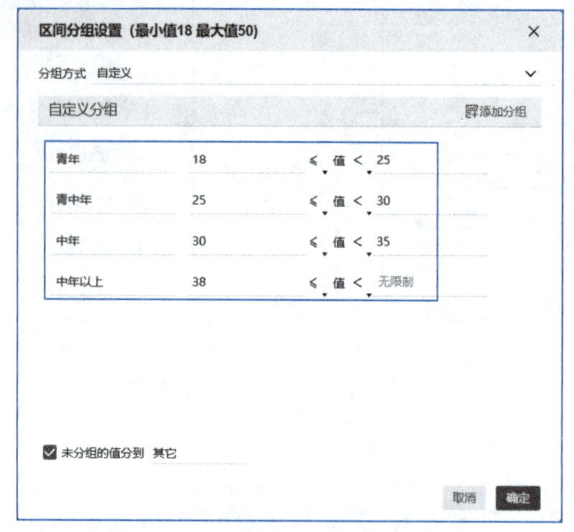

图 2.2.37 “年龄”维度区间分组

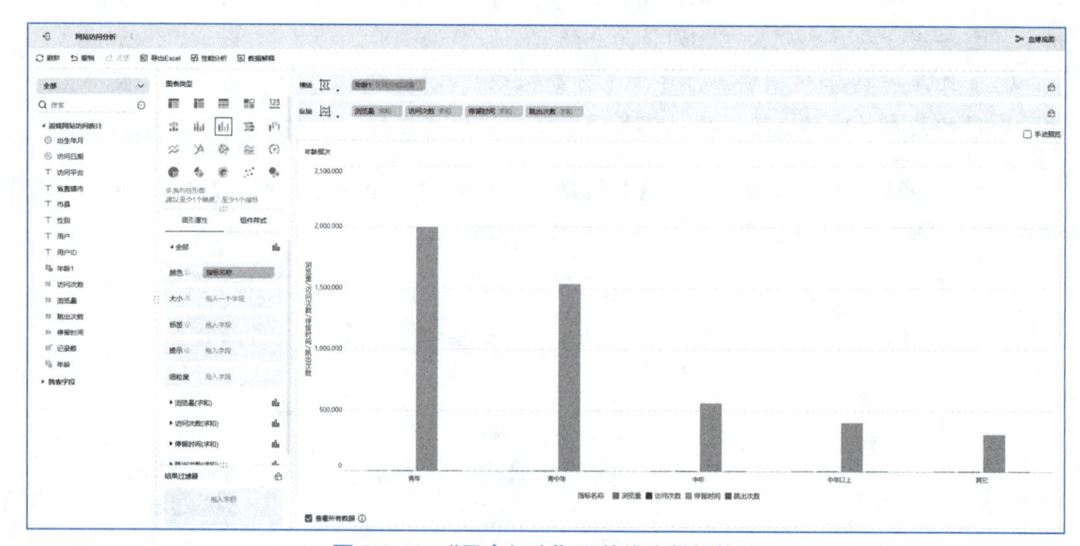

图 2.2.38 “用户行为”组件维度指标构建

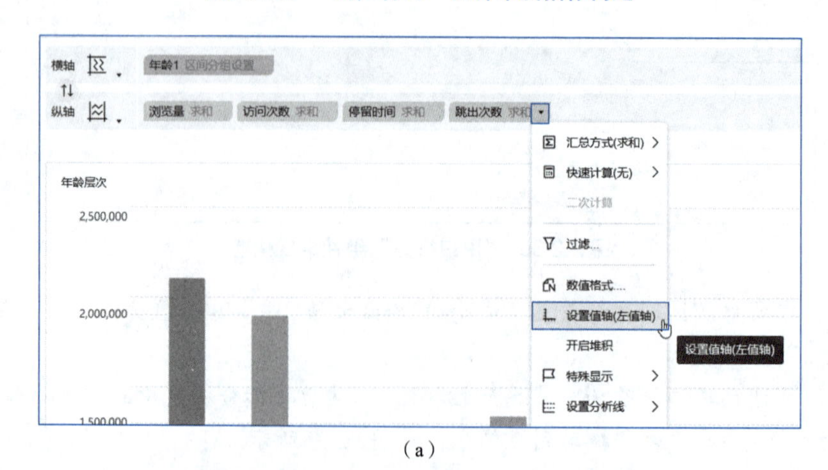

（a）

图 2.2.39 修改“用户行为”组件指标值轴

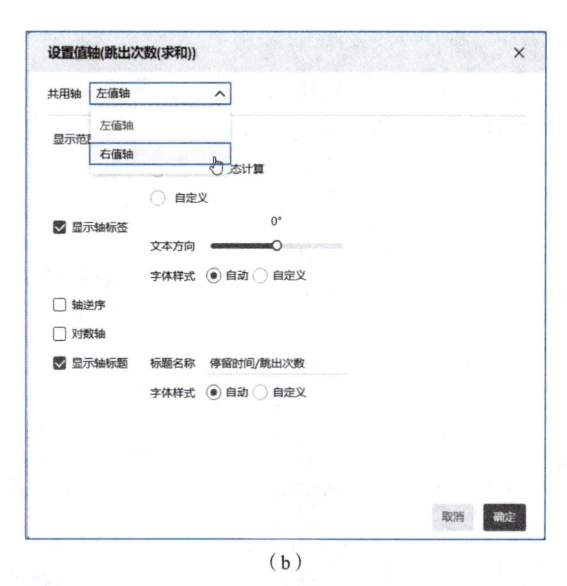

(b)

图 2.2.39　修改“用户行为”组件指标值轴（续）

第六步，选择“图形属性”选项卡，然后单击“颜色”后的设置按钮，如图2.2.40（a）所示，调整各个分组图形的颜色，如图2.2.40（b）所示。参考颜色：浏览量浅蓝，访问次数黄色，停留时间绿色，跳出时间红色。

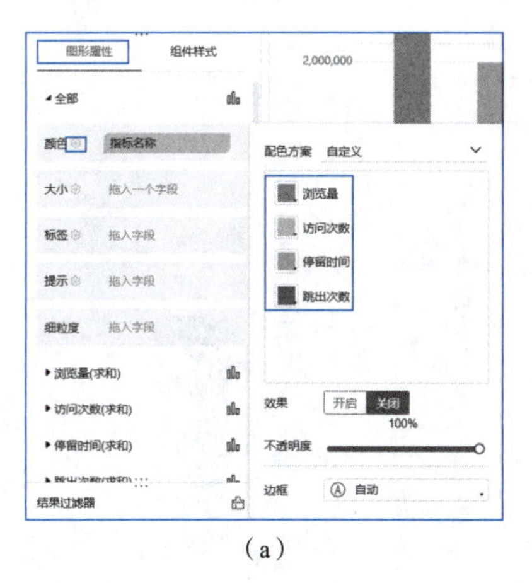

(a)

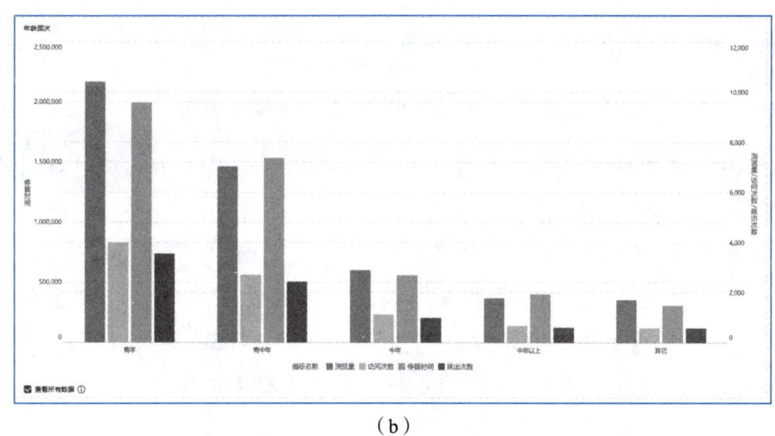

(b)

图 2.2.40　美化“用户行为”组件及预览效果

步骤6 新建“组件”，利用“多系列柱形图”图表类型完成“年龄层次”组件。

第一步，将“年龄1”维度字段拖动到横轴，并设置区间分组，分组的方式同上一个组件设置一样，将“记录数”拖动到纵轴，如图2.2.41（a）所示，结果如图2.2.41（b）所示。

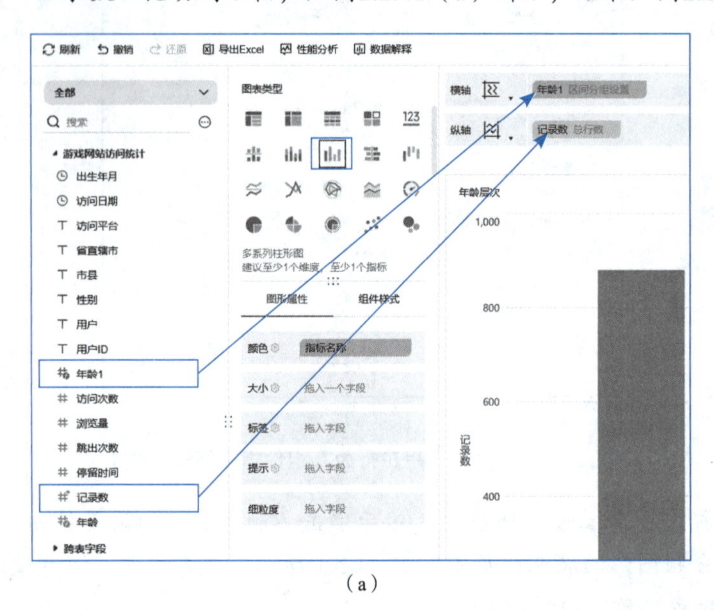

（a）

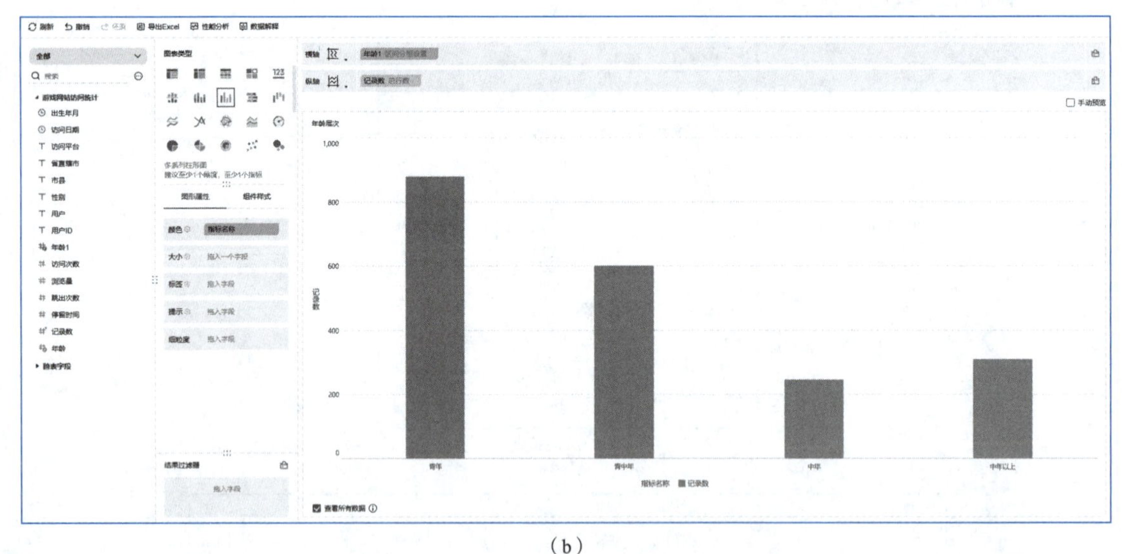

（b）

图 2.2.41 “年龄层次”组件维度指标构建

第二步，单击“记录数”后的下拉按钮，在展开的下拉菜单中选择“统计个数依赖（总行数）”→“用户ID”命令，如图2.2.42所示。

第三步，将横轴中的“年龄1”重命名为“年龄段”，再将待分析区中的“年龄1”拖动到“图形属性”→“颜色”栏，然后单击“颜色”后的设置按钮，调整各个分组图形的颜色，如图2.2.43所示。参考颜色：RGB（247，165，82）、RGB（241，193，95）、RGB（181，81，64）、RGB（250，112，109）。组件预览效果如图2.2.44所示。

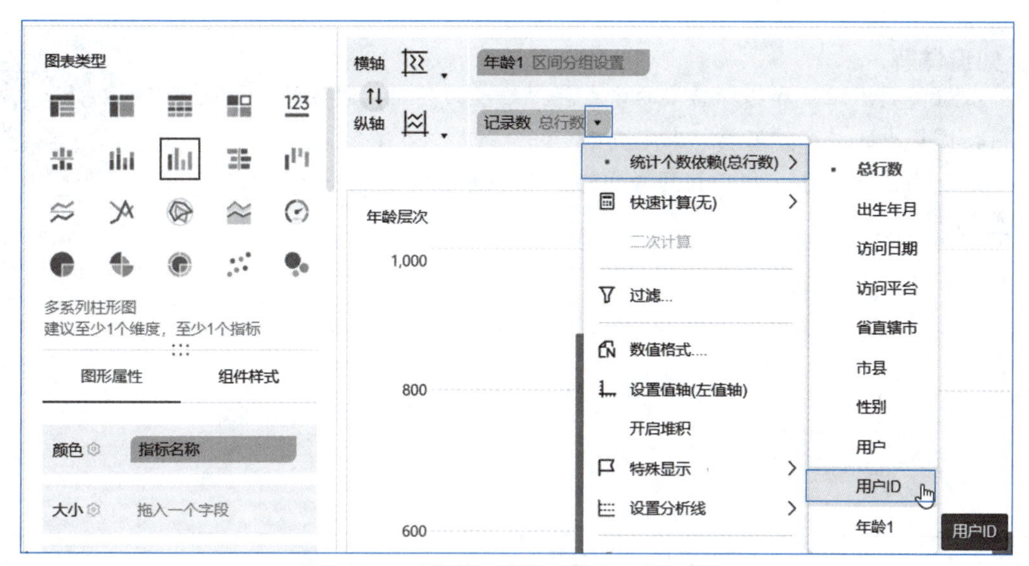

图 2.2.42 “年龄层次”组件维度指标构建

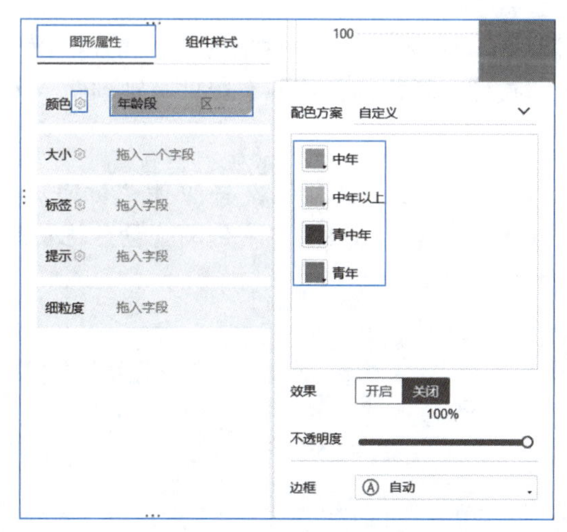

图 2.2.43 美化“年龄层次”组件

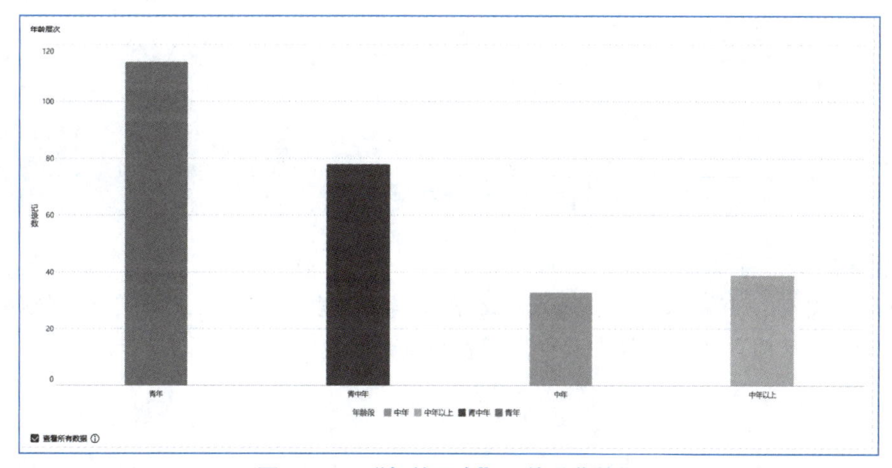

图 2.2.44 “年龄层次”组件预览效果

知识详解：

本组件利用维度和指标转换的方式获得维度的分组，同样的结果也可以利用数据集中的“分组汇总”来完成：

复制当前数据集，然后利用分组汇总对年龄加以分组并求出汇总数据，如图2.2.45所示。

图 2.2.45 “分组汇总”计算出年龄段的人数

4）制作仪表板

秉承组件配色的主体思想，仪表板以深色背景为主，构建清新淡雅的风格，可以利用仪表板的预设版面再做修改。按照分析指标，将各个组件分别到两个（主、次）仪表板中。

操作步骤：

步骤1 新建仪表板，命名为主仪表板，将组件“访问次数”“浏览量”“跳出次数”“停留时间”“浏览量趋势”“用户Top10”“省份浏览量”拖动到主仪表板中，并按照合理的位置调整布局，如图2.2.46所示。

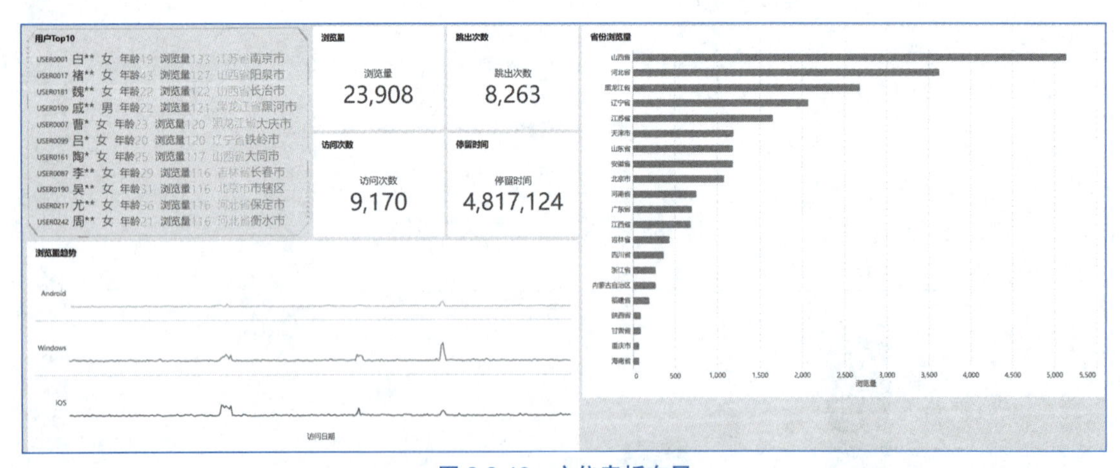

图 2.2.46 主仪表板布局

步骤2 为了了解不同访问日期的浏览量、跳出次数、访问次数、停留时间、省份浏览量和浏览量趋势，可以添加一个日期过滤器。单击仪表板窗口左上角“过滤组件”按钮，然后拖动“日期区间”组件到仪表板中，放在合适的位置，如图2.2.47所示。

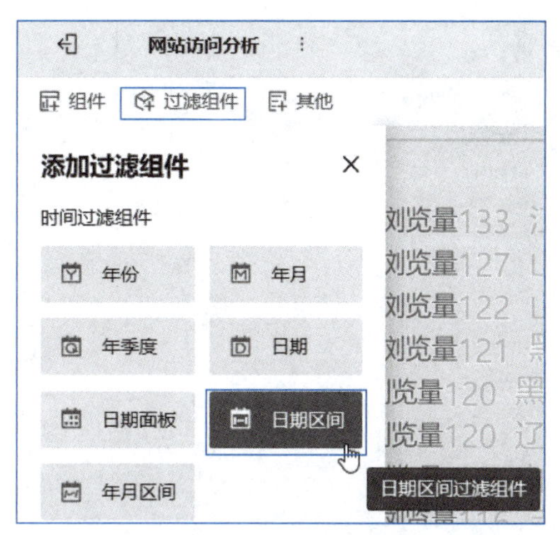

图 2.2.47　增加“日期区间”组件

步骤3　拖动一个“其他”→“图片组件”到仪表板，并双击添加图片，效果如图2.2.48所示。

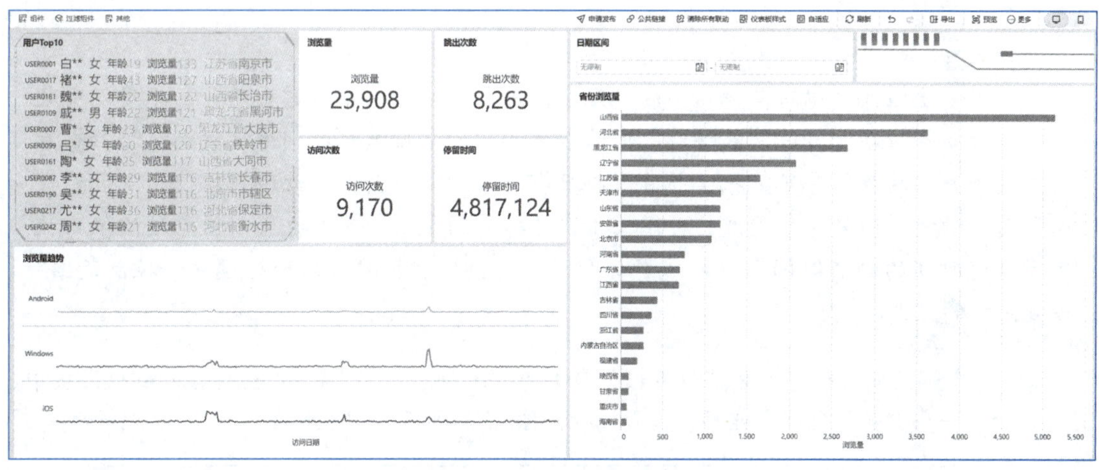

图 2.2.48　主仪表板布局

步骤4　选择“日期区间”组件，在右侧浮动菜单中单击“编辑”按钮，如图2.2.49所示，在“过滤组件”窗口中设置“字段”为“访问日期”，“控制范围”为当前仪表板中所有组件，并勾选“显示时间”和“设置可选区间”，设置区间值为2023-07-01到2024-05-02，如图2.2.50所示。

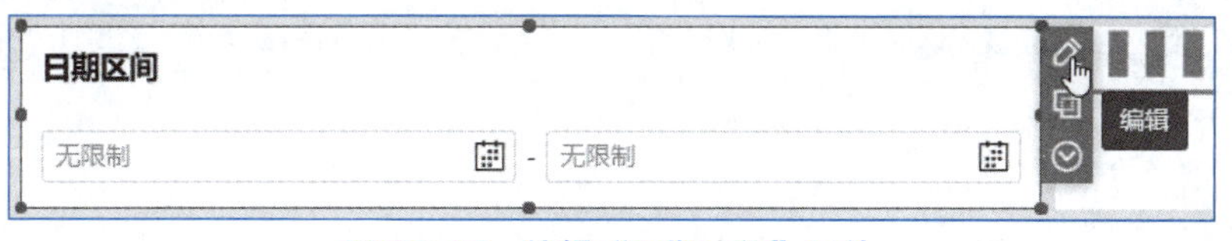

图 2.2.49　编辑“日期区间”组件

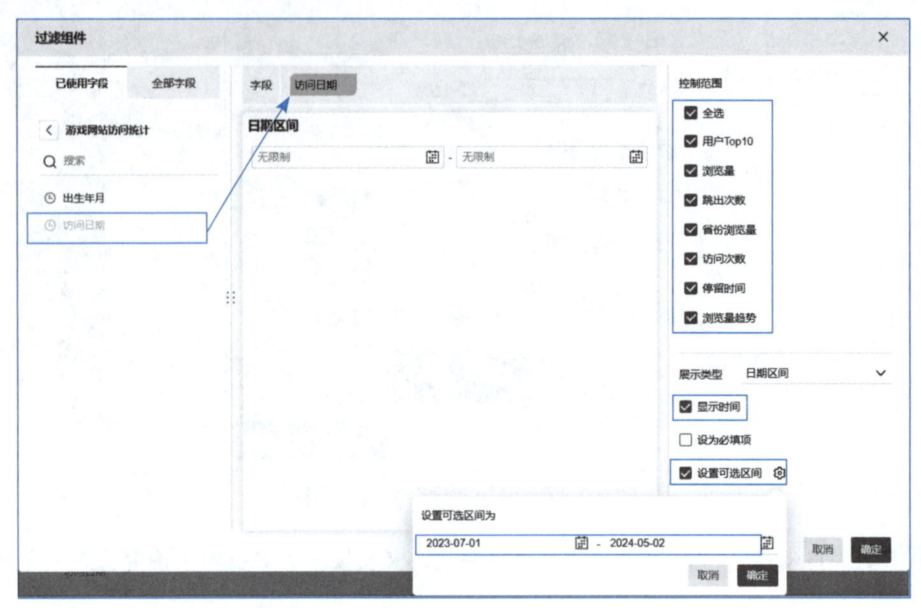

图 2.2.50　设置“日期区间”组件的相关属性

知识详解：

时间过滤组件可以对其他组件的日期字段进行过滤，例如过滤出年月、季度以及某个日期区间等。在制作过滤组件时，因为组件涉及的基础数据时间跨度太大，担心查看用户选择太大的范围导致宕机，并且有些日期的查询没有意义，此时可以使用“设置可选区间”功能，通过时间过滤组件限制用户选择时间范围。用户也可以设置过滤值为相对于当前时间的动态时间，可以随着日期变化而变化。用户可以通过设置“控制范围”设置影响的组件。

步骤5　用同样的方式创建仪表板，命名为“次仪表板”，将各个组件拖动到仪表板中，同时再加入一个“数值区间”组件，设置属性如图2.2.51所示，仪表板布局如图2.2.52所示。

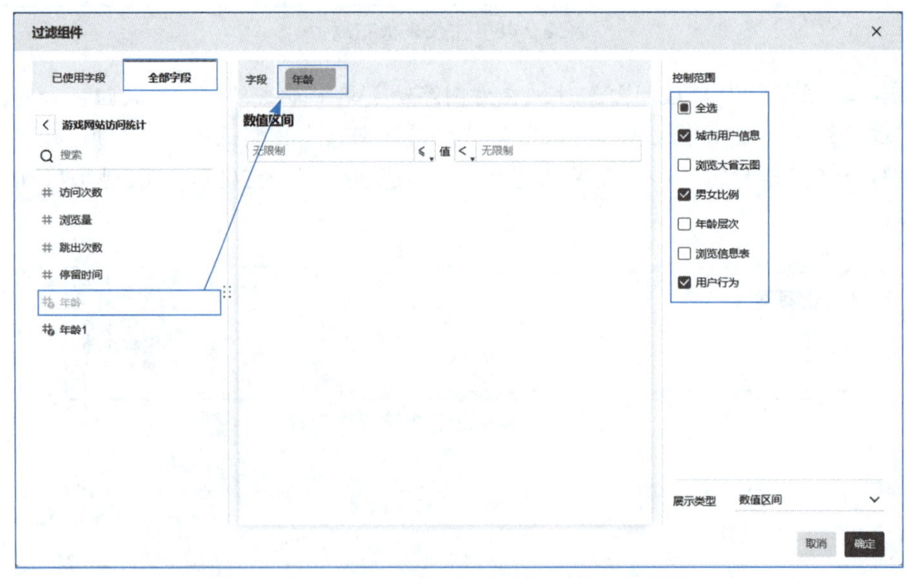

图 2.2.51　设置“数值区间”组件的相关属性

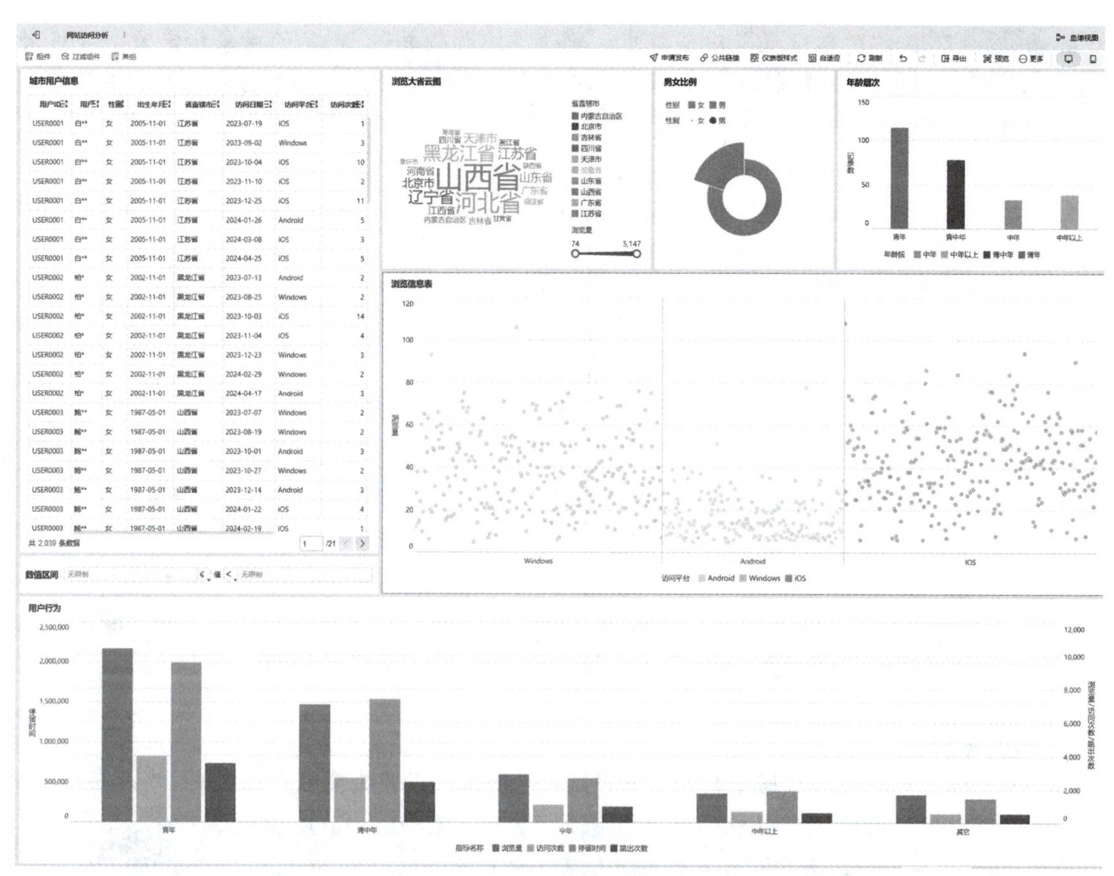

图 2.2.52　次仪表板布局

“数值区间”组件属性：

字段：“全部字段”“年龄”（计算字段）。

控制范围：“城市用户信息”“男女比例”“用户行为”。

步骤6 选择“主仪表板”选项卡，单击“省份浏览量”组件，在显示出的左侧浮动菜单中单击下拉按钮，在展开的新菜单中选择“跳转设置”命令，如图2.2.53所示。

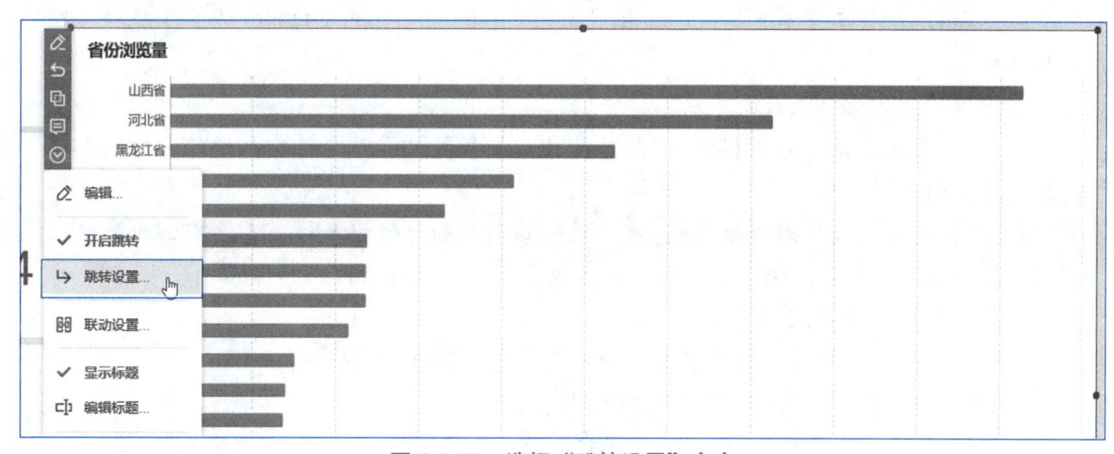

图 2.2.53　选择“跳转设置”命令

步骤7 在“跳转设置”对话框中，单击“添加跳转”，跳转的对象指定为“分析模板”，如图2.2.54所示。“跳转到”中指定“次仪表板”的路径，参数和打开位置不用另外设置，如图2.2.55所示。

图 2.2.54　跳转设置对象

图 2.2.55　跳转设置路径参数

知识详解：

微视频

数据交互：跳转、联动

（1）跳转：跳转是数据查阅时的一种交互功能，当用户需要从当前仪表板跳转到别的页面时（可以跳转到普通网页、其他仪表板、FineReport模板等），就可以利用跳转来实现仪表板与其他页面的联系。

（2）使用跳转功能有如下注意事项：

- 当联动、跳转、钻取仅存在一种时，无须额外选择，单击即可触发效果。
- 支持多次跳转，并过滤条件传递，但连续跳转五次以上可能导致性能问题。
- 仪表板界面可单击组件内容触发跳转；组件编辑界面不支持触发跳转。
- 地图组件外，图表组件如未使用指标字段，则不支持触发跳转。
- 不支持设置跳转的组件有“过滤组件”“文本组件”“图片组件”“Web组件”。
- “Tab组件”本身不支持跳转，但是如果“Tab 组件”拖入的组件设置了跳转，即支持跳转。

（3）跳转到其他仪表板的方法：

- 跳转到仪表板（分析模板）：跳转的目标仪表板只能是自己制作的仪表板，或另存到自己下面的仪表板。
- 跳转到仪表板（网页链接）：可以跳转到别人制作的仪表板，需要有该仪表板的预览链接或公共链接；或者需要通过跳转到仪表板并通过过滤组件传递参数。

以上两种方式都可以实现传值。

（4）设置跳转窗口的打开位置有三种方式，其代表的含义如下：

- 新窗口：在一个新的网页打开跳转内容。
- 对话框（默认大小）：弹出一个比较小的对话框。
- 对话框：弹出一个全屏大小的对话框。

步骤8 单击“用户Top10”组件，在显示出的右侧浮动菜单中单击下拉按钮，在展开的菜单中选择“联动设置”命令，如图2.2.56所示。

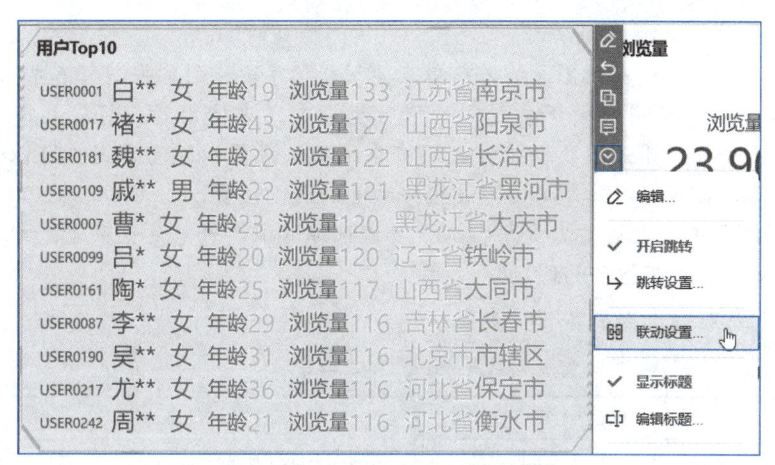

图 2.2.56　选择“联动设置”命令

步骤9 其余组件（除过滤组件、图片组件）都出现了设置框，单击其余组件上面的“可双向联动”按钮，如图2.2.57所示，将取消“用户Top10”发起的联动。

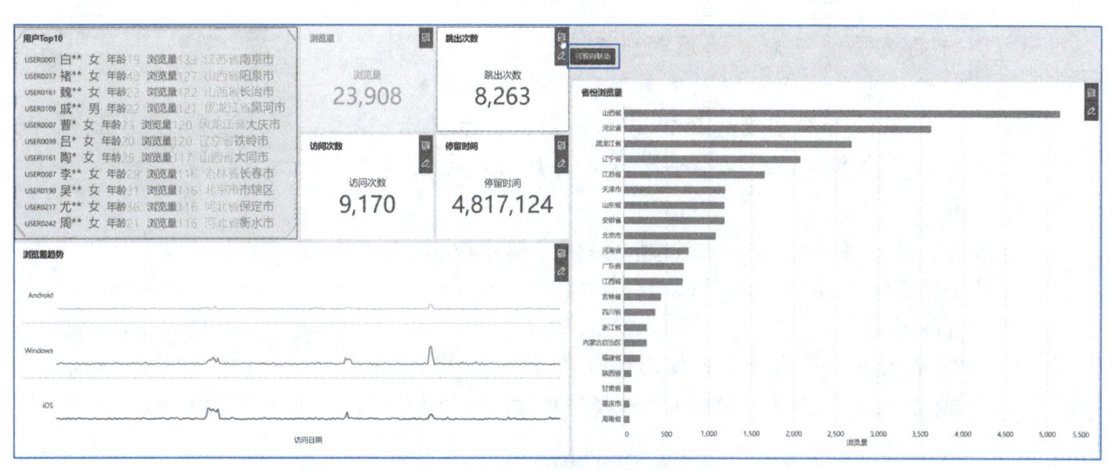

图 2.2.57　设置联动对象

步骤10 依次关闭组件相互之间的联动，只保留“省份浏览量”对其他组件的单向联动。

注：可以利用“更多”→“开启默认联动”按钮的双向开关，先一次性关闭所有的联动，再单击“省份浏览量”组件“下拉”→“联动设置”按钮，然后单击其他组件上的“不可联动”按钮，开启联动。

知识详解：

（1）联动：联动可实现单击一个组件，其他组件显示出相关数据。因此，联动设置只能在仪表板内部组件之间的联动。

（2）联动设置有两种方式：

- 给组件使用的表建立好关联，让系统默认为其设置联动。
- 手动设置联动。

（3）使用联动功能，有如下注意事项：

- 明细表和文本组件只能被联动。
- 过滤组件不能够实现联动。
- 除地图组件外的其他图表组件，若未使用指标字段，则单击图形不支持触发联动。
- 当多个组件使用的数据表是同一张数据表，或者使用的数据表之间在“模型视图”里有关联关系，那么这多个组件之间有系统默认设置的联动。用户可以通过对主题的数据表在模型上添加关联，间接完成组件之间的联动设置。
- 单击仪表板右上角“更多”按钮，可以选择取消“开启默认联动”勾选状态，将取消整个仪表板中所有组件的联动。

（4）关联与联动方向的关系，见表2.2.3。

表 2.2.3　联动关系

联动方向	联动条件	联动效果
双向联动	A 组件与 B 组件所在的数据表是同一个数据表或者组件所在的数据表之间存在 1:1 模型视图关联关系	A 组件与 B 组件有双向联动： 单击 A 组件，B 组件会跟随 A 组件变动； 单击 B 组件，A 组件会跟随 B 组件变动
单向联动	A 组件与 B 组件所在的数据表之间存在 1:*N* 模型视图关联关系	单击 A 组件，B 组件会跟随 A 组件变动； 单击 B 组件，A 组件不会跟随 B 组件变动

（5）自定义联动。如果使用两张不同表制作的组件需要设置联动，需要自定义联动依赖字段。设置自定义的“依赖字段”，字段类型需要一致，若不一致，标红提示，组件之间无法产生联动。联动组件之间对应依赖的字段不能重复使用。

设置方式是：单击被联动组件 （编辑依赖字段），在展开窗口中设置依赖字段，如图2.2.58所示。

图 2.2.58　设置依赖字段

（6）清除联动：

- 清除该仪表板产生的所有联动（仪表板上方的菜单栏中），如图2.2.59（a）所示。
- 单独清除某个组件产生联动的效果（选中该组件的浮动菜单中），如图2.2.59（b）所示。

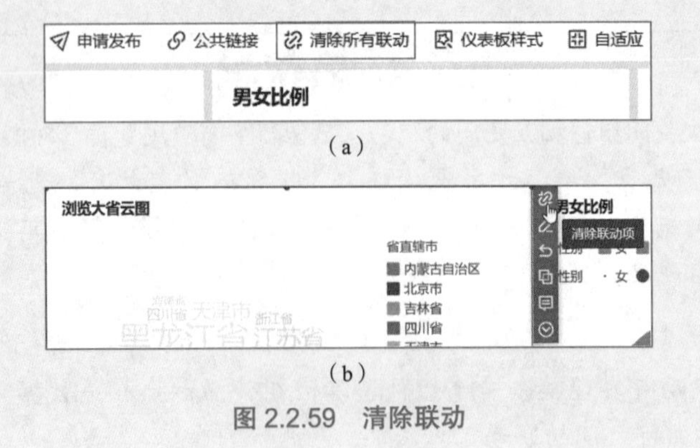

（a）

（b）

图 2.2.59　清除联动

5）美化仪表板

操作步骤：

步骤1　选择“主仪表板”，设置仪表板的样式为“预设”→“智慧数据”，然后在仪表板样式中设定“自定义”选项卡中的效果，设置内容为：“仪表板”→“背景”下的“颜色”设置为“灰色”，如图2.2.60（a）所示，“过滤组件”→“组件背景”下的“颜色”设置为“灰色”，如图2.2.60（b）所示，其他设置保持不变。单击有联动和跳转的“省份浏览量”组件，将产生选项菜单，效果如图2.2.61所示。

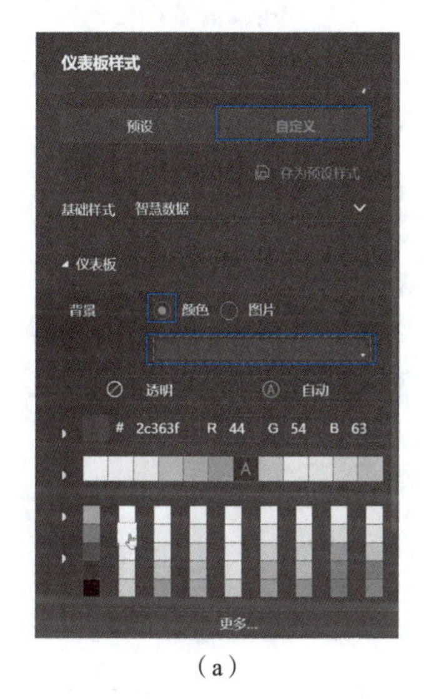

（a）

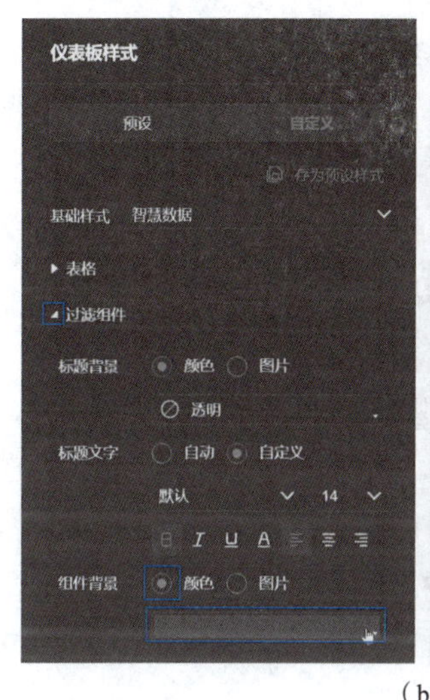

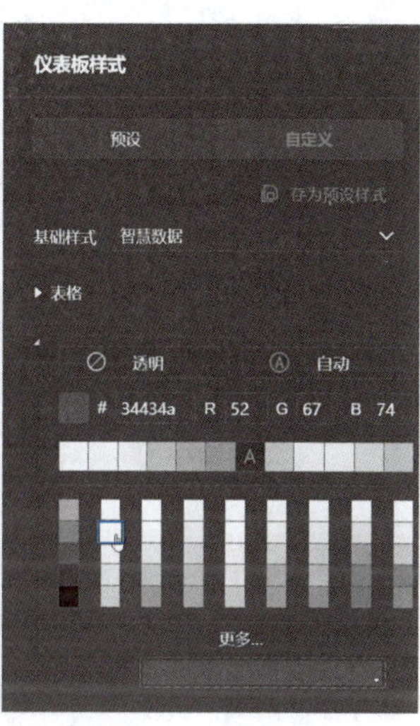

（b）

图 2.2.60　设置仪表板样式

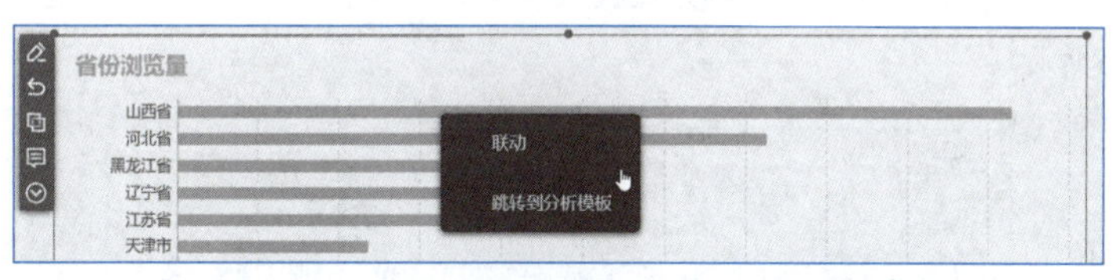

图 2.2.61　“省份浏览量”组件单击时效果

步骤2　添加文本组件、图片组件，总结结论并设置文字，最终的效果如图2.2.62所示。

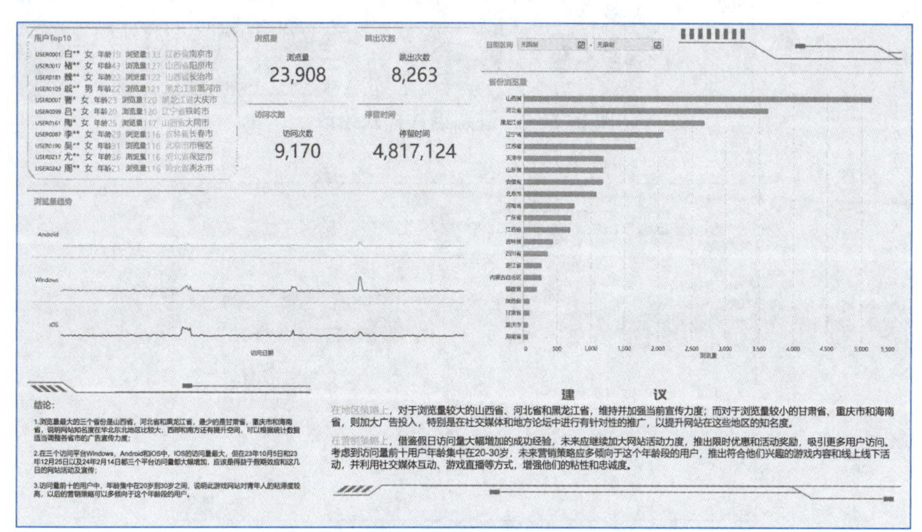

图 2.2.62　主仪表板最终效果（未单击联动时状态）

注：组件可以设置“悬浮”，从而实现组件的层叠。

步骤3 选择“次仪表板”，设置仪表板的样式为“预设”→“经典白”，然后再在“自定义”选项卡中设置“组件”→“标题文字”→“自定义”：字体“优设标题黑”、字号“16”、颜色“绿色”，如图2.2.63所示。

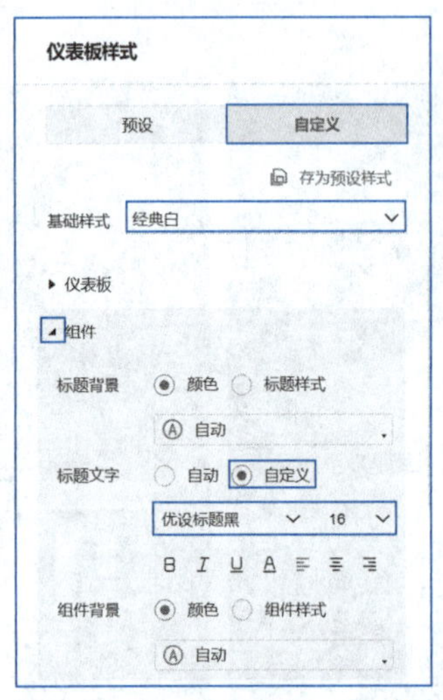

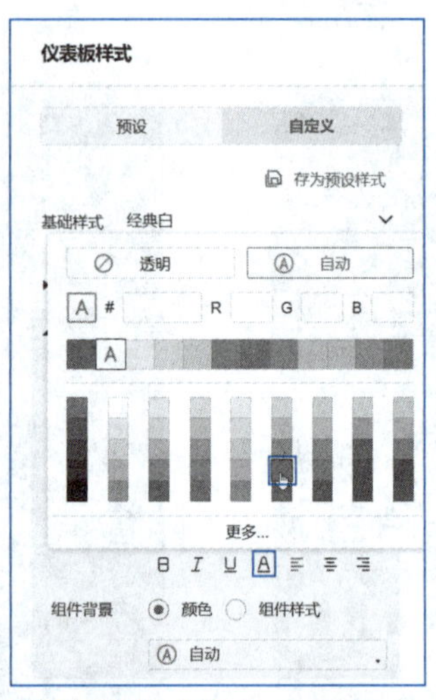

图 2.2.63 仪表板样式及组件样式修改

步骤4 选择过滤组件，在“下拉”菜单中选择，“编辑标题”命令，如图2.2.64所示。在“编辑标题”窗口中，选中字段，设置字体样式为“自定义”，再设置相关字体、字号、颜色，如图2.2.65所示。

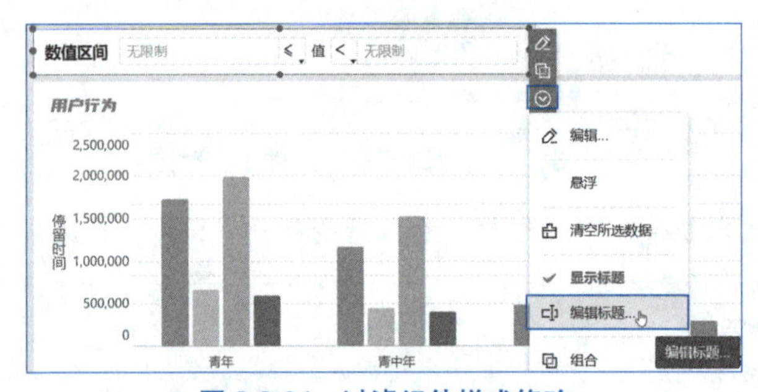

图 2.2.64 过滤组件样式修改

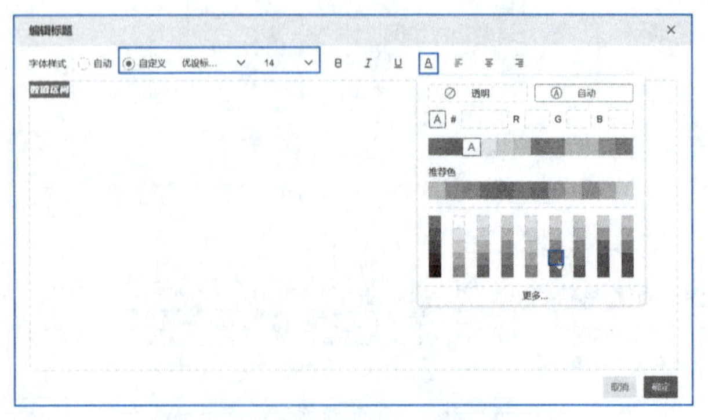

图 2.2.65 过滤组件标题样式修改

注：过滤组件的样式，既可以选择该组件单独设置，也可以在仪表板样式中选择“组

件”统一修改（这里修改的是该仪表板中所有过滤组件的样式）。

步骤5 添加文本组件，总结结论并设置文字，最终的效果如图2.2.66所示。

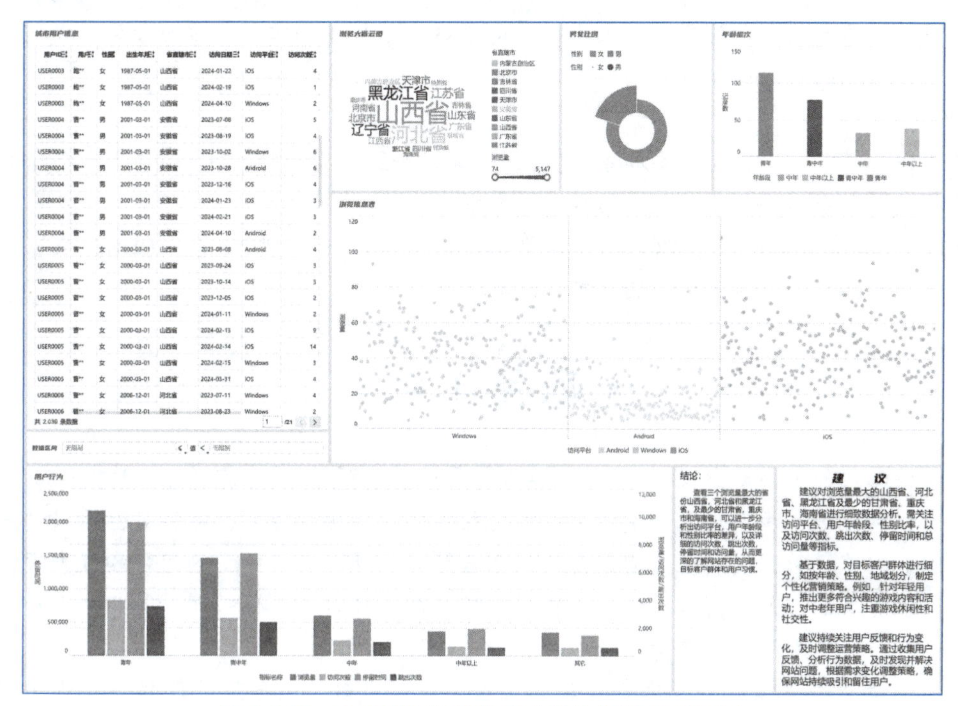

图 2.2.66　次仪表板最终效果（未单击联动时状态）

6）导出仪表板

操作步骤：

步骤1 选择各个组件，在浮动面板中单击下拉按钮，在展开的菜单中选择“导出Excel”命令，导出该组件的Excel文件。

步骤2 单击仪表板上方的“导出”按钮，选择“导出Pdf”命令，可以导出当前仪表板的当前状态Pdf文件格式。

6. 分析结果

本次任务分析结果显示，网站在华北、东北地区（山西省、河北省、黑龙江省）的知名度较高，浏览量显著，而在西部（甘肃省）和南方（重庆市、海南省）地区的知名度相对较低，需加强宣传。从访问平台来看，iOS的访问量最大，且节假日期间三个平台的访问量均有大幅增加，表明节假日效应和网站活动对提升访问量有积极影响。

用户年龄方面，访问量前十的用户主要集中在20~30岁之间，说明该游戏网站对青年用户群体具有较高的吸引力。因此，未来营销策略应更多倾向于这个年龄段的用户，推出符合其兴趣的游戏内容和线上线下活动，以增强其黏性和忠诚度。

为更深入地了解网站存在的问题和目标客户群体，建议对浏览量差异显著的省份进行细致数据分析，关注访问平台、用户年龄段、性别比率以及访问次数、跳出次数、停留时间和总访问量等指标。基于数据对目标客户群体进行细分，制定个性化营销策略，如针对年轻用户推出更多游戏内容和活动，对中老年用户注重游戏休闲性和社交性。

最后，建议持续关注用户反馈和行为变化，及时调整运营策略，确保网站能够持续吸引和留住用户，并根据需求变化灵活调整策略，以不断提升网站的知名度和用户满意度。

拓展训练

利用所给的素材包，完成以下要求，并基于这些结果挖掘数据背后的含义，识别出业务流程中的瓶颈和问题，提出零售销售策略。

具体要求：

组件1：分页行数为40；添加序号；组件1和组件2不产生联动效果；单击表格中的某个字段会加载一个新页面，显示相应的订单详细数据。

组件2：销售额环比小于0%的柱子渲染为红色；组件1和组件2不产生联动效果；单击柱子会加载一个新页面，显示相应的订单详细数据。

项目小结

本项目深入分析了某游戏网站在2023年7月至2024年5月期间的访问统计数据：

首先，读者进一步掌握了构建组件、美化组件和仪表板的方法，能够灵活运用这些技能将复杂的访问统计数据转化为直观、易读的图表形式。通过精心设计的组件和仪表板，不仅使得数据条理清晰、易于解读，还大大提高了信息的可读性和理解效率，为相关人员快速把握网站访问状况提供了有力支持。

其次，读者进一步掌握了数据编辑的方法，能够准确、高效地处理和分析访问统计数据。通过深入挖掘和对比分析浏览量、访问平台、用户年龄段和性别比率等关键指标，成功揭示了不同省份、不同平台以及不同用户群体的访问习惯，为制定和调整运营策略提供了科学依据。

再者，读者进一步了解了数据过滤的概念及方法，能够根据需要筛选出符合特定条件的数据，从而更加聚焦地分析访问统计数据的深层原因和潜在趋势。这一技能的应用，使得读者能够深入挖掘数据背后的有价值信息，为网站的持续优化和升级提供了有力支撑。

此外，读者掌握了数据跳转和数据联动的概念方法，能够构建出更加智能、交互性强的数据分析系统。通过数据跳转，用户可以在不同页面或组件之间快速切换，获取更全面、连贯的数据信息；而数据联动则使得不同组件之间的数据能够相互关联、动态更新，提高了数据分析的准确性和实时性。

最后，基于深入的数据分析和直观的数据展示，读者进一步提出了有针对性的优化建议。这些建议旨在提升网站知名度、优化用户体验、吸引更多潜在用户，并推动网站实现更好的发展和增长。

模块三

精细化数据解析与图形表达

本模块是一个专注于提升读者数据分析与可视化能力的综合性项目，不仅要求读者掌握基础的数据处理和分析技能，更强调应用其在复杂数据环境中进阶的数据分析思维和方法，进行深度分析和可视化呈现。这些数据集可能来自不同的行业领域，该模块通过两个精心设计的进阶项目引领读者深入探索数据分析与可视化的核心领域。

在项目执行过程中，读者将有机会实践多种高级数据分析工具和技术的使用，如问题导向型分析、数据表的高级合并技巧、环比分析方法等。这些工具和技术将帮助他们更准确地理解数据，发现数据中的规律和趋势，从而为决策提供有力支持。此外，本项目还强调读者的可视化呈现能力。他们需要将复杂的数据分析结果转化为直观、易懂的可视化图表和报告，以便更好地与团队成员、管理层或客户进行沟通。在这个过程中，读者将学习如何选择合适的可视化工具和方法，以及如何优化可视化呈现的效果，使其更具影响力和说服力。

项目一 某旅游集团全国旅行线路销售毛利率分析

项目目标

（1）了解问题导向型数据分析与可视化思维。

（2）初步掌握FineBI中数据表合并的方法。

（3）初步掌握数据分析的基本方式，了解钻取、环比的概念。

（4）掌握FineBI中聚合函数SUM_AGG的使用。

（5）掌握针对数据分析的结果撰写结论与建议。

（6）掌握分析报告的撰写方法。

项目描述

近期，某旅游集团在全国范围内的旅行线路销售上遭遇了挑战。总销售额与毛利率均出现了下滑，这对集团的盈利能力和市场竞争力产生了不利影响。为了找出导致毛利率下滑的关键因素，集团决定利用数据可视化工具对过去一段时间内的销售数据进行多维度的深入探索和分析，找出哪些省份、哪些城市、哪些旅行社或哪些特定的旅行线路是导致毛利率下滑的关键因素，最终目标是构建一个全方位立体化解读模型，并提供相应策略或建议来优化此旅游集团的营运效益。具体分析要求如下：

（1）数据多维度分析。对销售数据进行多维度分组统计，按省份、城市、旅行社及特定旅行线路计算每个维度下的总销售额和毛利率，并使用可视化工具展示不同地区或线路之间的表现差异。

（2）识别关键因素。通过趋势对比分析确定哪些省份、城市或特定旅行线路在最近一段时间内表现不佳，并评估不同因素对毛利率的影响程度，从而识别出主要驱动因素。

（3）提出优化策略与建议。根据数据可视化分析结果，为旅游集团提供针对性的优化策略，如重新设计低效路线、提高旅行社服务质量等措施，同时建立持续监测机制以适应市场变化。

项目实施

1. 分析思路

1）确定核心指标体系

确定核心指标体系，如图3.1.1所示。

2）分析指标

在旅行数据分析的业务流程中，关注的核心指标为毛利率的环比变化，这一指标能够直接反映不同时间段内旅行社盈利能力的波动情况。获取这一核心指标的数据来源于每月的总毛利额与总销售额，通过计算得出每月的毛利率，并进一步对比相邻月份间的毛利率变化，即毛利率环比。此外，为了深入理解毛利率变化的内在原因，本项目还将分析省份、城市、线路类型及具体线路的毛利率环比变化，如图3.1.2所示。这些分析能够更具体地揭示出哪些区域、哪些类型的线路或哪些特定的线路对整体毛利率的波动产生了较大影响。

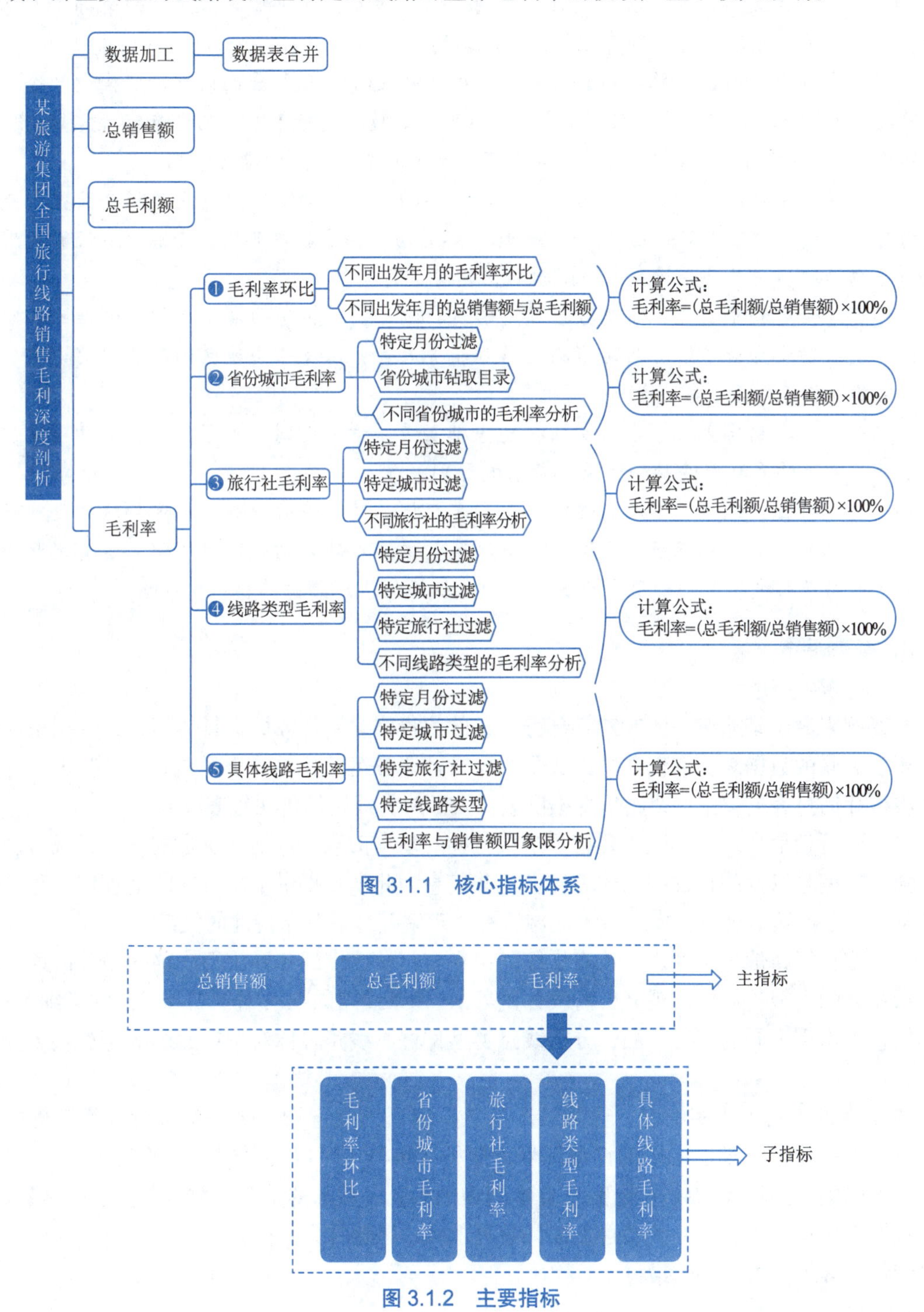

图 3.1.1　核心指标体系

图 3.1.2　主要指标

知识详解：

（1）总毛利额：指企业在一定时期内销售商品或提供服务后，扣除直接成本（如采购成本、生产成本等）后所剩余的毛利总额。它反映了企业销售活动的直接盈利能力。

（2）总销售额：指企业在一定时期内通过销售商品或提供服务所获得的全部收入总额。它代表了企业的市场占有情况和销售活动的总规模。

（3）毛利率：通过将总毛利额除以总销售额并乘以100%得出的比率。它衡量了企业每销售一元钱所能获得的毛利额，是企业盈利能力的重要指标之一。毛利率 =（总毛利额 / 总销售额）×100%。通过这一计算，企业可以清晰地了解自身的盈利状况。

（4）毛利率环比：相邻两个月份之间毛利率的增减变动情况。它反映了企业盈利能力的月度（或阶段性）变化趋势，通过对比相邻月份间的毛利率变化，企业可以及时发现盈利能力的波动，进而分析原因并采取相应措施进行调整。

（5）省份毛利率变化：将总数据按省份进行细分，分析不同省份之间毛利率的环比变化。这有助于企业了解各省份市场的盈利状况差异，以及不同地区的消费习惯、市场竞争格局等因素对毛利率的影响。

（6）城市毛利率变化：在省份分析的基础上进一步细化到城市层面，以更精确地识别出哪些城市的毛利率波动较大及其背后的原因。

（7）旅行社、线路类型及具体线路毛利率变化：对于旅游行业等特定领域的企业而言，还需要关注不同旅行社、不同线路类型及具体线路的毛利率环比变化。这有助于企业了解不同产品线的盈利表现和市场竞争力，从而优化产品结构和销售策略。

2. 数据准备

1）数据源说明

本案例来源于某旅游集团2023年部分月份的旅行路线销售数据。具体而言，数据来源于三个相互关联的数据表，它们共同构成了对旅行社业务运营状况的全面描绘。这些表格分别是“旅行社信息表”、“旅行线路信息维度表”及“旅行线路销售明细表”。

（1）旅行社信息表：此表主要记录了旅行社的基本信息，包括其所在的省份、城市、旅行社独有的编号以及旅行社的正式名称。这些信息为此项目提供了旅行社的地理位置和身份识别基础，是后续数据分析中区分不同旅行社、理解其地域分布特性的关键。

（2）旅行线路信息维度表：该表详细列出了旅行社提供的各种旅行线路的相关信息，具体包括线路的类型（如城市观光、海滨休闲等）、每条线路的唯一编号以及线路的详细名称。这些信息为识别不同的旅行产品，分析线路类型偏好、线路名称对销售的影响等提供了数据支持。

（3）旅行线路销售明细表：作为核心的数据表，该表记录了每一次旅行线路销售的具体细节，包括出发日期、对应的订单编号、旅行社编号（可以关联到具体的旅行社）、线路编号（可以关联到具体的旅行线路）、此次销售的毛利、参与的游客人数以及实现的销售额。这些数据不仅反映了旅行社的销售业绩和盈利能力，还为深入探究销售趋势、游客偏好、线路热销程度等提供了丰富的素材。

2）数据标准化

对原始数据表进行结构化的了解不仅能够帮助构建起数据之间的逻辑桥梁，还能为后续的数据分析、挖掘乃至决策支持奠定坚实的基础。三张原始数据表中对应字段及结构见表3.1.1～表3.1.3。

表 3.1.1　原始表“旅行社信息表”结构

字 段 名	字 段 结 构	备　注
省份	文本	表示旅行社所在的省份
城市	文本	表示旅行社所在的具体城市
旅行社编号	数值	旅行社的唯一识别编号，用于区分不同旅行社
旅行社名称	文本	旅行社的正式名称

表 3.1.2　原始表“旅行线路信息维度表”结构

字 段 名	字 段 结 构	备　注
线路类型	文本	表示旅行线路的主题或分类，如城市观光、海滨休闲等
线路编号	数值	旅行线路的唯一识别编号，用于区分不同线路
线路名称	文本	旅行线路的完整名称或标题，描述线路特色

表 3.1.3　原始表“旅行线路销售明细表”结构

字 段 名	字 段 结 构	备　注
出发日期	日期	旅行线路出发的具体日期，反映了客户实际消费服务的时间。该旅行集团以出发日期用作计算每月销售业绩的基准点
订单编号	文本	唯一标识每一次销售订单的编号
旅行社编号	数值	旅行社的唯一识别编号，用于区分不同的旅行社
线路编号	数值	旅行线路的唯一识别编号，与旅行线路信息维度表中的线路编号对应
毛利	数值	此次销售订单的毛利
游客人数	数值	参加此次旅行线路的游客人数
销售额	数值	此次销售订单的总销售额

知识详解：

在数据分析和可视化领域，多维分析是一种强大的技术，它允许分析师从不同的角度和层次深入探索数据，揭示数据背后的复杂关系和潜在趋势。对于旅行数据可视化分析而言，多维分析尤为重要。通过多维分析，可以揭示哪些省份、城市、旅行社或旅行线路的毛利率低于平均水平，从而识别出导致毛利率下滑的关键因素，也可以进一步钻取这些低毛利率的数据点，查找具体的原因。

（1）多维分析的定义：多维分析是一种基于多个维度对数据进行切片、切块、旋转和钻取等操作，以揭示数据内在规律和趋势的分析方法。

（2）多维分析的维度：在多维分析中，维度是指用于组织和分析数据的不同角度或属性，如时间、地点（省份、城市）、组织（旅行社）、产品（旅行线路）等。

（3）数据的度量：度量是指分析过程中需要计算和比较的具体数值，如毛利率、销售额、成本等。

（4）切片与切块：在旅行数据分析中，通过切片可以查看某个省份或城市的毛利率情况，也可以通过切块来比较不同省份或城市之间的毛利率差异。

（5）数据钻取：一种深入探索数据细节层次的操作，允许用户从汇总数据逐层深入到更具体的数据层面。在旅行数据分析中，可以从整体毛利率数据钻取到具体某个省份、城市、旅行社或旅行线路的毛利率情况，甚至进一步钻取到具体的订单或客户数据。

在进行多维分析之前，需要明确分析目标，确定需要关注的维度和度量指标，要选择合适的数据源，确保数据源的质量和准确性，以便获得可靠的分析结果。同时，要合理设计直观、易懂的可视化界面，帮助用户快速理解分析结果。

3. 指标定义

本例的分析目标分别为总销售额和总毛利额。由此可以拆解指标为以下几个指标，见表3.1.4。

表 3.1.4 指标定义

指标	定义
总毛利额	按照分组获取旅游线路销售的总毛利额，各组比较
总销售额	按照分组获取旅游线路销售的总销售额，各组比较
毛利率	按照分组获取旅游线路销售的总毛利率，各组比较
毛利率环比	按照分组获取得相邻两个月份之间毛利率的增减变动情况，各组比较

4. 数据处理

（1）数据表及内容。根据分析框架，梳理出所需数据包含：省份、城市、旅行社名称、出发日期、毛利、销售额、线路类型、线路名称。

（2）创建分析主题。

（3）添加数据。导入指定的三张Excel表：旅行社信息表、旅行线路信息维度表、旅行线路销售明细表。

（4）数据表合并。本案例数据涵盖了某旅游集团的多个关键方面，具体包含三张核心数据表：旅行社信息表、旅行线路信息维度表以及旅行线路销售明细表。这些表格分别记录了旅行社的基本信息、每条旅行线路的详细情况以及每一次销售的具体细节。为了能够全面理解此旅游集团的运营状况，需要将这些分散在不同表格中的数据整合起来。这样的数据整合为后续的数据分析、趋势探索和可视化呈现奠定了坚实的基础。

旅行社信息表与旅行线路销售明细表之间的关联键是旅行社编号。这个编号在旅行社信息表中是唯一的，用于标识每一个旅行社。在旅行线路销售明细表中，通过旅行社编号可以追踪到具体的销售记录属于哪个旅行社。旅行社信息表与旅行线路销售明细表之间是一对多的关系。一个旅行社可以有多条销售记录，但每条销售记录只能属于一个旅行社。

旅行线路信息维度表与旅行线路销售明细表之间的关联键是线路编号。这个编号在旅行线路信息维度表中是唯一的，用于标识每一条旅行线路。在旅行线路销售明细表中，通过线路编号可以追踪到具体的销售记录属于哪条旅行线路。旅行线路信息维度表与旅行线路销售明细表之间同样是一对多的关系。一条旅行线路可以有多条销售记录（因为该线路可能被多次销售），但每条销售记录只能对应一条旅行线路。

知识详解：

在数据库和数据处理的领域中，关联键和关联类型是构建数据表之间联系的重要概念。它们不仅定义了数据表如何相互连接，还决定了数据查询、更新和报表生成的效率和准确性。

（1）关联键：关联键是数据表中用于连接或匹配其他表中记录的字段或字段组合。它通常具有唯一性或至少是能够唯一标识表中某条记录的属性（尽管在某些情况下，如外键，它可能不是所在表的唯一键，但在引用的表中必须是唯一的或至少是可区分的）。关联键的作用在于建立数据表之间的逻辑联系，使得用户可以通过一个表中的数据访问到与之相关联的表中的数据。

（2）关联类型：关联类型描述了数据表之间如何通过关联键相互连接的方式。在数据库设计中，常见的关联类型包括一对一、一对多和多对多。一对一这种关联类型表示两个表中的记录之间存在一一对应的关系。一对多是最常见的关联类型之一，它表示一个表中的一条记录可以与另一个表中的多条记录相关联。在多对多这种关联类型中，两个表中的记录可以相互关联，且一个表中的多条记录可以与另一个表中的多条记录相关联。

操作步骤：

步骤1 进入分析主题中的“数据”标签，选择“旅行线路销售明细表”作为数据源来创建数据集。在“旅行线路销售明细表”左侧的扩展窗口中，选择“创建数据集”命令，如图3.1.3所示。

出发日期	订单编号	旅行社编号	线路编号	毛利	游客人数	销售额
2023-06-01 00:00:00	bbg011	16	2	260,241	68,200	2,067,000
00:00	bbg012	18	1	211,867	34,450	1,033,500
00:00	bbg013	19	1	116,268	17,225	516,750
00:00	bbg014	20	1	58,202	8,612	258,375
00:00	bbg015	21	1	28,033	4,306	122,187
00:00	bbg016	15	1	472,626	72,600	2,178,000
00:00	bbg017	18	1	222,156	36,300	1,082,000
00:00	bbg018	19	1	117,612	18,150	544,500
00:00	bbg019	20	1	57,172	2,075	272,250
2023-07-01 00:00:00	bbg020	21	1	22,403	4,537	136,125
2023-08-01 00:00:00	bbg021	13	1	475,767	78,200	2,367,000
2023-08-01 00:00:00	bbg022	18	1	260,370	32,450	1,183,500
2023-08-01 00:00:00	bbg023	19	1	121,200	12,725	521,750
2023-08-01 00:00:00	bbg024	20	1	64,726	2,862	225,875
2023-08-01 00:00:00	bbg025	21	1	31,806	4,231	147,237
2023-09-01 00:00:00	bbg026	13	1	422,002	76,300	2,282,000

共67条数据

图 3.1.3　创建数据集

步骤2 为了便于管理和引用，在进行分析之前给予其一个更具描述性和直观易懂的名称是个好习惯。在界面中找到并选中刚创建好且希望重新命名的数据集。在左侧的扩展窗口中选择“重命名”命令，如图3.1.4所示。

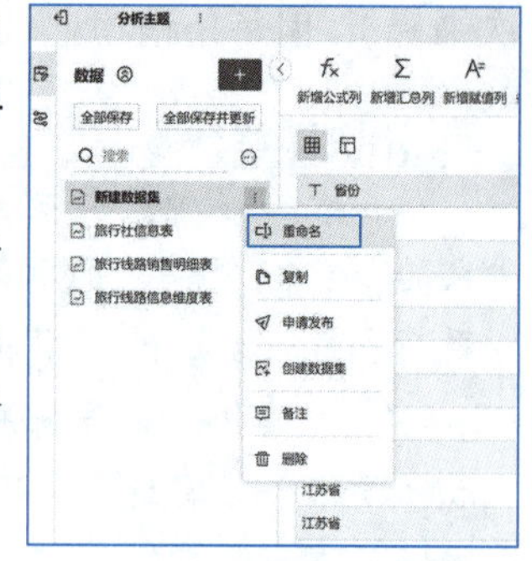

图 3.1.4　重命名数据集

步骤3　对名为“旅行合并数据”的数据集执行左右表合并操作。该过程允许将两个相关联的数据表根据共同字段拼接起来，以便整理和分析跨越多个来源或维度的信息。在界面右侧的扩展窗口中，选择“+”→“左右合并”命令，如图3.1.5所示。

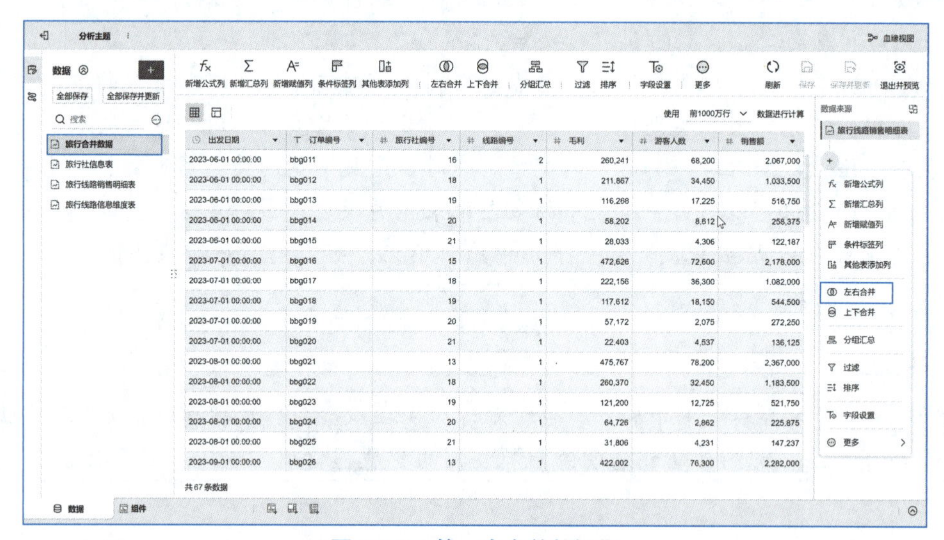

出发日期	订单编号	旅行社编号	线路编号	毛利	游客人数	销售额
2023-06-01 00:00:00	bbg011	16	2	260,241	68,200	2,067,000
2023-06-01 00:00:00	bbg012	18	1	211,867	34,450	1,033,500
2023-06-01 00:00:00	bbg013	19	1	116,268	17,225	516,750
2023-06-01 00:00:00	bbg014	20	1	58,202	8,612	258,375
2023-06-01 00:00:00	bbg015	21	1	28,033	4,306	122,187
2023-07-01 00:00:00	bbg016	15	1	472,626	72,600	2,178,000
2023-07-01 00:00:00	bbg017	18	1	222,156	36,300	1,082,000
2023-07-01 00:00:00	bbg018	19	1	117,612	18,150	544,500
2023-07-01 00:00:00	bbg019	20	1	57,172	2,075	272,250
2023-07-01 00:00:00	bbg020	21	1	22,403	4,537	136,125
2023-08-01 00:00:00	bbg021	13	1	475,767	78,200	2,367,000
2023-08-01 00:00:00	bbg022	18	1	260,370	32,450	1,183,500
2023-08-01 00:00:00	bbg023	19	1	121,200	12,725	521,750
2023-08-01 00:00:00	bbg024	20	1	64,726	2,862	225,875
2023-08-01 00:00:00	bbg025	21	1	31,806	4,231	147,237
2023-09-01 00:00:00	bbg026	13	1	422,002	76,300	2,282,000

共 67 条数据

图 3.1.5　第一次合并数据集

步骤4　在“左右合并”窗口中选择“旅行社信息表”，如图3.1.6所示。“旅行社信息表”包含各个旅行社的基础信息。

步骤5　在接下来展现出的字段列表里，选择“全选”可将所有字段选上。进入下一级菜单，将表中所有字段选中。完成所需字段选择后，单击对话框底部“确定”按钮，如图3.1.7所示。

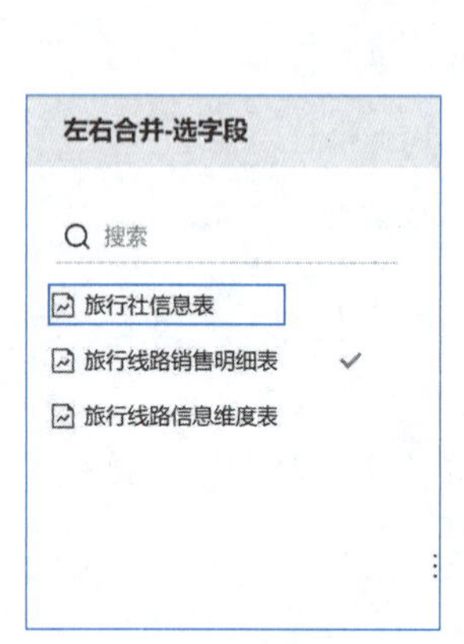

图 3.1.6　左右合并“旅行社信息表”

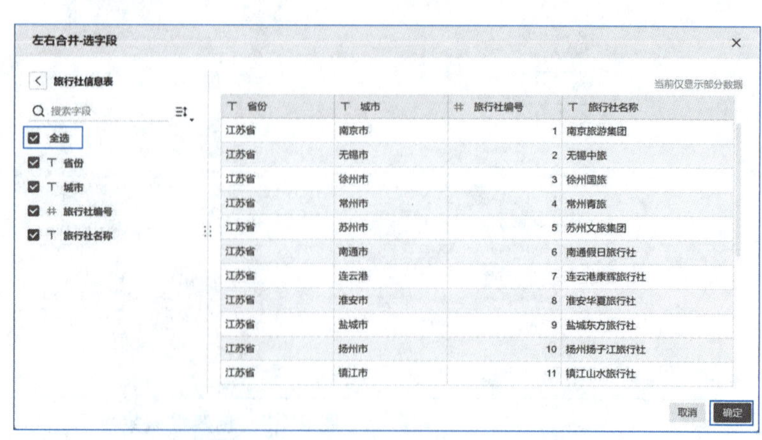

省份	城市	旅行社编号	旅行社名称
江苏省	南京市	1	南京旅游集团
江苏省	无锡市	2	无锡中旅
江苏省	徐州市	3	徐州国旅
江苏省	常州市	4	常州青旅
江苏省	苏州市	5	苏州文旅集团
江苏省	南通市	6	南通假日旅行社
江苏省	连云港	7	连云港康辉旅行社
江苏省	淮安市	8	淮安华夏旅行社
江苏省	盐城市	9	盐城东方旅行社
江苏省	扬州市	10	扬州扬子江旅行社
江苏省	镇江市	11	镇江山水旅行社

图 3.1.7　“旅行社信息表”字段选择

注：如果希望只合并特定几个字段，则可以手动取消不需要字段前面的勾选状态，仅保留感兴趣或者分析所需字段处于被选状态。

步骤6 再次对名为“旅行合并数据”的数据集执行左右表合并操作。在界面右侧的扩展窗口中，选择“+”→“左右合并”命令，如图3.1.8所示。

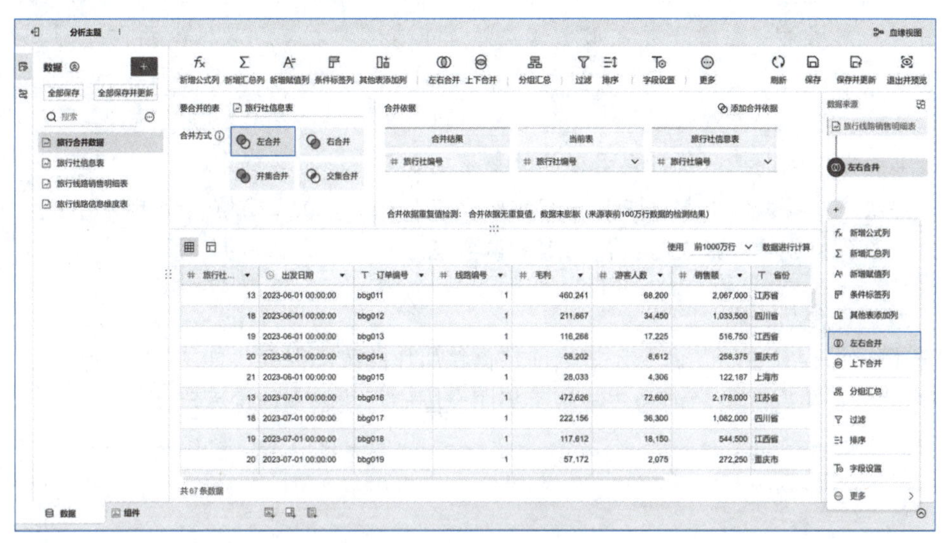

图 3.1.8　第二次合并数据集

步骤7 在“左右合并”窗口中选择“旅行线路信息维度表”，如图3.1.9所示。“旅行线路信息维度表”包含丰富的关于旅游产品的各项信息。

图3.1.9　左右合并“旅行线路信息维度表”

步骤8 在接下来展现出的字段列表里，勾选“全选”复选框可将所有字段选上。进入下一级菜单，将表中所有字段选中。完成所需字段选择后，单击对话框底部的“确定”命令，如图3.1.10所示。

图 3.1.10　“旅行线路信息维度表”字段选择

知识详解：

左右合并：在数据处理中，左右合并是一种将两个数据集基于共同的字段或键值对进行水平连接的操作。这类似于数据库中的JOIN操作，尤其是SQL语言中的LEFT JOIN和RIGHT JOIN。它允许将不同来源但相关联的信息整合到一个统一视图中，以便进行更深入分析。

（1）应用场景：左右合并常用于需要结合来自不同表格或数据源的信息时。例如，在销售分析中可能需要将产品信息表（包含产品ID、名称、分类等）与销售记录表（包含交易日期、产品ID、销售额等）进行合并，以便查看每个产品的销售绩效。

（2）关键字段选择：执行左右合并时必须确定至少一个共有字段作为“键”，该字段在两个要被合并数据集中都存在且具有相匹配值。例如，在上述销售分析案例中，“产品ID”就可以作为连接两张表格所使用到关键字段。

（5）数据保存与更新。

①选择“保存并更新”命令，将当前数据集所作的改动保存，如图3.1.11所示。

②将“分析主题”重命名为“某旅游集团全国旅行线路销售深度剖析”。

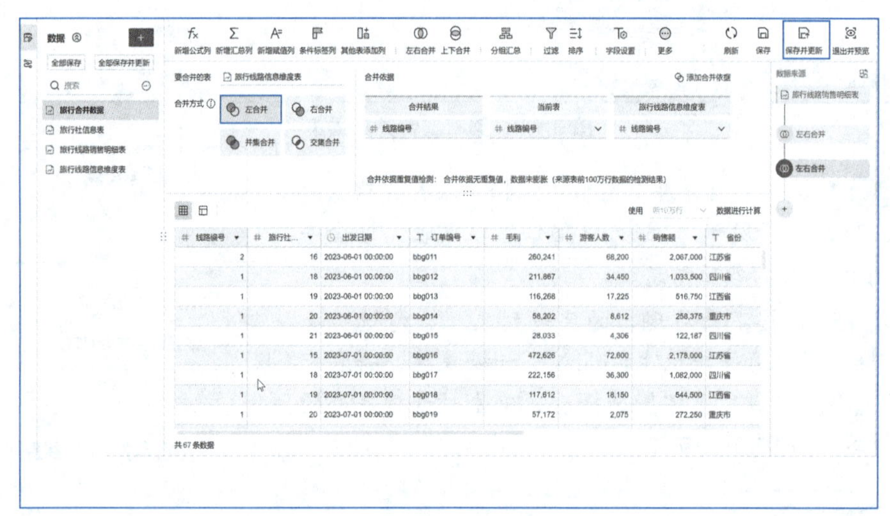

图 3.1.11　“旅行合并数据”保存更新

5. 数据展现

1）制作组件

首先新建一个名为“毛利率”的指标来分析此旅游集团各月的销售毛利情况。通过这个指标，可以直观地展示每个月份的毛利率水平，并且快速识别出那些与常态有显著差异的异常月份。一旦发现了异常数据，接下来就需要从多个维度进行深入分析以找到可能的原因。首先从省份维度开始切入，检查是否某特定省份在该异常月份内存在显著问题；然后进一步缩小范围至城市级别，分析是否是特定城市或区域所引起的影响；随后考虑旅行类型和旅行线路，以确定这些分类是否对毛利率波动有重大贡献。

操作步骤：

步骤1　构建“毛利率”指标，需要构建新的字段。选择待分析区中上方的“…”命令，在展开的菜单中选择“添加计算字段”命令，使用SUM_AGG函数构建新的分析字段

“毛利率”，如图3.1.12所示。

步骤2 在弹出的“添加计算字段”窗口中输入新建字段名称“毛利率”。在公式编辑区域输入以下公式来定义毛利率：SUM_AGG(毛利) /SUM_AGG(销售额)，如图3.1.13所示。其中SUM_AGG函数用于对指定列进行求和聚合。

图 3.1.12　“旅行合并数据”添加计算字段

图 3.1.13　添加“毛利率”计算字段

步骤3 制作一个组合图，揭示了不同出发日期与相关销售指标之间的关系。横轴代表各个出发日期，而纵轴分别表示销售额、毛利以及毛利率三个指标，如图3.1.14所示。在组合图中同时展现这些指标可以帮助更全面地理解市场动态及其对企业经济效益产生影响。

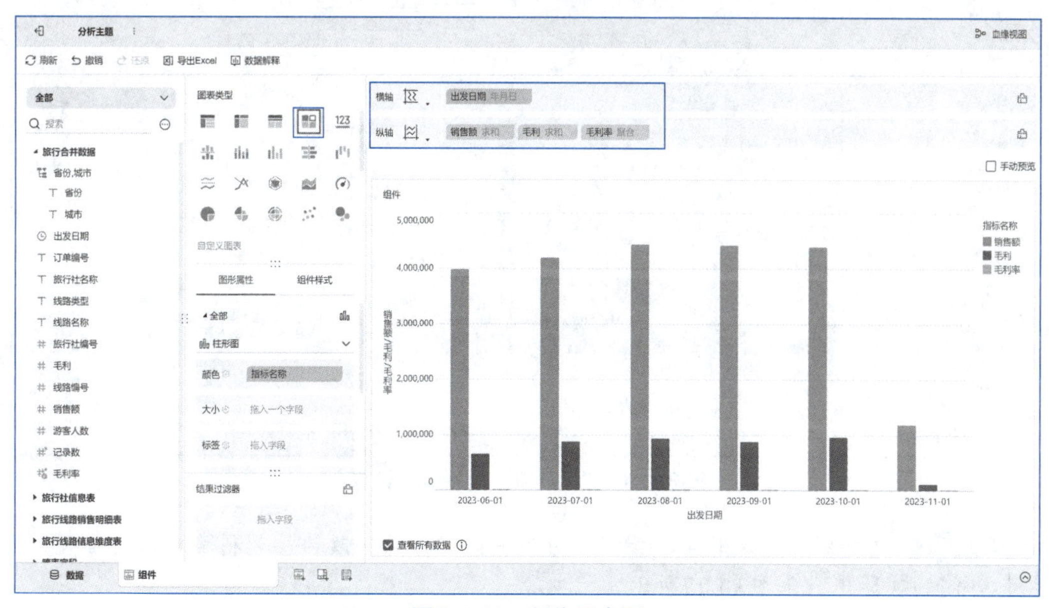

图 3.1.14　制作组合图

步骤4 调整时间粒度，将原本按日分布的数据聚合为按月显示，以便观察每个月份的销售表现，如图3.1.15所示。

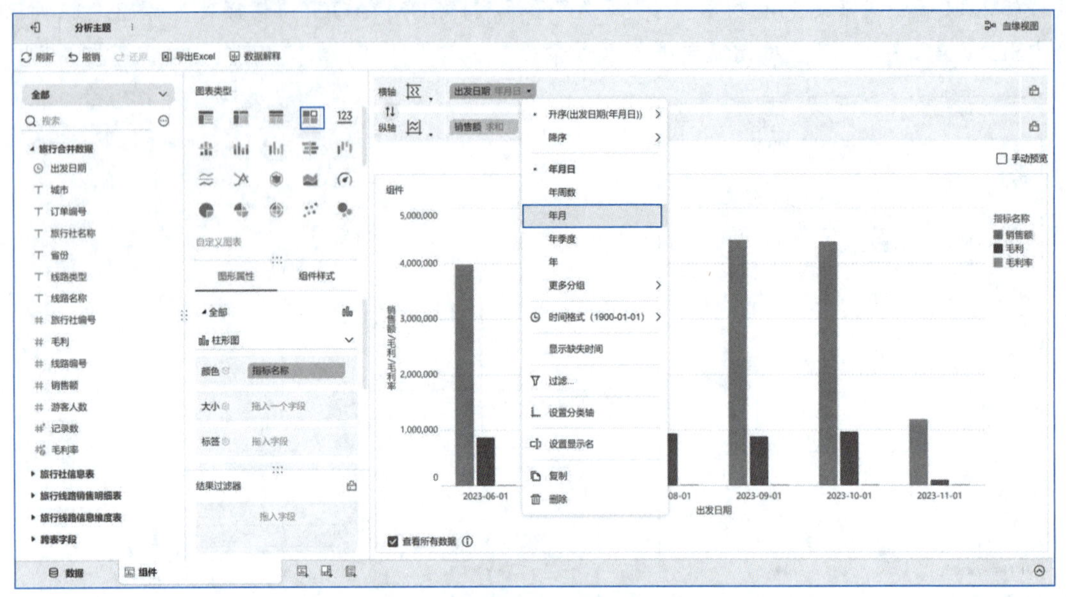

图 3.1.15 设置“出发日期”字段的汇总维度

步骤5 利用快速计算功能替代之前显示毛利率的指标，现在展示每个月相较于前一个统计周期所实现毛利数值变动百分比。环比增长率揭示了业务量随时间变化情况，并有助于识别周期性波动，如图3.1.16所示。

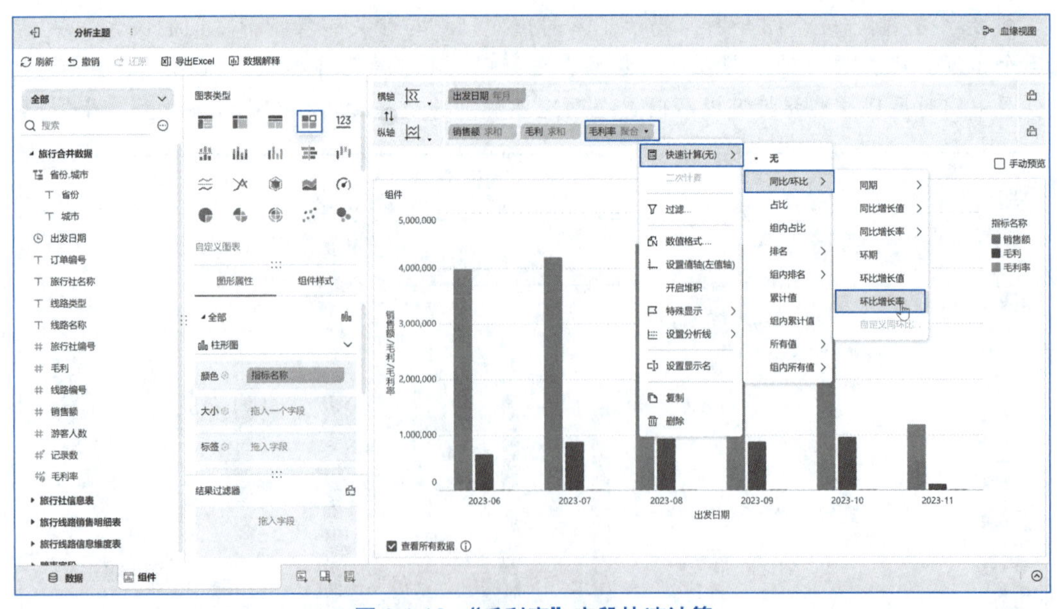

图 3.1.16 “毛利率”字段快速计算

步骤6 选择纵轴“毛利率”指标，可对其改名。将其改为“毛利率环比”，以符合这个指标当前的实际值，如图3.1.17所示。

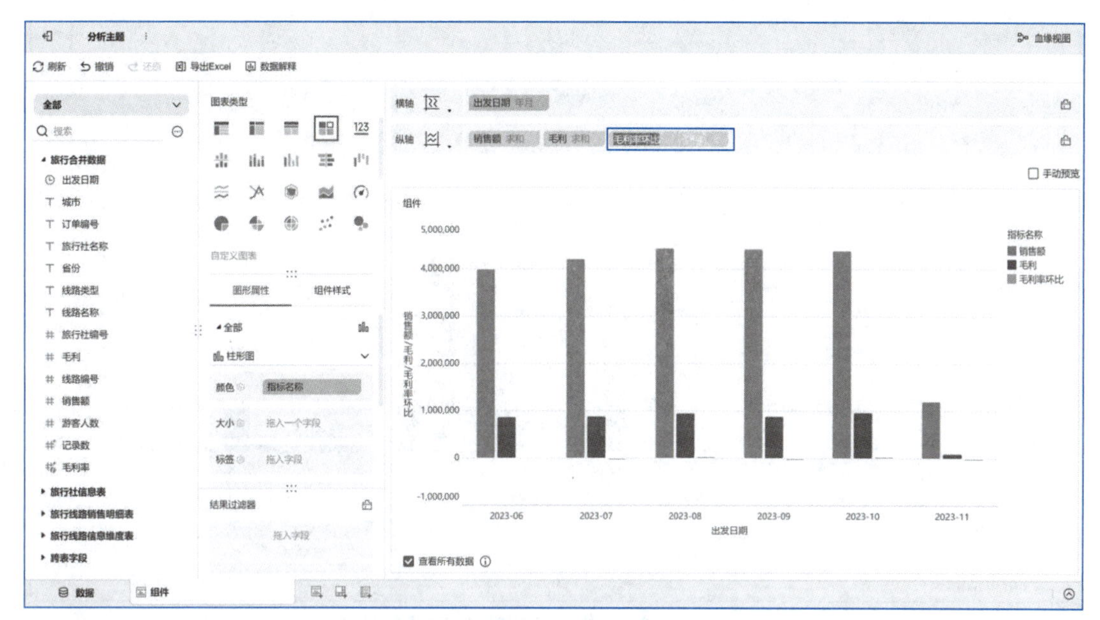

图 3.1.17　修改“毛利率”字段名称

步骤7　对图形属性进行调整，将原先以柱状图表示的“毛利率环比”改为线型显示。这样的修改有助于更清晰地观察和分析每个月份毛利率环比数值随时间的波动趋势以及相对于前一个月的环比增长情况，如图3.1.18所示。

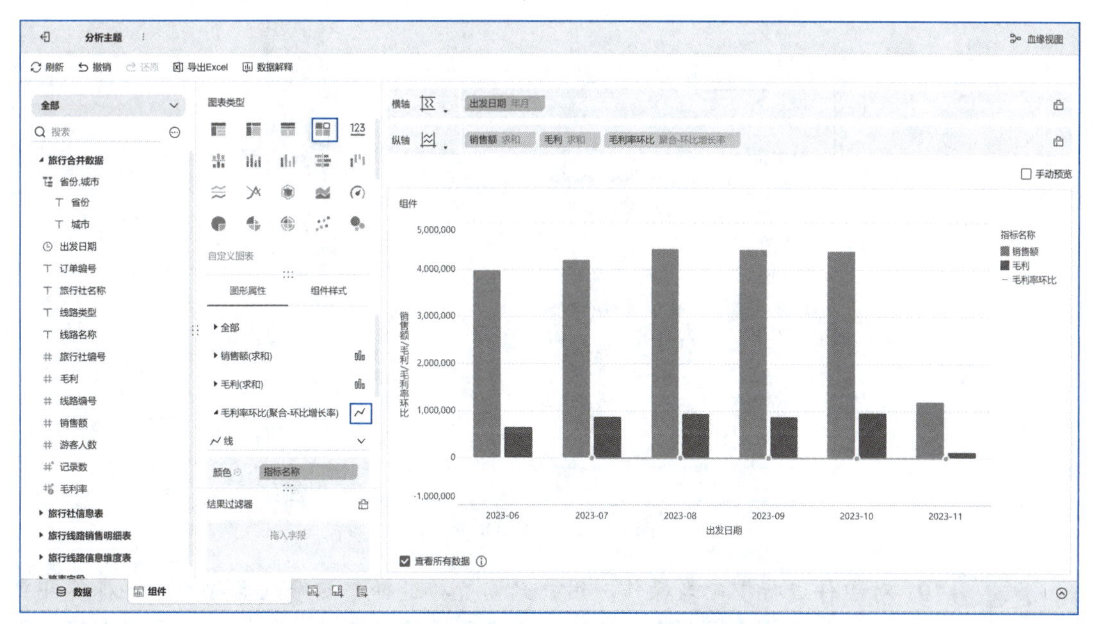

图 3.1.18　修改“毛利率环比”字段显示图形

步骤8　对图形纵轴的设置进行优化，将“毛利率环比”的值轴从左侧移至右侧。这样的调整旨在提高视觉清晰度，并帮助读者更好地区分和解读不同数据系列。选择“毛利率环比”右侧的“设置值轴（左值轴）”命令，如图3.1.19所示。

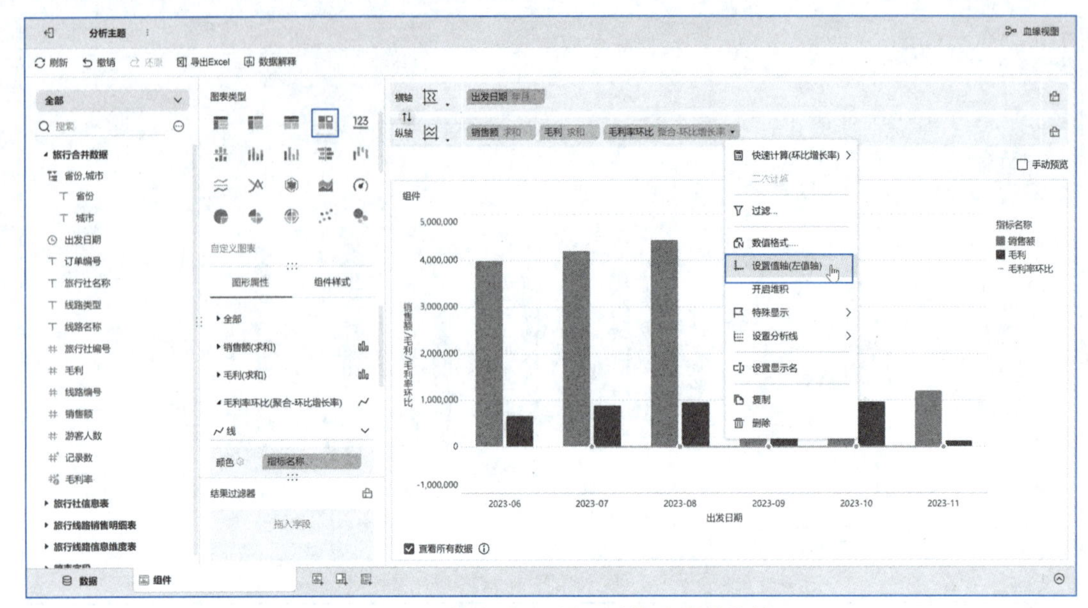

图 3.1.19 修改“毛利率环比”字段的值轴

步骤9 在设置值轴的对话框中，将“共用轴”设置为“右值轴”，如图3.1.20所示。

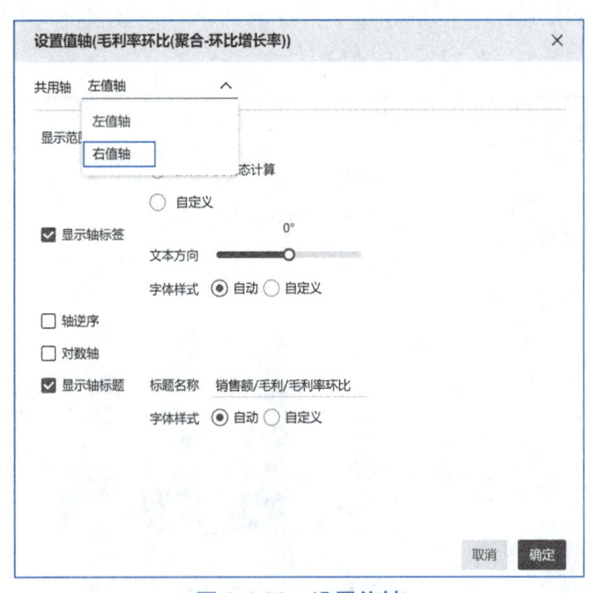

图 3.1.20 设置值轴

步骤10 对组件进行重命名操作。用户只需直接选择想要修改名称的组件标签即可激活编辑状态。随后，在文本框内输入新的组件名称并按回车键或选择其他区域来确认更改，如图3.1.21所示。

步骤11 为毛利率环比添加了一个名为“毛利率环比”的标签，此标签通过“毛利率”指标进行快速计算得到，方法同步骤5，并将其数值格式设定为百分比。通过这样的配置，可以使得报表更加直观地显示出各个时间点之间毛利率变动情况，并以标准化百分比形式呈现出来，从而便于快速理解和分析数据走势，如图3.1.22所示。

注：通过图3.1.22可知，某旅游集团11月份的销售额、毛利额，以及毛利率环比均出现了大幅下滑。为了深入探究背后的原因，下一个组件将专注于定位至11月的旅游销售数据，并从省份和城市两个维度进行详尽分析。计划使用钻取功能来检查各个省份在该时间段内的表现，并进一步识别哪些具体城市可能是影响总体销售与毛利表现的关键因素。这样做有助于精准地找到问题所在，采取相应措施以改善未来业绩。

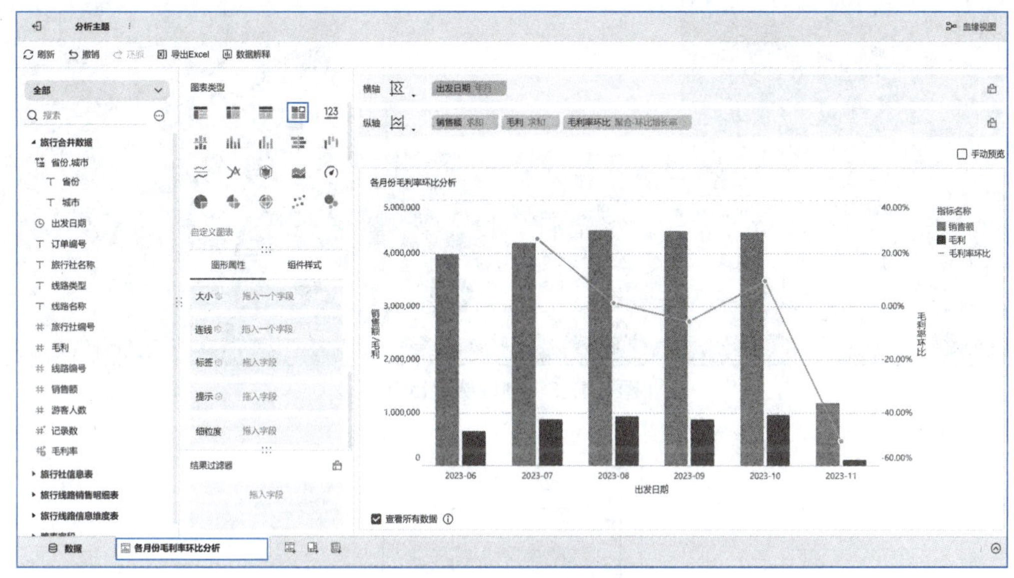

图 3.1.21　修改组件标题

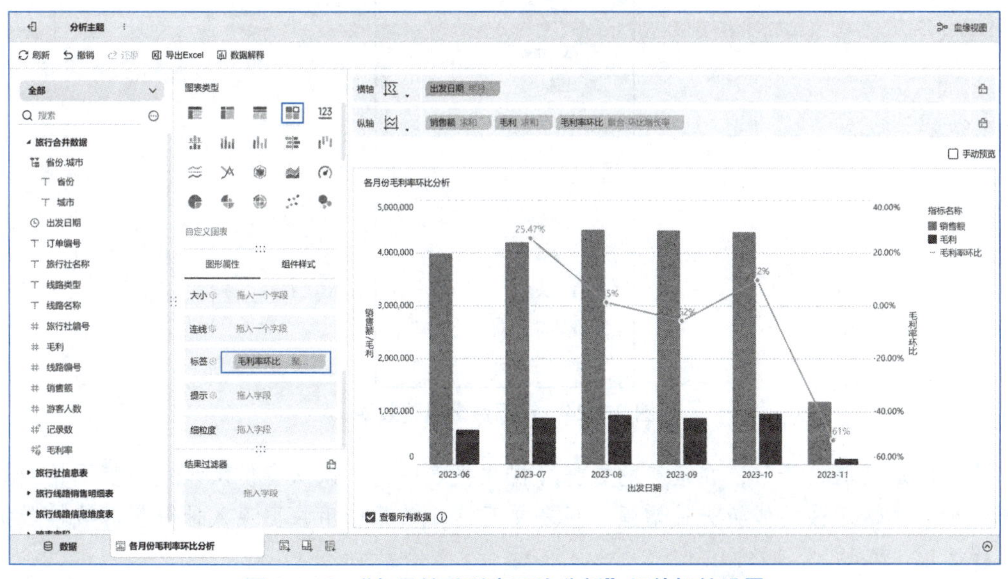

图 3.1.22　“各月份毛利率环比分析”组件标签设置

步骤12 创建钻取目录窗口的界面。此过程通过将“城市”字段拖放至“省份”字段之上来完成。当用户执行这一拖动操作时，软件会自动弹出一个配置对话框，允许用户设置和确认钻取层级关系，如图3.1.23所示。最终在“旅行合并数据”中呈现的钻取目录效果如图3.1.24所示。

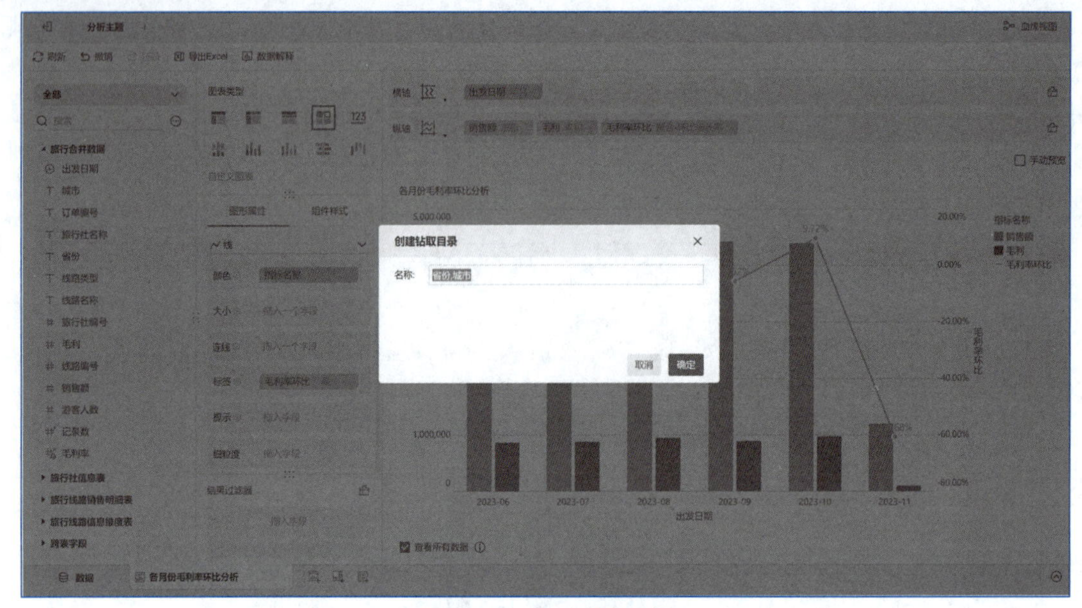

图 3.1.23　创建钻取目录

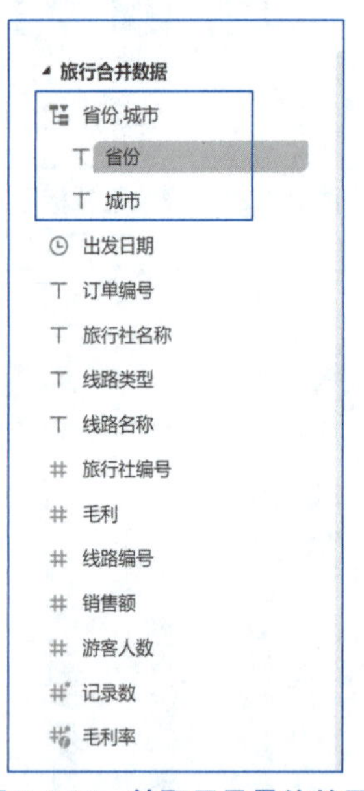

图 3.1.24　钻取目录最终效果

注：创建钻取设置后，在最终的数据可视化报表中，可以从省份层级进一步下钻到具体城市的数据详情。该功能极大地增强了报表交互性，并帮助用户更深入地分析区域性数据差异与趋势。

步骤 13　继续制作一个柱形图组件，其中横轴代表了通过省份到城市的钻取目录，纵轴则显示了各个区域的毛利率。为了深入分析11月份的业绩情况，在结果过滤器中添加“出发日期”字段，准备进一步将其设置为筛选出11月份的数据。这样配置后，在应用该过滤条件时，柱形图将仅展示11月份每个省及其下属城市的毛利率情况。此方法有助于快速识别在特定时间段内哪些地区对整体毛利率水平产生了显著影响，并进一步探究背后可能存在的问题或趋势，如图3.1.25所示。

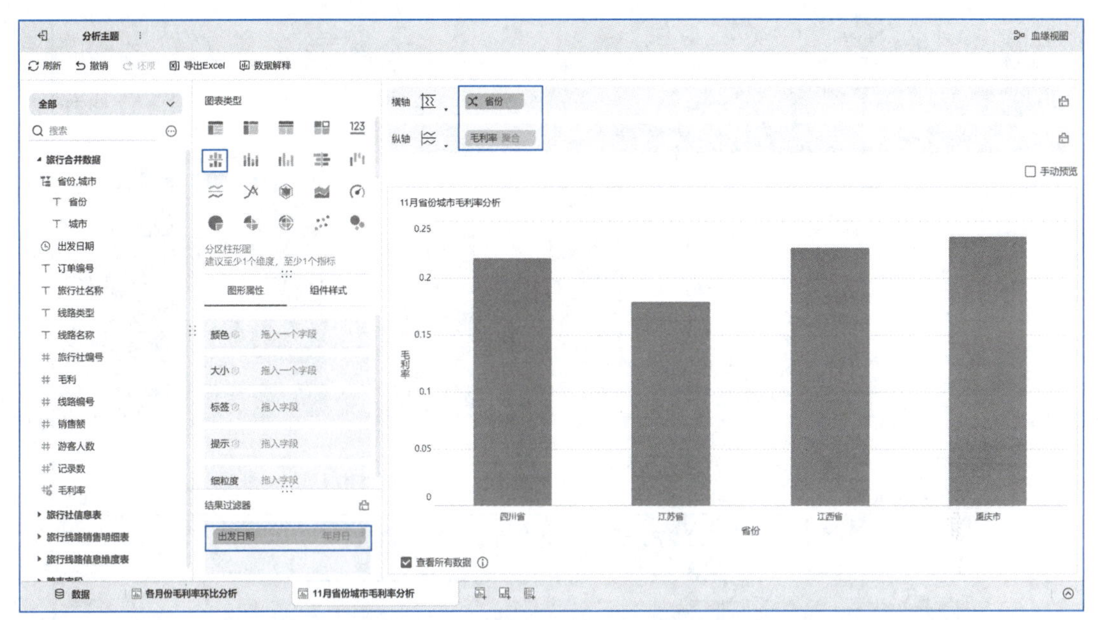

图 3.1.25　“出发日期”过滤下省份城市毛利率柱形图组件制作

步骤14　将结果过滤器中的“出发日期”字段的时间粒度从“年月日”修改为“年月”，这一调整使得接下来进行数据筛选时更加方便。单击“出发日期”字段右侧的下拉按钮，在展开菜单中选择“年月”命令，如图3.1.26所示。

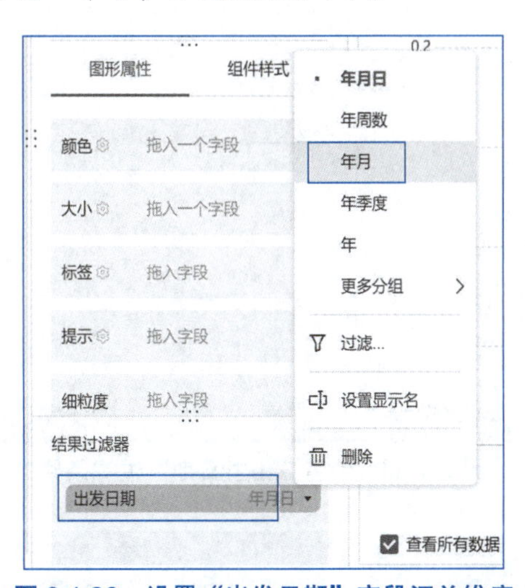

图 3.1.26　设置“出发日期”字段汇总维度

步骤15　单击“出发日期”字段右侧的下拉按钮，这将打开一个下拉菜单。从菜单中选择“过滤”命令以设定具体的筛选条件，如图3.1.27所示。随后会弹出一个新对话框，在这个过滤条件对话框中，将为“出发日期”字段设置固定值筛选条件。确保在该字段输入或选择“2023-11”作为固定值，如图3.1.28所示。

注：这样做将限制数据仅显示2023年11月份的相关信息，排除其他月份可能带来的干扰因素。

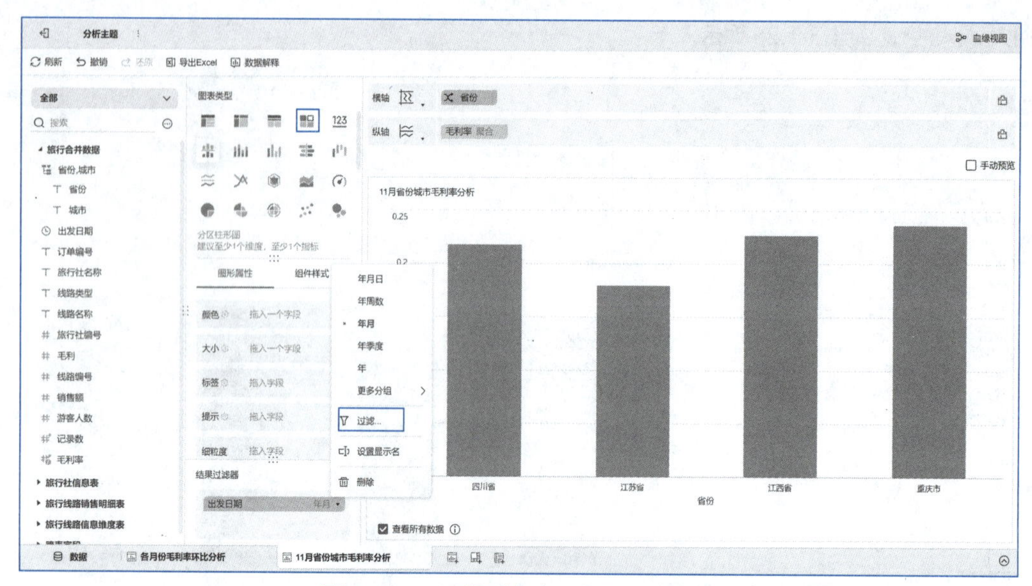

图 3.1.27 设置“出发日期”过滤信息

图 3.1.28 设置“出发日期”过滤条件

知识详解：

FineBI中过滤器是一个强大的工具，它允许用户根据特定条件筛选数据以便更加专注地分析信息。以下是一些常见的过滤命令及其用途：

微视频
过滤器

（1）属于：这个命令允许用户选择字段必须匹配的一个或多个特定值。

（2）不属于：此命令用来排除一组特定的值，使得这些值不会出现在筛选后的数据集中。

（3）包含/不包含：通过“包含”可以筛选那些字段中有某段文字的记录；而“不包含”则相反，它会去掉那些字段里带有特定文字内容的记录。

（4）为空/非空："为空"用以筛选出所有该字段没有数据填写（即为空）的记录，"非空"则用来查找至少在该字段上有数据填写（即非空）的记录。

（5）开头是/开头不是：这两个过滤条件分别用于寻找以特定字符串开始和不以特定字符串开始的文本记录。

（6）结尾是/结尾不是：类似地，"结尾是"和"结尾不是"分别适合寻找以某段字符结束和未以某段字符结束的文本内容。

（7）前N个：当需要获取按照排序结果处于最前面位置、如销售额最高或评分最高等方面前N名条目时使用此功能。

（8）后N个：相对应地，"后N个"可用来快速获得排序结果处于末端位置，如销售额最低或评分最低等方面后N名条目。

步骤16 图3.1.29显示了数据钻取操作后的界面。在这个柱形图组件中，选择"江苏省"标签，激活了向下一级城市维度的钻取功能。因为江苏省内部各城市毛利率存在差异，并且宿迁市在该月份里毛利率最低，所以可以通过选择横轴上相应城市名称进一步探究具体情况。将此组件重命名为"11月省份城市毛利率分析"，更加直观地反映出其内容和目的。

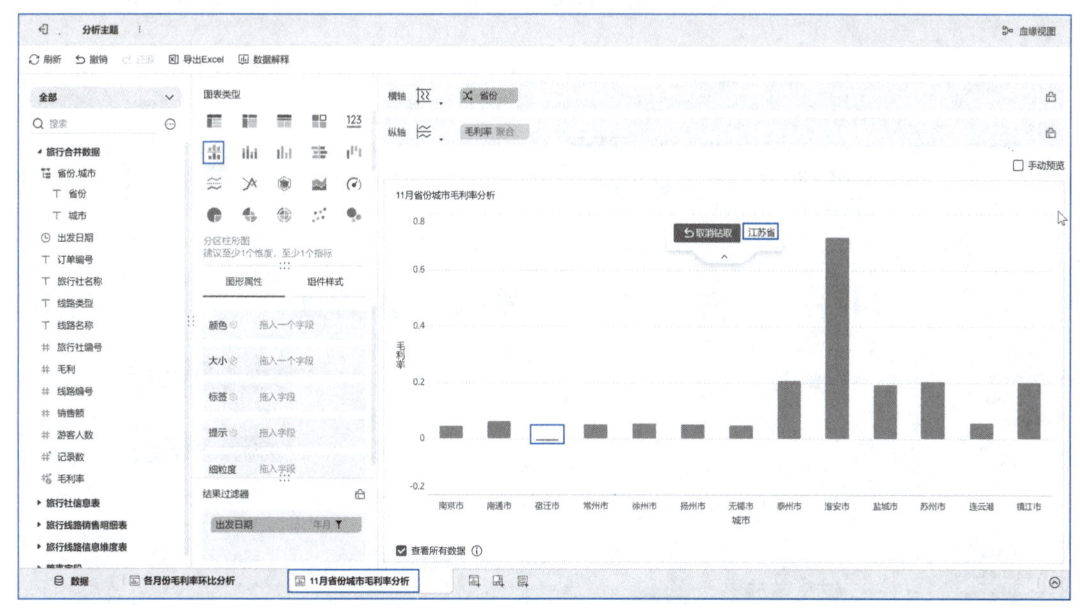

图 3.1.29　"江苏省"钻取效果显示

步骤17 选择名为"11月省份城市毛利率分析"的柱形图，并创建了它的副本。这样做是因为希望保留当前组件所设置好的结果过滤器，同时希望进一步钻取到11月份宿迁市级别数据进行深入分析。选择"11月省份城市毛利率分析"右侧菜单中的"复制"命令，如图3.1.30所示。

步骤18 将复制出来的新组件重命名为"11月宿迁市旅行社毛利率分析"，以便更清晰地表明其分析内容和目标。在这个柱形图中设置横轴为"毛利率"，纵轴为"旅行社名称"，以便直观地比较宿迁市内各家旅行社在11月份的经营效益。为了深入分析11月份宿迁的业绩情况，在结果过滤器中添加"出发日期""城市"字段，准备进一步筛选出11月份宿迁市的数据，如图3.1.31所示。

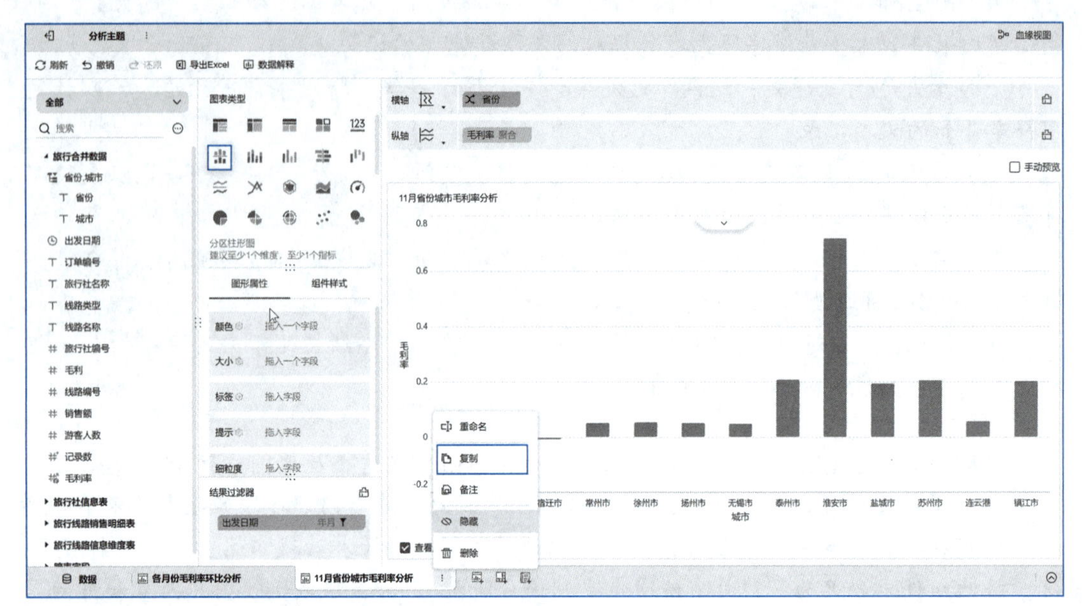

图 3.1.30　组件复制

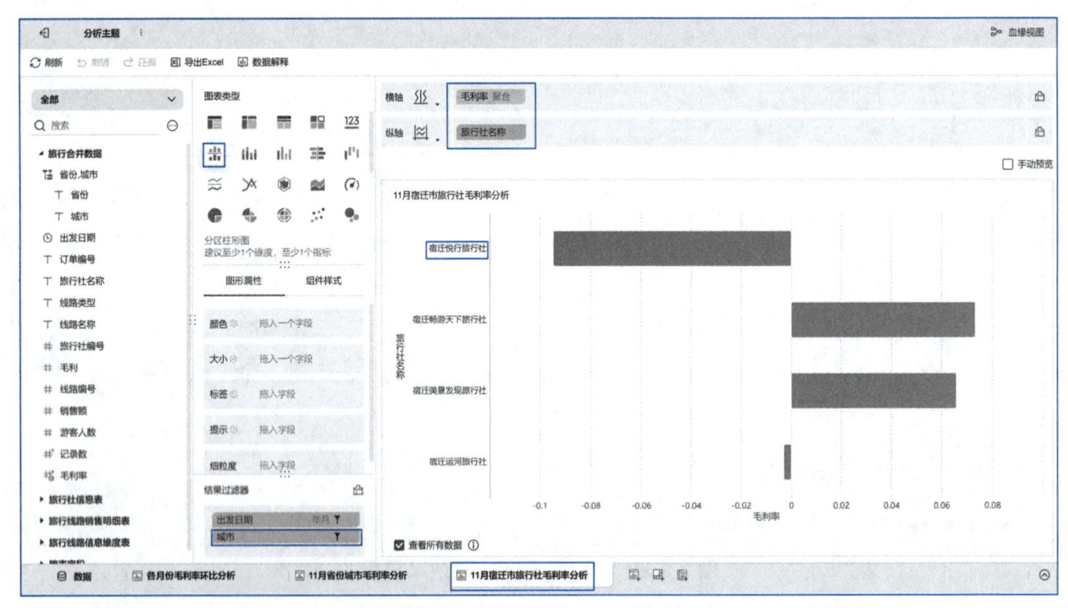

图 3.1.31　“出发日期 / 城市”过滤下的各旅行社毛利率组件制作

注： 结果显示，在宿迁市四家主要运营旅行社当中，“宿迁悦行旅行社”的毛利率最低。该信息提示需要进一步调查原因，并探索可能存在问题或改进机会所在。

步骤19 选择名为“11月宿迁市旅行社毛利率分析”的柱形图，并创建了它的副本。将复制出来的新组件重命名为“11月宿迁悦行旅行社各线路类型毛利率分析”。在这个柱形图中设置纵轴为“线路类型”，以便直观地比较“宿迁悦行旅行社”在11月份不同线路类型的经营效益。为了深入分析11月份“宿迁悦行旅行社”的业绩情况，在结果过滤器中进一步添加“旅行社名称”字段，如图3.1.32所示。

注： 结果显示，宿迁悦行旅行社中“文化体验”型旅行线路类型的毛利率最低。该信息提示需要进一步调查原因，并探索可能存在问题或改进机会所在。

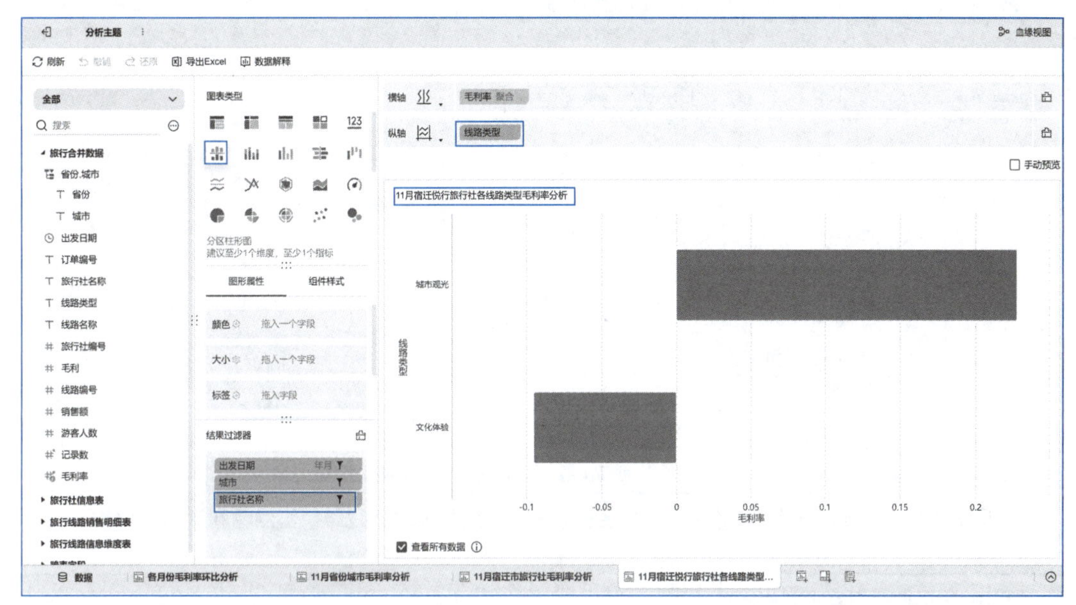

图 3.1.32　“出发日期 / 城市 / 旅行社名称”过滤下的各旅行社毛利率组件制作

步骤 20 单击“旅行社名称”字段右侧的下拉按钮，在打开的下拉菜单中选择“过滤”命令以设定具体的筛选条件。随后会弹出一个新对话框，在这个过滤条件对话框中，将为“旅行社名称”字段设置固定值筛选条件。确保在该字段输入或选择“宿迁悦先旅行社”作为固定值，如图3.1.33所示。

图 3.1.33　“旅行社名称”过滤设置

步骤 21 选择名为“11月宿迁悦行旅行社各线路类型毛利率分析”的柱形图，并创建了它的副本。将复制出来的新组件重命名为“11月宿迁悦行旅行社各线路销售额毛利率分析”。将柱形图改为散点图，设置横轴为“销售额”。为了深入分析11月份“宿迁悦行旅行社”“文化体验”线路类型的业绩情况，在结果过滤器中进一步添加“线路类型”字段，如图3.1.34所示。“线路类型”字段的过滤设置如图3.1.35所示。

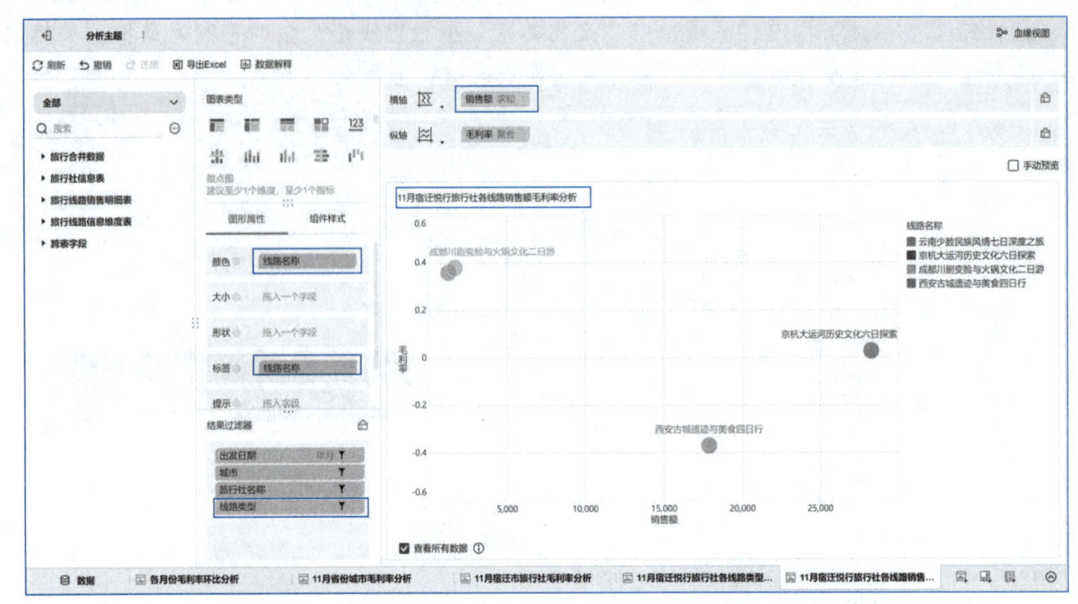

图 3.1.34 “出发日期 / 城市 / 旅行社名称 / 线路类型”过滤下线路销售额毛利率组件制作

图 3.1.35 “线路类型”过滤设置

步骤 22 为了更加清晰地划分不同业绩区域和识别潜在问题或机会点，分别在两个坐标轴上设置平均值警戒线，构建一个四象限图。选择横轴“销售额”下拉菜单中的“设置分析线”→“警戒线”命令，如图3.1.36所示。

步骤 23 “销售额”警戒线对话框具体设置如图3.1.37所示。

步骤 24 进一步选择纵轴“毛利率”下拉菜单中的“设置分析线”→“警戒线”命令，如图3.1.38所示。

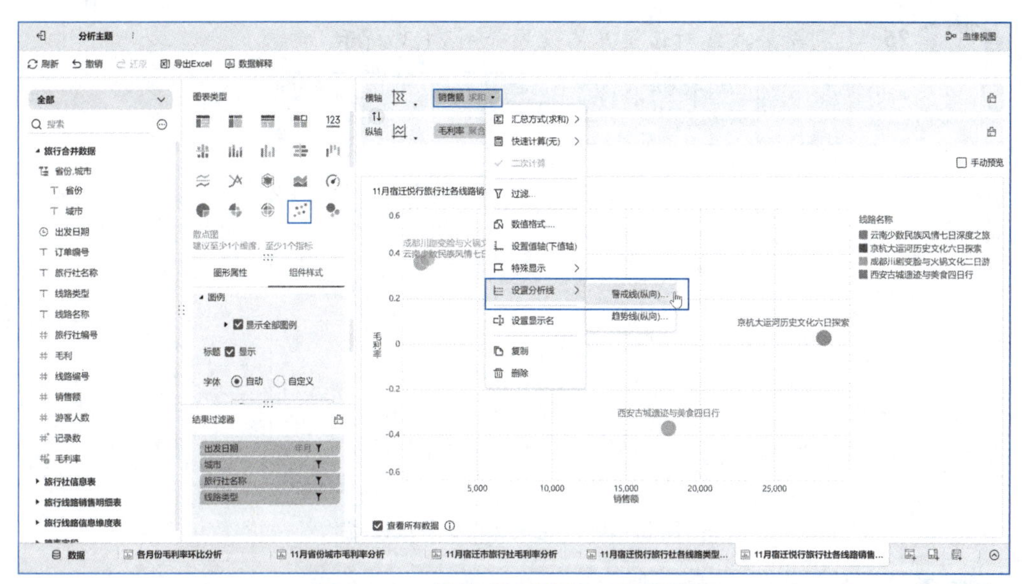

图 3.1.36　横轴“销售额”设置警界线

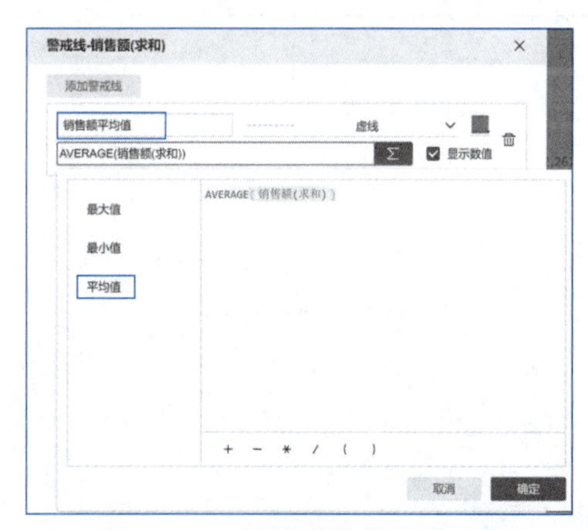

图 3.1.37　“销售额”警界线设置

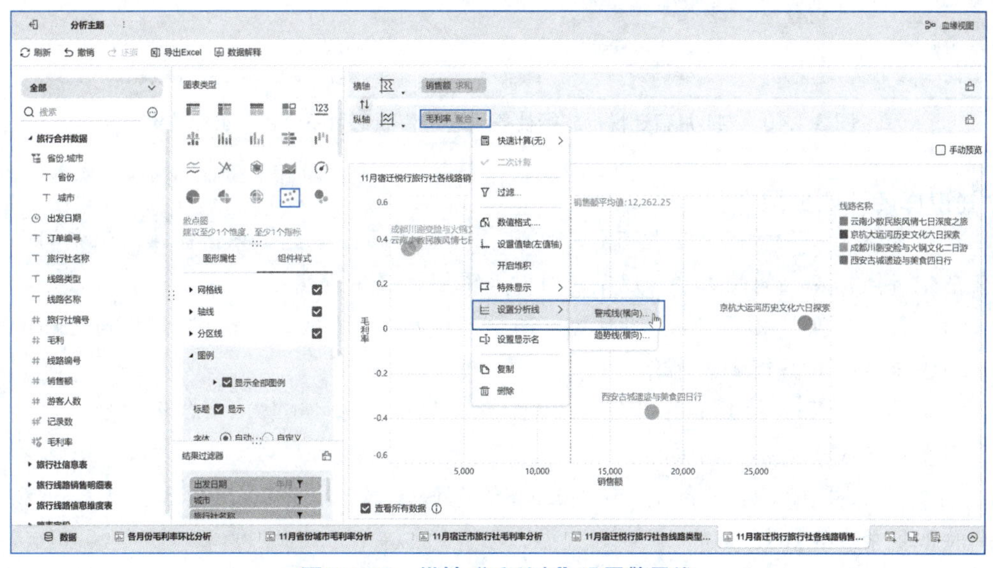

图 3.1.38　纵轴“毛利率”设置警界线

步骤25 毛利率警戒线对话框具体设置如图3.1.39所示。

图 3.1.39 “毛利率”警界线设置

步骤26 设置好警戒线后组件的效果如图3.1.40所示。

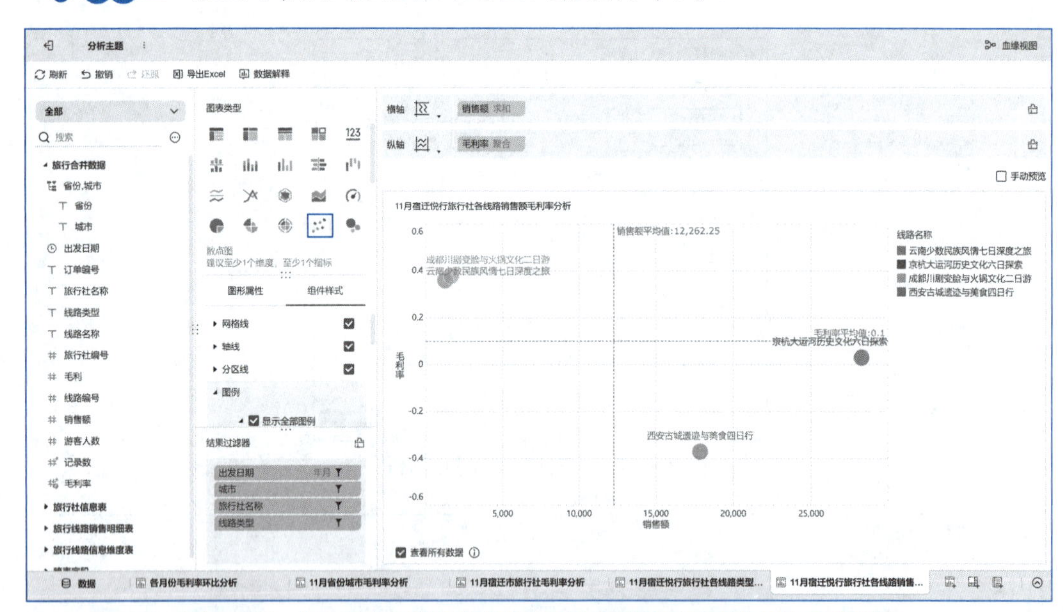

图 3.1.40 “11 月宿迁悦行旅行社各线路销售额毛利率分析”组件效果

知识详解（四象限图）：

四象限图是一种常用的数据可视化工具，它通过两个关键业务指标在二维空间上的交叉来分析数据点之间的关系。以下是对四象限图的详细说明：

（1）第一象限（右上角）：同时拥有高于平均水平的X值和Y值。在销售与毛利例子中，这意味着既有高销售额也有高毛利率——理想状态。

（2）第二象限（左上角）：X值低但Y值高。反映了虽然销售不多但盈利性好——可能是小众市场或者高端产品策略。

（3）第三象限（左下角）：即X值低Y值也低。显示出既缺乏竞争力又盈利能力差——需要紧急调整策略。

（4）第四象限（右下角）：虽然X值高却伴随着Y值低。尽管销量大但盈利少——可能存在成本控制问题。

2）组件美化

对“11月宿迁悦行旅行社各线路销售额毛利率分析”组件进行图例设置，以及显示标签设置。

操作步骤：

步骤1 选择“组件样式”命令卡，选择展开“图例”前的 ▸，在展开的菜单中取消勾选“显示全部图例”如图3.1.41所示。

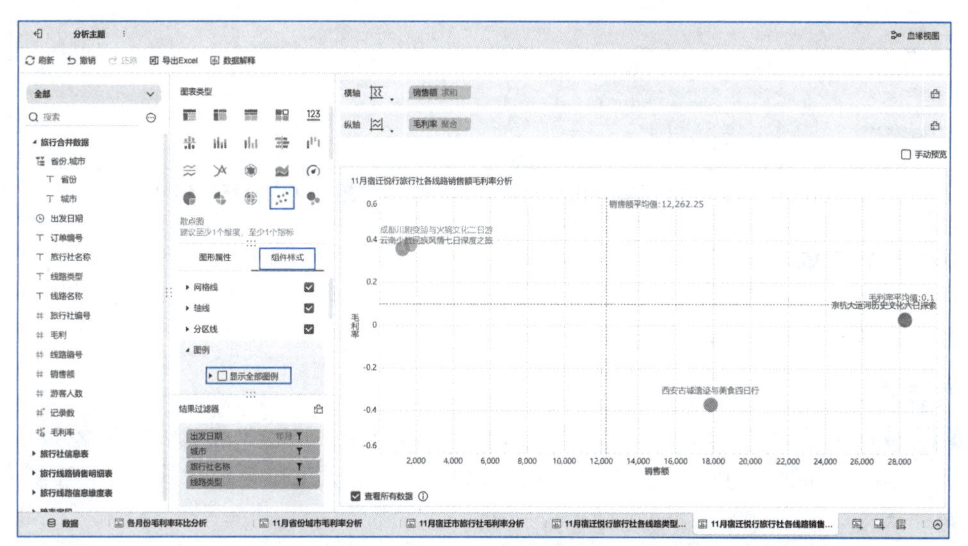

图 3.1.41　“11 月宿迁悦行旅行社各线路销售额毛利率分析”组件图例设置

步骤2 选择“图形属性”命令卡，设置标签为“线路名称”，选择“标签”→“属性”命令，进一步选择“标签重叠时自动调整位置”命令，如图3.1.42所示。

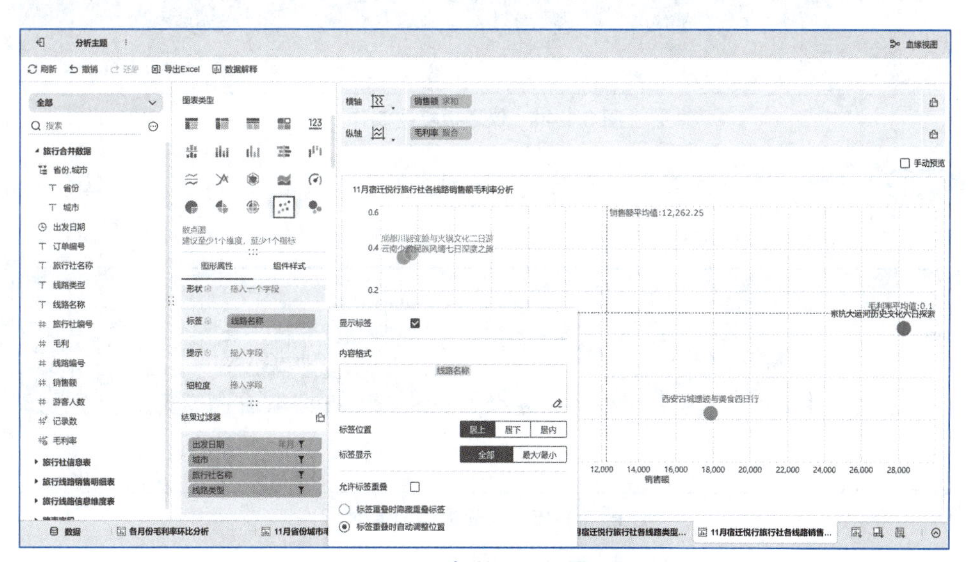

图 3.1.42　标签显示位置设置

步骤3 组件最终效果如图3.1.43所示。

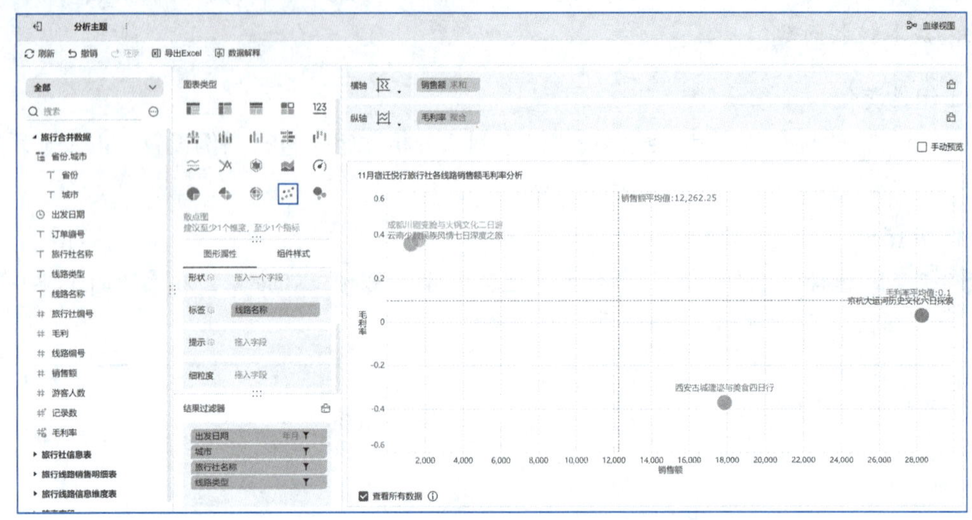
图 3.1.43 “11 月宿迁悦行旅行社各线路销售额毛利率分析”组件

3）制作仪表板

秉承组件配色的主体思想，仪表板以深色背景为主。主体内容只有一张交叉表，以及根据表得到的结论，因此，仪表板的构成为交叉表和文字组件。

操作步骤：

步骤1 在窗口的下方，选择“添加仪表板”命令，进入仪表板编辑窗口，选择上方“其他”→“文本组件”命令，为当前仪表板添加标题，并设置标题的背景色与文字颜色，如图3.1.44所示。

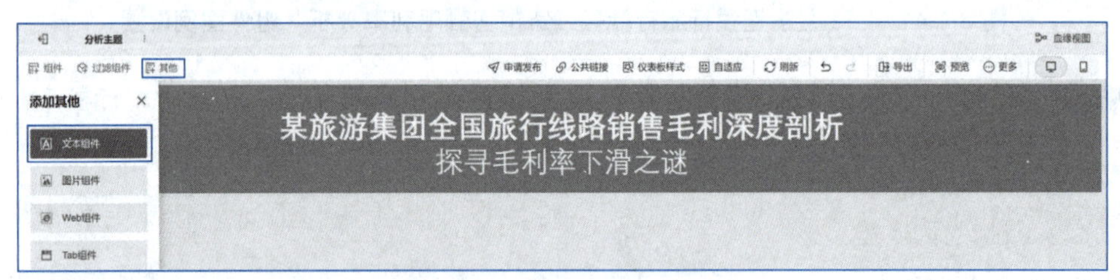

图 3.1.44 仪表板标题制作

步骤2 选择“组件”命令，可将当前分析主题中设计好的组件拖动到仪表板的主窗口，如图3.1.45所示。

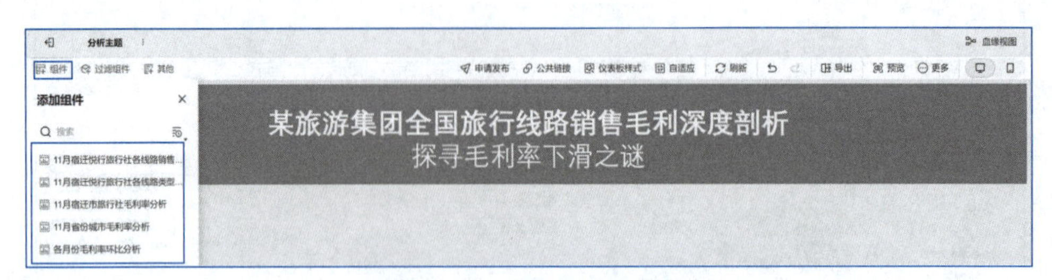

图 3.1.45 仪表板添加组件

步骤3 将组件“各月份毛利率环比分析”拖动到仪表板的主窗口，调整大小与位置，并在此组件的旁边加上文本组件，写上对当前组件的分析结论，如图3.1.46所示。

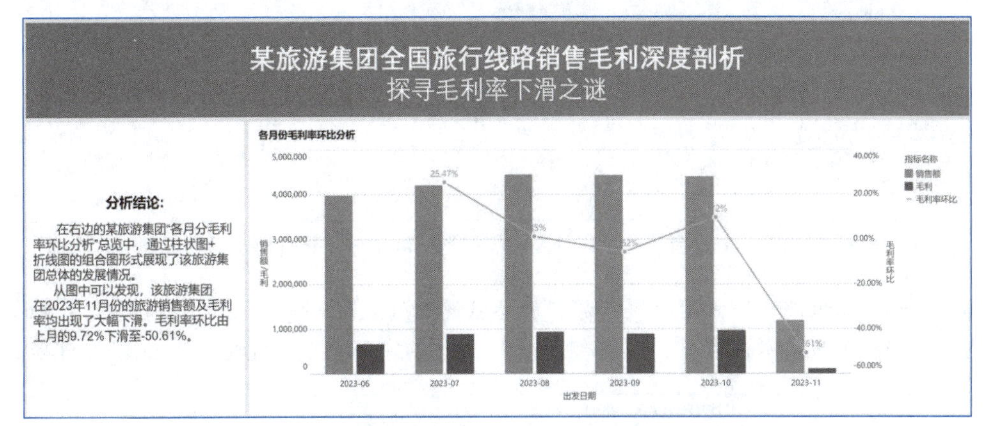

图 3.1.46 “各月份毛利率环比分析”组件界面添加分析结论

步骤4 对当前写分析结论的文本组件进行复制，用于写下一个组件的分析结论。这样做的优势是可以使得新添加的文件组件与之前的文本组件大小一致，如图3.1.47所示。

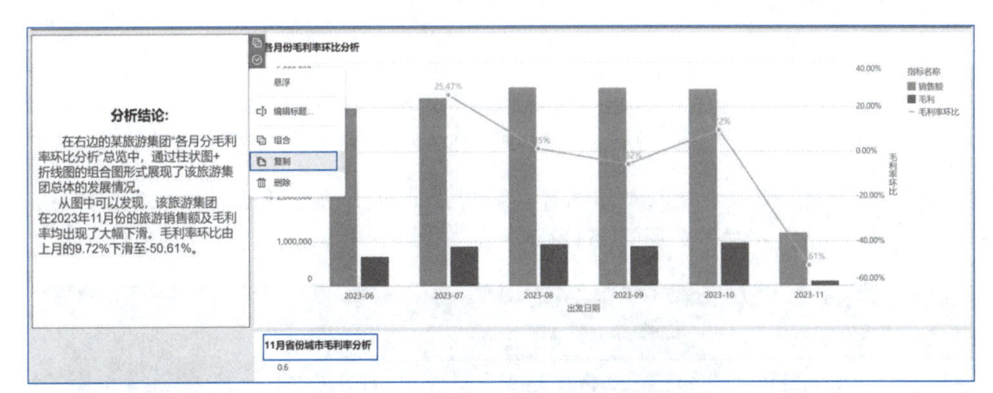

图 3.1.47 “分析结论”文本组件复制

步骤5 将组件“11月省份城市毛利率分析”拖动到仪表板的主窗口，调整大小与位置，并在新增的文本组件中写上对当前组件的分析结论，如图3.1.48所示。

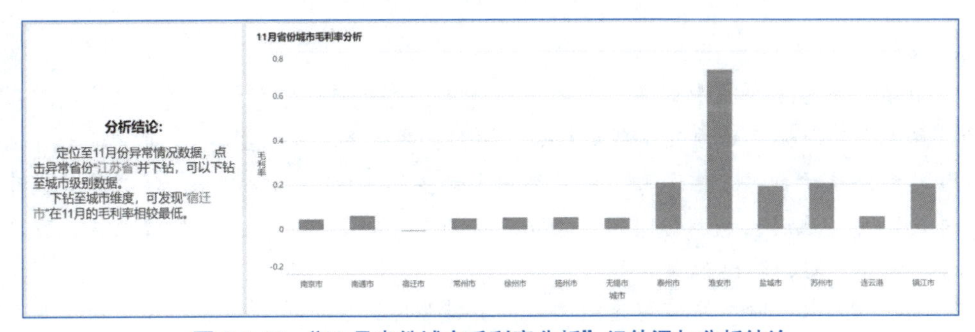

图 3.1.48 “11 月省份城市毛利率分析”组件添加分析结论

步骤6 将组件“11月宿迁市旅行社毛利率分析”“11月宿迁悦行旅行社各线路类型毛利率分析”拖动到仪表板的主窗口，调整大小与位置，并在新增的文本组件中写上对当前两个组件的分析结论，如图3.1.49所示。

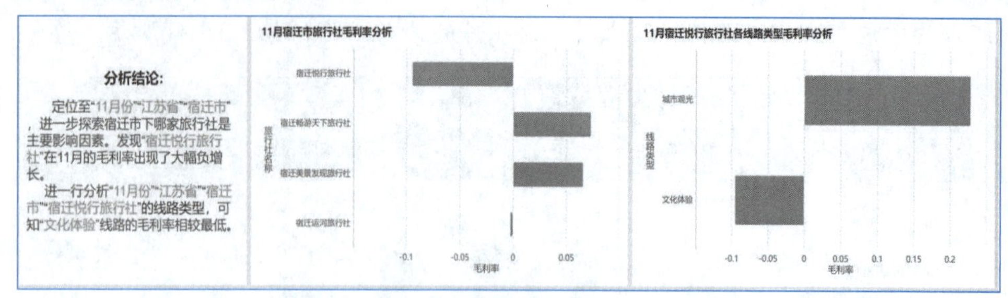

图 3.1.49　11 月宿迁市旅行社及旅行类型毛利率分析组件添加分析结论

步骤7 将组件“11月宿迁悦行旅行社各线路销售额毛利率分析”拖动到仪表板的主窗口，调整大小与位置。并在新增的文本组件中写上对当前组件的分析结论，如图3.1.50所示。

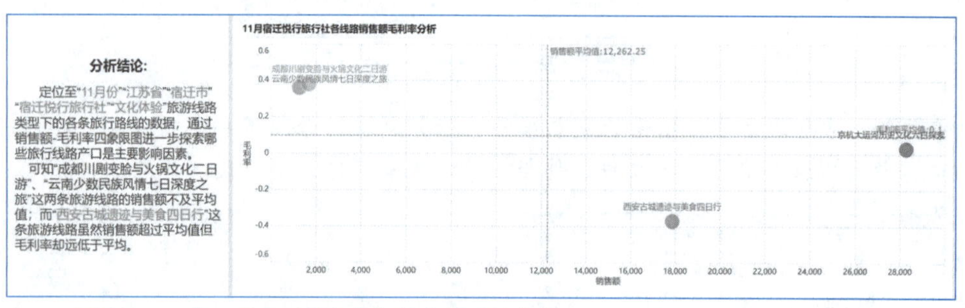

图 3.1.50　“11 月宿迁悦行旅行社各线路销售额毛利率分析”组件添加分析结论

步骤8 在仪表板下方插入文本组件，针对上面得出的分析结论为旅行集团毛利下降的问题提供分析和解决方案，如图3.1.51所示。

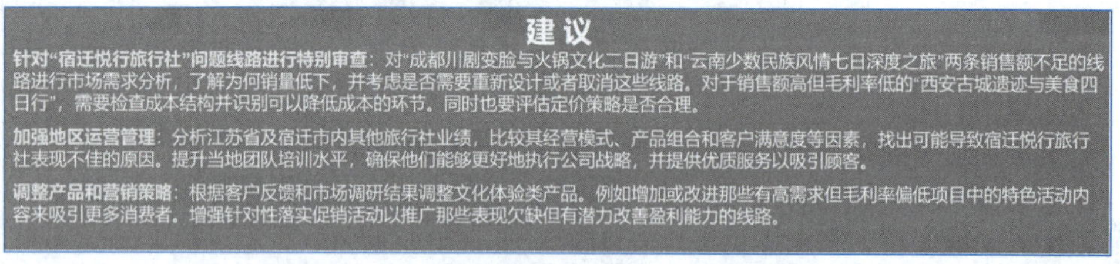

建议

针对“宿迁悦行旅行社”问题线路进行特别审查：对“成都川剧变脸与火锅文化二日游”和“云南少数民族风情七日深度之旅”两条销售额不足的线路进行市场需求分析，了解为何销量低下，并考虑是否需要重新设计或者取消这些线路。对于销售额高但毛利率低的“西安古城遗迹与美食四日行”，需要检查成本结构并识别可以降低成本的环节。同时也要评估定价策略是否合理。

加强地区运营管理：分析江苏省及宿迁市内其他旅行社业绩，比较其经营模式、产品组合和客户满意度等因素，找出可能导致宿迁悦行旅行社表现不佳的原因。提升当地团队培训水平，确保他们能够更好地执行公司战略，并提供优质服务以吸引顾客。

调整产品和营销策略：根据客户反馈和市场调研结果调整文化体验类产品。例如增加或改进那些有高需求但毛利率偏低项目中的特色活动内容来吸引更多消费者。增强针对性落实促销活动以推广那些表现欠缺但有潜力改善盈利能力的线路。

图 3.1.51　仪表板添加“建议”文本组件结论

知识详解：

（1）结论是数据分析中至关重要的一部分，它需要将数据分析转化为容易理解和解释的信息。介绍所使用的图表类型（例如柱状图、线形图、饼状图等），并简述为什么选择这种类型来表示数据。描述每个图表显示了哪些具体信息，指出任何显著趋势或异常点，并提供可能原因，强调与问题相关联或特别重要的数据点。当提到增长率、百分比变化或其他统计时，给出精确数字。

（2）建议是数据分析中实现价值转化的关键步骤，它们将洞察转变为行动方案。撰写建议时，不仅要基于数据分析的结果提出具体、切实可行的改进措施。要尽量详细说明每项建议将如何执行，还需要确保这些建议能够解决核心问题并带来明显效益。如果有多个建议，请按照紧急程度、重要性、成本效益等标准进行优先级排序。

4）导出仪表板

操作步骤：

步骤1 选择交叉表组件，在浮动面板中选择下拉命令，在展开的菜单中，选择“导出Excel”命令，导出该组件的Excel文件。

步骤2 选择仪表板上方的“导出”命令，进一步选择“导出Pdf”命令，可以导出当前仪表板的当前状态Pdf文件格式。

步骤3 仪表板最终效果如图3.1.52所示。

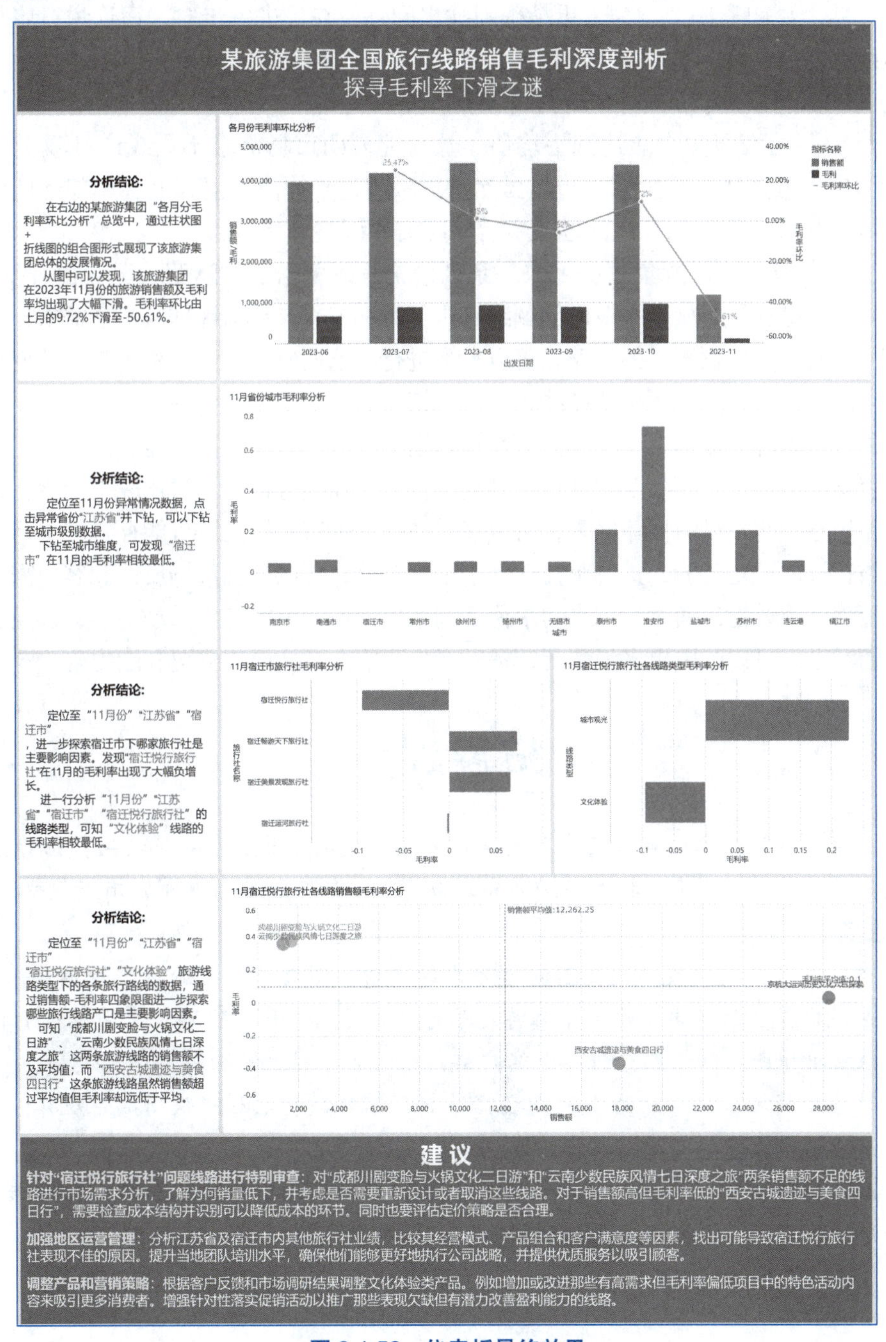

图 3.1.52　仪表板最终效果

6. 分析结果

在2023年11月，某旅游集团的全国旅行线路销售毛利率出现了显著下滑，特别是毛利率环比由上月的9.72%急剧下降至-50.61%。这一异常现象引起旅游集团高层领导的关注，并促使相关分析人员深入剖析数据，以期找出背后的原因。

通过细致的数据定位，发现江苏省宿迁市的旅游销售毛利情况尤为突出，成为此次分析的重点。进一步下钻至宿迁市内的旅行社层面，“宿迁悦行旅行社”的毛利率在11月出现了大幅负增长，成为导致整体下滑的关键因素。特别是在其提供的文化体验线路中，毛利率相较于其他线路类型明显偏低。为了更精确地找出问题所在，进一步对“宿迁悦行旅行社”的文化体验线路进行了深入探索。利用销售额与毛利率的四象限图分析，成功识别出了三条具体存在问题的旅行线路。其中，“成都川剧变脸与火锅文化二日游”和“云南少数民族风情七日深度之旅”的销售额未能达到平均值，这可能表明市场需求不足或产品吸引力有待提升。而“西安古城遗迹与美食四日行”虽然销售额超过平均值，但其毛利率却远低于平均水平，这可能意味着成本控制存在问题或定价策略需要调整。

基于上述分析，该旅游集团应采取一系列措施来改善当前的运营状况，提升盈利能力。首先，建议对“宿迁悦行旅行社”的问题线路进行特别审查，重新评估其市场需求、产品设计和成本结构。对于销售额不足的线路，可以考虑进行市场调研，了解消费者需求的变化，并根据调研结果调整产品或取消不必要的线路。对于销售额高但毛利率低的线路，则需要深入检查其成本结构，寻找降低成本的环节，并重新评估定价策略，以确保盈利能力。此外，建议加强地区运营管理，特别是江苏省及宿迁市内其他旅行社的业绩分析。通过比较不同旅行社的经营模式、产品组合和客户满意度等因素，可以找出“宿迁悦行旅行社”可能存在的不足之处，并借鉴其他旅行社的成功经验，提升整体运营水平。最后，可以根据市场反馈和客户需求调整产品和营销策略的重要性。通过增加高需求但毛利率偏低项目中的特色活动内容，以及实施有针对性的促销活动，可以吸引更多消费者，提升产品竞争力，从而改善盈利能力。

拓展训练

使用数据可视化工具从更多角度探索某电商销售数据，并基于分析结果提出营销策略和优化建议，通过直观的图表和报告来理解市场动态，并运用这些信息制定有效策略。

具体要求：

（1）客户细分分析。使用FineBI创建客户群体划分图表（如年龄段、性别比例等）；利用条形图或饼状图显示不同客户群体对特定旅行产品类别（如冒险游、休闲游等）的购买偏好；结合柱状堆积图或线形图分析各个客户群体在时间序列上的购买力变化趋势。

（2）时序趋势比较。对比历史同期数据，识别销售额和毛利涨跌周期性规律；结合节假日、季节变换等因素评估其对销量影响。

（3）落地实施方案设计。根据以上所得结论，在FineBI中构建仪表板，汇总关键指标，并设计一系列推广活动模型（例如限时打折、会员积分奖励计划等）。

项目小结

在本项目中，读者对某旅游集团全国旅行线路销售毛利的情况进行了深入剖析，通过运用问题导向型数据分析与可视化思维，成功揭示了导致该集团毛利率下滑的关键因素。这一过程中，读者不仅初步掌握了FineBI中数据表合并的方法，还熟练运用了数据分析的基本方式，包括钻取和环比等概念，对销售数据进行了多维度的深入探索。在数据分析过程中，读者对销售额和毛利额进行了有效的汇总和计算，为后续的分析结论与建议提供了坚实的数据基础。同时，读者也深刻体会到了数据可视化在数据分析中的重要性，通过直观的图表展示，能够更清晰地看到数据之间的关系和趋势，从而更准确地定位问题所在。

在完成数据分析后，读者针对发现的问题，撰写了详细的分析结论与建议。通过对不同省份、城市、旅行社以及特定旅行线路的深入分析，读者找出了导致毛利率下滑的主要原因，并提出了相应的优化策略。这些策略不仅有助于提升旅游集团的营运效益，还能为其未来的市场竞争提供有力的支持。读者学会了如何清晰地陈述问题、展示数据分析过程、呈现分析结果，并给出具有针对性的建议。这不仅提升了读者的专业素养，也为其未来的职业发展打下了坚实的基础。

综上所述，本项目是一次非常宝贵的学习和实践机会，使读者在数据分析与可视化领域取得了显著的进步。通过本次项目，读者不仅掌握了相关的技能和知识，还深刻体会到了数据分析在解决实际问题中的重要性。

项目二 构建金融机构理财产品用户画像

项目目标

（1）了解用户画像的定义，构成要素以及在应用价值。

（2）初步掌握截取和拆分字符串的方法和常用函数。

（3）掌握去重计数的方法。

（4）了解如何选择合适的图表。

（5）掌握针对数据分析结果写结论与建议。

项目描述

随着金融市场的日益饱和及竞争加剧，某金融机构面临其理财产品购买金额和购买人数的双重下滑的挑战，这不仅影响了该金融机构的市场地位，更对其盈利能力产生了负面影响，为了逆转这一趋势，对购买理财产品的用户进行深入分析显得尤为关键。在这种市场环境下，该金融机构决定利用数据可视化工具对购买理财产品的用户进行分析，旨在通过详尽的用户行为和偏好分析来揭示其理财产品的需求下降背后的原因。

（1）分析总览：查看该金融机构的总体情况，如总购买金额、总购买人数和总年化收益率。

（2）用户属性分析：分析用户的性别、年龄构成情况，各城市的分布情况和各收入区间的分布情况，以此来提高寻找潜在目标客户的效率，进行针对性营销。

（3）用户购买偏好分析：分析用户偏好的理财产品风险等级和类别，加大此类产品的种类和营销力度。

（4）收益分析：分析各理财产品的年化收益率，以及投资偏好和收益的关系，找到高收益的理财产品，同时找到收益来自于哪类投资偏好的客户，优化产品组合，提升服务质量，从而增加用户黏性和复购率。

通过对这些关键信息的深入挖掘和理解，银行希望能够更加精确地定位其市场策略，制定出更有效的产品推广和客户服务计划。

项目实施

1. 分析思路

1）确定核心指标体系

确定核心指标体系，如图3.2.1所示。

2）分析指标

在银行理财用户分析中，我们关注的核心指标是购买人数、购买金额和收益，如图3.2.2所示。这些指标能直观反应理财产品的市场表现和客户满意度，从而为金融机构提供关键的商业洞察和决策支持。对购买人数指标进行多个维度的分析，从而观察到购买理财产品用户的属性，制定出高价值潜在客户属性的标签，以此来提高寻找潜在目标客户的效率，进行针对性营销；对用户购买金额进行分析，从而找到用户购买偏好和比较畅销的产品类型，加大此类产品的种类和营销力度；对收益进行分析，找到收益高的产品以及收益来自于哪类客户，从而优化产品，保持现有用户并吸引新用户。

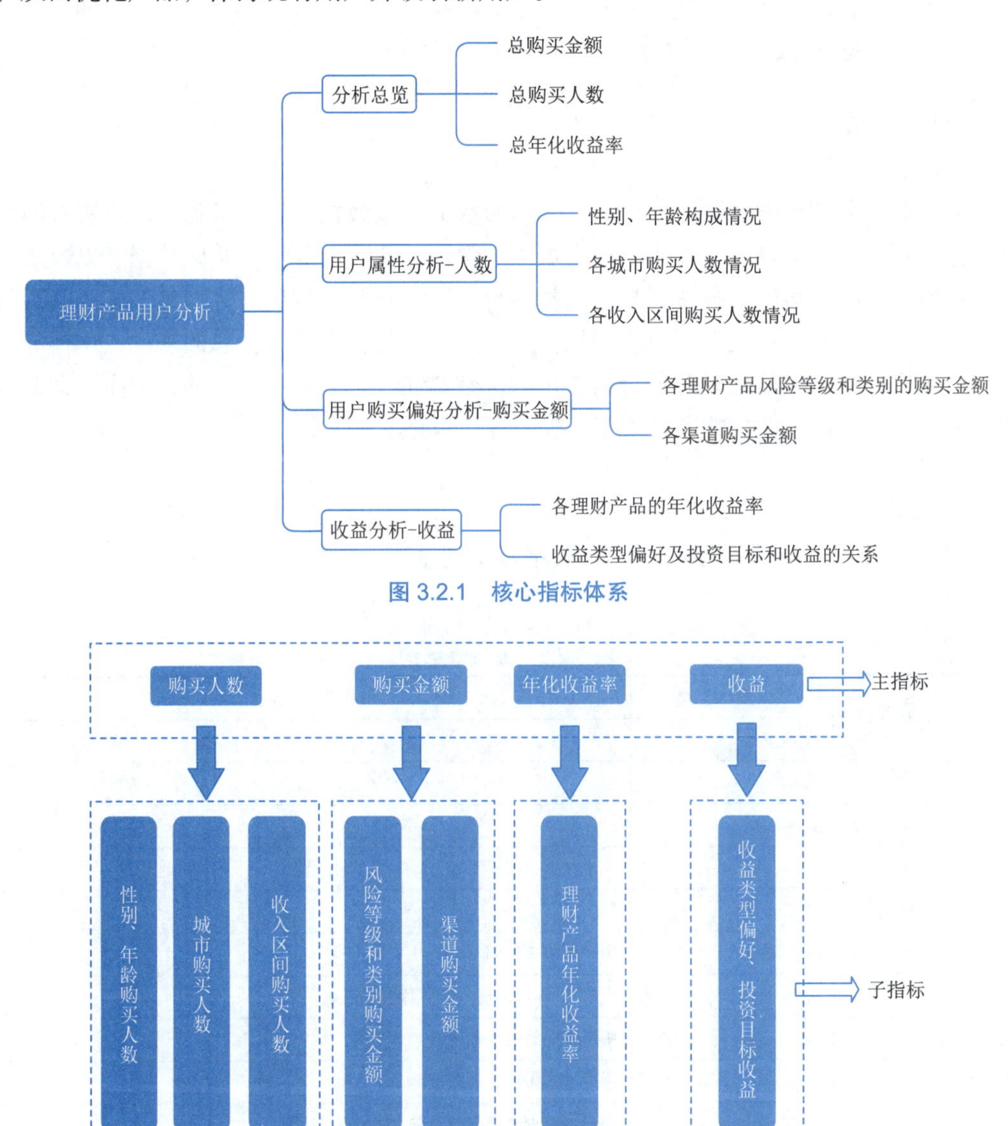

图 3.2.1　核心指标体系

图 3.2.2　主要指标

知识详解：

（1）购买人数：指金融机构一段时期内理财产品的购买人数。购买人数直接反应了理财产品在市场上的普及程度和受欢迎性。

（2）购买金额：指金融机构一段时期内理财产品的购买金额。购买金额直接反应了金融机构的营业收入，以及在理财市场的强势地位和竞争力。

（3）收益：指用户在购买金融产品一段时间内获得的经济利益，收益的大小与投资的本金、投资期限以及投资方式等因素密切相关，是衡量投资情况的关键指标。

（4）年化收益率：指金融机构在一段时期内，投资者在持有理财产品期间收益除以购买金额，再除以持有月份并乘以12个月，然后乘以100%得出的比率。年化收益率反映了金融机构所有理财产品在特定期间内的平均回报率，是评价这些产品投资表现的重要标准。年化收益率=收益/购买金额/持有月份×12×100%。

2. 数据准备

1）数据源说明

本案例数据源“理财产品用户分析”为虚拟数据。该数据表记录了每一位投资者的相关信息，包括身份证号、姓名、性别、所在城市、学历、年收入等用户基础数据，以及风险偏好、期限偏好、购买渠道、投资目标、选择本行原因、收益类型偏好等购买偏好和购买目的信息，另外还有理财产品类型、风险等级、购买金额和收益等信息。总的来说，这样的数据表使得金融机构能够有效地追踪和分析客户的基础属性、购买偏好和目的，进而帮助银行优化产品和服务，制定个性化的营销策略，提高客户满意度和业务绩效。

2）数据标准化

对原始数据表进行结构化了解不仅能够帮助我们构建起数据之间的逻辑桥梁，还能为后续的数据分析、挖掘乃至决策支持奠定坚实的基础。原始数据表中对应字段及结构见表3.2.1。

表 3.2.1　原始表结构

字段名	字段结构	备注
身份证号	文本	
姓名	文本	
性别	文本	
城市	文本	城市数据格式不一致
学历	文本	
年收入	文本	用户年收入区间
风险偏好属性	文本	用户的风险偏好，如低风险低收益
购买期限偏好	文本	用户偏向的购买期限，如6个月、1～2年
购买渠道	文本	用户购买渠道，如线上
投资目标	文本	用户购买理财产品的目的，如长期增值
选择本机构原因	文本	用户为什么选择该机构，如人员服务好
收益类型偏好	文本	用户偏好的收益类型，如保本浮动收益
理财产品分类	文本	用户购买的哪种理财产品，如股票、保险
购买期限	文本	用户持有期限，如3个月
风险等级	文本	理财产品的风险等级，如低风险
购买金额	文本	用户购买某种理财产品的金额
期间收益	数值	用户持有该理财产品期间的收益额

3. 指标定义

本例的分析目标分别为的用户的基础属性、购买偏好和目的，由此可以拆解为以下几个指标，见表3.2.2。

表 3.2.2　指标定义

指　标	定　义
购买人数	按照分组获取购买人数，各组比较
购买金额	按照分组获取购买金额，各组比较
收益	按照分组获取收益，各组比较
年化收益率	按照分组获取年化收益率，各组比较

4. 数据处理

（1）数据表及内容。根据分析框架，梳理出所需数据包含年龄、性别、城市、年收入、风险等级、理财产品类型、购买渠道、收益类型偏好、投资目标、购买期限、购买金额、期间收益等数据。

（2）创建分析主题。

（3）添加数据。导入指定的一张Excel表：购买理财产品用户数据表。

（4）数据清洗和加工。本案例数据是购买理财产品的用户数据表，包括用户基础信息、用户偏好信息和购买的理财产品信息等。

操作步骤：

步骤1 单击表头中“身份证号”字段右侧下拉按钮，在弹出的下拉列表中，可以观察到身份证号数据有多条重复，如图3.2.3所示，对于“身份证号”字段而言，存在重复值的原因有二：一是用户信息存在重复值，需要删除；二是该用户买的理财产品类别不止一种，这种情况下，需保留这条信息。所以不能直接根据身份证号删除重复行，需要根据身份证号和理财产品分类这两个字段删除重复行。

图 3.2.3　观测重复数据

步骤2 单击“更多”中的“删除重复行”按钮，选择去重字段为“身份证号”和“理财产品类型”，如图3.2.4所示。

图 3.2.4　设置去重字段

步骤3 用户基础属性中，没有年龄和年龄段字段，所以需要从身份证号字段中提取年份字段，然后用当前年份减去身份证号中提取的出生年份，得到年龄，然后根据年龄来分年龄段。身份证号中的年份是从第7位开始，一共4位数，所以选择MID函数截取身份证号中的年份最为方便。单击“新增公式列”按钮，在弹出的对话框中，设置新增公式列，列名为“出生年份”，字段类型为数值类型，选择函数MID，公式为“MID（身份证号，7，4）”，如图3.2.5所示。

图 3.2.5　新增公式列“出生年份”

知识详解：

截取字符串：在数据处理中，截取字符串是很常用的操作，截取字符串有三个常用的函数，分别是LEFT、RIGHT和MID。应用场景和语法如下：

（1）LEFT(text,num_chars)：根据指定的字符数返回文本串中的第一个或前几个字符。text包含需要选取字符的文本串或单元格引用，num_chars指定返回的字符串长度。num_chars的值必须等于或大于0。如果num_chars大于整个文本的长度，LEFT函数将返回所有的文本。如果省略num_chars，则默认值为1。示例：LEFT（"publishing",7）的值为"publish"。

（2）RIGHT(text,num_chars)：根据指定的字符数从右开始返回文本串中的最后一个或几个字符。num_chars不能小于0。如果num_chars大于文本串长度，RIGHT函数将返回整个文本。如果不指定num_chars，则默认值为1。示例：RIGHT（"publishing",3）的值为"ing"。

（3）MID(text,start_num,num_chars)：返回文本串中从指定位置开始的一定数目的字符，该数目由用户指定。text包含要提取字符的文本串。start_num是文本中需要提取字符的起始位置。文本中第一个字符的start_num为1，依此类推。num_chars返回字符的长度。如果start_num大于文本长度，MID函数返回空文本。如果start_num小于文本长度，并且start_num加上num_chars大于文本长度，MID函数将返回从start_num指定的起始字符直至文本末的所有字符。如果start_num小于1，MID函数不返回结果。如果num_chars是负数，MID函数不返回结果。示例：MID（"publishing",4,3）的值为"lis"。

步骤4　用当前年份减去出生年份，得到年龄。首先，获取当前年份，单击“新增公式列”按钮，在弹出的对话框中，设置新增公式列，列名为“当前年份”，字段类型为自动，选择函数YEAR，公式为“YEAR()”，如图3.2.6所示。

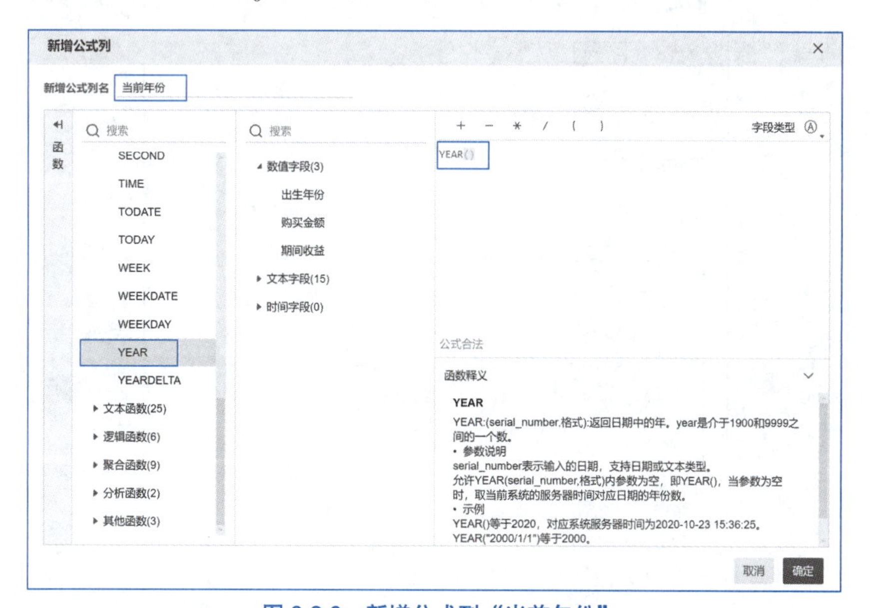

图 3.2.6　新增公式列“当前年份”

步骤5 当前年份-出生年份，得到年龄。单击“新增公式列”按钮，在弹出的对话框中，设置新增公式列，列名为“年龄”，字段类型为自动，公式为“当前年份-出生年份”，如图3.2.7所示。

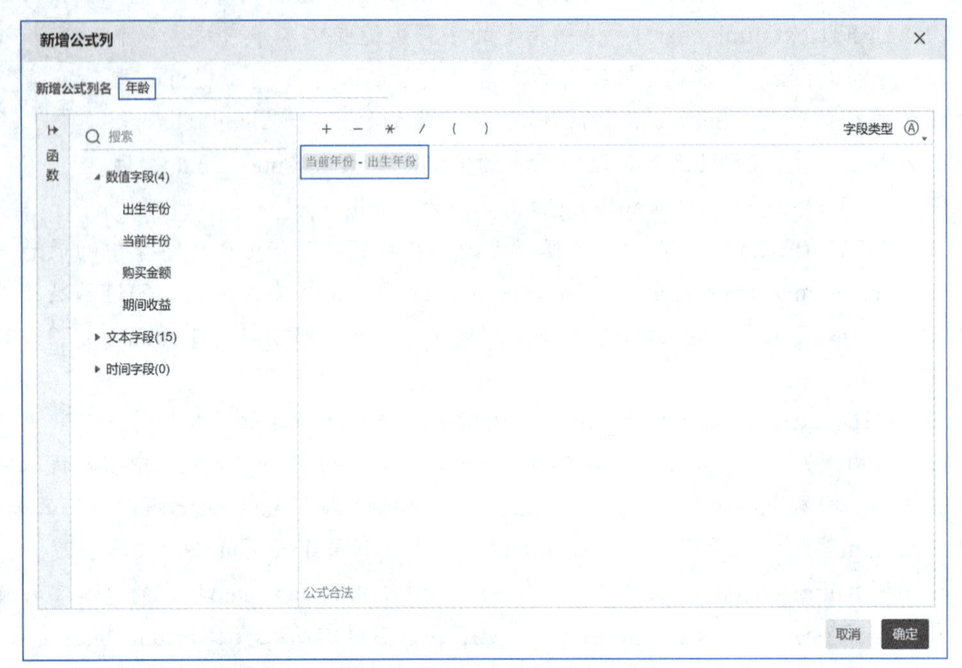

图 3.2.7　新增公式列“年龄”

步骤6 得出年龄后，需要根据年龄划分年龄段。单击“新增赋值列”按钮，在弹出的对话框中设置新增赋值列，列名为“年龄段”，分组赋值如图3.2.8所示。

新增赋值列

新增赋值列名 年龄段

赋值依据 年龄

分组赋值方式 自定义

添加分组

组名	下限				上限
18-30岁	18	≤	值	<	30
30-40岁	30	≤	值	<	40
40-50岁	40	≤	值	<	50
50-60岁	50	≤	值	<	60
60岁以上	60	≤	值	≤	无限制

☐ 未分组的值分到 其它

分组设置（本维度值：最小值23，最大值70）

取消　确定

图 3.2.8　新增赋值列“年龄段”

步骤7 计算总年化收益率需要用到“购买期限”字段，但原数据表中，“购买期限”是文本字段，无法参与计算，所以需要将“购买期限”字段转为数值字段。单击“更多”中的“拆分行列”按钮，将“购买期限”中的“个月”去掉，将数字拆分出来，如图3.2.9所示。

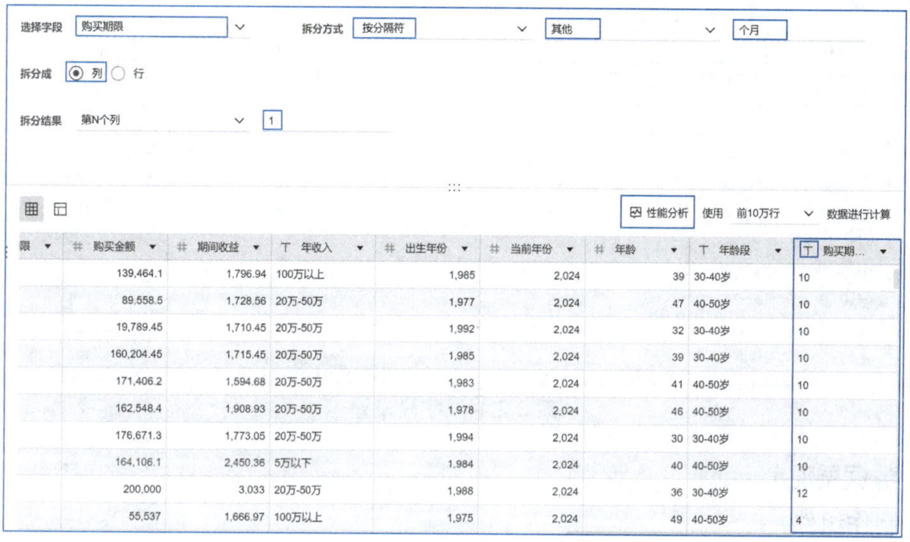

选择字段 购买期限　拆分方式 按分隔符　其他　个月

拆分成 ◉ 列 ○ 行

拆分结果 第N个列 1

性能分析　使用 前10万行 数据进行计算

限	# 购买金额	# 期间收益	T 年收入	# 出生年份	# 当前年份	# 年龄	T 年龄段	T 购买期...
	139,464.1	1,796.94	100万以上	1,985	2,024	39	30-40岁	10
	89,558.5	1,728.56	20万-50万	1,977	2,024	47	40-50岁	10
	19,789.45	1,710.45	20万-50万	1,992	2,024	32	30-40岁	10
	160,204.45	1,715.45	20万-50万	1,985	2,024	39	30-40岁	10
	171,406.2	1,594.68	20万-50万	1,983	2,024	41	40-50岁	10
	162,548.4	1,908.93	20万-50万	1,978	2,024	46	40-50岁	10
	176,671.3	1,773.05	20万-50万	1,994	2,024	30	30-40岁	10
	164,106.1	2,450.36	5万以下	1,984	2,024	40	40-50岁	10
	200,000	3,033	20万-50万	1,988	2,024	36	30-40岁	12
	55,537	1,666.97	100万以上	1,975	2,024	49	40-50岁	4

图3.2.9　拆分行列“购买期限”

步骤8 “城市”字段格式不统一，需要处理成统一格式，“城市”字段仅需保留城市名称。单击“更多”中的“拆分行列”，如图3.2.10所示进行设置。

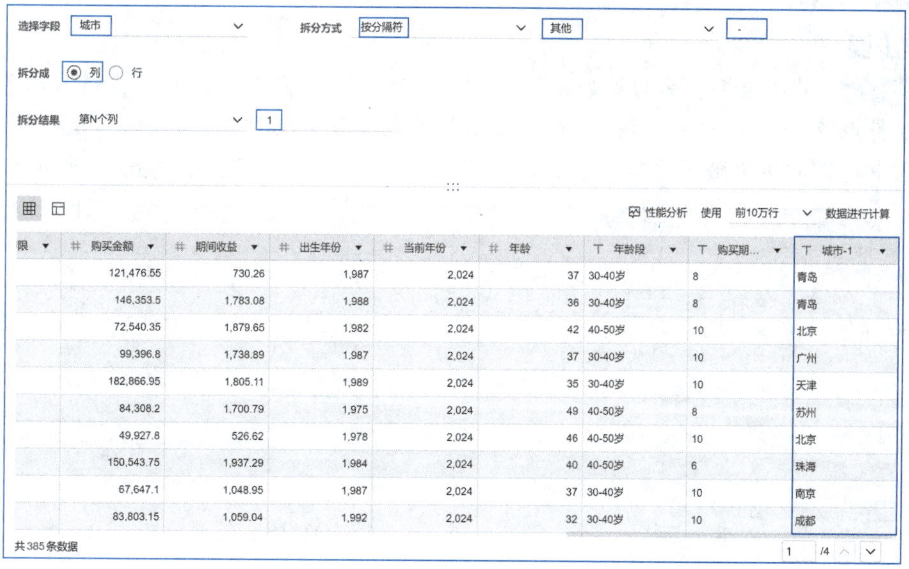

选择字段 城市　拆分方式 按分隔符　其他　-

拆分成 ◉ 列 ○ 行

拆分结果 第N个列 1

性能分析　使用 前10万行 数据进行计算

限	# 购买金额	# 期间收益	# 出生年份	# 当前年份	# 年龄	T 年龄段	T 购买期...	T 城市-1
	121,476.55	730.26	1,987	2,024	37	30-40岁	8	青岛
	146,353.5	1,783.08	1,988	2,024	36	30-40岁	8	青岛
	72,540.35	1,879.65	1,982	2,024	42	40-50岁	10	北京
	99,396.8	1,738.89	1,987	2,024	37	30-40岁	10	广州
	182,866.95	1,805.11	1,989	2,024	35	30-40岁	10	天津
	84,308.2	1,700.79	1,975	2,024	49	40-50岁	8	苏州
	49,927.8	526.62	1,978	2,024	46	40-50岁	10	北京
	150,543.75	1,937.29	1,984	2,024	40	40-50岁	6	珠海
	67,647.1	1,048.95	1,987	2,024	37	30-40岁	10	南京
	83,803.15	1,059.04	1,992	2,024	32	30-40岁	10	成都

共385条数据　1 /4

图3.2.10　拆分行列“城市”

步骤9 字段设置，单击“字段设置”，将不需要的字段取消勾选，将“购买期限-1”转换成数值字段，并重命名为“购买期限-数值”，如图3.2.11所示进行设置。

步骤10 单击“保存并更新”按钮，将当前数据集所作的改动保存，并将“分析主题”重命名为“理财产品用户分析”。

全部选择　　搜索

- ☑ T 身份证号　☑ T 姓名　☑ T 性别　☐ T 城市
- ☑ T 学历　☑ T 风险偏好属性　☑ T 购买期限偏好　☑ T 购买渠道
- ☑ T 投资目标　☑ T 选择本机构的原因　☑ T 收益类型偏好　☑ T 理财产品类型
- ☑ T 风险等级　☐ T 购买期限　☑ # 购买金额　☑ # 期间收益
- ☐ # 出生年份　☐ # 当前年份　☑ # 年龄　☑ T 年龄段
- ☑ # 购买期限-数值　☑ T 城市-1

性能分析　使用　前10万行　数据进行计算

T 理财产...	T 风险等级	# 购买金额	# 期间收益	# 年龄	T 年龄段	# 购买期...	T 城市-1
股票	高风险	121,476.55	730.26	37	30-40岁	8	青岛
股票	高风险	146,353.5	1,783.08	36	30-40岁	8	青岛
股票	高风险	72,540.35	1,879.65	42	40-50岁	10	北京
股票	高风险	99,396.8	1,738.89	37	30-40岁	10	广州
股票	高风险	182,866.95	1,805.11	35	30-40岁	10	天津
国债	低风险	84,308.2	1,700.79	49	40-50岁	8	苏州

图 3.2.11　字段设置

5. 数据展现

1）制作组件

首先，查看购买理财产品的整体情况，如总购买金额、总购买人数和总年化收益率。再进行用户基础属性的分析，从而找出高价值潜在客户属性的标签，然后对用户购买偏好进行分析，找到用户偏好的产品类型，最后对收益进行分析，找到收益率高的产品以及收益对用户投资偏好的影响。

操作步骤：

步骤1 制作组件“总购买金额”，单击主窗口下方“组件”选项卡，进入组件编辑窗口。给组件改名为“总购买金额”，在图表配置区的“图表类型”中选择“kpi指标卡”，将待分析区中的“购买金额”字段拖动到“图形属性”中的“文本”，如图3.2.12所示。

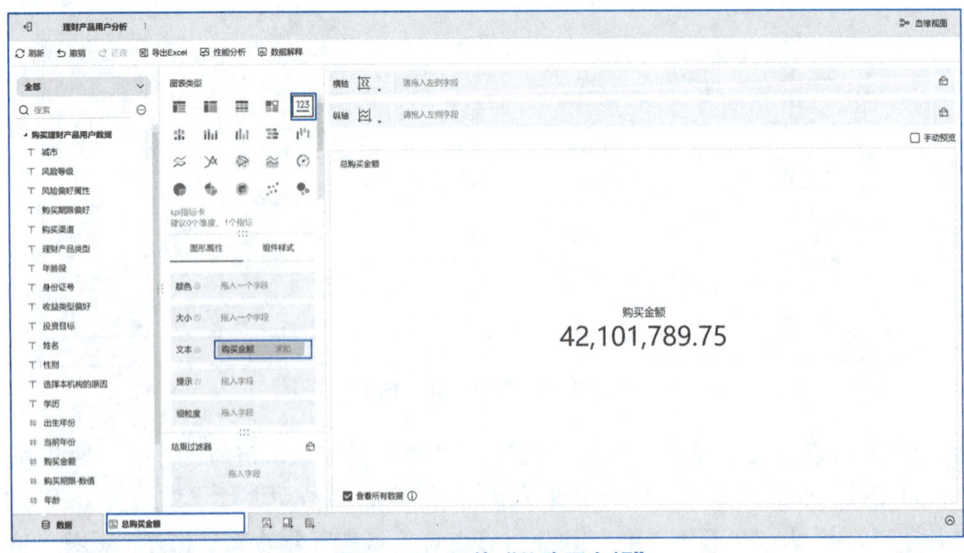

图 3.2.12　组件“总购买金额”

步骤2 将“购买金额”字段重命名为“总购买金额”，然后更改数值格式，单击“总购买金额”后的下拉按钮，选择“数值格式”，如图3.2.13（a）所示，在弹出的对话框中选择“数字”，数量单位改成“万”，如图3.2.13（b）所示，结果如图3.2.13（c）所示。

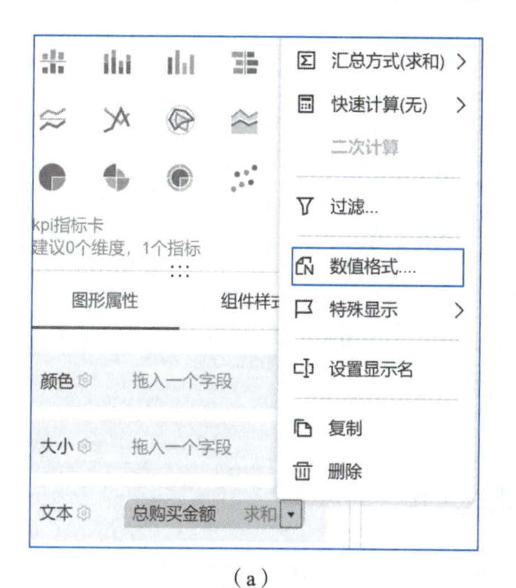

（a）

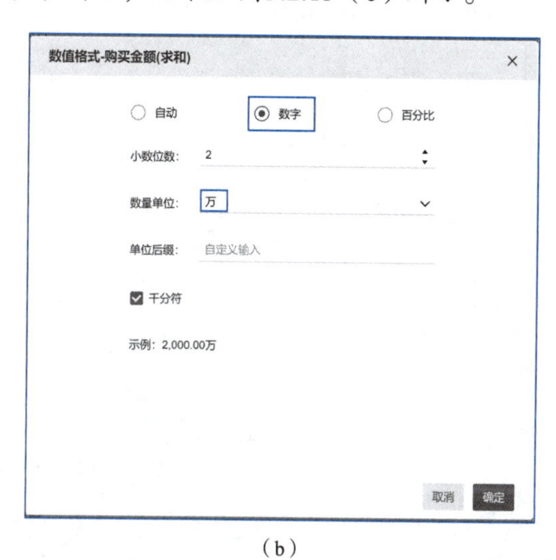

（b）

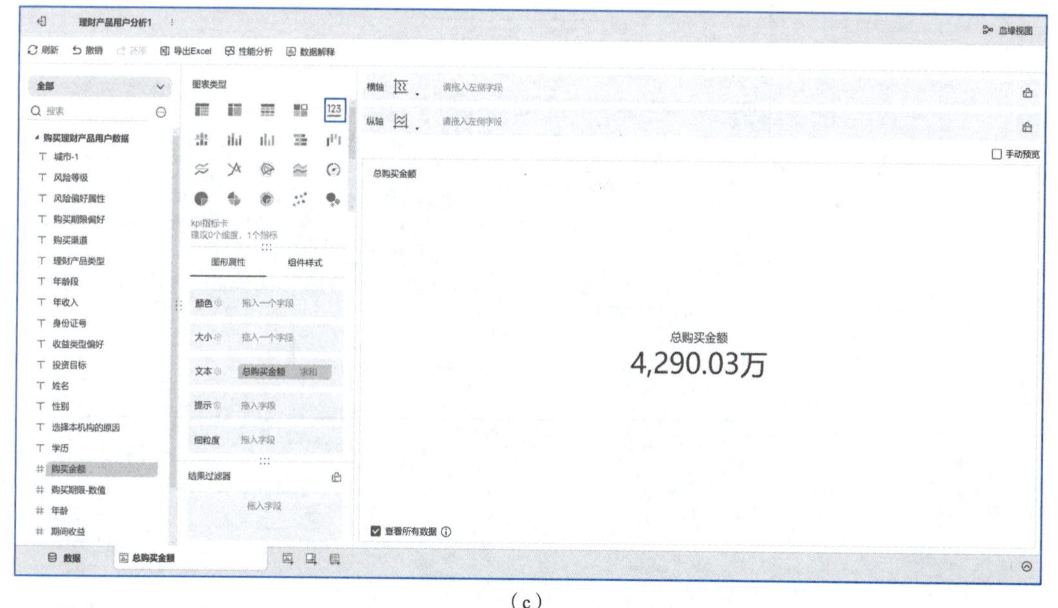

（c）

图 3.2.13　更改数值格式及组件呈现效果

步骤3 制作组件“总购买人数”，单击主窗口下方“组件”选项卡，进入组件编辑窗口。给组件改名为“总购买人数”，在“图表类型”中选择“kpi指标卡”。待分析区域内没有购买人数字段，所以将“记录数”字段拖动到“图形属性”中的“文本”，此时得到的数据是数据表中的总行数，如图3.2.14所示。

步骤4 由于同一个用户可能购买多种理财产品，所以同一个用户会出现多次，如果要得到购买人数，还需要对记录数去重，去重依赖的字段是“身份证号”，如图3.2.15（a）所示，然后将“记录数”重命名为“总购买人数”，结果如图3.2.15（b）所示。

图 3.2.14　组件“总购买人数”

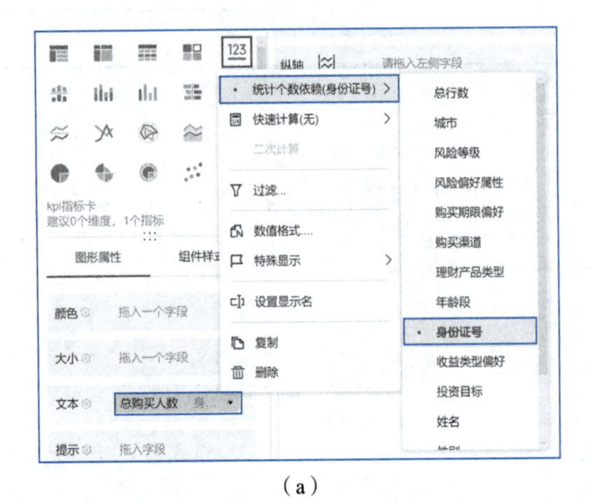

(a)

(b)

图 3.2.15　“记录数”去重及组件呈现效果

步骤5 制作组件"年化收益率"，新建一个组件，进入组件编辑窗口，给组件改名为"年化收益率"，在"图表类型"中选择"kpi指标卡"，待分析区没有"总年化收益率"字段，所以需要构建"总年化收益率"指标，单击待分析区中上方的"…"按钮，在展开的菜单中选择"添加计算字段"命令。如图3.2.16所示。

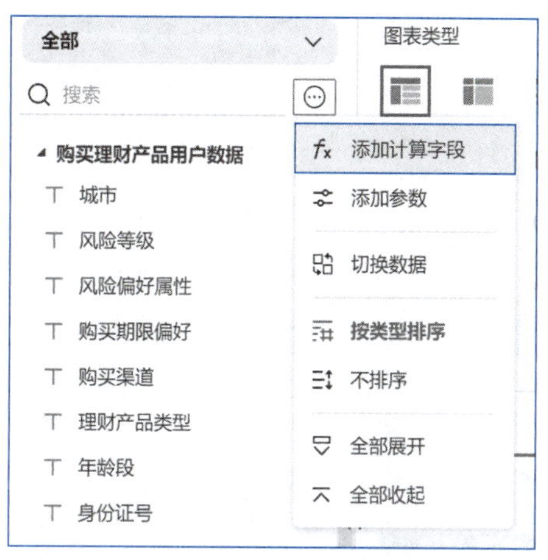

图 3.2.16　添加计算字段

步骤6 在弹出的"添加计算字段"窗口中输入新建字段名称"年化收益率"。在公式编辑区域输入以下公式来定义"总年化收益率"：SUM_AGG（12*期间收益/购买期限-数值）/SUM_AGG（购买金额），如图3.2.17所示。其中SUM_AGG函数用于对指定列进行求和聚合。

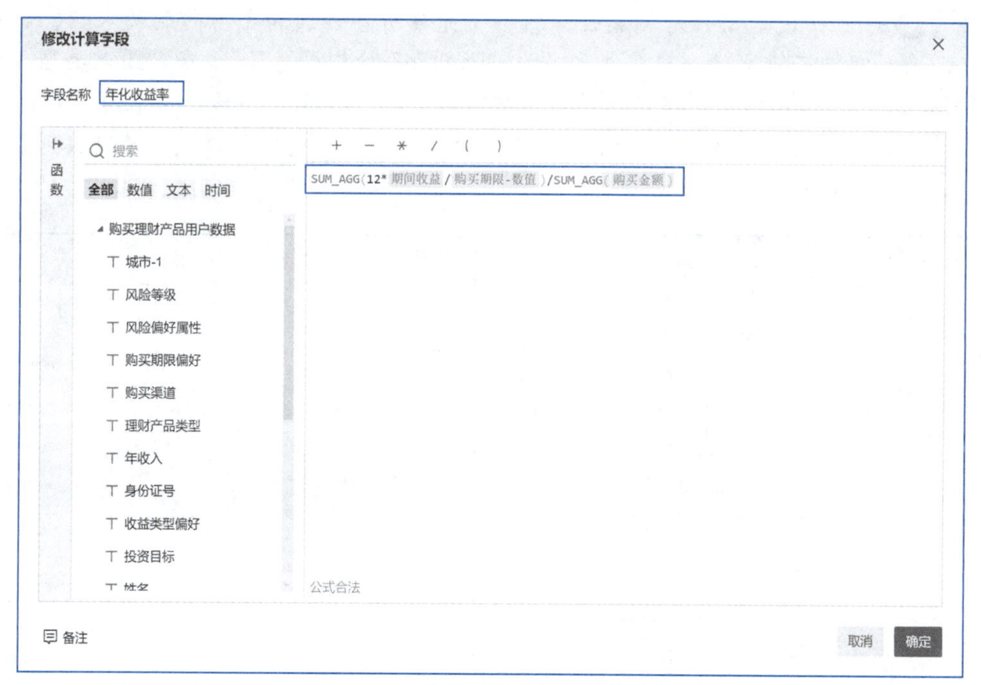

图 3.2.17　构建"年化收益率"字段

步骤7 在"图表类型"中选择"kpi指标卡"，将待分析区中的"年化收益率"字段拖动到“图形属性”中的“文本”，如图3.2.18所示。

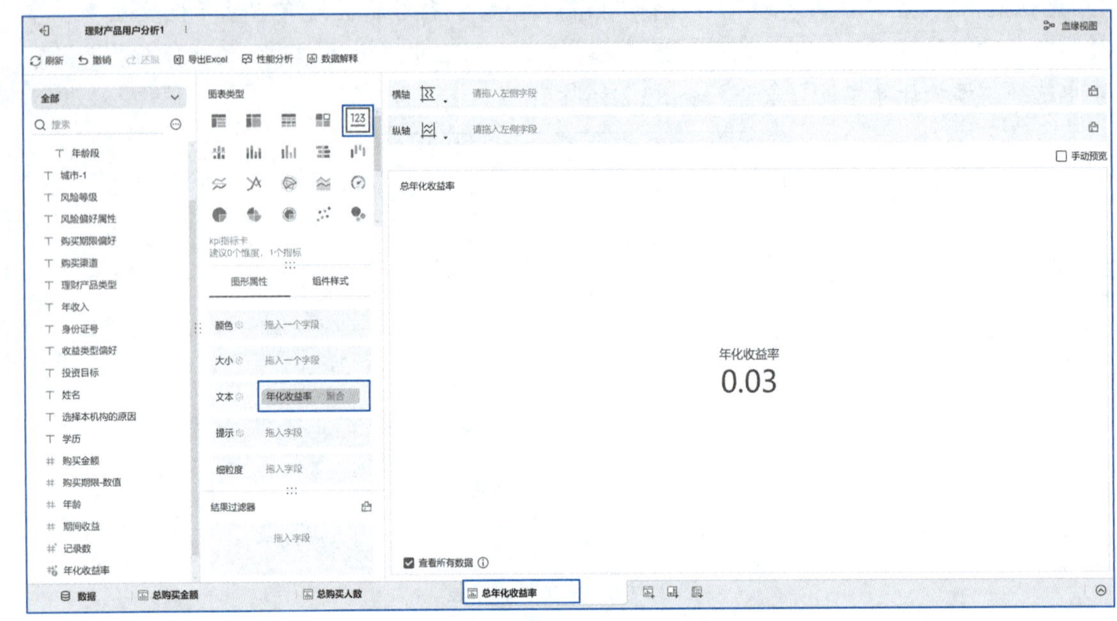

图 3.2.18　组件“年化收益率”

步骤8 更改数值格式，单击“年化收益率”后的下拉按钮，单击“数值格式”，如图3.2.19（a）所示，在弹出的对话框中选择“百分比”，如图3.2.19（b）所示，组件呈现效果如图3.2.19（c）所示。

步骤9 下面进行用户基础属性分析，首先分析各性别和年龄的购买人数，新建一个组件，进入组件编辑窗口，给组件改名为“性别&年龄构成情况”，在“图表类型”中选择“饼图”。创建钻取目录，将“年龄段”字段拖动到“性别”字段上，在弹出的对话框上单击“确定”按钮，如图3.2.20（a）所示，构建一个“性别，年龄段”的两级目录，如图3.2.20（b）所示。

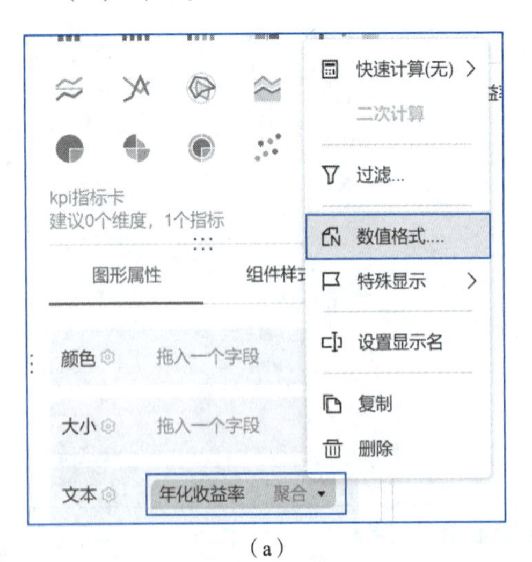

（a）

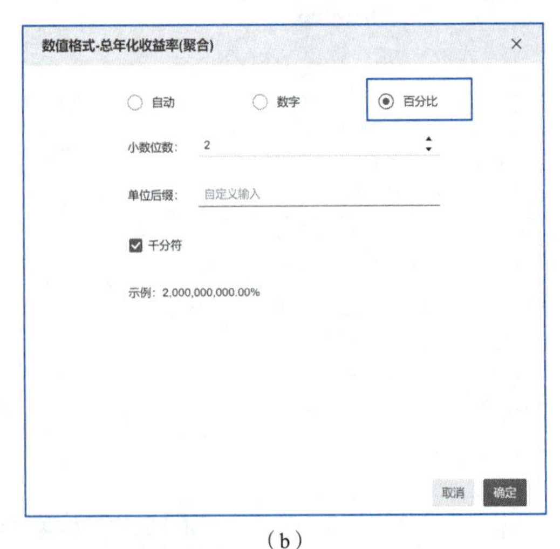

（b）

图 3.2.19　更改数值格式及组件呈现效果

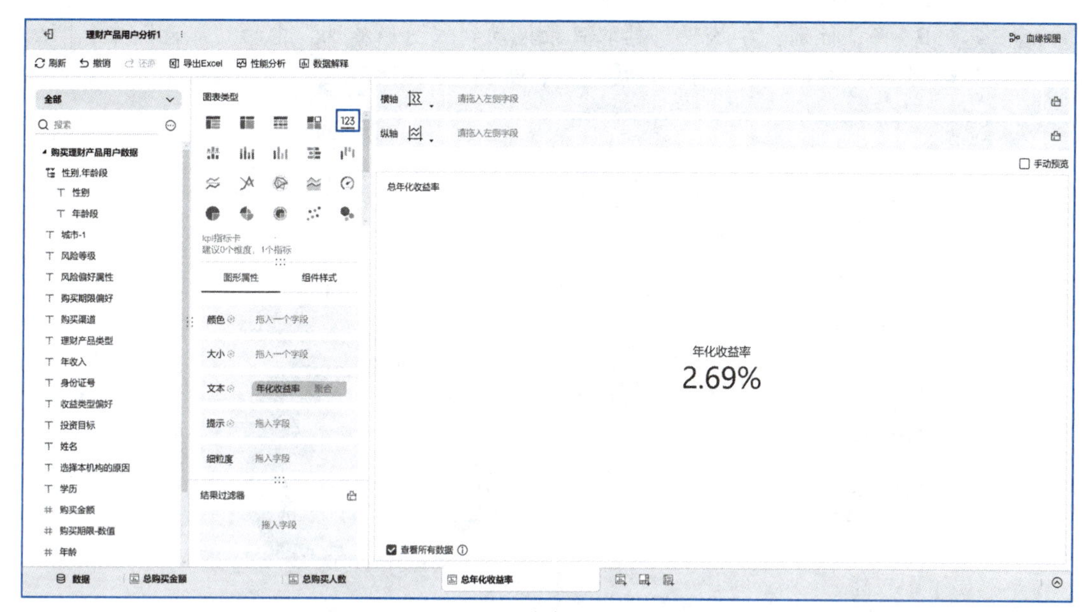

（c）

图 3.2.19　更改数值格式及组件呈现效果（续）

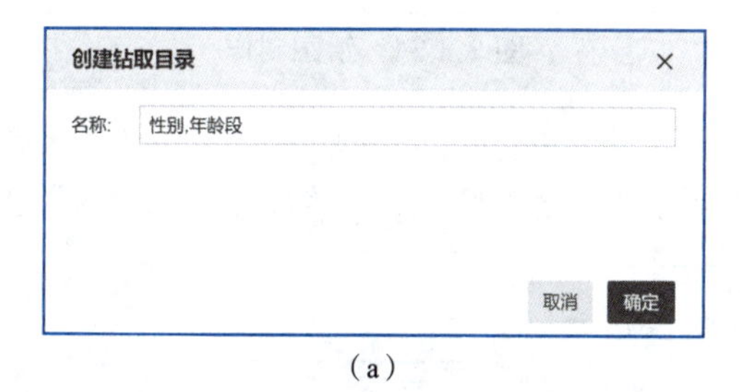

（a）

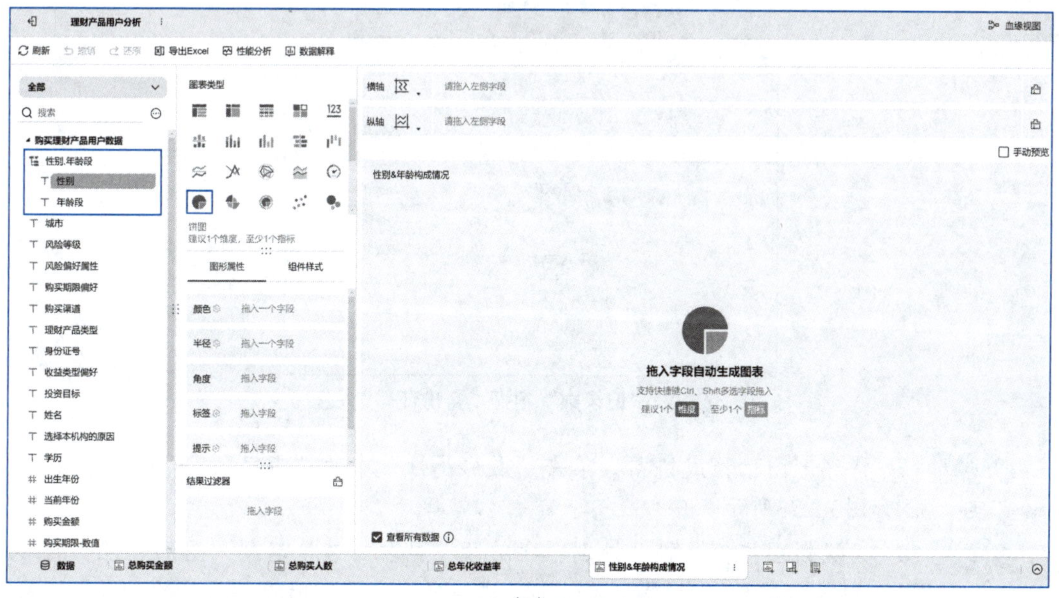

（b）

图 3.2.20　创建钻取目录

步骤10 将“性别，年龄段”钻取目录拖动到“图形属性”中的“颜色”中，“记录数”字段拖动到“图形属性”中的“角度”中，如图3.2.21所示。

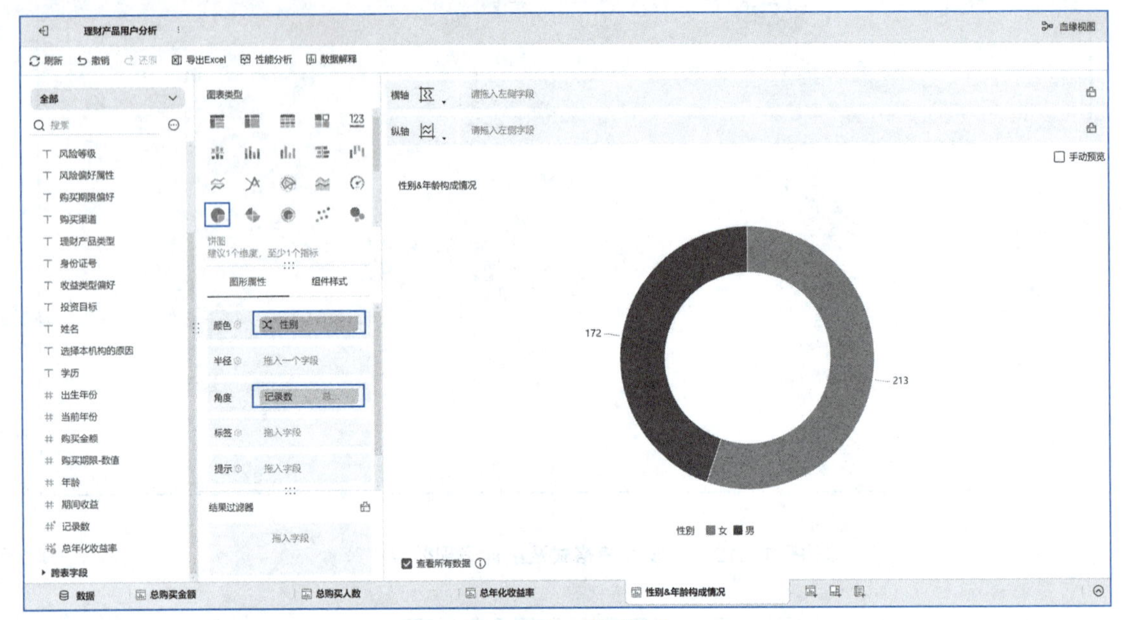

图 3.2.21 饼图制作

步骤11 对“记录数”字段进行去重，单击“记录数”右侧的下拉按钮，单击“统计个数依赖”→“身份证号”，如图3.2.22所示，然后将“记录数”重命名为“购买人数”。

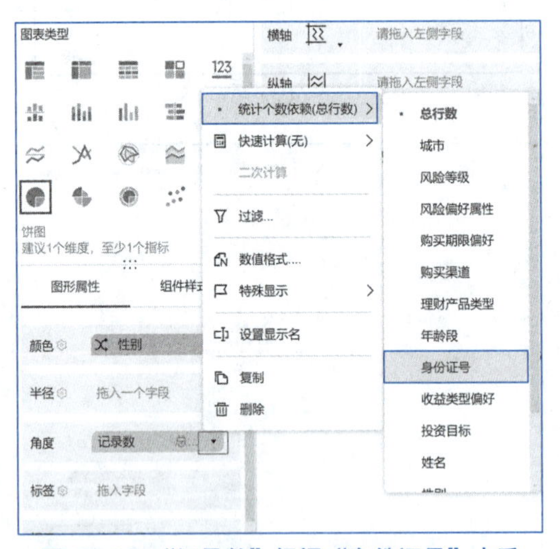

图 3.2.22 “记录数”根据“身份证号”去重

步骤12 将环形图切换成饼图，单击“图形属性”中的“半径”，单击“内径占比”中的“实心”，如图3.2.23所示。

步骤13 设置饼图标签，将“性别，年龄段”钻取目录拖动到“图形属性”的“标签”中，如图3.2.24所示，图3.2.24展示了性别构成情况，购买理财产品用户的女性占比略高于男性。

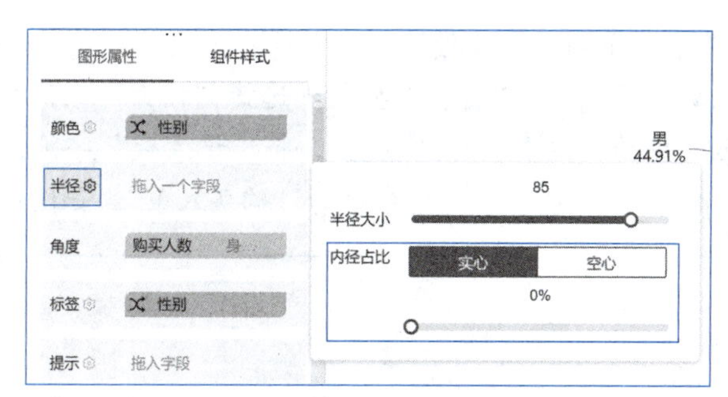

图 3.2.23　环形图切换成饼图

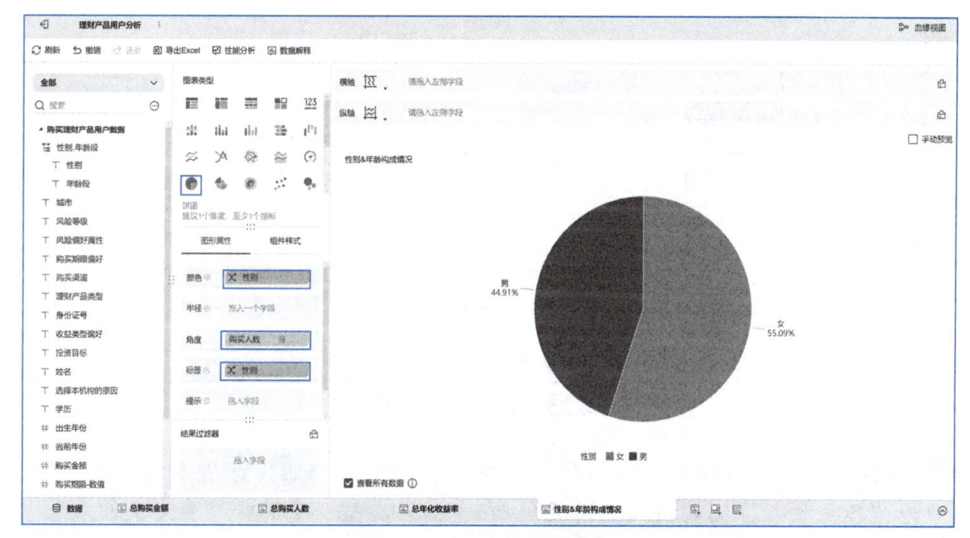

图 3.2.24　组件呈现效果

步骤14 图3.2.25显示了数据钻取操作后的界面。在这个饼图中，单击“男”或者“女”，激活了向下一级维度的钻取功能。图中可见，30～40岁年龄段购买人数占比最多，40～50岁次之。

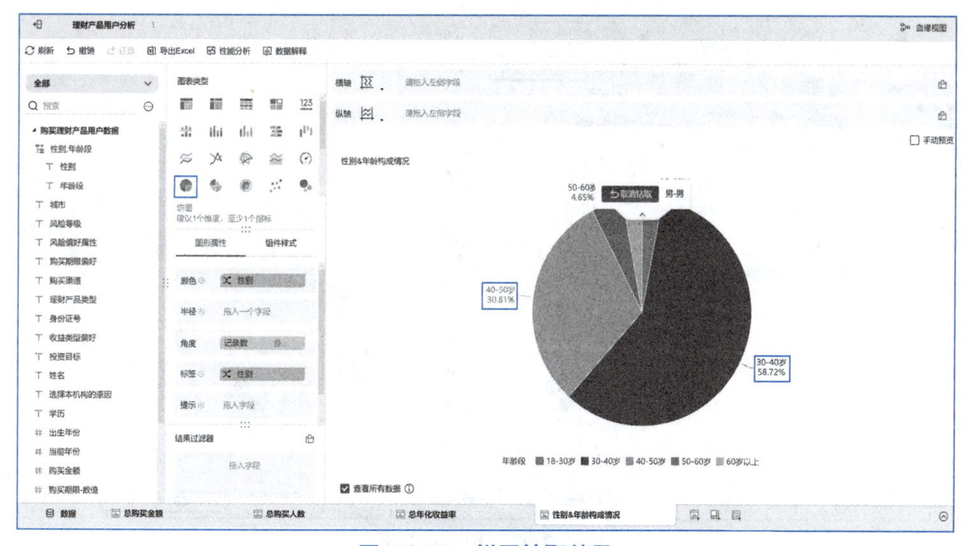

图 3.2.25　饼图钻取效果

步骤15 分析各个城市的购买人数情况，新建一个组件，进入组件编辑窗口，给组件改名为“各城市购买人数情况”，在“图表类型”中选择“词云”。将待分析区中的“城市-1”字段拖动到“图形属性”中的“文本”和“颜色”，将“记录数”字段拖动到“大小”中，对“记录数”字段根据“身份证号”去重，并重命名为“购买人数”，如图3.2.26所示。

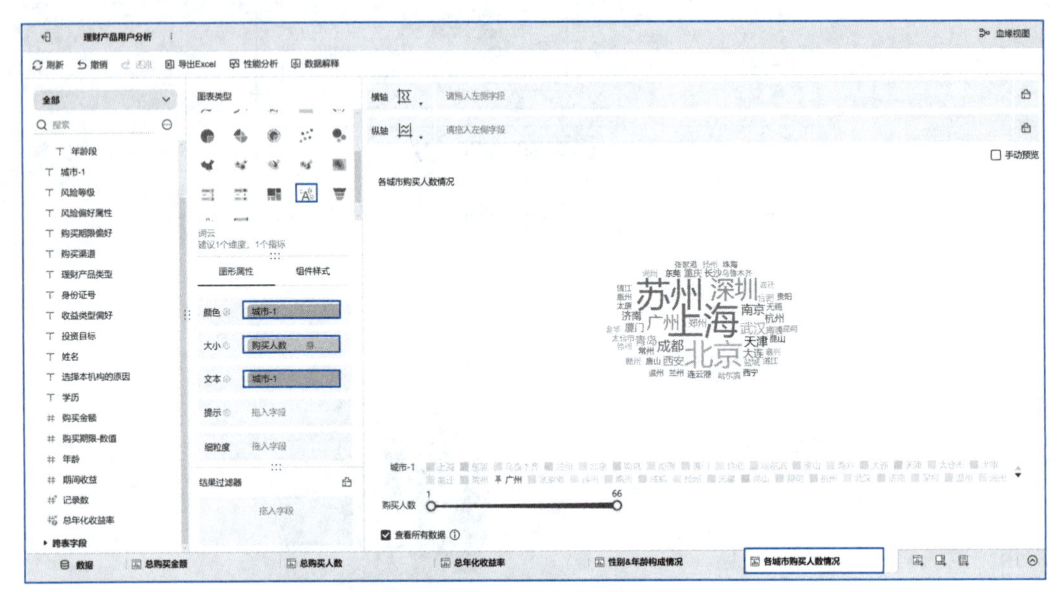

图 3.2.26 词云组件呈现效果

步骤16 分析各年收入区间购买人数情况，新建一个组件，进入组件编辑窗口，给组件改名为“各年收入区间购买人数情况”，在“图表类型”中选择“自定义图表”。将待分析区中的“年收入”字段拖动到分析区域字段框中“横轴”，将“记录数”字段拖动到“纵轴”中，对“记录数”字段根据“身份证号”去重，并重命名为“购买人数”，如图3.2.27所示，可以看出年收入在10万元～20万元这个区间的人数最多。

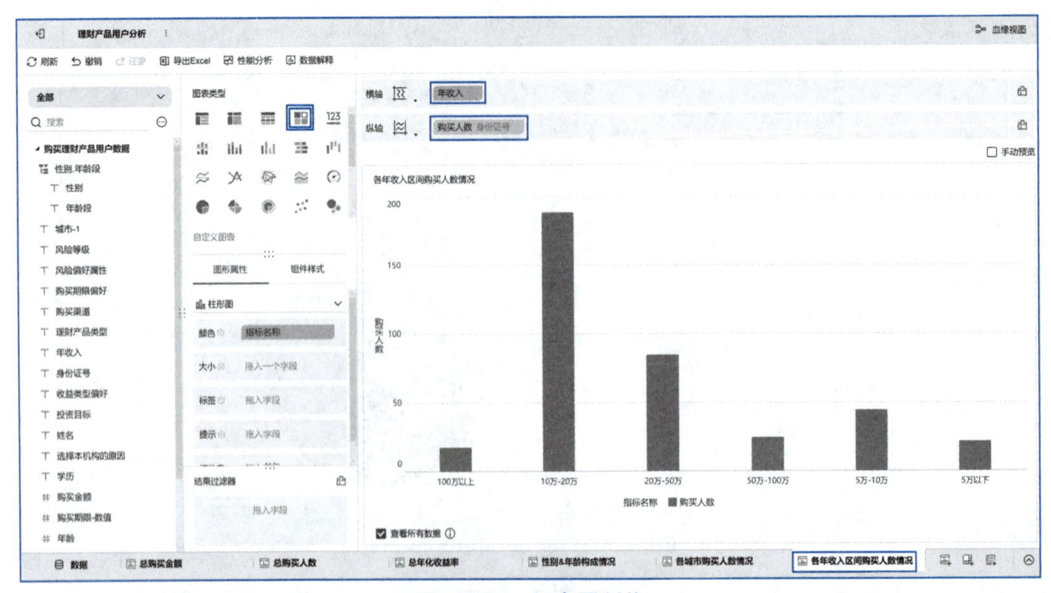

图 3.2.27 组合图制作

步骤17 分析某个年收入区间及以上的购买人数占比情况，首先对“年收入”字段进行自定义排序，单击“年收入”字段右侧的下拉按钮，在下拉菜单中单击“自定义排序”，如图3.2.28（a）所示，按照年收入从高到低排序，在弹出的窗口中按照图3.2.28（b）所示进行排序。

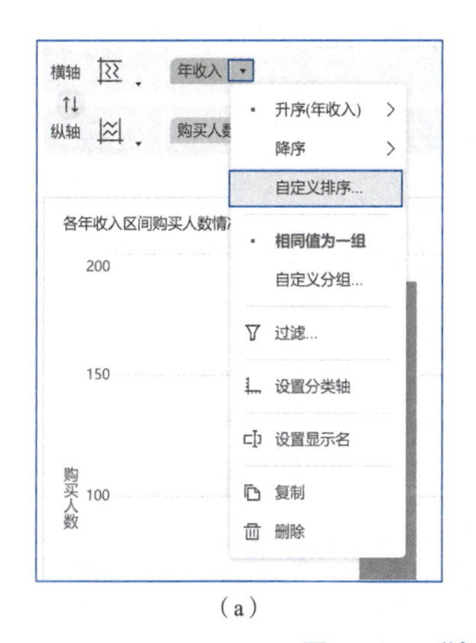

（a）

（b）

图 3.2.28　“年收入”字段自定义排序

步骤18 复制一个“购买人数”字段，单击“购买人数”字段右侧的下拉按钮，在下拉菜单中单击“复制”，如图3.2.29（a）所示。为了查看某个年收入区间及以上的购买人数，需要计算购买人数的累计值，单击复制出来的“购买人数”字段的下拉按钮，选择“快速计算”→“累计值”，如图3.2.29（b）所示，将该字段重命名为“购买人数累计值”。

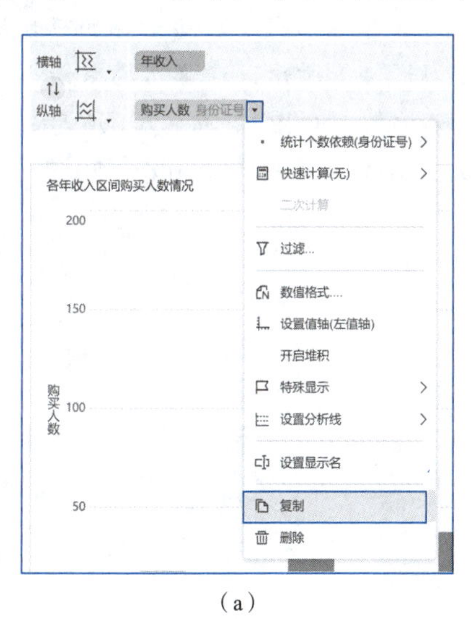

（a）

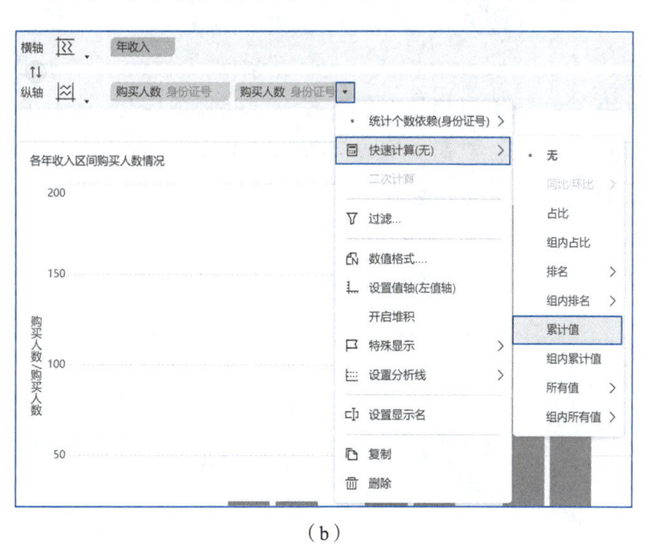

（b）

图 3.2.29　快速计算“购买人数”累计值

知识详解：

累计值：为对某指标所有值的累计统计结果，从上至下依次累加指标值。

组内累计值：为对该指标组内所有值的累计统计结果，在组内从上至下依次累加指标值。

在本案例中，购买人数的累计值的第一个值为年收入“100万以上”的人数，第二个值为年收入“100万以上”和“50万-100万”的总人数，即前两个值相加，第三个值为年收入“100万以上”、“50万-100万”和“20万-50万”的总人数，即前三个值相加，依此类推。

步骤19 单击展开“图形属性”选项卡中“购买人数累计值”分组，将图表类型切换成“线”，如图3.2.30所示。

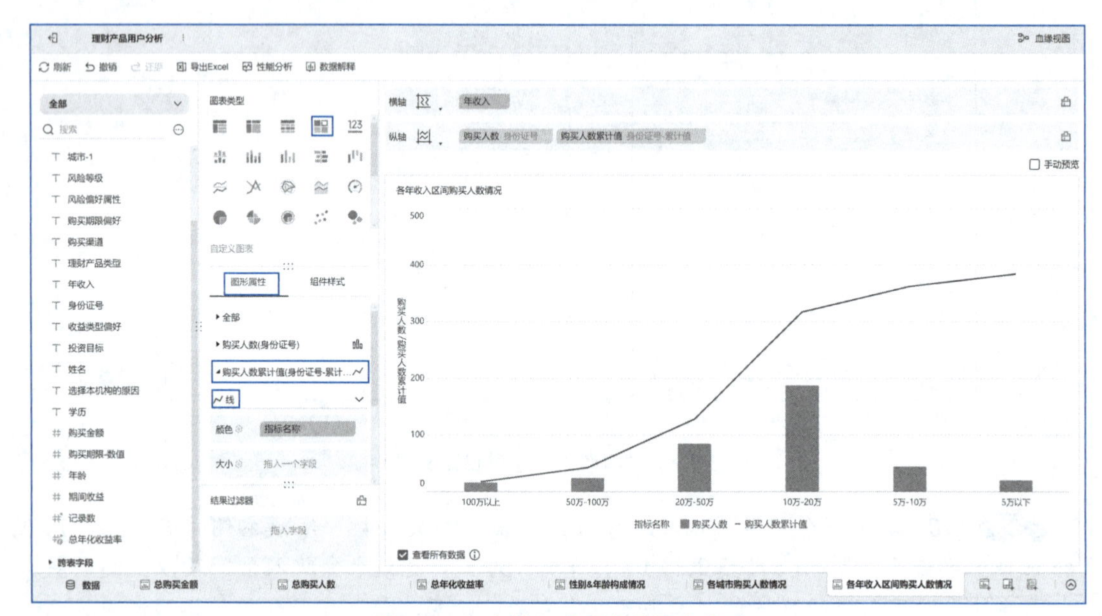

图 3.2.30　切换组合图中的图表类型

步骤20 查看80%分位用户的收入区间，单击“购买人数累计值”字段右侧的下拉按钮，单击“设置分析线”→“警戒线（横向）”，如图3.2.31（a）所示，在弹出的对话框中单击“添加警戒线”，重命名为“80%分位”，单击下方Σ按钮，如图3.2.31（b）所示。从图3.2.31（c）可见，家庭年收入在10万～50万的比重较大，且家庭年收入在10万～20万及以上的人群占比80%左右。

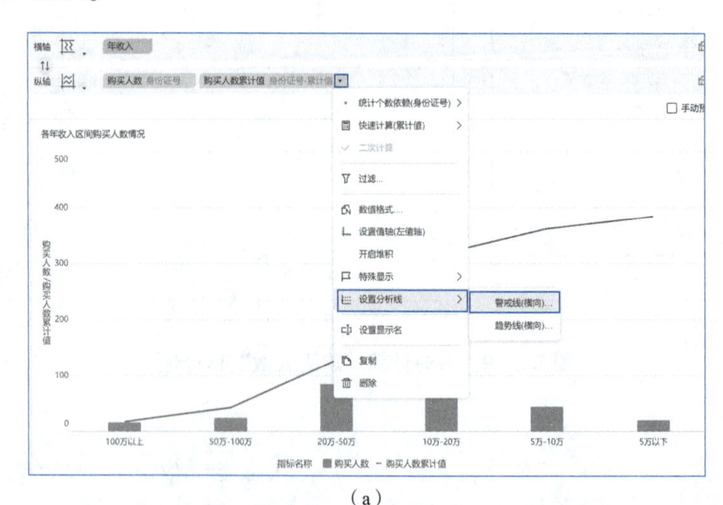

（a）

图 3.2.31　设置 80% 分位警戒线及组件呈现效果

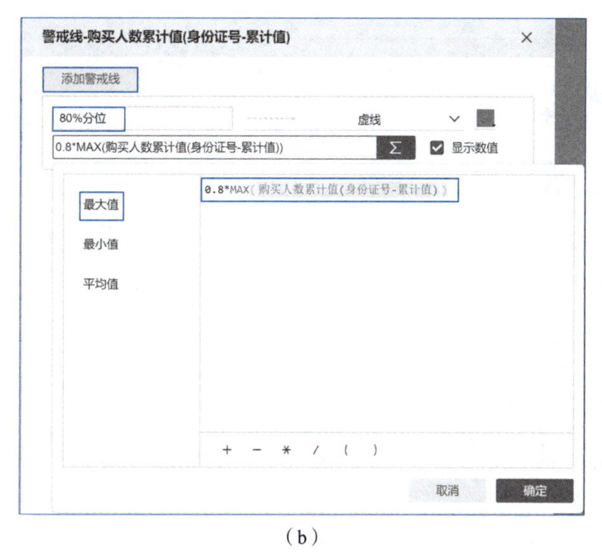

(b)

(c)

图 3.2.31　设置 80% 分位警戒线及组件呈现效果（续）

知识详解：

组件中的去重计数：在数据分析中，去重计数是一种常用的计数方法，以此案例中的"购买人数"为例，去重的依据是"身份证号"，在FineBI中，组件中的去重计数的常用方法有三种：

（1）组件中通过"记录数"→"添加统计依赖字段"（依赖于某个字段）实现，在此案例中，想要得到"购买人数"，依赖字段为"身份证号"。

（2）组件中通过聚合函数COUNTD_AGG实现，在此案例中，可以用函数的方式得到"购买人数"，单击"添加计算字段"，在弹出的窗口中输入字段名称"购买人数"，函数框中输入"COUNTD_AGG（身份证号）"如图3.2.32所示。

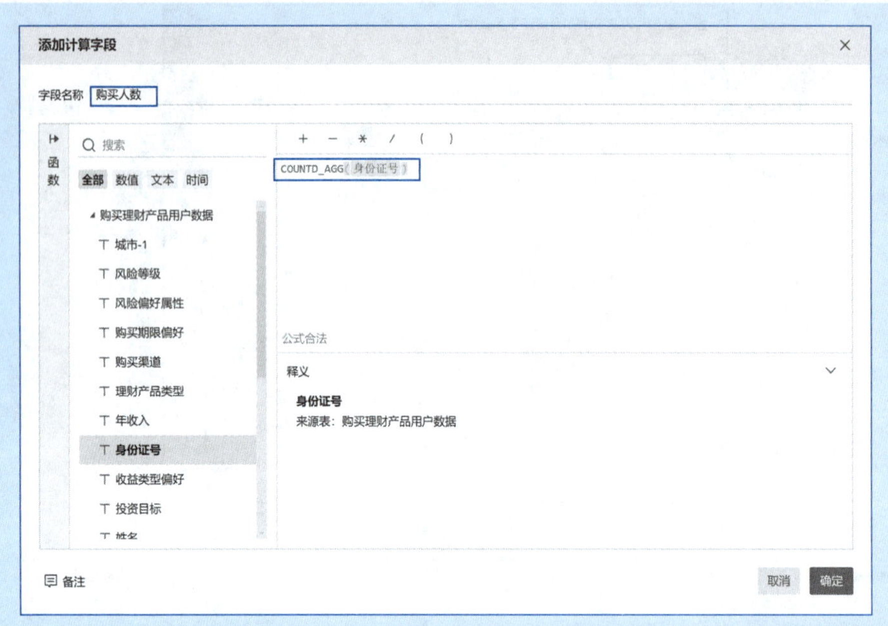

图 3.2.32　COUNTD_AGG 函数实现去重计数

（3）组件中通过维度转指标（去重计数）实现。在此案例中，想要用这种方式得到“购买人数”，首先需要在待分析区域中找到去重字段，也就是“身份证号”，单击“身份证号”字段右侧的下拉按钮，单击“复制”，如图3.2.33（a）所示，单击复制出来的“身份证号1”字段下拉按钮，单击“转化为指标”，如图3.2.33（b）所示，转化后的指标就是根据“身份证号”字段去重的“购买人数”。

·微视频·

组件中去重计数的方法

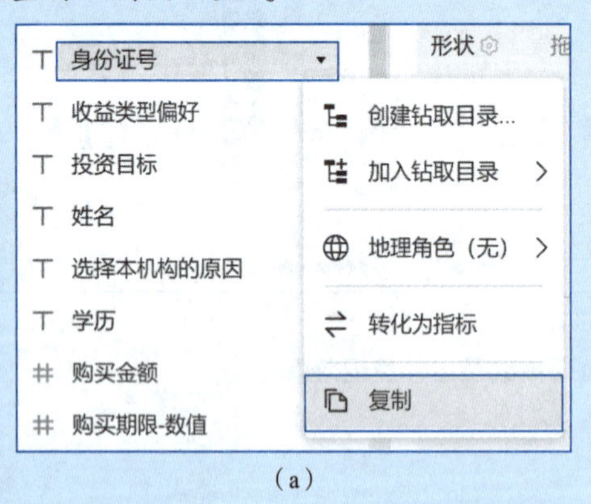

（a）

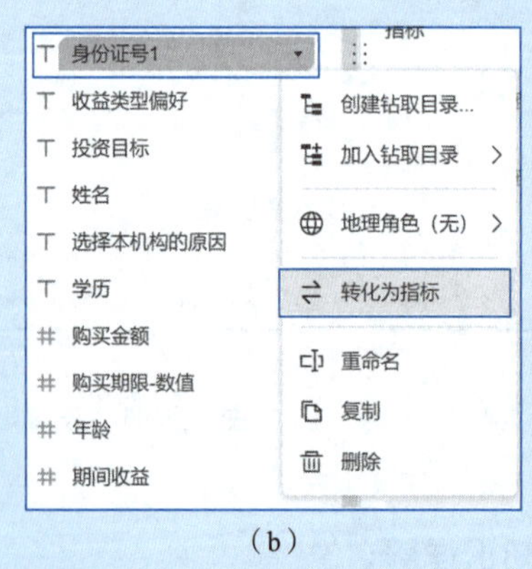

（b）

图 3.2.33　“维度转指标”方式实现去重计数

步骤21　分析购买的理财产品和风险等级情况，新建一个组件，进入组件编辑窗口，给组件改名为“购买的理财产品及风险等级”，在“图表类型”中选择“多层饼图”。将待分析区中的“风险等级”字段拖动到“图形属性”中的“颜色”，“理财产品类型”字段拖动到“细粒度”，“购买金额”字段拖动到“大小”，生成一个多层饼图，内圈不同颜色的弧度分别映射每个风险等级，外圈浅色切块代表该风险等级下不同理财产品的购买金额，如图3.2.34所示。

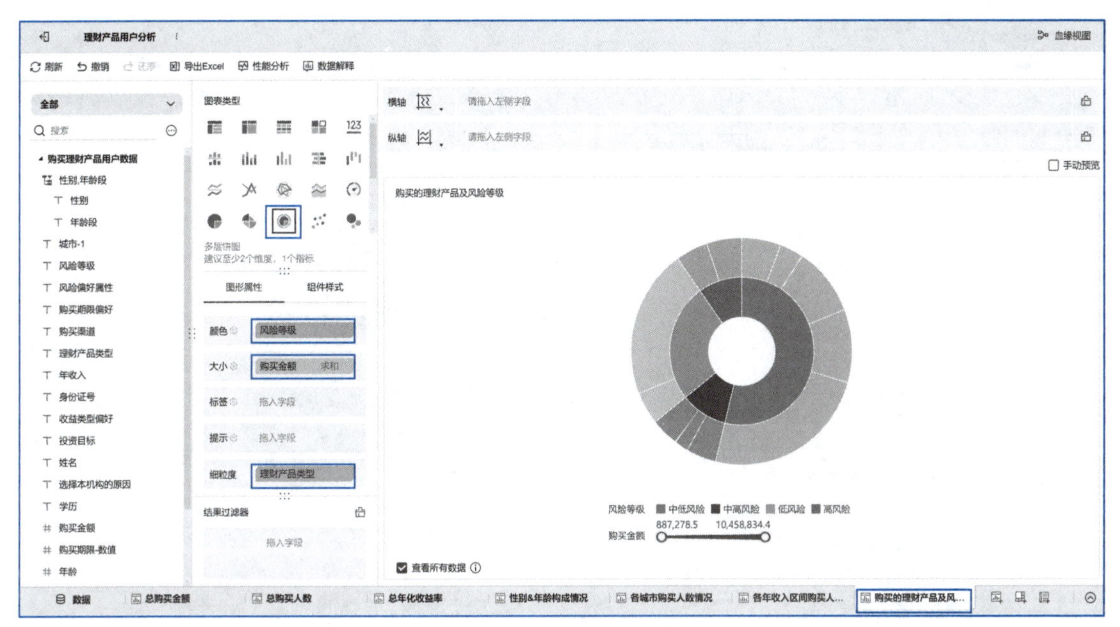

图 3.2.34　多层饼图的制作

步骤 22　设置多层饼图标签，将“购买金额”字段拖动到“图形属性”中的“标签”，单击“购买金额”右侧的下拉按钮，在下拉菜单中单击“快速计算”→“占比”，如图3.2.35（a）所示，求出购买金额占比。单击“图形属性”中的“标签”，在展开的窗口中同时勾选“显示标签”和“显示当前层级维度”，图表则会显示当前层级对应的维度和标签，选择“标签位置”中的“居外”，选择“标签重叠时自动调整位置”，如图3.2.35（b）所示，从图中可以看出，购买中低风险等级的金额占比最多。

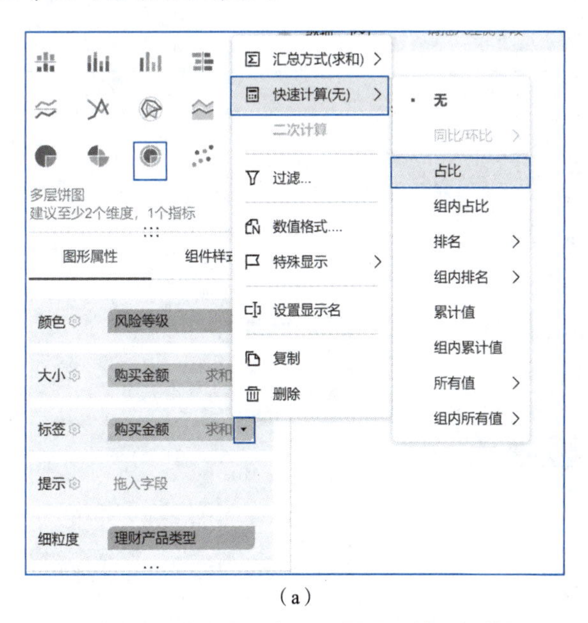

（a）

图 3.2.35　多层饼图标签设置及组件呈现效果

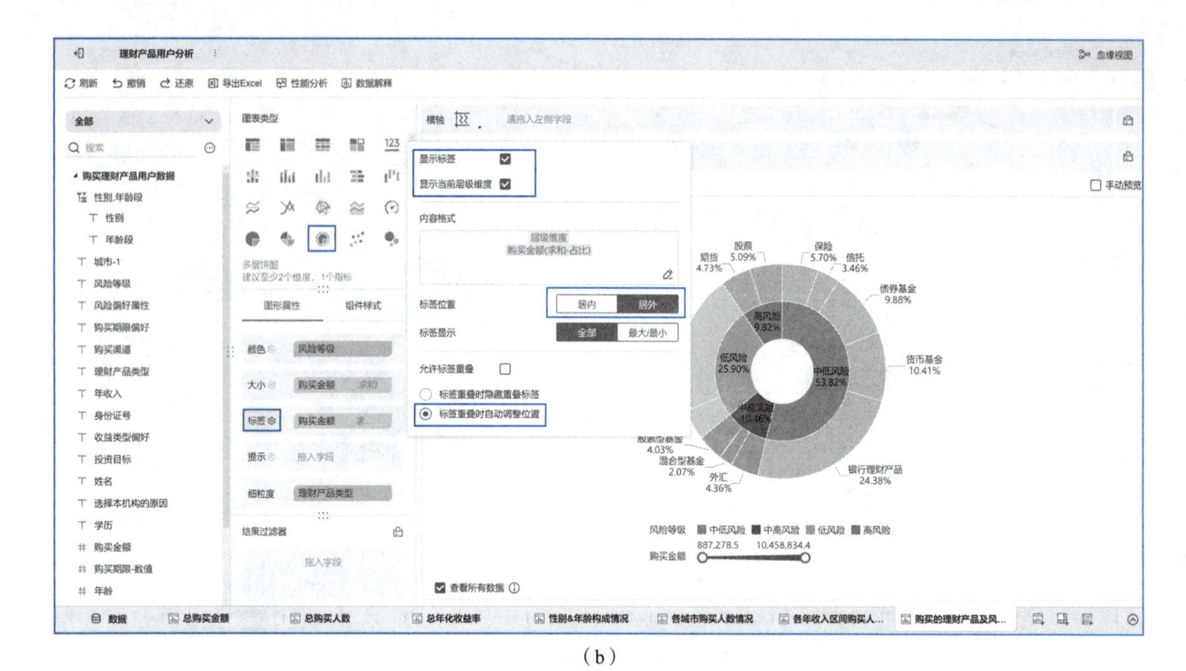

（b）

图 3.2.35　多层饼图标签设置及组件呈现效果（续）

步骤 23　分析购买的理财产品购买渠道情况，新建一个组件，进入组件编辑窗口，给组件改名为“各渠道的购买金额”，在“图表类型”中选择“分区柱形图”。将待分析区中的“购买渠道”字段拖动到分析区域字段框中“横轴”，“购买金额”字段拖动到“纵轴”，“购买金额”字段拖动到“图形属性”中的“标签”，更改“购买金额”的数值格式，以“万”为单位，柱形图如图3.2.36所示，每个柱子的高度代表购买金额的多少，图中可以看出“线上购买”渠道的购买金额最多。

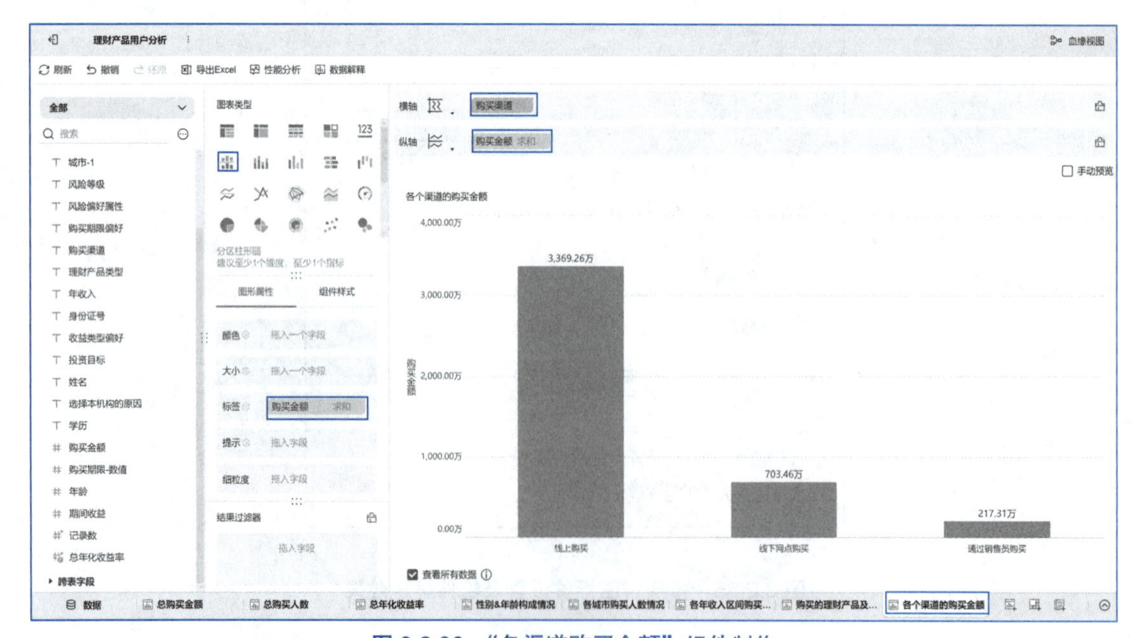

图 3.2.36　“各渠道购买金额”组件制作

步骤24 分析各理财产品的年化收益率，并对照其购买金额新建一个组件，进入组件编辑窗口，给组件改名为“各理财产品的年化收益率及购买金额”，在“图表类型”中选择“对比柱状图”。将待分析区中的“理财产品类型”字段拖动到“纵轴”，“年化收益率”和“购买金额”字段拖动到“横轴”，如图3.2.37所示。

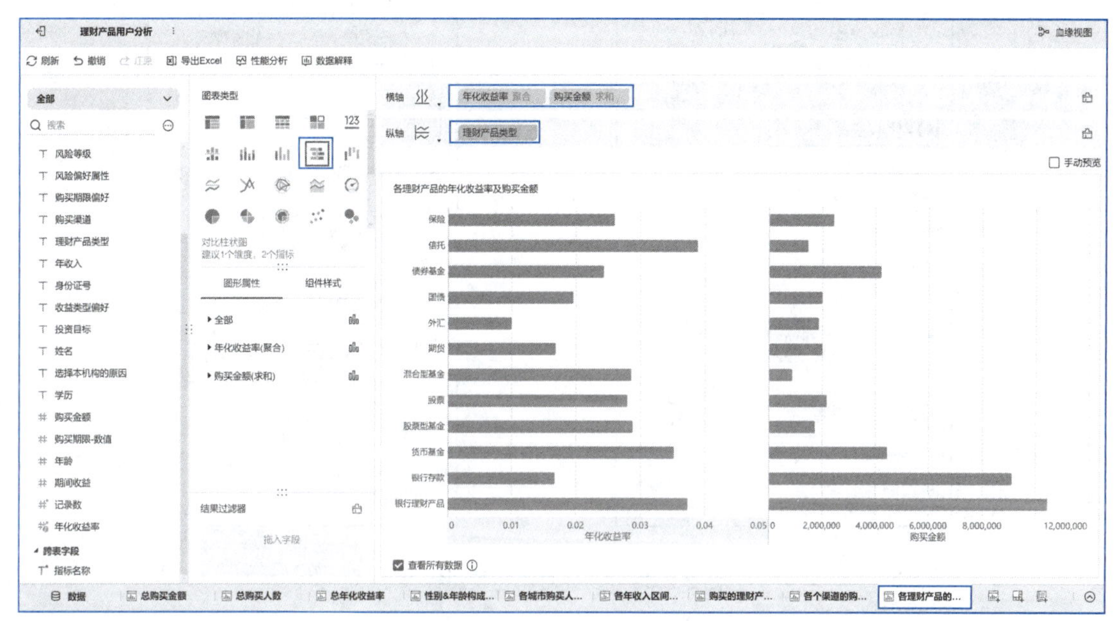

图 3.2.37　对比柱状图制作

步骤25 再次选择图表类型的“对比柱状图”，图表即变为指标颜色不同的背对背对比柱状图，如图3.2.38所示。

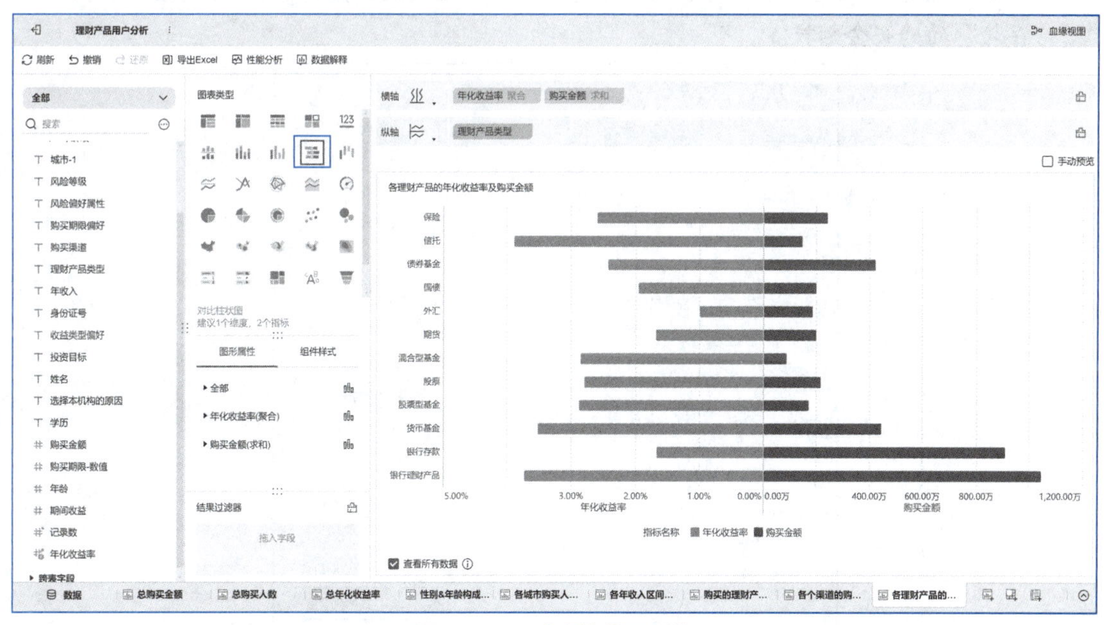

图 3.2.38　对比柱状图制作

步骤26 给对比柱状图加标签，点开图形属性中“年化收益率（聚合）”分组和“购买金额（求和）”分组，将“年化收益率”字段拖动到“年化收益率（聚合）”分组中的“标签”属性，如图3.2.39（a）所示，将“购买金额”字段拖动到“购买金额（求和）”分组中的“标签”属性中，如图3.2.39（b）所示。更改“年化收益率”数值格式为“百分比”，更改“购买金额”数值格式以“万”为单位。

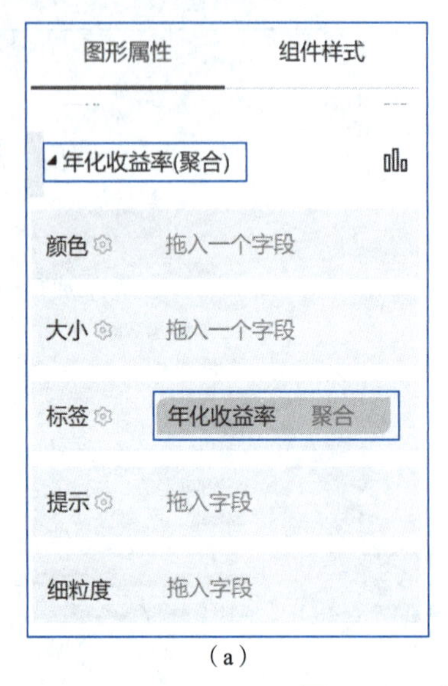

（a）

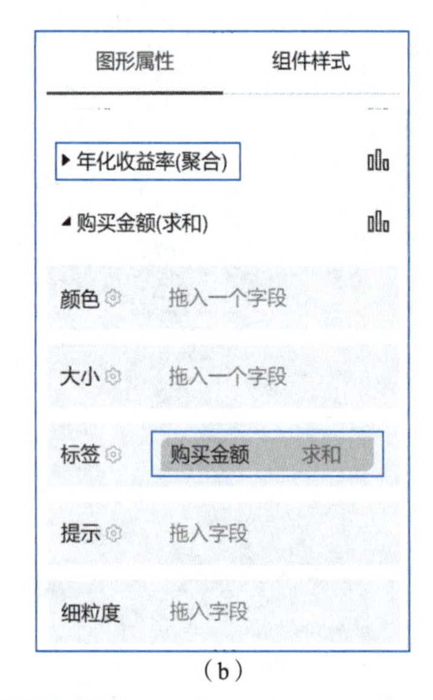

（b）

图 3.2.39　设置对比柱状图标签

步骤27 将柱状图按照理财产品年化收益率的降序排序，单击分析区域“纵轴”中“理财产品类型”右侧的下拉按钮，单击“降序”→“年化收益率（聚合）”，如图3.2.40（a）所示，图3.2.40（b）展示了各理财产品的年化收益率及购买金额，从图中可以看出“信托”、“银行理财产品”和“货币基金”这三种理财产品的年化收益率比较高，“银行理财产品”和“银行存款”的购买金额较多。

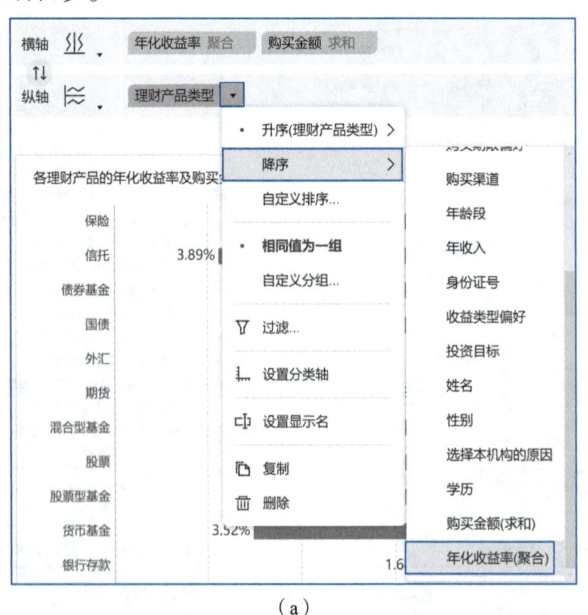

（a）

图 3.2.40　对比柱状图排序设置及组件呈现效果

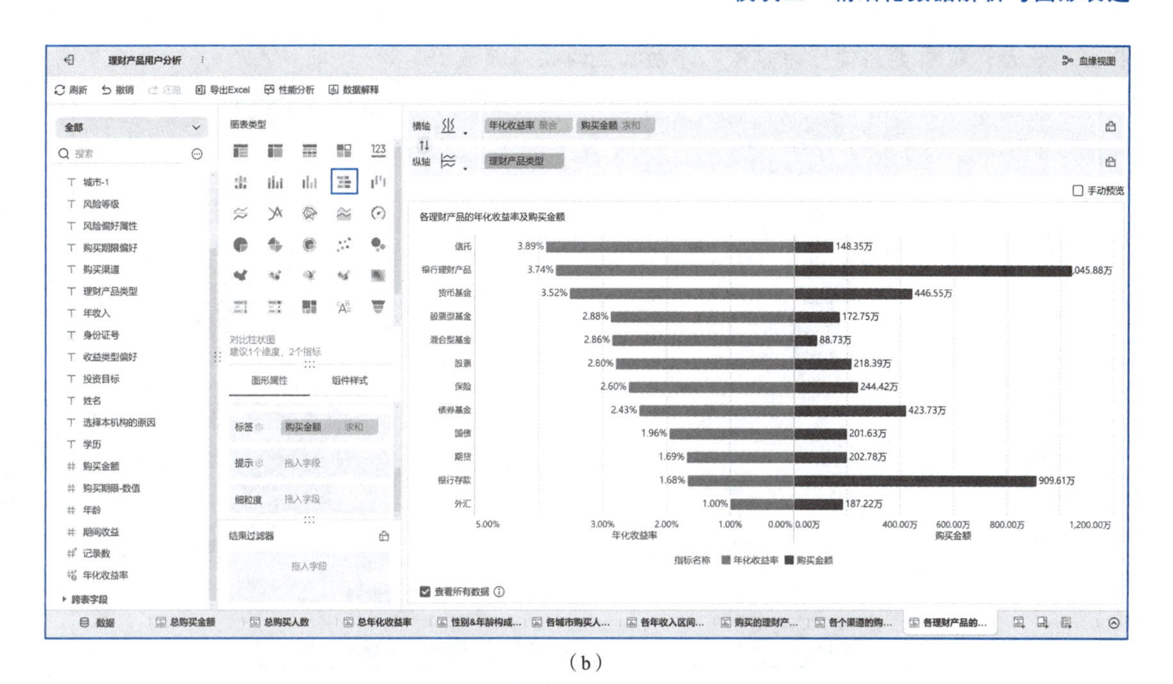

（b）

图 3.2.40　对比柱状图排序设置及组件呈现效果（续）

步骤 28　分析收益主要自于哪些投资目标和收益类型偏好，新建一个组件，进入组件编辑窗口，给组件改名为“投资偏好和收益的关系”，在“图表类型”中选择“散点图”，将待分析区中的“投资目标”字段拖动到“横轴”，“收益类型偏好”字段拖动到“纵轴”，“期间收益”字段拖动到“图形属性”中的“大小”中，如图3.2.41所示。

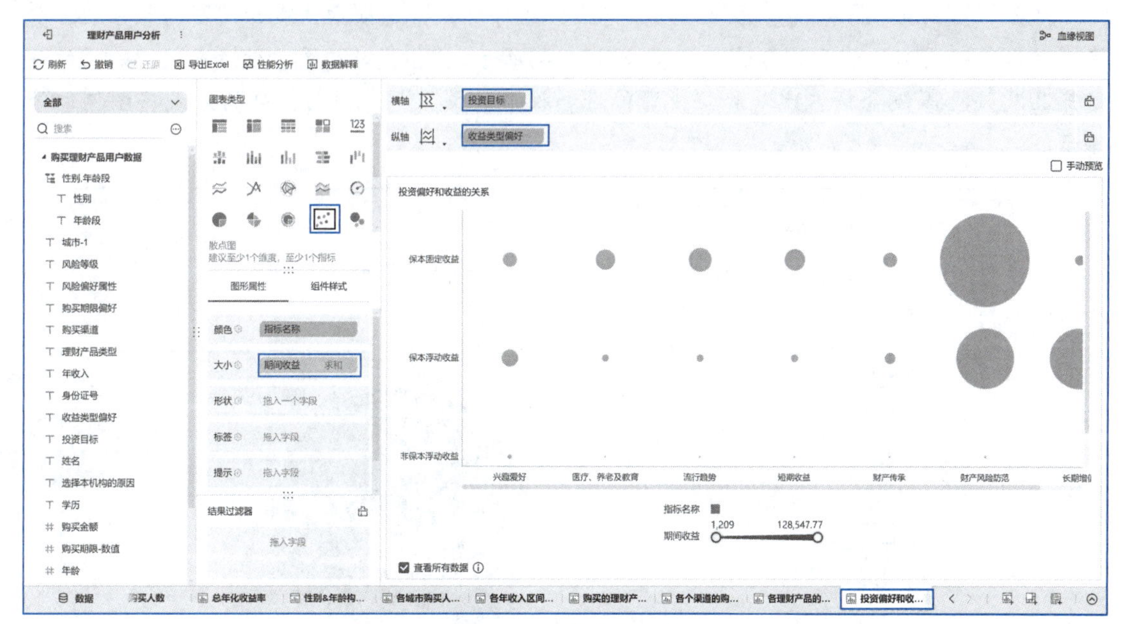

图 3.2.41　散点图制作

步骤 29　单击图表配置区的“组件样式”中的“自适应显示”，单击“整体适应”，如图3.2.42所示。图中可以看出收益类型偏好为保本固定收益，投资目标为财产风险防范的收益额最大，收益类型偏好为非保本浮动收益的收益额最小。

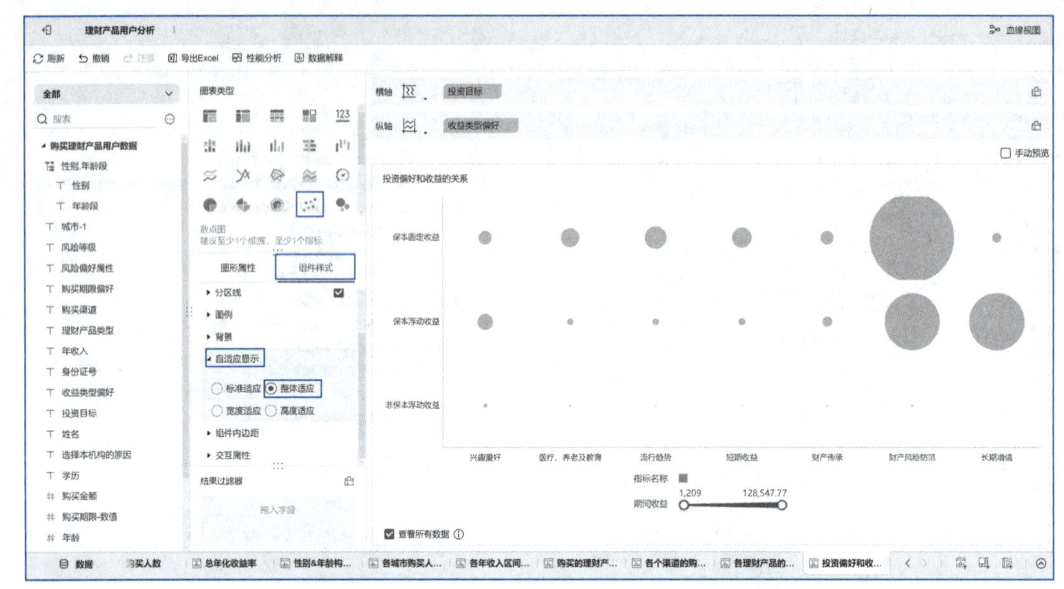

图 3.2.42 “投资偏好和收益的关系”呈现效果

2）组件美化

对“性别&年龄构成情况”“各城市购买人数情况”“购买的理财产品及风险等级金额占比”“投资偏好和收益的关系”组件进行图例设置。

操作步骤：

选择“性别&年龄构成情况”组件，单击“组件样式”选项卡，展开“图例”分组，取消“显示全部图例”前面的勾选，效果如图3.2.43所示。“各城市购买人数情况”、“购买的理财产品及风险等级金额占比”和“投资偏好和收益的关系”组件用同样的方式将图例取消显示。

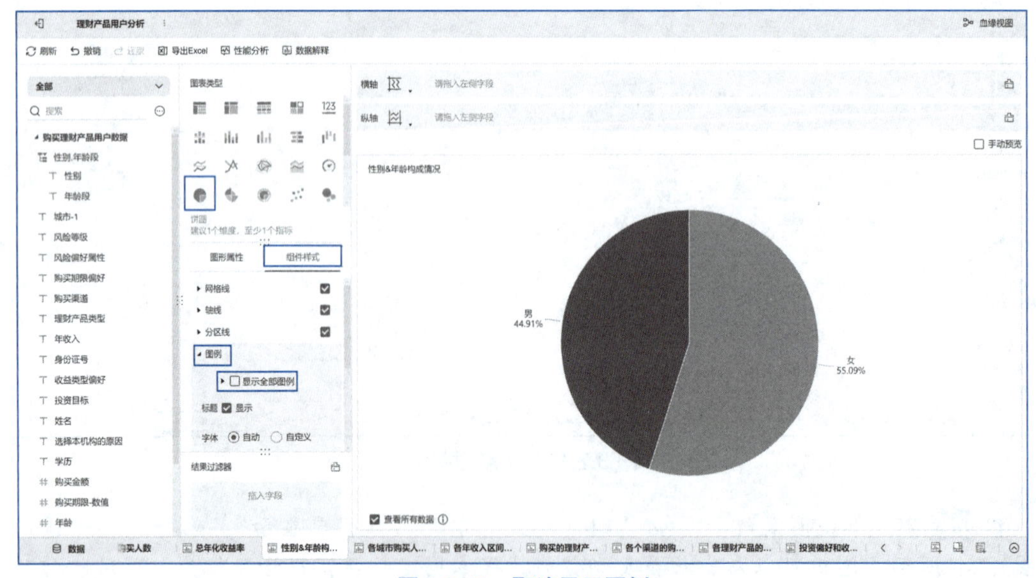

图 3.2.43 取消显示图例

3）制作仪表板

仪表板以深色背景为主。根据“总览分析”“用户基础属性分析”“用户购买偏好分析”“收益分析”这几个模块进行排版。

操作步骤：

步骤1 在窗口的下方，单击“添加仪表板”按钮，进入仪表板编辑窗口，单击窗口上方的“仪表板样式”按钮，在展开的样式中，选择预设“淡雅浅绿”作为仪表板基础样式，如图3.2.44所示。

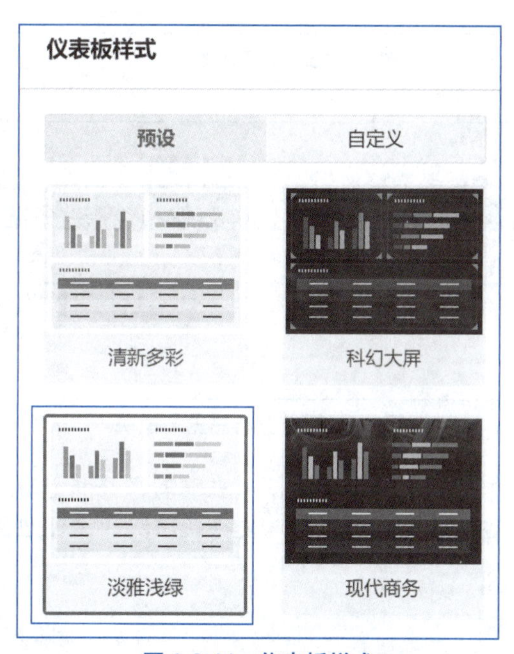

图 3.2.44　仪表板样式

步骤2 单击上方“其他”，在展开的菜单中选择“文本组件”，为当前仪表板添加标题，并设置标题的背景色与文字颜色，如图3.2.45所示。

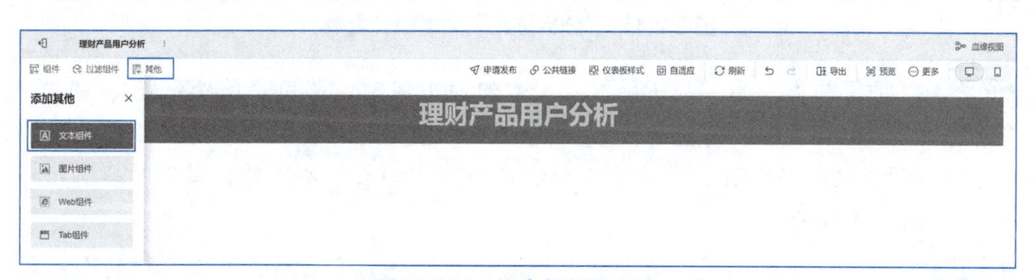

图 3.2.45　仪表板标题制作

步骤3 单击上方“组件”，可将当前分析主题中设计好的组件拖动到仪表板的主窗口，如图3.2.46所示。

步骤4 首先制作“分析总览”模块，将“总购买金额”“总购买人数”“总年化收益率”组件拖动到仪表板的主窗口，调整大小与位置，并在这三个组件的上方加上文本组件，写上小标题“分析总览”，如图3.2.47所示。

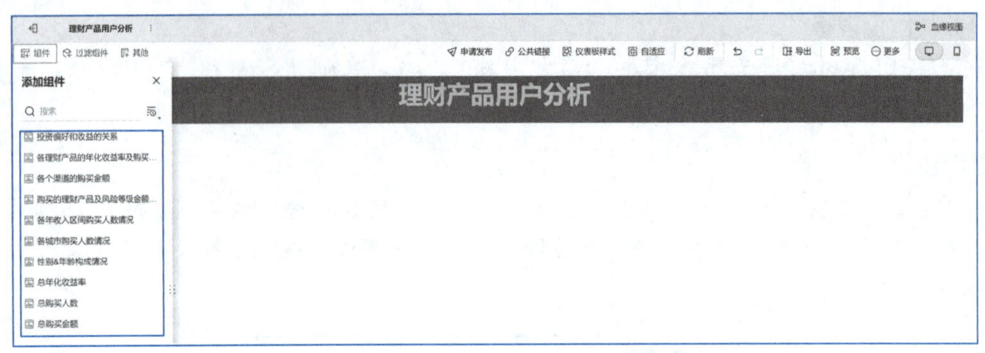

图 3.2.46　仪表板添加组件

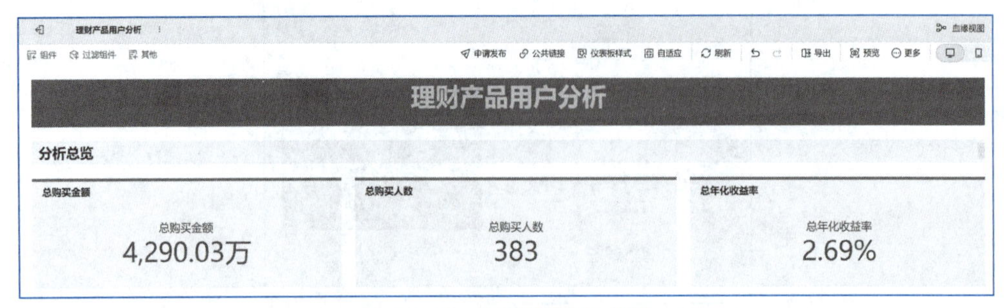

图 3.2.47　“分析总览”模块

步骤5 制作“用户属性分析”模块，对当前写“分析总览”的文本组件进行复制，用于写该模块的小标题。这样做的优势是可以使得新添加的文件组件与之前的文本组件大小一致，如图3.2.48所示。

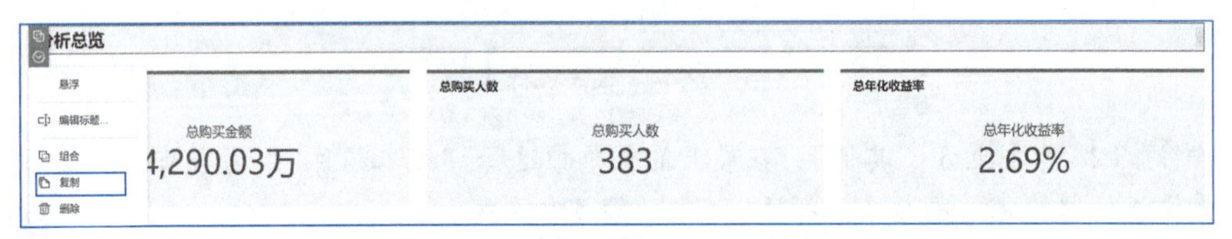

图 3.2.48　“分析总览”文本组件复制

步骤6 将复制出来的“分析总览”文本组件文字改成“用户属性分析”，将“性别&年龄构成情况”“各城市购买人数情况”“各年收入区间购买人数情况”三个组件拖动到仪表板的主窗口，调整大小与位置，并在这三个组件的下方加上文本组件，写上对当前组件的分析结论，如图3.2.49所示。

步骤7 制作“用户购买偏好分析”模块，用同样的方法写上第三模块的小标题“用户购买偏好分析”，将组件“购买的理财产品及风险等级金额占比”“各个渠道的购买金额”两个组件拖动到仪表板的主窗口，调整大小与位置，复制前一个“分析结论”文本组件，修改为当前模块的结论，如图3.2.50所示。

步骤8 制作“收益分析”模块，将组件“各理财产品的年化收益率及购买金额”和“投资偏好和收益的关系”拖动到仪表板的主窗口，调整大小与位置，并在新增的文本组件中写上标题和对当前组件的分析结论，如图3.2.51所示。

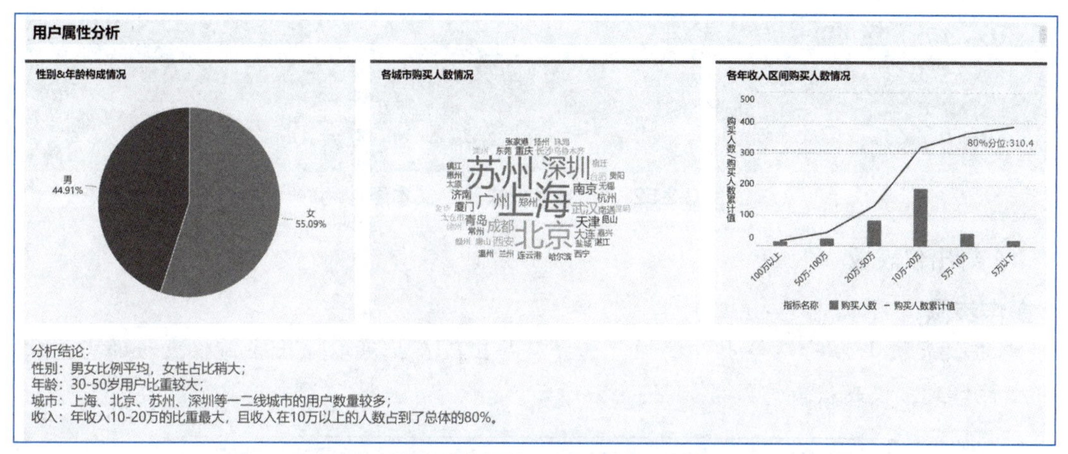

图 3.2.49　“用户属性分析”模块及分析结论

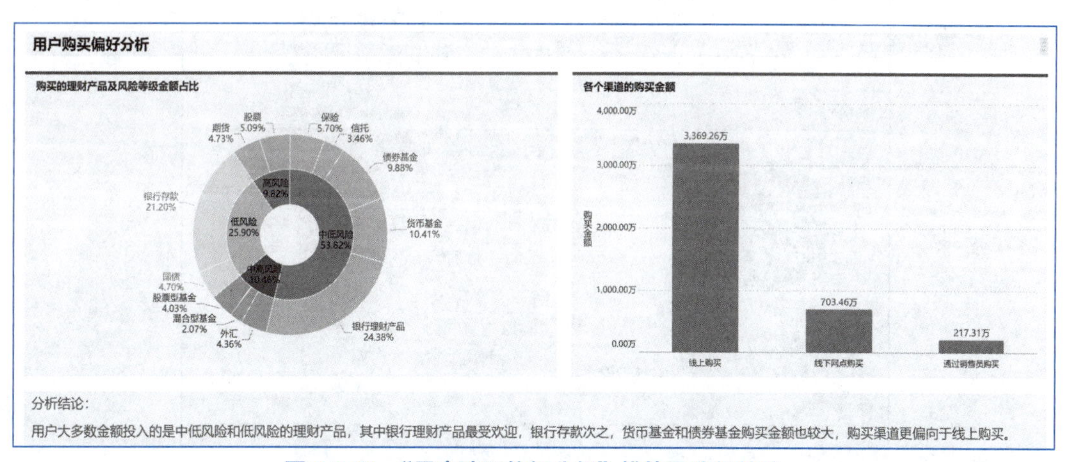

图 3.2.50　“用户购买偏好分析”模块及分析结论

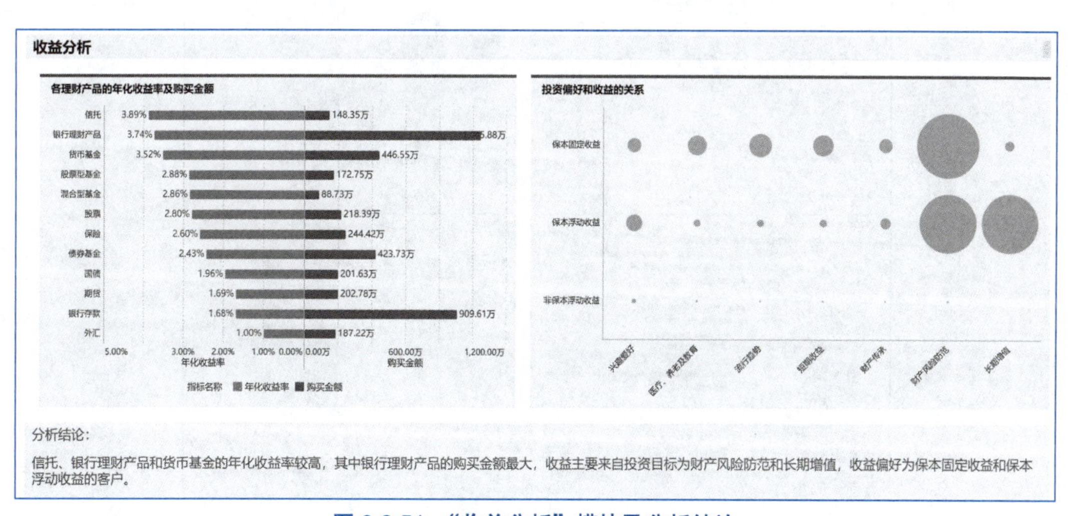

图 3.2.51　“收益分析”模块及分析结论

步骤9　在仪表板下方插入文本组件，针对上面得出的分析结论为旅行集团毛利下降的问题提供分析和解决方案，如图3.2.52所示。

产出商业决策

1、向年龄在30-50岁，家庭年收入10万以上，上海、苏州、北京、深圳等一二线城市的人群，投入更大的宣传资源，并根据年龄特点、收入特点和城市特点进行设计符合此类人群的产品，进行针对性营销

2、增加风险等级为中低风险和低风险的理财产品的种类和售卖额度，加大对银行理财产品、银行存款、货币基金和债券基金等产品的宣传力度。同时增加线上渠道的购买入口，对线下网点和销售人员渠道增大购买优惠政策，从而吸引更多的用户。

3、扩充银行理财产品的种类，并将银行理财产品作为明星产品进行宣传，针对收益偏好为保本固定收益和保本浮动收益，投资目标为财产风险防范和长期增值的客户，进行定向推荐，同时提升服务质量，从而增加客户黏性和提高复购率。

图 3.2.52 “产出商业决策”文本组件

4）导出仪表板

操作步骤：

单击仪表板上方的“导出”按钮，选择“导出Pdf”，可以导出当前仪表板的当前状态PDF文件格式，仪表板最终效果如图3.2.53所示。

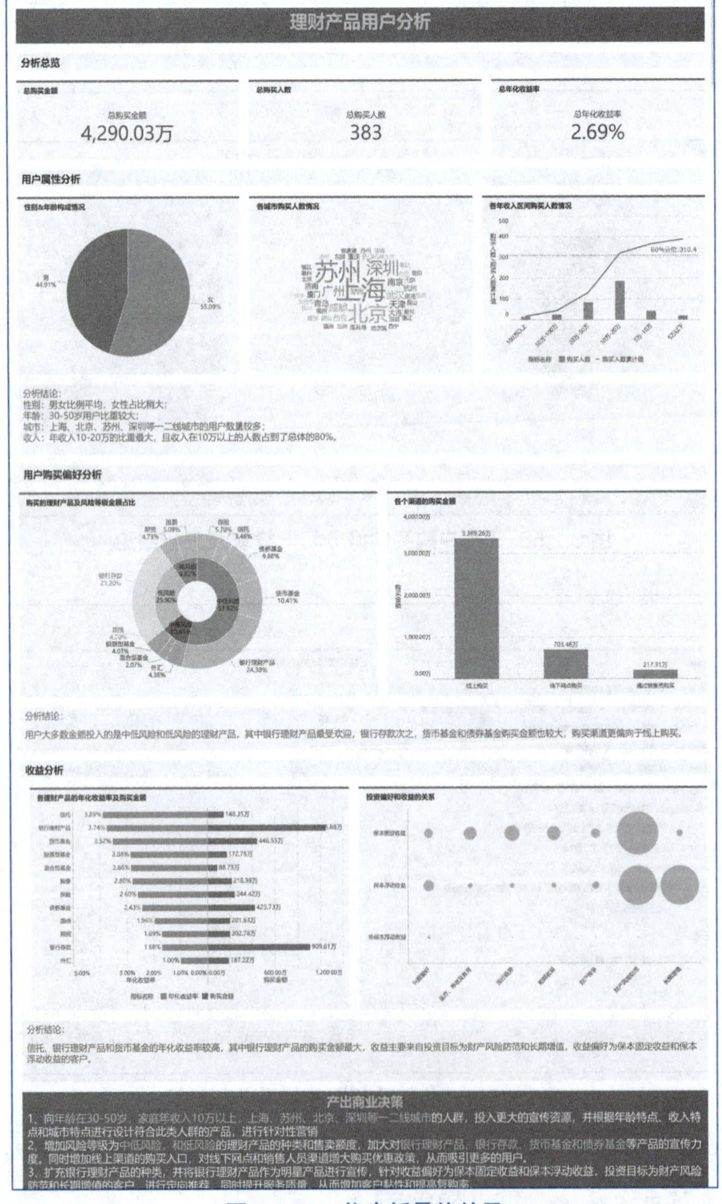

图 3.2.53 仪表板最终效果

6. 分析结果

近期，某金融机构面临理财产品购买金额和客户数下降的挑战，影响其市场地位和盈利。为应对这一挑战，该机构决定使用数据可视化工具深入分析用户行为和偏好，以揭示需求下降的原因。

通过对用户基础属性的分析发现，购买理财产品的用户群体在性别分布上呈现出男女比例相对均衡的特点，但女性用户的比例略高。年龄方面，30至50岁的用户构成了主要的客户基础，这一年龄段的人群通常具备一定的经济基础和投资意识，对理财产品的需求较为旺盛。从城市分布来看，上海、北京、苏州、深圳等一线城市和部分二线城市的用户数量占据了较大比重。这些城市的居民普遍具有较高的收入水平和较强的理财需求，是金融机构重点服务的对象。在收入水平方面，年收入在10万元至20万元之间的用户占比最大，这部分人群拥有一定的经济实力，同时也有较强的理财意识和需求。此外，年收入在10万元以上的用户占到了总体的80%，这表明高收入人群是理财产品的主要消费群体。

通过用户购买偏好分析发现大部分用户倾向于将资金投入到中低风险和低风险的理财产品中。这反映出在当前经济环境下，投资者普遍偏好稳健的投资方式，以降低投资风险并保障资金安全。在各类理财产品中，银行理财产品最受欢迎。这主要是因为银行理财产品通常具有较高的信誉度和较低的风险水平，能够为投资者提供稳定的收益。银行存款也是用户较为青睐的一种理财方式。尽管存款利率相对较低，但其安全性高、流动性好的特点使得银行存款成为许多投资者的首选。货币基金和债券基金的购买金额也较大。这两类基金产品具有较低的风险和较好的流动性，能够满足投资者对稳健收益的需求。从购买渠道来看，用户更偏向于线上购买理财产品。这可能是因为线上购买方便快捷，可以随时随地进行交易，同时也能够提供更多的产品选择和比较。

通过收益分析，可以看出在当前的金融市场中，信托、银行理财产品和货币基金等投资工具因其相对较高的年化收益率而受到投资者的青睐。特别是银行理财产品，购买金额最大，成为了许多投资者的首选。投资收益主要来源于那些旨在实现财产风险防范和长期增值目标的投资。这类投资策略通常吸引那些对收益有特定偏好的投资者，尤其是那些倾向于保本固定收益或保本浮动收益的客户。

基于以上结论，该金融机构应采取一系列策略性举措来优化运营。针对年龄在30～50岁、家庭年收入超过10万元、居住在上海、苏州、北京、深圳等一二线城市的人群，加大宣传资源投入，并根据这些人群的年龄特征、收入水平以及所在城市的特点，设计并推出符合他们需求的金融产品，实施精准营销策略。增加中低风险和低风险理财产品的种类和销售限额，特别是加强银行理财产品、银行存款、货币基金和债券基金等产品的推广力度。同时，扩大线上购买渠道，并为线下网点及销售人员提供更多的购买优惠，以吸引更多消费者。此外，可以扩展银行理财产品的产品线，并将这些产品作为主打进行宣传。对于偏好保本固定收益或保本浮动收益、投资目标为财产风险防范和长期增值的客户，提供定向推荐服务。同时提升服务质量，以增强客户忠诚度和提高复购率。通过以上策略，实现理财产品销售金额的增长和用户人数的提升。

拓展训练

使用“购买理财产品用户数据”从更多角度探索某金融机构理财用户数据，并提出针对性的营销策略和优化建议。

具体要求：

（1）用户属性分析。从更多维度进行用户属性分析，进行客户群体的划分。

（2）购买偏好分析。从更多维度进行购买偏好的分析。

（3）收益分析。从更多维度进行收益和年化收益率分析。

（4）给出结论和建议。基于上述分析所得结论，给出建议和策略。

项目小结

在本项目中，读者深入学习了如何对理财产品用户进行细致分析。通过这一过程，他们不仅掌握了描述性数据分析和可视化思维，还对用户画像有了更深刻的理解。读者能充分认识到用户画像在应用中的价值，即如何通过精准描绘用户群体来指导产品设计和营销策略，实现个性化服务。

在数据预处理过程中，读者能掌握截取和拆分字符串的方法，能够灵活运用常用函数对数据进行预处理，为后续分析打下坚实基础。此外，在购买人数的分析中，读者掌握了在组件中去重计数方法的，确保了分析结果的准确性。

读者还学会如何根据不同的数据特点和分析目的选择合适的图表。他们能够运用柱状图、折线图、饼图等多种图表形式直观展示分析结果，使复杂的数据信息变得易于理解和传达。

在撰写结论与建议方面，读者基于数据分析结果，提炼出关键洞察，并结合业务背景提出切实可行的建议。这些建议不仅能深化读者对理财产品市场的理解，也提升了他们运用数据分析和可视化解决实际问题的能力。

综上所述，本项目不仅使读者掌握了数据分析的基本技能和方法，还能够将这些知识应用于实际场景，并提出有价值的见解和建议。这种综合能力的提升，无疑将为他们在未来的职业发展中奠定坚实的基础。

模块四

复杂数据加工与商业智慧

本项目是一个专注于深化培养读者的数据挖掘能力与洞察力的高级综合性项目。该项目通过两个精心策划的强化项目，引领读者挑战数据分析技能的更高层次。在本项目中，读者将面对具有挑战性的数据集，要求他们运用高级的数据挖掘技术和可视化呈现方法，揭示数据背后的深层规律和趋势。

在项目执行过程中，读者将有机会实践多种高级数据挖掘工具和技术的使用，如FineBI中的自助数据集构建方法、参数传递机制等。这些工具和技术将帮助他们更深入地理解数据，挖掘数据中的隐藏信息和价值，从而为业务决策提供更加精准和有力的支持。此外，本项目还强调读者的洞察力培养。他们需要运用数据挖掘技术来挖掘数据中的深层信息，并将数据挖掘结果与业务实际相结合，提出具有实际意义的建议。

项目一 文创产品销售动态数据分析

项目目标

（1）掌握零售类分析的方法和流程。

（2）理解帕累托模型的定义、使用场景和实现。

（3）理解四项限图的定义、使用场景和实现。

（3）理解聚合计算和明细计算。

（4）理解对比分析的方法。

（5）掌握分析报告的撰写方法。

项目描述

某文创产品公司，在线下有经营有门店，在线上也有店铺，公司希望对文创产品销售情况进行分析，发现营销手段和客户体验的不足，从而能够更精准地制定营销战略，优化资源配置，提升顾客满意度，在激烈的市场竞争中保持领先地位。

（1）查看该文创公司的销售总体情况，总购买金额、总购买人数和总年化收益率。

（2）产品维度分析：将产品根据其对总销售额的贡献进行分类，识别出哪些产品是销售的主力，优化资源投放；分析各产品的销售额和毛利率的情况，评估定价策略；对不同类别的产品进行销售额和毛利额的分析，了解各类产品的销售表现和盈利情况。

（3）客户维度分析：分析不同性别客户对销售额的贡献，了解目标市场的性别偏好，更好地进行产品开发，制定营销活动；分析客户更倾向于通过哪些渠道购买产品，优化销售渠道布局。

（4）区域维度分析：分析不同大区（如华北、华东、华南等）的销售额和毛利额，了解区域市场的表现，识别出表现最差的区域，进而采取针对性措施来改善业绩；更细致地分析各个省份/市/自治区的销售额，识别出销售热点和潜力市场，进行针对性营销。

（5）时间维度分析：观察销售额随时间的变化趋势，从而预测未来趋势，并为库存管理和生产计划提供依据；分析毛利额随时间的变化，评估成本控制和定价策略的有效性。

通过对上述多个维度进行全面而深入的分析，公司可以获得关于其文创产品销售状况的全面视图。这将为制定更加科学合理的市场策略提供强有力的数据支持，同时也有利于持续改进产品质量与服务水平，增强品牌竞争力。

项目实施

1. 分析思路

1）确定核心指标体系

确定核心指标体系，如图4.1.1所示。

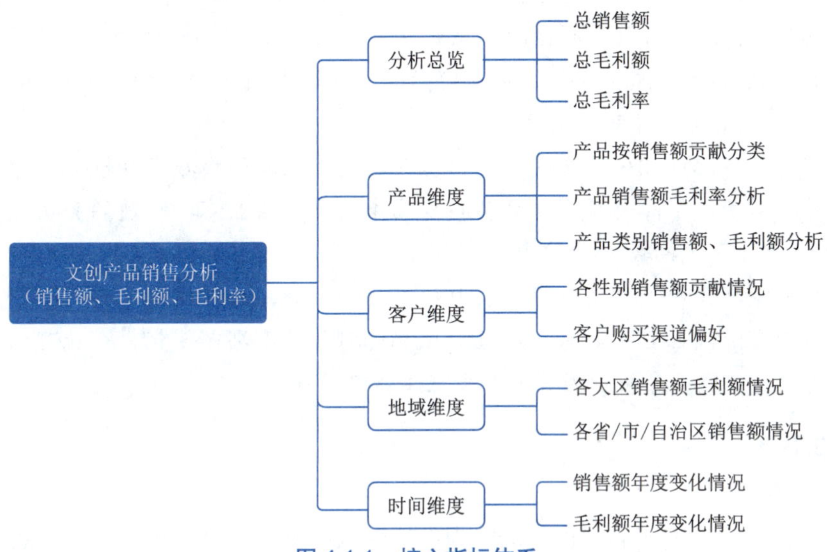

图 4.1.1　核心指标体系

2）分析指标

在文创用品销售数据分析中，我们关注的核心指标是销售额、毛利额和毛利率，如图4.1.2所示。这些指标不仅能直观反应产品市场表现和客户的喜好，更是评估企业经济效益、制定战略决策的重要依据。销售额能反映出产品的市场需求，从多个维度查看销售额的情况，识别畅销产品，为未来的产品规划提供数据支持；毛利额和毛利率是衡量企业盈利能力的重要指标，对利润和利润率进行多维度分析，可以识别核心利润来源和潜力产品，从而优化产品设计和定价策略。

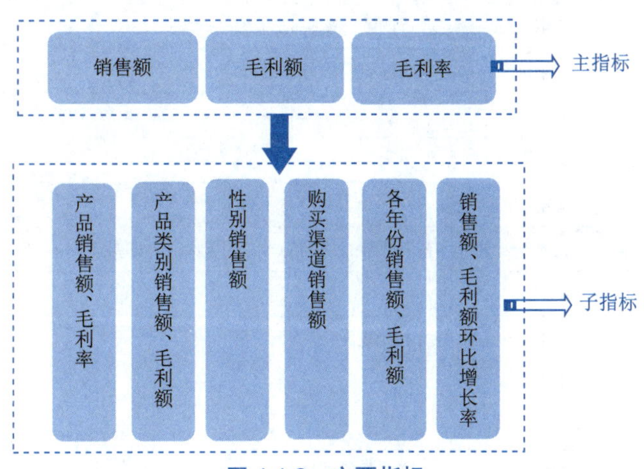

图 4.1.2　主要指标

知识详解：

（1）销售额：指企业在一定时期内通过销售商品或提供服务所获得的收入额。它代表了企业的市场占有率和竞争力。

（2）毛利额：指企业在一定时期内销售商品或提供服务后，扣除直接成本（如采购成本、生产成本等）后所剩余的毛利额。它是评估企业盈利能力的一个重要指标。

（3）毛利率：通过将总毛利额除以总销售额并乘以100%得出的比率。表示每单位销售收入中的毛利成分。它是一个百分比指标，用于衡量销售效率和定价策略的有效性。毛利率＝总毛利额/总销售额×100%。

（4）销售额环比：相邻两个年份、月份等之间毛利额的增减变动情况。它反映了企业销售活动的增长或下降趋势，是评估市场需求变化和企业市场表现的关键指标。环比增长率＝(本期数—上期数)/上期数 × 100%

（5）毛利额环比：相邻两个年份、月份等之间毛利额的增减变动情况。它反映了企业盈利能力的月阶段性变化趋势，通过对比相邻时间的毛利额变化，企业可以及时发现盈利能力的波动，进而分析原因并采取相应措施进行调整。

2. 数据准备

1）数据源说明

本案例数据源“文创产品销售数据”为虚拟数据。该数据表中每一个订单的相关信息都记录在内，包括订单日期、订单ID、销售额等订单信息，以及产品名称、产品类别、产品系列、成本额等产品信息，还包括客户ID、客户性别、客户购买渠道、地区和省份/自治区等客户相关信息。这样的数据表能够使得该文创销售公司能有效的从产品、客户、地域、时间等维度分析产品的经营情况，为未来的战略决策提供有力支持。

2）数据标准化

原始数据表中对应字段及结构见表4.1.1。

表 4.1.1 原始表结构

字段名	字段结构	备注
订单日期	文本	客户的实际购买时间
订单 ID	文本	唯一标识销售订单的编号
产品名称	文本	
产品类别	文本	
产品系列	文本	
客户 ID	文本	客户的唯一识别编号，用于区分不同员工
客户性别	文本	
客户购买渠道	文本	线上 / 线下
地区	文本	
省 / 市 / 自治区	文本	
销售额	文本	这笔订单的销售额
成本额	文本	这笔订单的成本额

3. 指标定义

本例的分析目标分别为的用户的销售额、毛利额和毛利率。由此可以拆解指标为以下几个指标，见表4.1.2。

表 4.1.2　指标定义

指　标	定　义
销售额	按照分组获取销售额，各组比较
毛利额	按照分组获取毛利额，各组比较
毛利率	按照分组获取毛利率，各组比较
销售额环比	按照分组获取得相邻两个年份之间销售额的增减变动情况，各组比较
毛利额环比	按照分组获取得相邻两个年份之间毛利额的增减变动情况，各组比较

4. 数据处理

（1）数据表及内容。根据分析框架，梳理出所需数据包含订单日期、产品名称、产品类别、产品系列、客户ID、客户性别、客户购买渠道、地区、省/市/自治区、销售额、成本额等数据。

（2）创建分析主题。

（3）添加数据。导入指定的一张Excel表：文创产品销售数据。

（4）数据加工。

操作步骤：

步骤1 原数据表中只有销售额和成本额字段，没有毛利额字段，需要增加一列计算出毛利额，单击“新增公式列”，在弹出的对话框中，设置新增公式列的列名为“毛利额”，字段类型为自动，输入公式“销售额—成本额”，如图4.1.3所示。

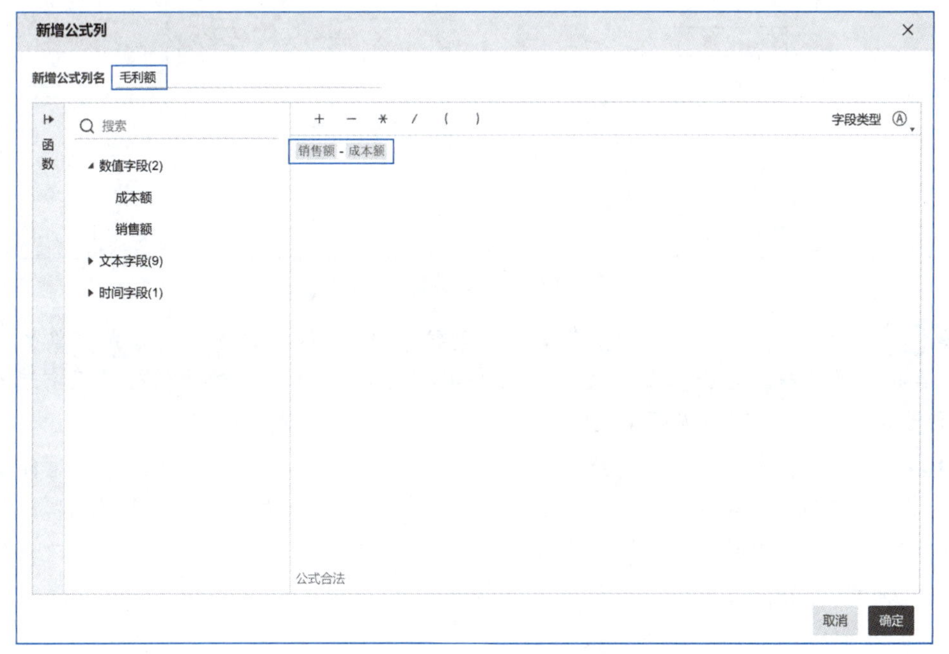

图 4.1.3　新增公式列“毛利额”

步骤2 单击“保存并更新”按钮，将当前数据集所作的改动保存，并将“分析主题”重命名为“文创产品销售分析”。

5. 数据展现

1）制作组件

首先，查看文创产品销售的整体情况——总销售额，总毛利额和毛利率。然后从产品维度进行分析，找到畅销产品和畅销的产品类别，保证畅销产品的库存，增加畅销类别的产品种类，优化营销策略与资源配置；再从客户维度进行分析，找到消费主力群体，进行针对性营销；对地域的销售额情况进行分析，对销售额较低的地区进行调研，了解相关地区客户喜欢的产品类型和系列，指导新产品的研发，展开合适的销售活动；从时间的维度分析销售额和毛利额及其变化趋势。

操作步骤：

步骤1 制作组件“总销售额”，单击主窗口下方“组件”选项卡，进入组件编辑窗口。给组件改名为“总销售额”，在图表配置区的“图表类型”中选择“kpi指标卡”，将待分析区中的“销售额”字段拖动到“图形属性”中的“文本”，如图4.1.4所示。

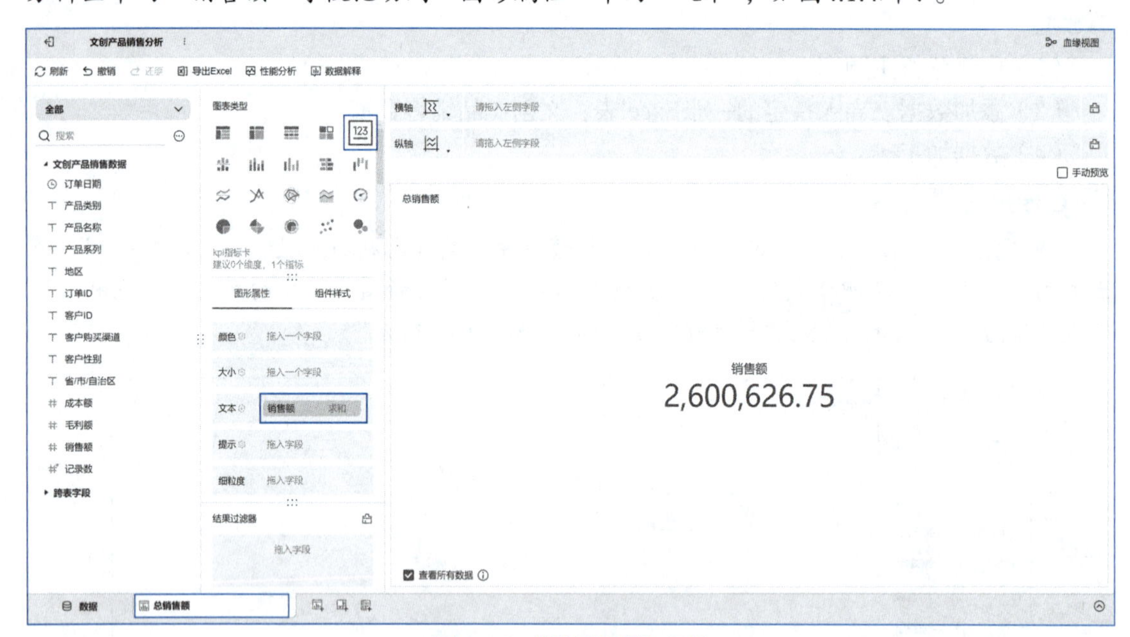

图 4.1.4 “总销售额”组件

步骤2 将“销售额”字段重命名为“总销售额”，然后更改数值格式，单击“总销售额”后的下拉按钮，单击“数值格式”，如图4.1.5（a）所示，在弹出的对话框中选择“数字”，数量单位改成“万”，如图4.1.5（b）所示，呈现效果如图4.11.5（c）所示。

步骤3 制作组件“总毛利额”，单击主窗口下方“组件”选项卡，进入组件编辑窗口。给组件改名为“总毛利额”，在“图表类型”中选择“kpi指标卡”，将“毛利额”字段拖动到“图形属性”中的“文本”，将“毛利额”字段重命名为“总毛利额”，更改数值单位为“万”，如图4.1.6所示。

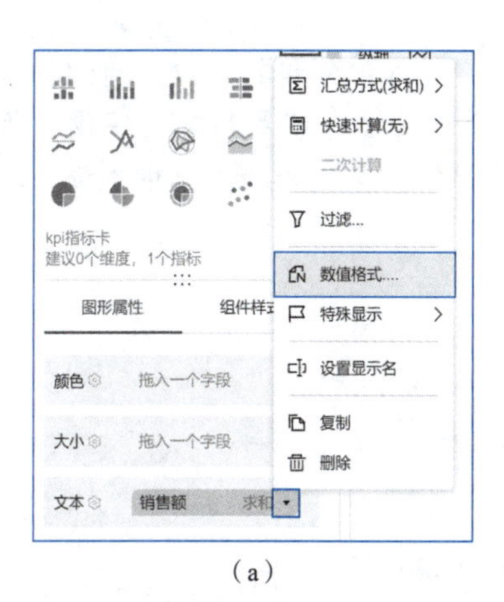

(a)

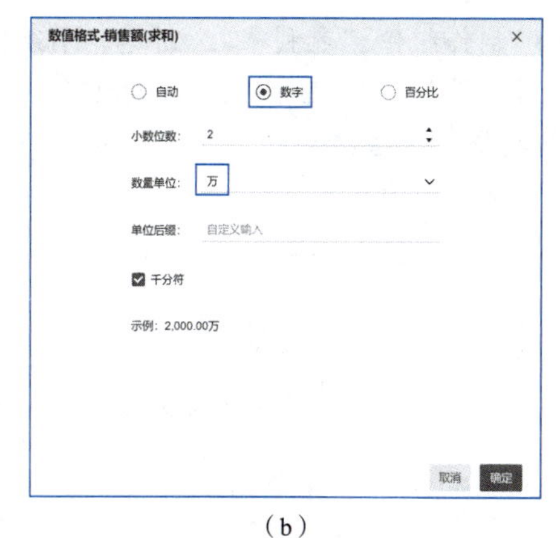

(b)

(c)

图 4.1.5　修改数值格式及组件呈现效果

图 4.1.6　“总毛利额”组件

步骤4 制作组件“毛利率”，新建一个组件，进入组件编辑窗口，将组件改名为“毛利率”，在“图表类型”中选择“kpi指标卡”。待分析区没有“毛利率”字段，所以需要构建“毛利率”指标，单击待分析区中上方的“…”按钮，在展开的菜单中选择“添加计算字段”命令，如图4.1.7所示。

图 4.1.7　添加计算字段

步骤5 在弹出的“添加计算字段”对话框中输入新建字段名称“毛利率”。在公式编辑区域输入“SUM_AGG（毛利额）/ SUM_AGG（销售额）”公式来定义“毛利率”，如图4.1.8所示。其SUM_AGG函数用于对指定列进行求和聚合。

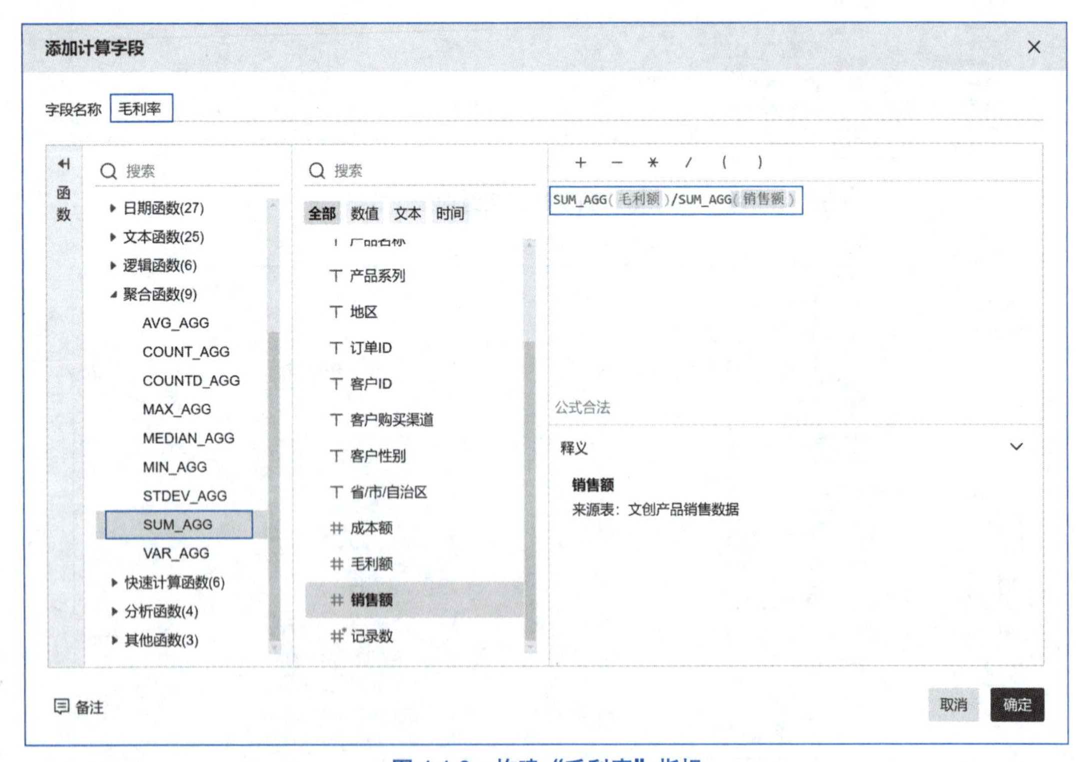

图 4.1.8　构建“毛利率”指标

步骤6 在“图表类型”中选择“kpi指标卡”，将待分析区中的“毛利率”字段拖动到“图形属性”中的“文本”，如图4.1.9所示。

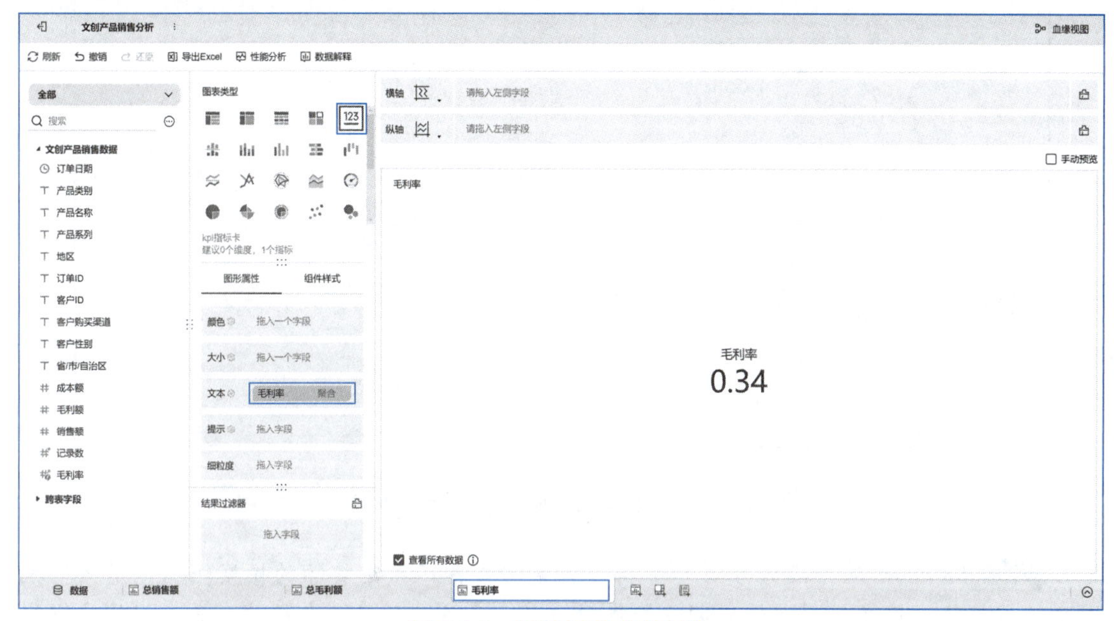

图 4.1.9　“毛利率”组件制作

步骤7 更改数值格式，单击“毛利率”右侧的下拉按钮，在下拉菜单中选择“数值格式”，如图4.1.10（a）所示，在弹出的对话框中选择“百分比”单选按钮，单击“确定”按钮，如图4.1.10（b）所示，最终结果如图4.1.10（c）所示。

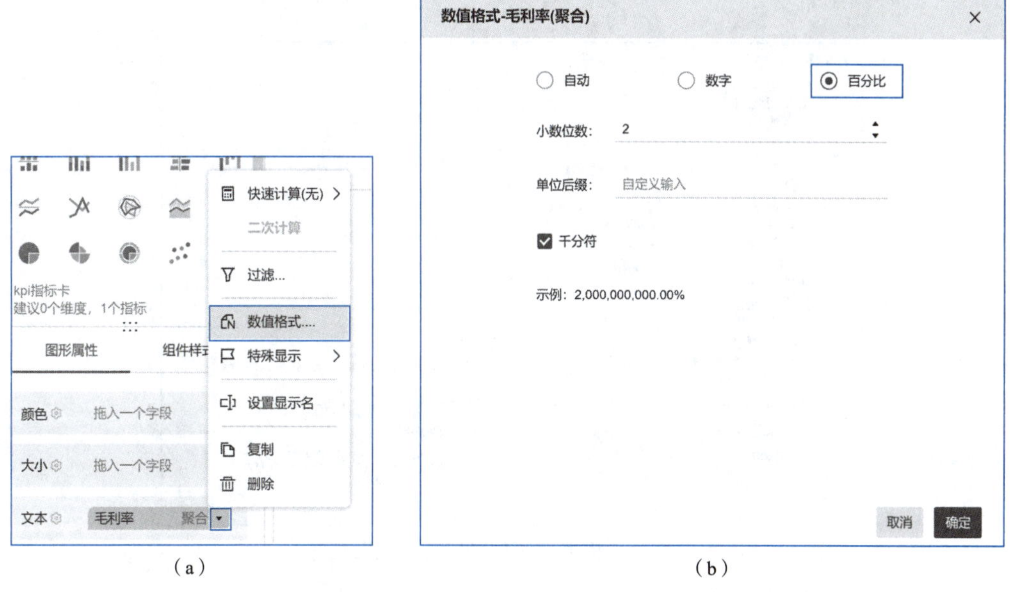

图 4.1.10　数值格式设置及组件的呈现

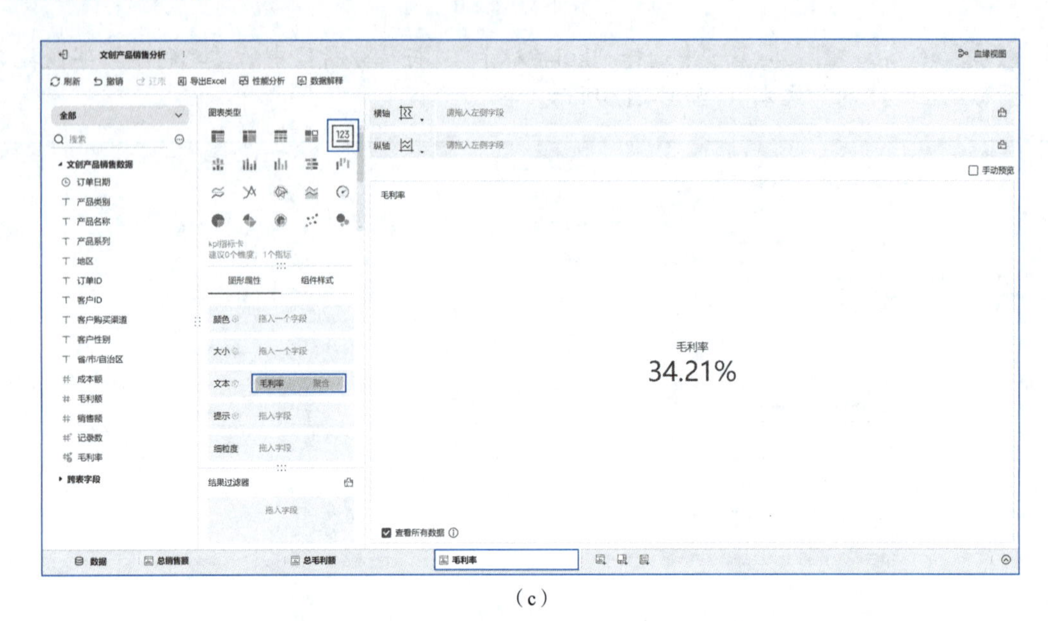

（c）

图 4.1.10　数值格式设置及组件的呈现（续）

步骤 8 下面从产品维度进行分析，首先制作各产品销售额的帕累托图，用帕累托图分析销售额，旨在找到贡献大部分销售额的重点产品。新建一个组件，进入组件编辑窗口，给组件重命名为“各产品销售额帕累托分析”，帕累托分析是各产品的销售额和各产品销售额累计占比的组合图，源数据表中没有销售额累计占比字段，需要构建“销售额累计占比”字段，单击待分析区中上方的“…”按钮，在展开的菜单中选择“添加计算字段”命令，输入公式“ACC_SUM（SUM_AGG（销售额），0）/ TOTAL（SUM_AGG（销售额），0，“sum”）”，如图4.1.11所示。

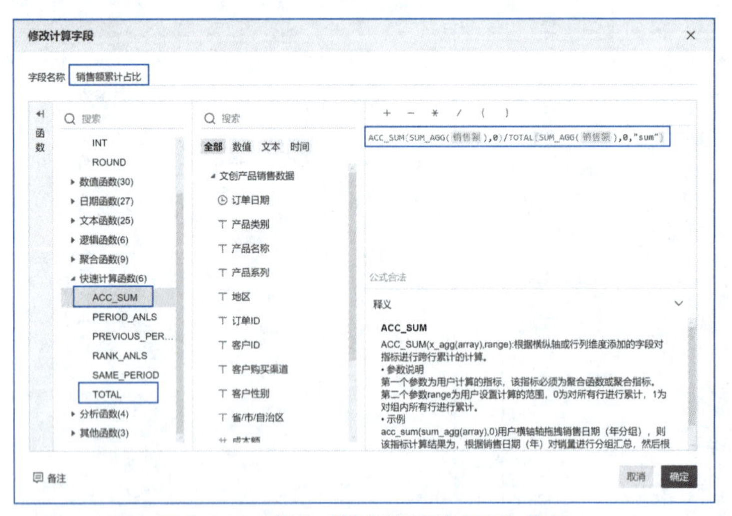

图 4.1.11　构建“销售额累计占比”指标

知识详解：

在FineBI中，组件快速计算功能虽然能够提供包括累计值、所有值在内的多种快速计算结果，但仍然需要使用快速计算函数，这是因为快速计算函数提供了更灵活和精确的数据处理能力。本案例中，需要求销售额累计占比，虽然组件的快速计算可以计算出累计值，但无法作为被除数参与运算，组件快速计算得出的所有值也无法作为除数，所以需要添加计算字段，使用快速计算函数构建累计值和所有值字段。

微视频
组件的快速计算函数

（1）累计值：

公式：ACC_SUM(x_agg(array),range)，根据横纵轴或行列维度添加的字段对指标进行跨行累计的计算。

参数1：x_agg(array)，为用户计算的指标，该指标必须为聚合函数或聚合指标。

参数2：range，为用户设置计算的范围，0为对所有行进行累计，1为对组内所有行进行累计。

（2）所有值：

公式：total(x_agg(array), range, agg)，根据横纵轴或行列维度添加的字段对指标进行跨行汇总的计算。

参数1：x_agg(array)：为用户计算的指标，该指标必须为聚合函数或聚合指标。

参数2：range：为用户设置计算的范围，0为对所有行进行汇总，1为对组内所有行进行汇总。

参数3：agg：为汇总的计算规则，sum为求和，avg为求平均，max为求最大值，min为求最小值。

步骤9 制作一个组合图，单击“自定义图表”，将待分析区域中“产品名称”字段拖动到横轴，“销售额”字段和“累计占比”字段拖动到纵轴，对图形属性进行调整，将原先以柱状图表示的“销售额累计占比”改为线型显示，如图4.1.12所示。

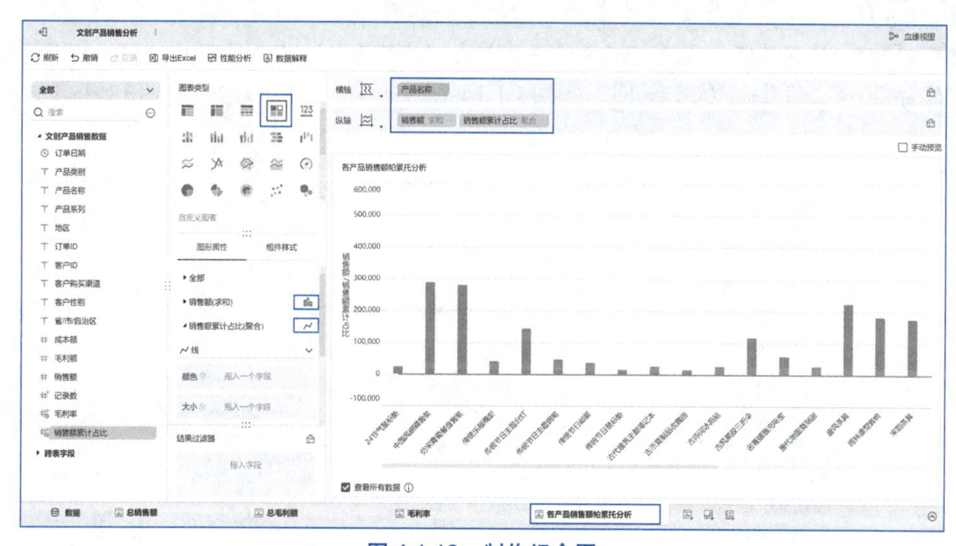

图 4.1.12　制作组合图

步骤10 对图形纵轴的设置进行优化，将“销售额累计占比”的值轴从左侧移至右侧。这样的调整旨在让“销售额累计占比”指标单独使用一个坐标轴。单击“销售额累计占比”右侧的下拉按钮，选择下拉菜单中的“设置值轴（左值轴）”，如图4.1.13（a）所示，在

"设置值轴"对话框中，将"共用轴"设置为"右值轴"，选择"显示范围"→"自定义"，设置"最大值"和"最小值"，如图4.1.13（b）所示。

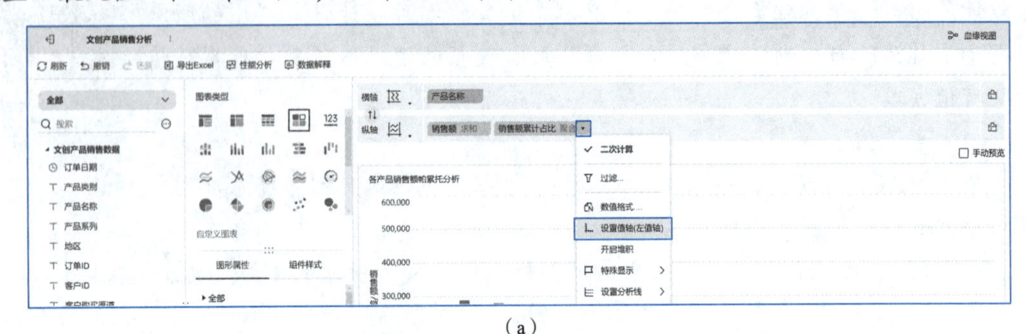

（a）

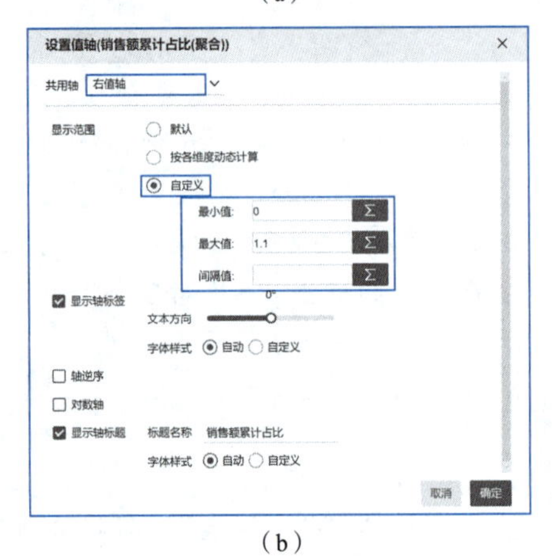

（b）

图 4.1.13 设置值轴

步骤 11 更改"销售额累计占比"的数值格式为百分比。

步骤 12 对销售额字段进行降序排序，单击"产品名称"右侧的下拉按钮，在下拉菜单中选择"降序"→"销售额（求和）"，如图4.1.14（a）所示，排序后的组合图如图4.1.14（b）所示。

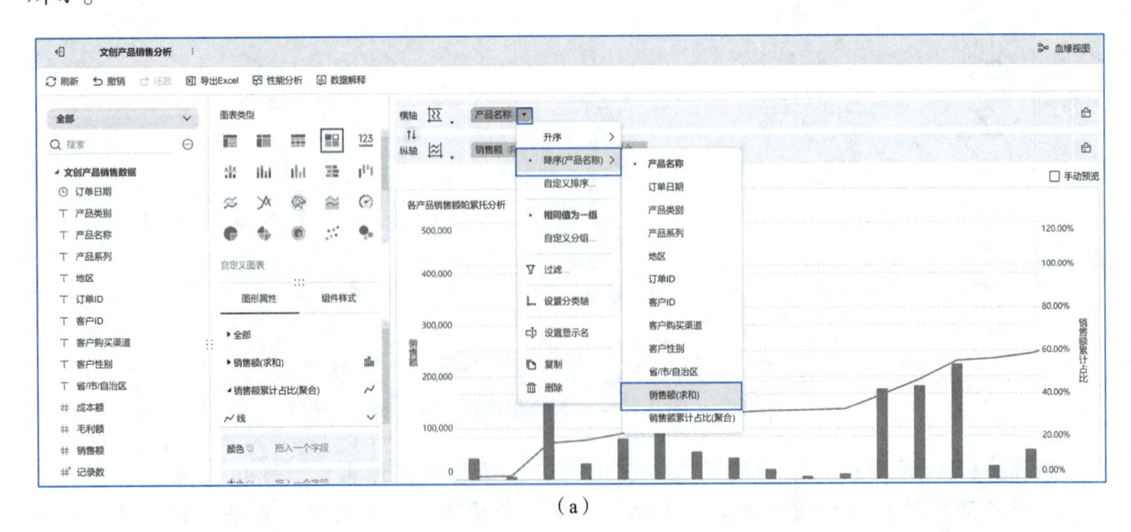

（a）

图 4.1.14 降序排序

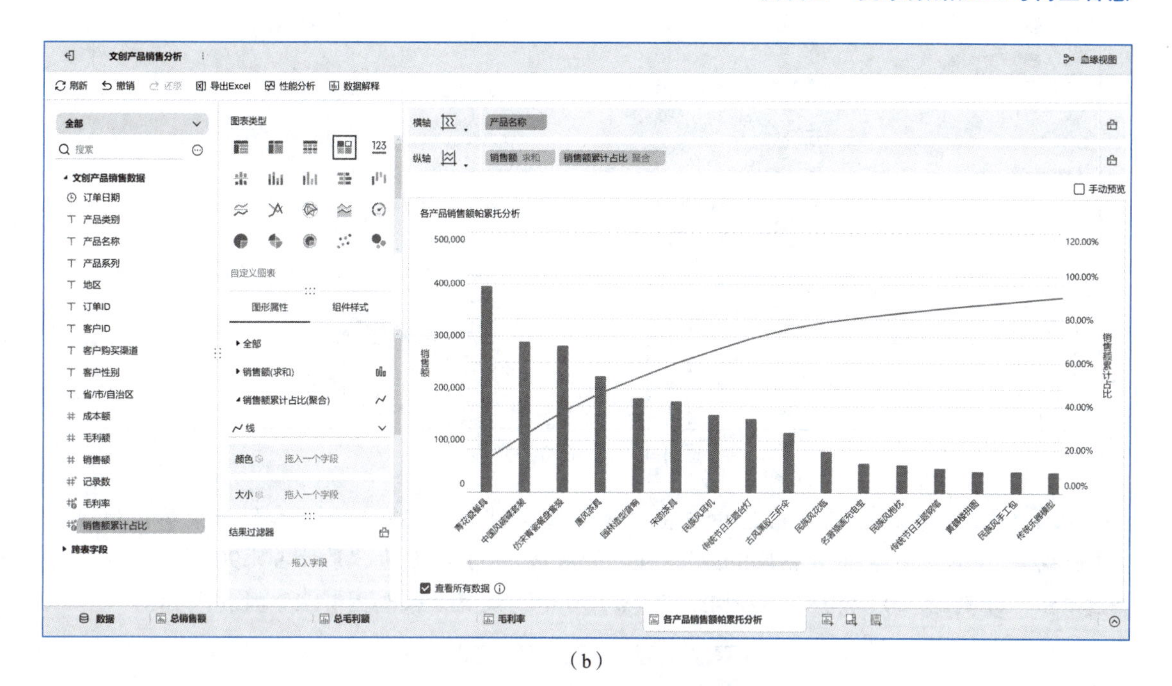

（b）

图 4.1.14　降序排序（续）

步骤13 优化自适应显示，由于该组合图中产品数量较多，图表生成区中无法完整展示该组合图，所以需要对图表进行宽度适应，单击“组件样式”选项卡，单击展开“自适应显示”，选择“宽度适应”，如图4.1.15所示。

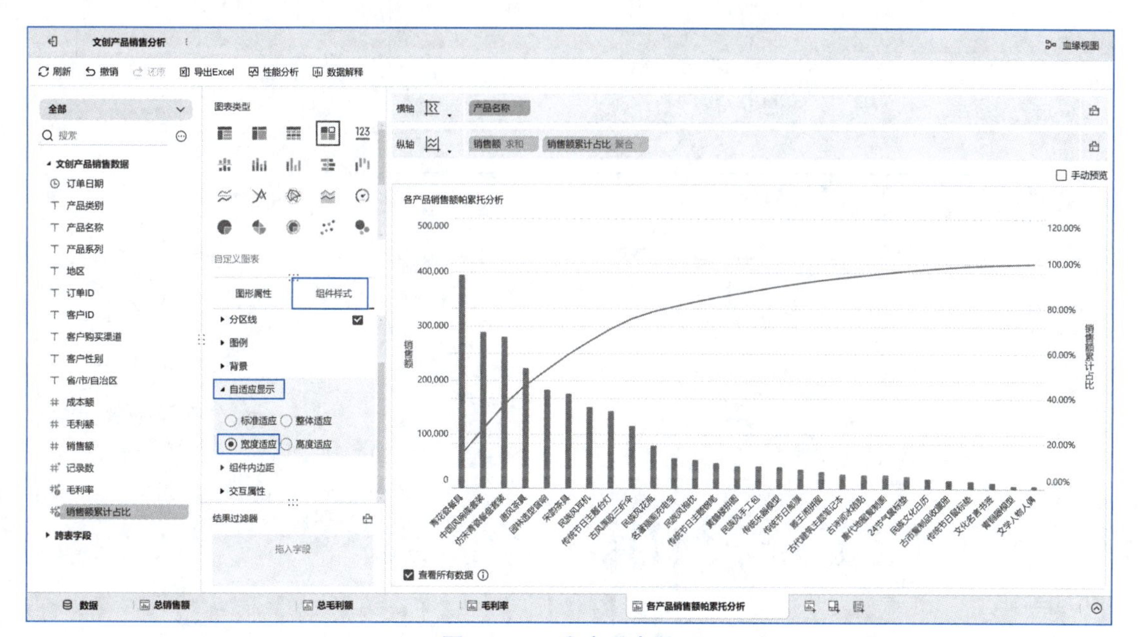

图 4.1.15　宽度适应显示

步骤14 设置警戒线，单击“销售额累计占比”右侧的下拉按钮，在下拉菜单中选择“设置分析线”→“警戒线”，如图4.1.16所示。

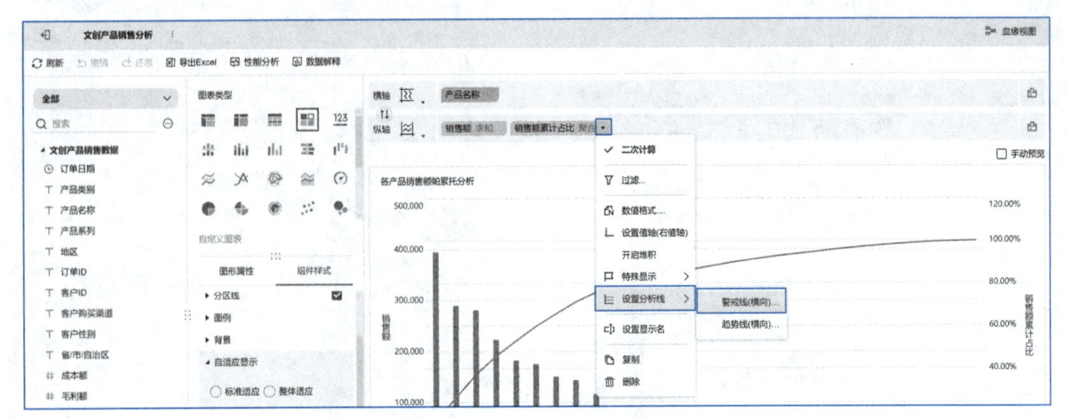

图 4.1.16　添加警戒线

步骤15 在弹出的对话框中单击“添加警戒线”，单击两次，添加两根警戒线，将“警戒线1”重命名为“累计占比80%”，将“警戒线2”重命名为“累计占比90%”，单击下方 Σ 按钮，分别输入0.8和0.9，如图4.1.17（a）所示，设置效果如图4.1.17（b）所示。

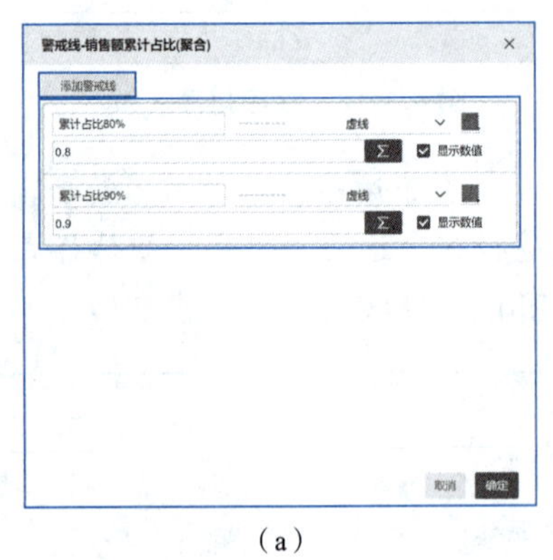

（a）

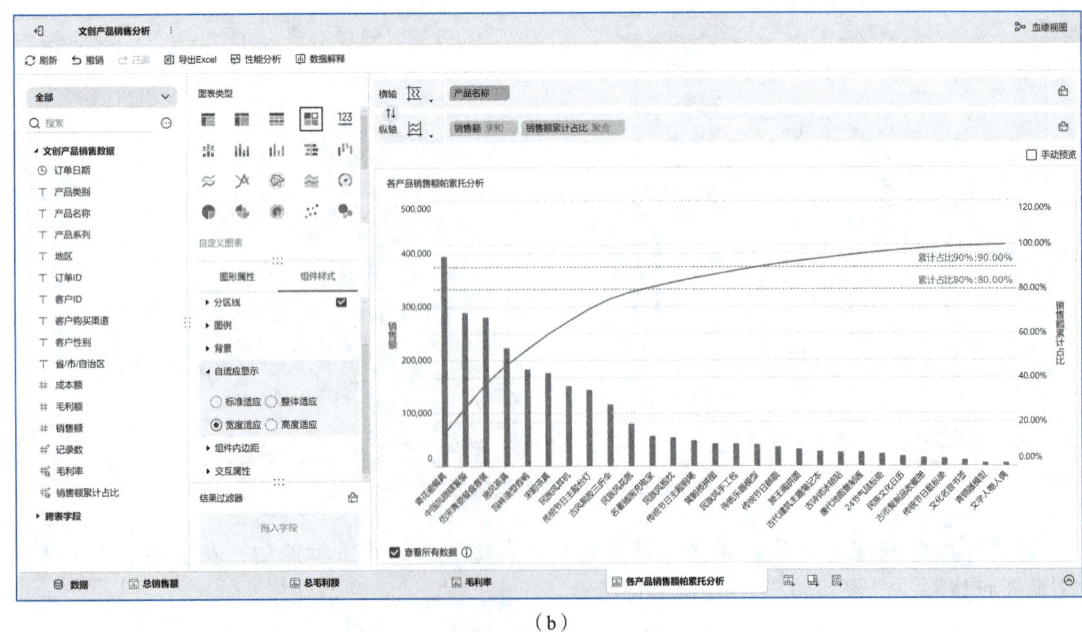

（b）

图 4.1.17　警戒线的设置及效果

步骤16 设置“ABC分类”，A类产品贡献了总销售额的80%，为非常重要产品，A类和B类产品贡献了总销售额的90%，B类产品为比较重要产品，剩下的C类产品为一般重要产品。单击“图形属性”选项卡，将“销售额累计占比”字段拖动到“颜色”属性中，单击“颜色”属性，在展开的窗口中选择“区域渐变”，渐变区间选择“自定义”，区间个数设置为“3”，设置区间范围和颜色如图4.1.18（a）所示，组件呈现效果如图4.1.18（b）所示。

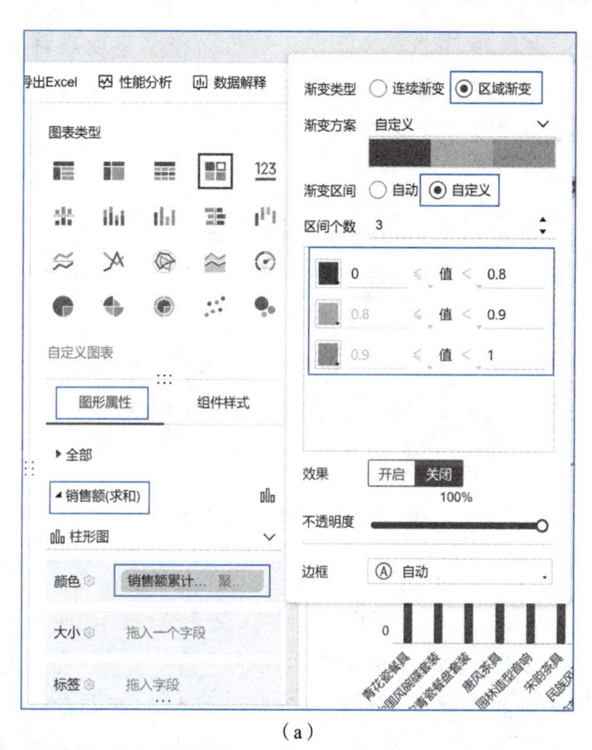

（a）

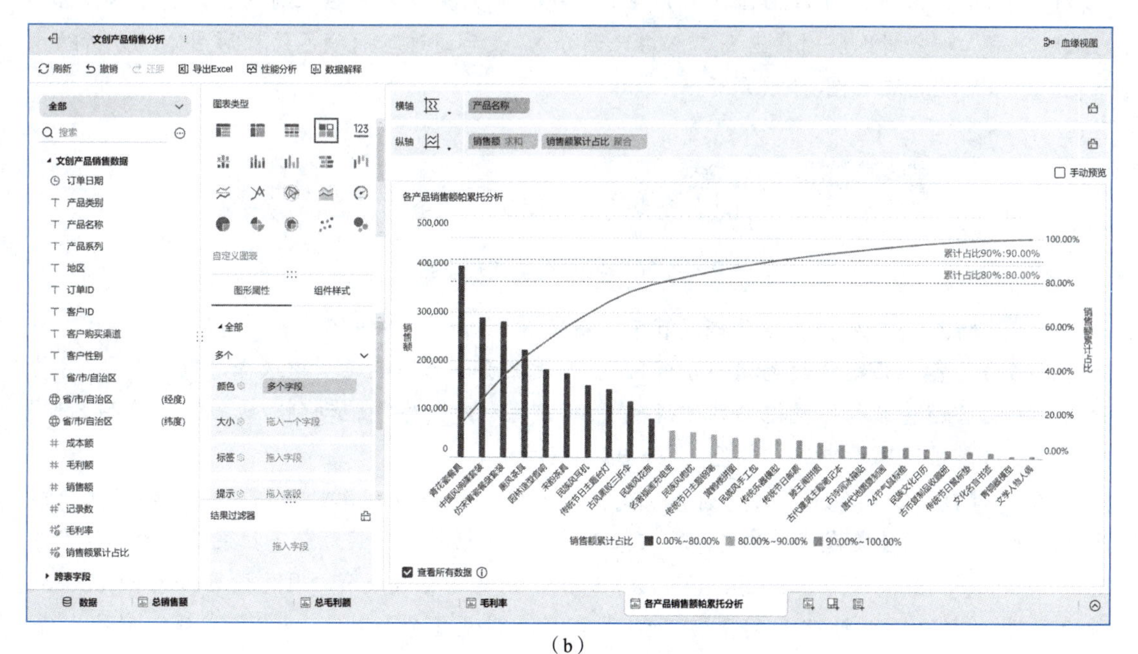

（b）

图 4.1.18　ABC 分类颜色的设置及效果

知识详解：

帕累托图又称ABC分类法、二八分析图或主次因素分析图，是用于帮助确认问题和对问题进行排序的一种常用的统计分析方法；意大利著名经济学家帕累托提出了“关键的少数和无关紧要的多数的关系”，即80%的问题经常是由于20%的原因引起的，帮助人们快速识别最重要的问题原因。

分类的核心思想：少数项目贡献了大部分价值，根据事物在技术或经济方面的主要特征，进行分类排队，分清重点和一般，从而有区别地确定管理方式。它把被分析的对象分成A、B、C三类，如图4.1.19所示。

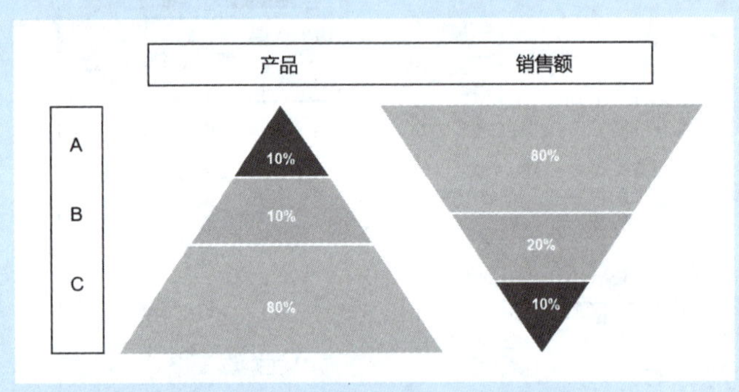

图 4.1.19　ABC 分类思想

A类物品非常重要：数量占比少，价值占比大。

B类物品比较重要：没有A类物品那么重要，介于A、C之间。

C类物品一般重要：数量占比大但价值占比很小。

实现思路：创建分析主题对已有的数据进行数据加工或者在组件制作时利用公式添加计算指标，求出累计占比指标，并在制作组件时，根据累计占比将对象进行ABC占比划分（二八分析则将对象进行二八占比划分），最后通过不同颜色的柱形图体现分析结果。数据处理思路如图4.1.20所示。

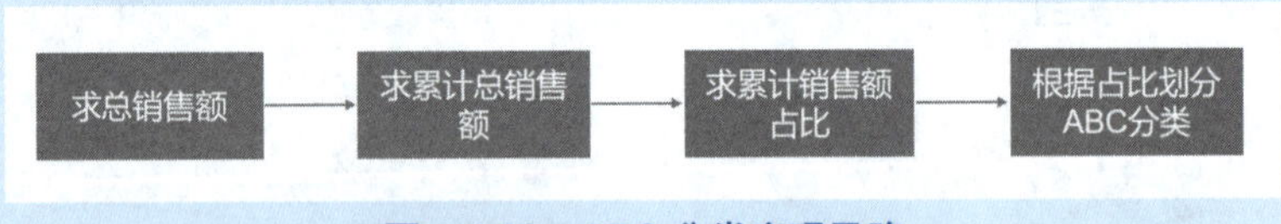

图 4.1.20　ABC 分类实现思路

步骤17　分析各产品销售额毛利率分析情况，新建一个组件，进入组件编辑窗口，给组件改名为“各产品销售额毛利率分析”，在图表配置区的图表类型中选择“散点图”。将待分析区中的“销售额”字段拖动到“横轴”，将“毛利率”字段拖动到“纵轴”，“产品名称”拖动到图形属性选项卡中的“颜色”，如图4.1.21所示。

步骤18　为了更加清晰地划分不同产品的销售额和毛利率的分布情况，分别在两个坐标轴上设置平均值警戒线，构建一个四象限图。选择横轴“销售额”下拉菜单中的“设置分析线”→“警戒线”命令，如图4.1.22（a）所示。销售额警戒线窗口具体设置如图4.1.22（b）所示。进一步选择纵轴“毛利率”下拉菜单中的“设置分析线”→“警戒线”命令，如图4.1.22（c）所示。毛利率警戒线对话框具体设置如图4.1.22（d）所示，更改销售额数值格式为“万”，毛利率的数值格式为百分比。

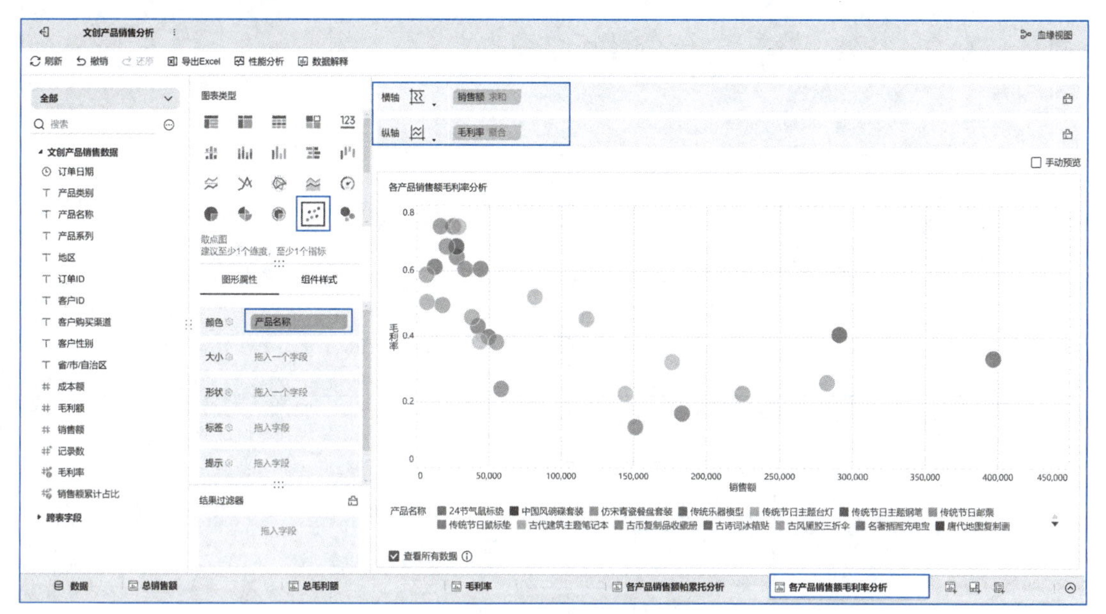

图 4.1.21　散点图制作

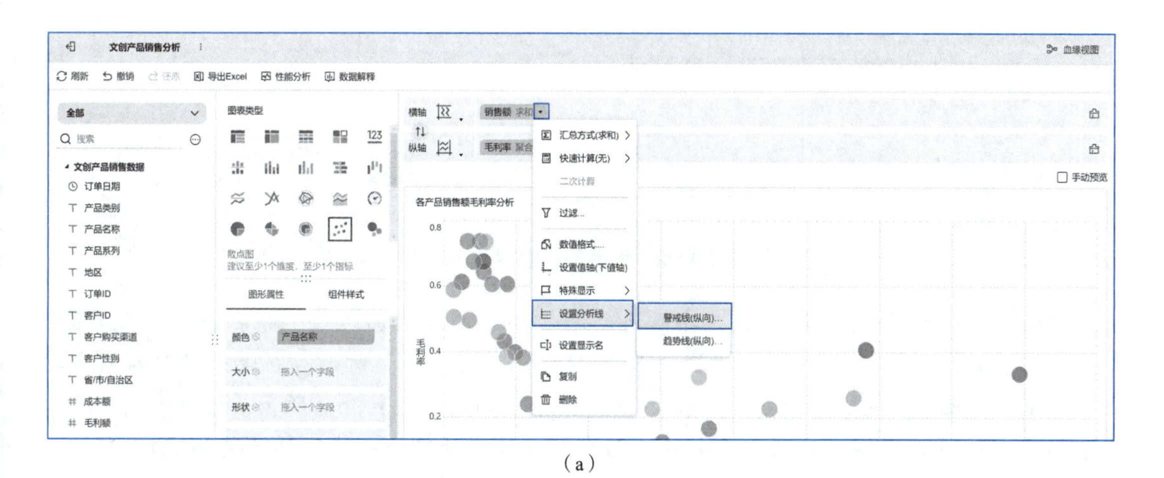

（a）

警戒线-销售额(求和)

添加警戒线

平均销售额　虚线

AVERAGE(销售额(求和))　Σ　显示数值

最大值

最小值

平均值

AVERAGE(销售额(求和))

\+ - * / ( )

取消　确定

（b）

图 4.1.22　设置横纵警戒线

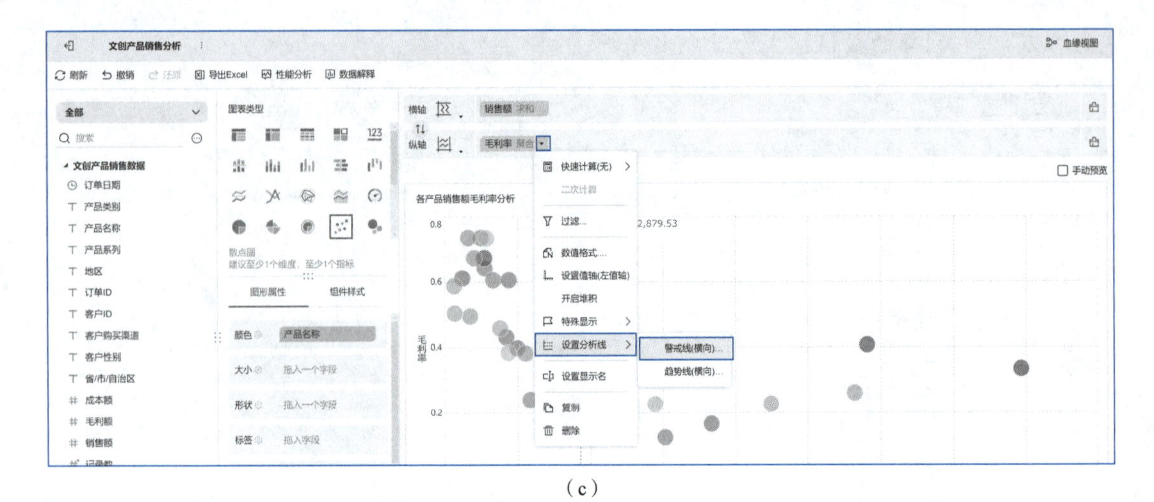

(c)

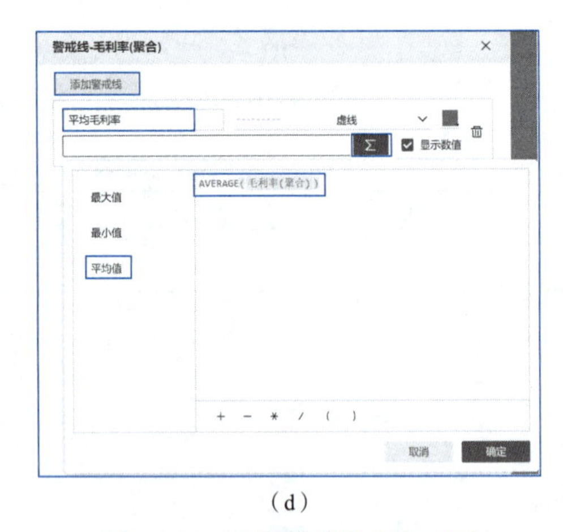

(d)

图 4.1.22　设置横纵警戒线（续）

步骤 19　给销售额最高的产品和毛利率最高的产品添加注释，选择横轴“销售额”下拉菜单中的“特殊显示”→“注释”命令，如图4.1.23（a）所示，在弹出的对话框中单击“添加”按钮，单击“添加条件”后的下拉按钮，如图4.1.23（b）所示，过滤出销售额最大的值，用同样的方法对毛利率最大的产品添加注释，设置好后的组件效果如图4.1.23（c）所示。

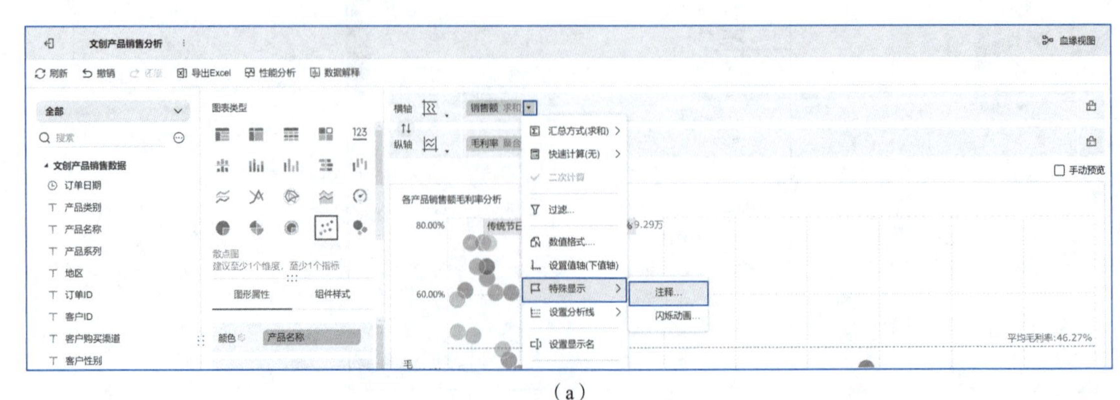

(a)

图 4.1.23　设置注释及组件呈现效果

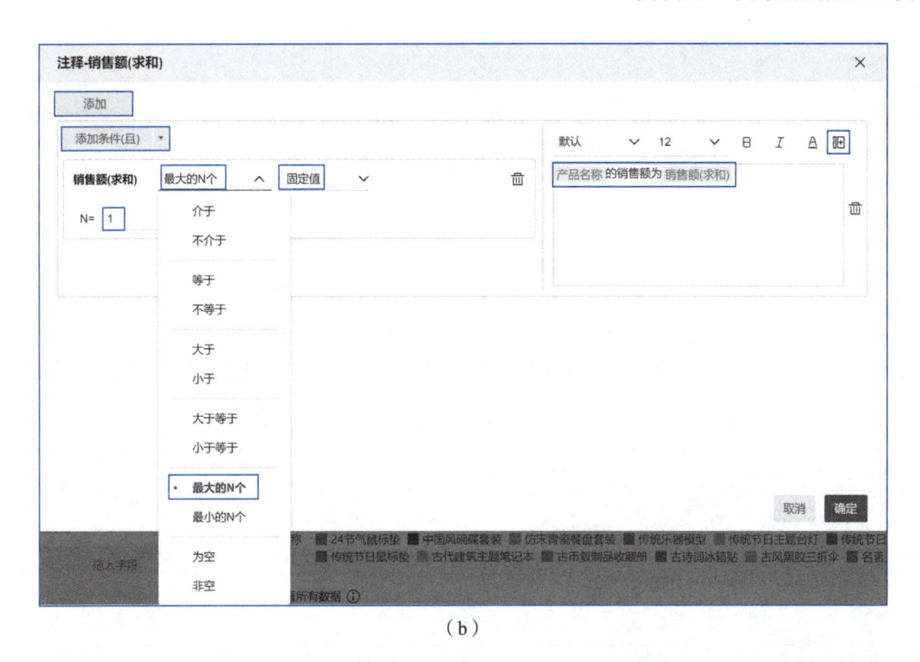

（b）

（c）

图 4.1.23　设置注释及组件呈现效果（续）

步骤 20　分析各产品类别销售额和毛利额情况，新建一个组件，进入组件编辑窗口，给组件改名为“各产品类别销售额和毛利额”，在“图表类型”中选择“对比柱状图”。将待分析区中的“产品类别”字段拖动到“纵轴”，将“销售额”和“毛利额”字段拖动到“横轴”，如图4.1.24所示。

步骤 21　对销售额字段进行降序排序，单击纵轴上“产品类别”右侧的下拉按钮，在下拉菜单中选择“降序”→“销售额（求和）”，如图4.1.25（a）所示，排序后的组合图如图4.1.25（b）所示。

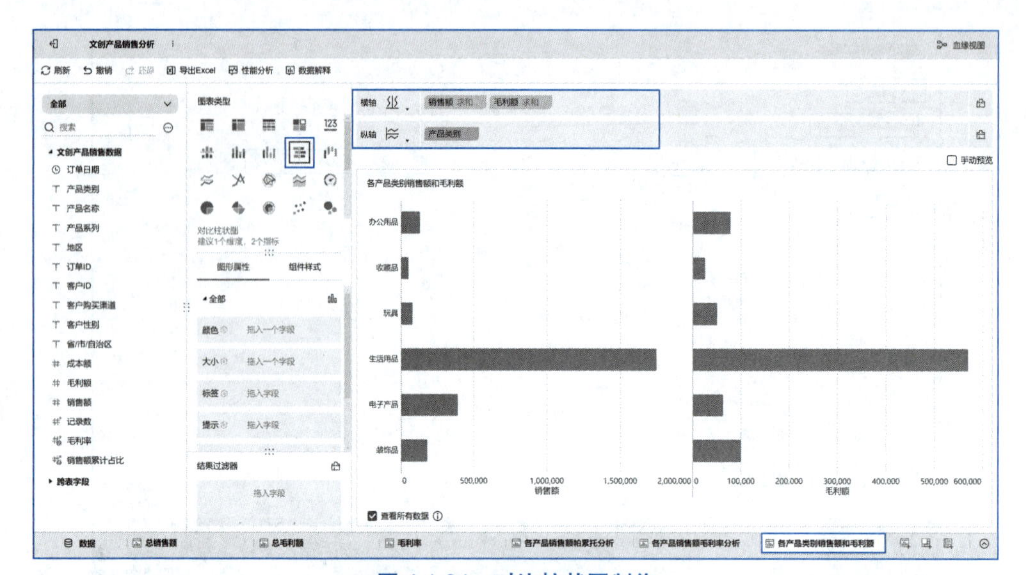

图 4.1.24　对比柱状图制作

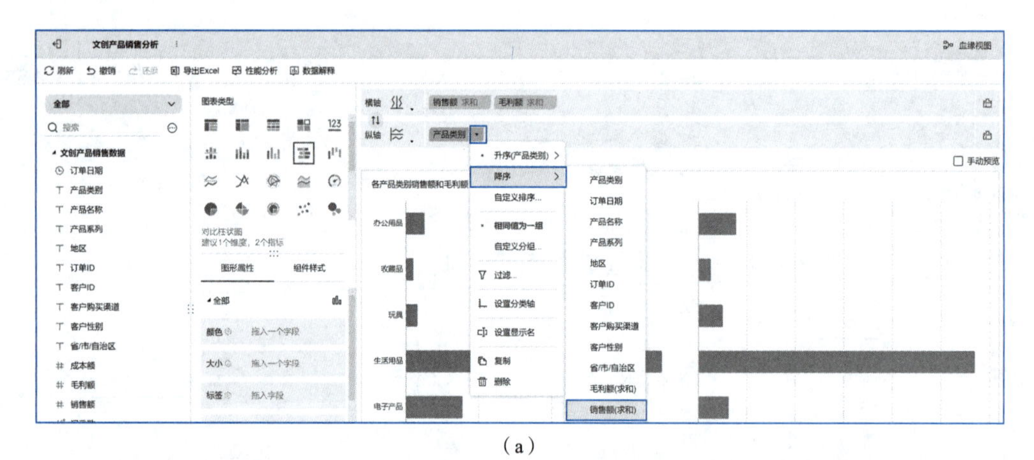

（a）

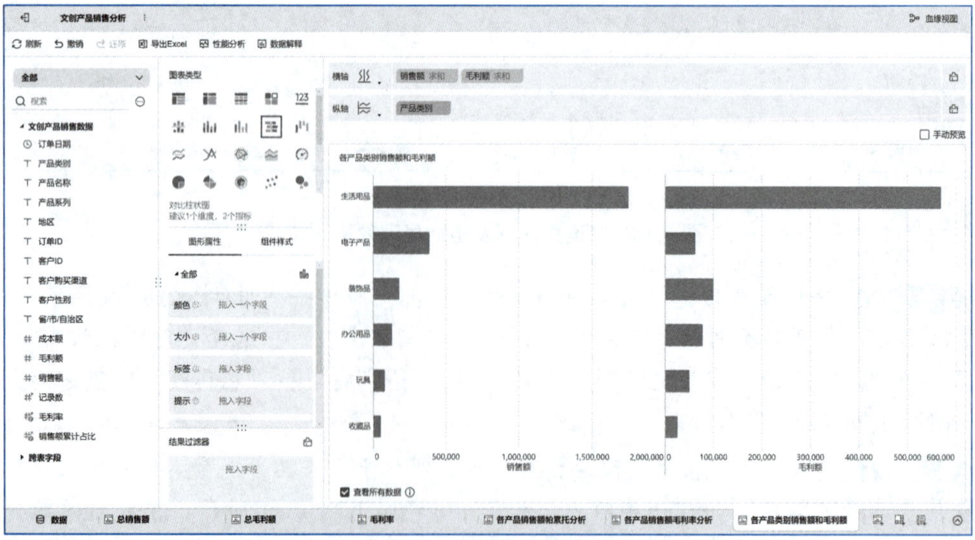

（b）

图 4.1.25　对比柱状图排序及排序效果

步骤22 再次选择“图表类型”中的“对比柱状图”，对比柱状图组件如图4.1.26所示。

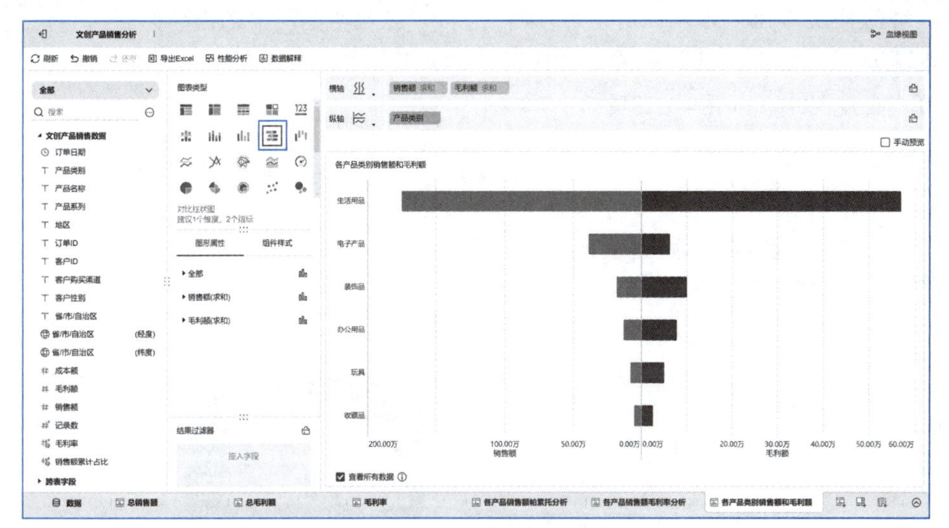

图 4.1.26　对比柱状图呈现效果

步骤23 给对比柱状图加标签，单击展开“图形属性”中的“销售额”和“毛利额”分组，将待分析区域中“销售额”和“毛利额”字段分别拖动到“标签”中，如图4.1.27（a）、（b）所示，更改数值格式为“万”，组件展示如图4.1.27（c）所示。

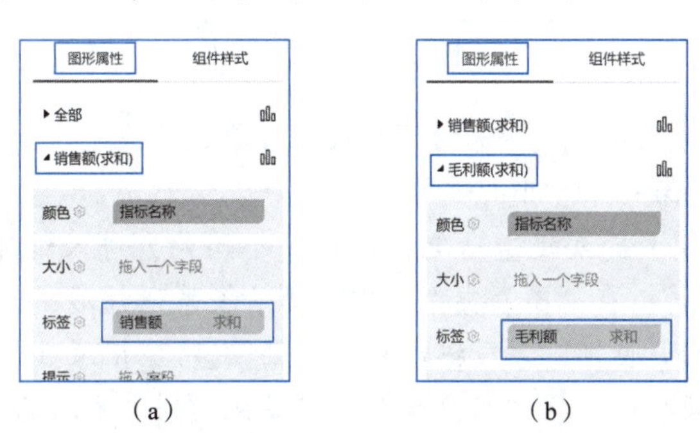

（a）　　　　　　　　　　（b）

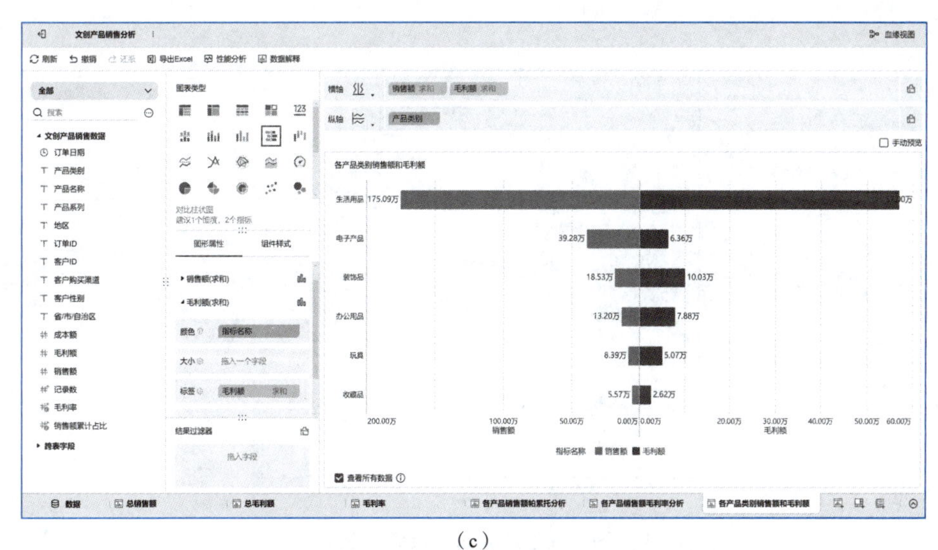

（c）

图 4.1.27　对比柱状图标签设置及组件呈现效果

步骤24 客户属性分析，分析各性别对销售额的贡献，新建一个组件，进入组件编辑窗口，给组件改名为“客户性别销售比例”，在“图表类型”中选择“饼图”，将“客户性别”字段拖动到“图形属性”中的“颜色”和“标签”中，“销售额”字段拖动到“图形属性”中的“角度”中，如图4.1.28所示。

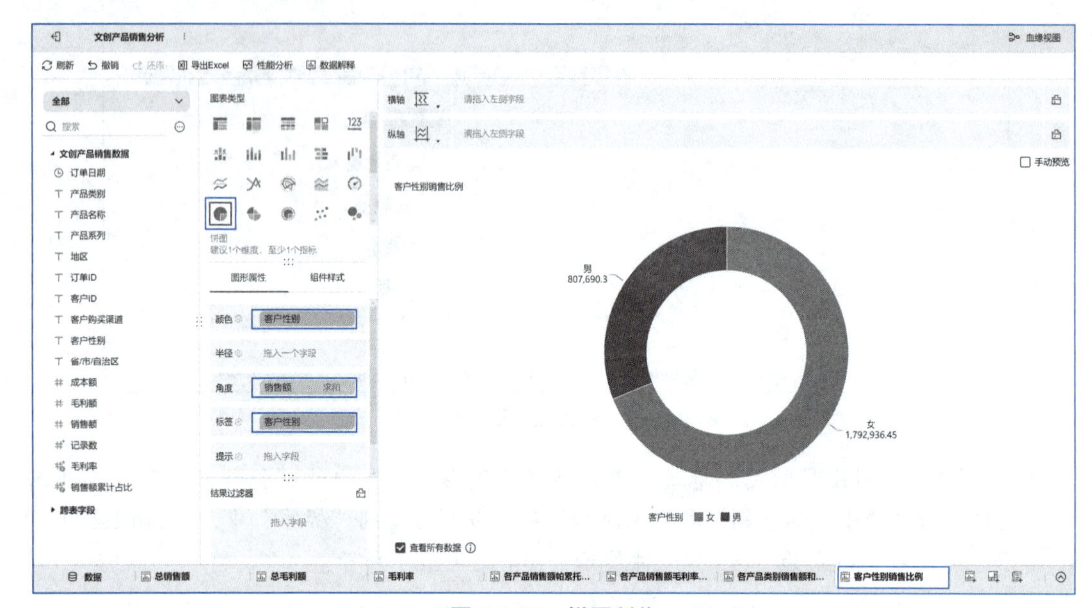

图 4.1.28 饼图制作

步骤25 单击“销售额”右侧的下拉按钮，单击“快速计算”→“占比”，如图4.1.29（a）所示，组件展示如图4.1.29（b）所示。

步骤26 分析用户购买渠道情况，新建一个组件，进入组件编辑窗口，给组件改名为“客户购买渠道分析”，在“图表类型”中选择“多系列柱形图”。将待分析区中的“客户购买渠道”字段和“客户性别”字段拖动到“横轴”，将“记录数”字段拖动到“纵轴”，为了用不同颜色区分不同性别，将“客户性别”字段拖动到“图形属性”中的“颜色”中，如图4.1.30所示。

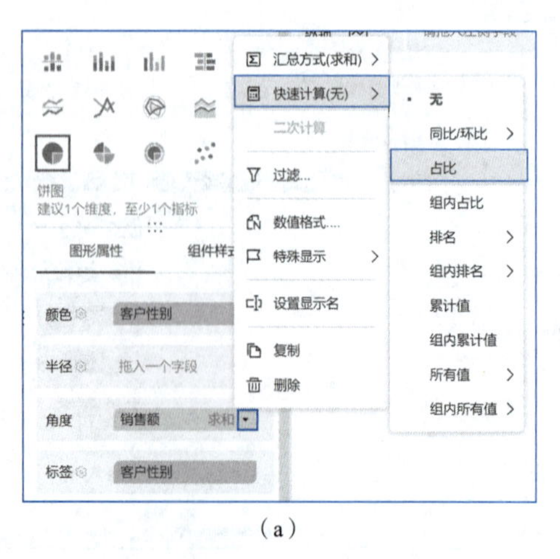

（a）

图 4.1.29 快速计算占比及组件呈现效果

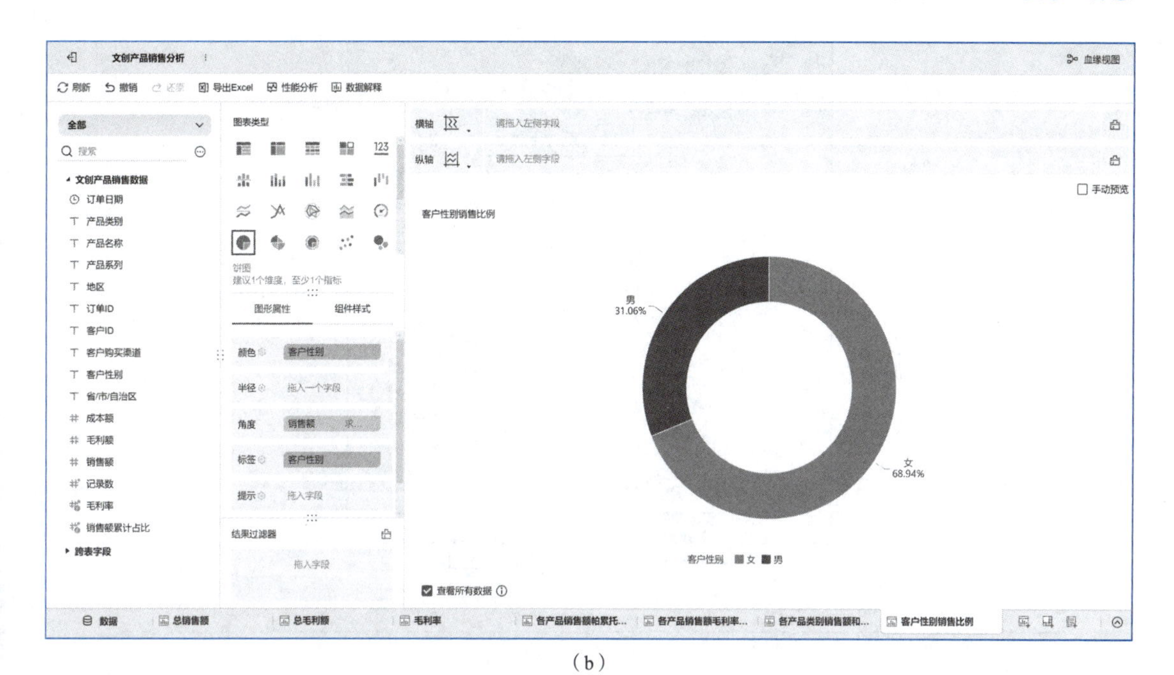

（b）

图 4.1.29　快速计算占比及组件呈现效果（续）

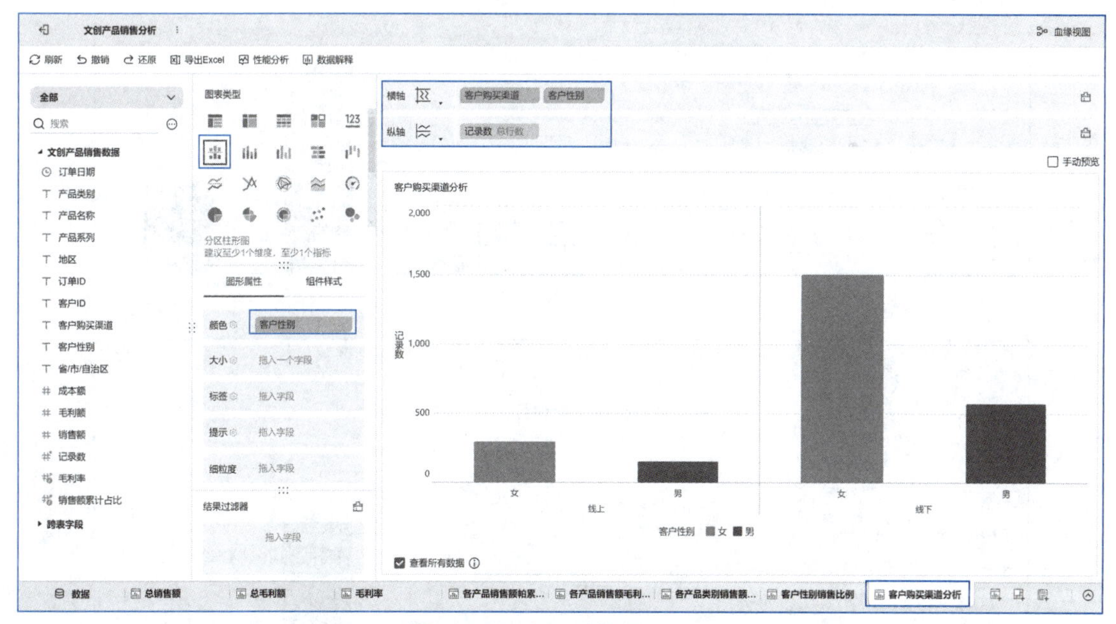

图 4.1.30　多系列柱形图制作

步骤 27　对“记录数”字段去重，单击“记录数”右侧的下拉按钮，在下拉菜单中选择“统计个数依赖（总行数）”→“客户ID”，如图4.1.31所示，然后将“记录数”重命名为“客户数”。

步骤 28　给柱形图加标签，复制“客户数”字段，单击“客户数”右侧的下拉按钮，在下拉菜单中选择“复制”命令，如图4.1.32（a）所示，将复制出来的“客户数”字段拖动到“图形属性”中的“标签”，如图4.1.32（b）所示。

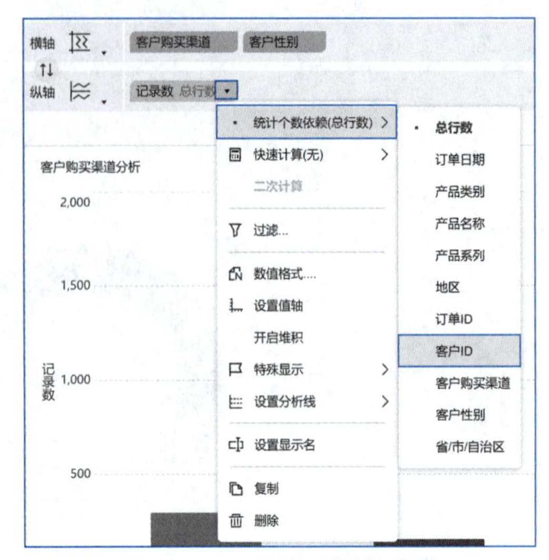

图 4.1.31　对“记录数”去重

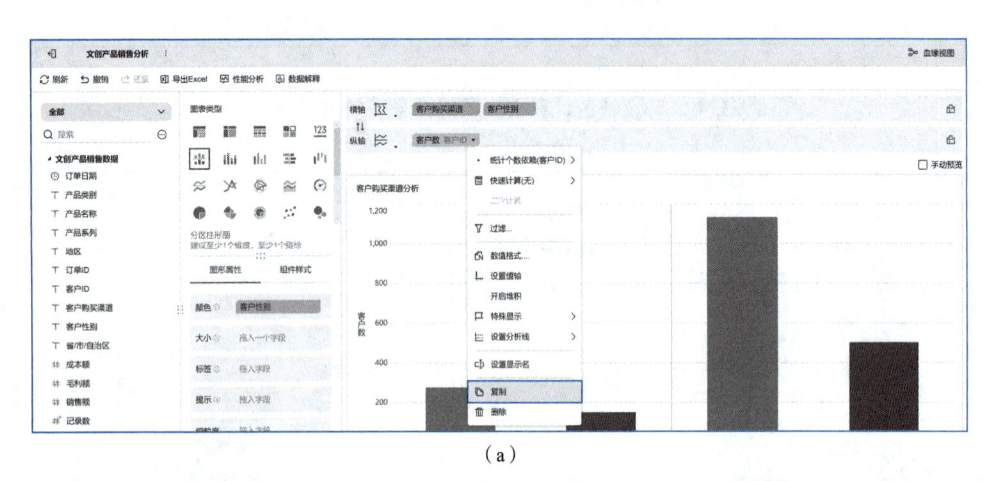

（a）

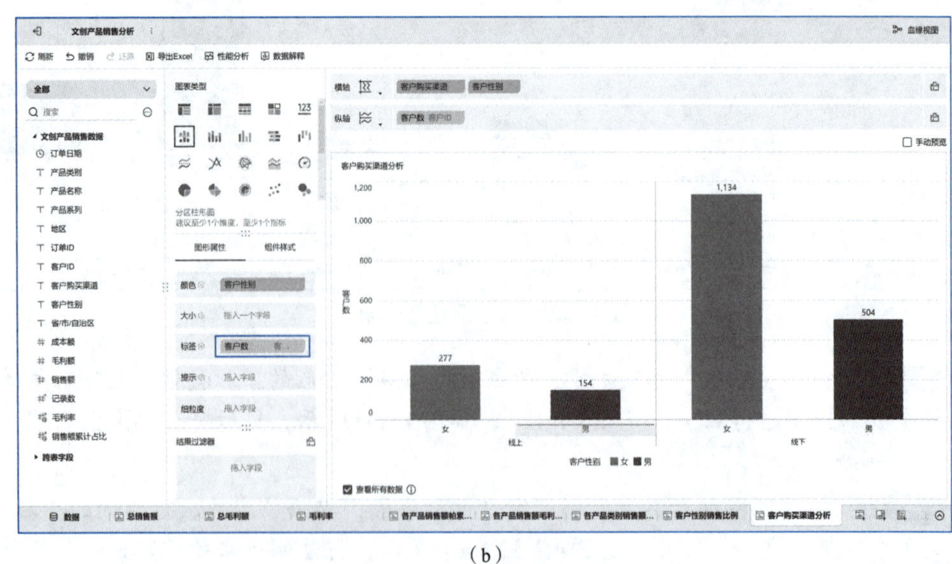

（b）

图 4.1.32　标签设置及组件呈现效果

步骤29 从地域维度分析各区域的销售额和毛利额情况，新建组件，进入组件编辑窗口，给组件改名为“各区域销售额和毛利额”，在“图表类型”中选择“堆积柱形图”，将“地区”字段拖动到“横轴”中，“销售额”字段和“毛利额”字段拖动到“纵轴”中，再次选择“图表类型”中的“堆积柱形图”，呈现结果如图4.1.33所示。

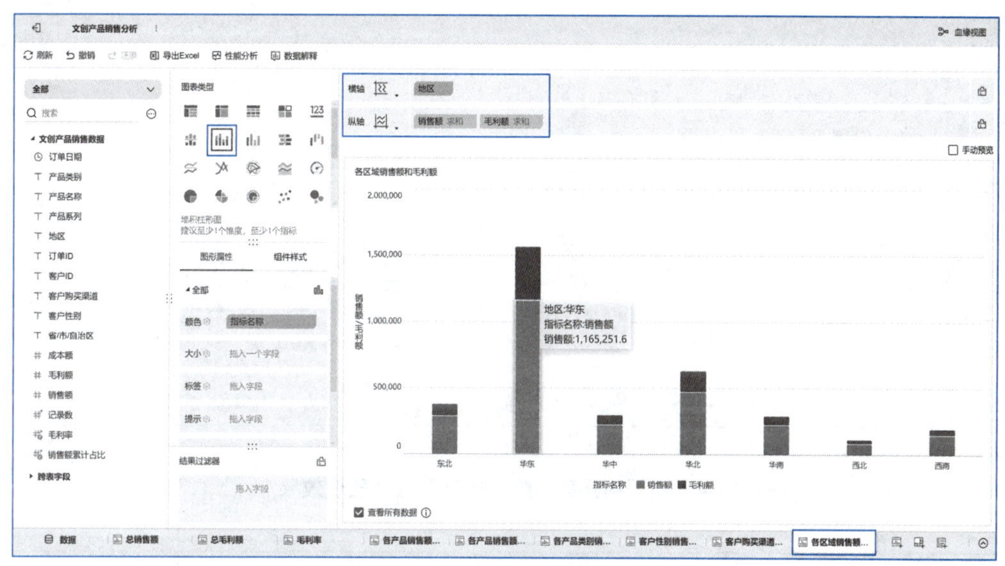

图 4.1.33　堆积柱形图制作

步骤30 对销售额字段进行降序排序，单击横轴上“地区”右侧的下拉按钮，在下拉菜单中选择“降序”→“销售额（求和）”，如图4.1.34（a）所示，排序后的堆积柱形图如图4.1.34（b）所示。

步骤31 分析各省/市/自治区的销售额情况，新建组件，进入组件编辑窗口，给组件改名为“各省/市/自治区销售额情况”，在“图表类型”下选择“矩形树图”，将“省/市/自治区”字段拖动到“图形属性”中的“细粒度”和“标签”中，将“销售额”字段拖动“图形属性”中的“颜色”和“大小”中，如图4.1.35所示，更改“销售额”字段的数值格式为“万”。

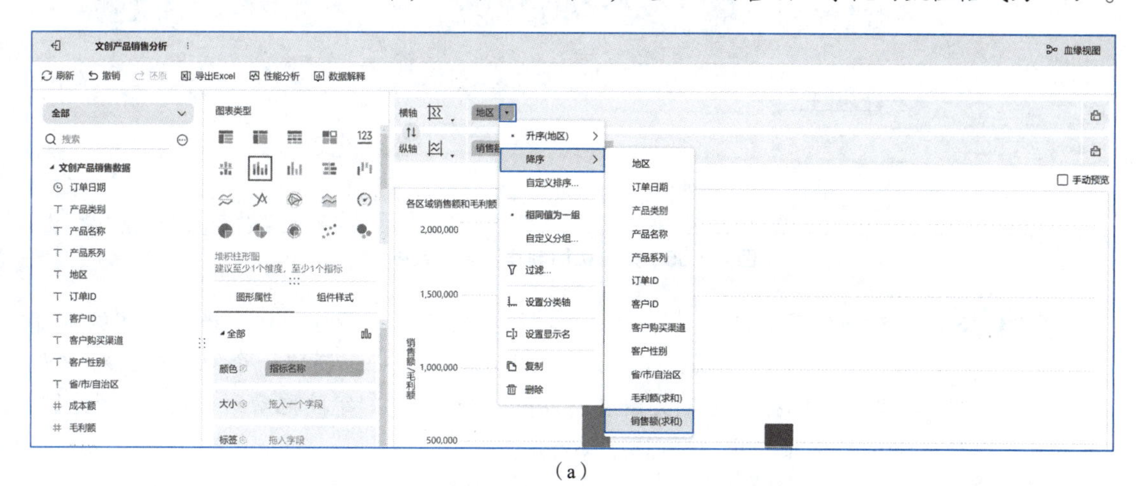

（a）

图 4.1.34　对“销售额”降序排序及组件呈现效果

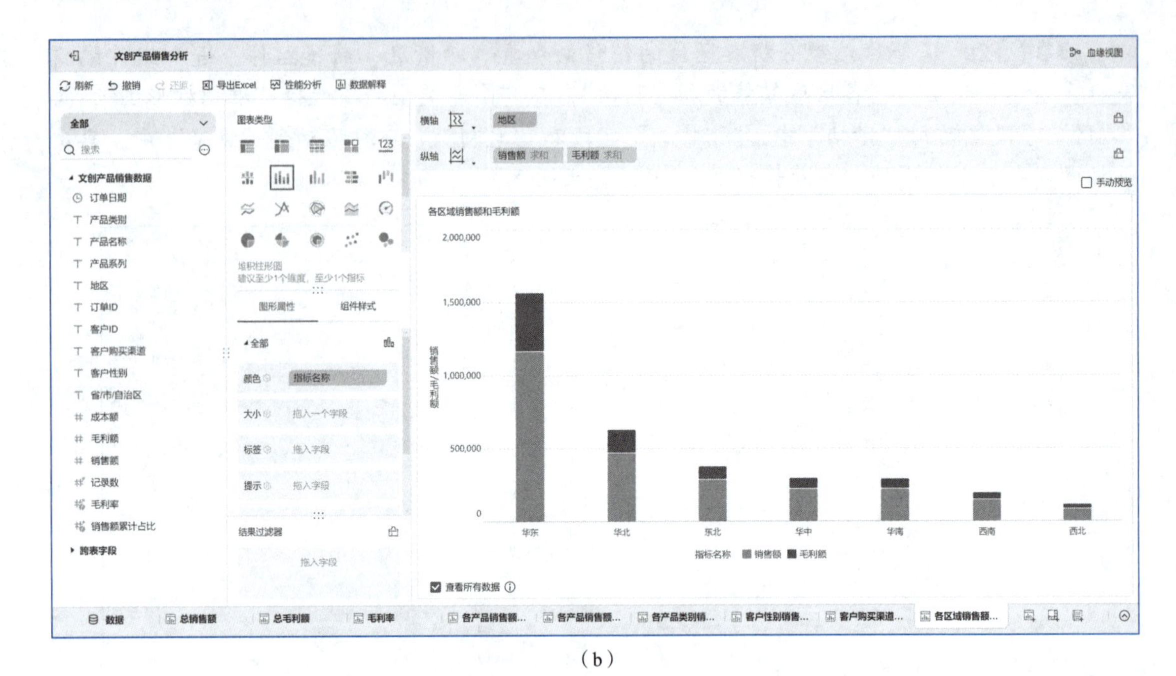

（b）

图 4.1.34　对“销售额”降序排序及组件呈现效果（续）

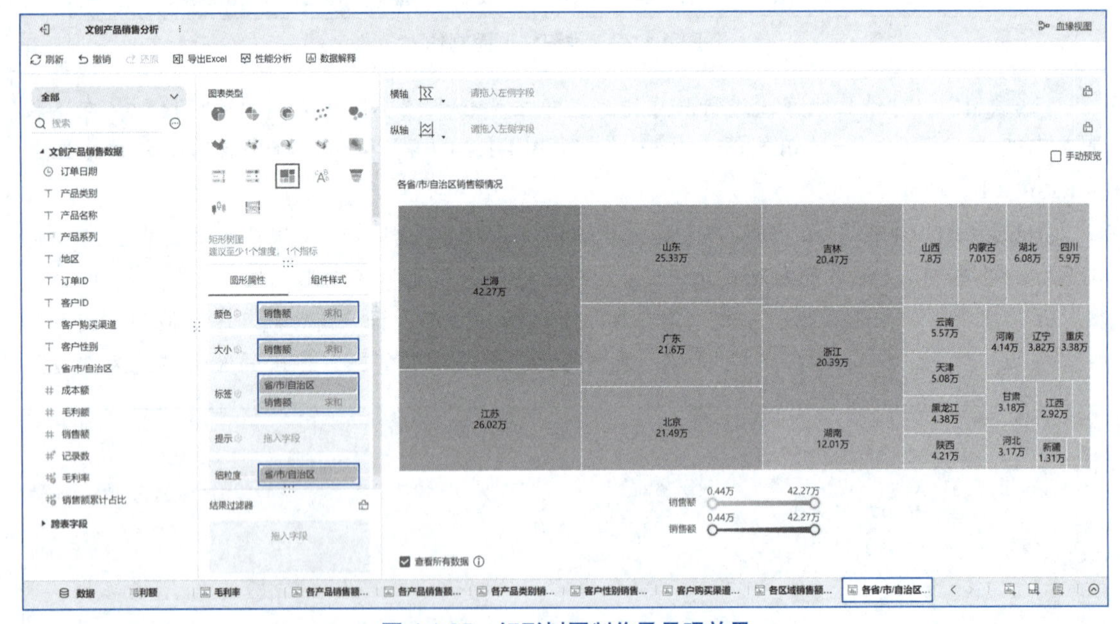

图 4.1.35　矩形树图制作及呈现效果

步骤32 从时间维度分析销售额和销售额的变化情况，新建组件，进入组件编辑窗口，给组件改名为“各年度销售额和年度销售额环比增长率”，制作一个组合图，在图表配置区的“图表类型”中选择“自定义图表”，将“订单日期”字段拖动到“横轴”中，将“销售额”字段拖动到“纵轴”中，如图4.1.36所示。

步骤33 调整时间粒度，将原本按日分布的数据聚合为按年显示，以便观察每个年份的销售表现，如图4.1.37所示。

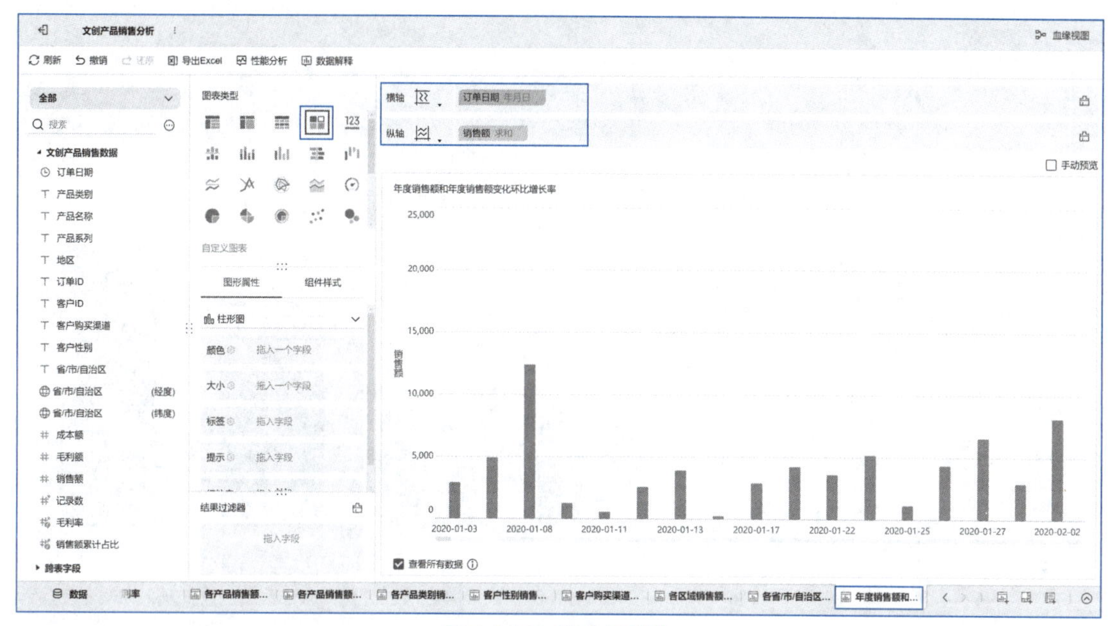

图 4.1.36　组合图制作

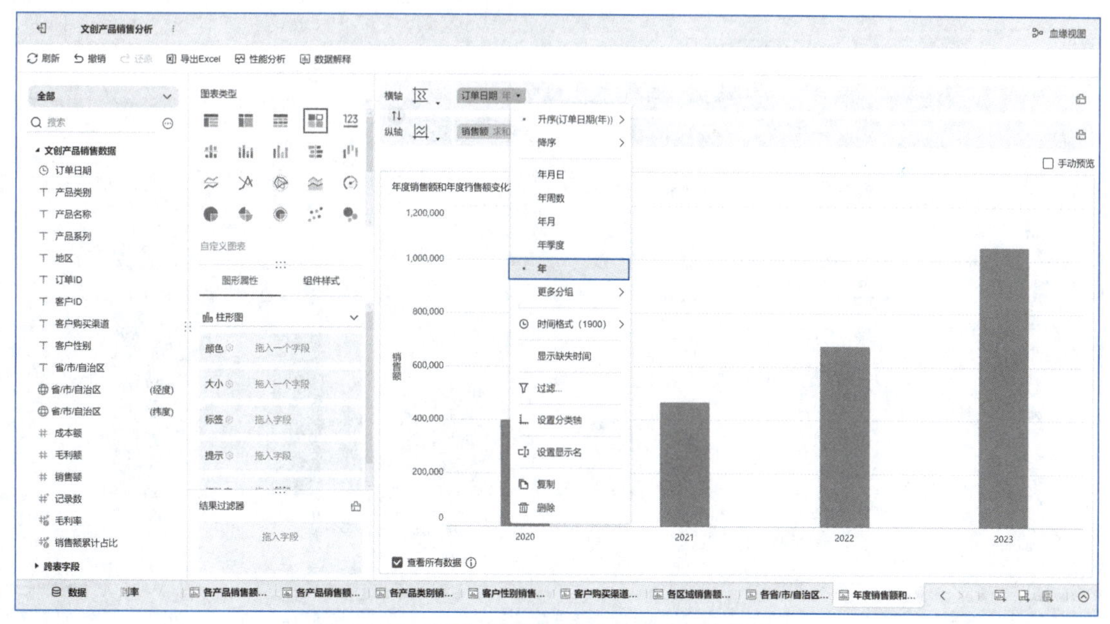

图 4.1.37　更改“订单日期”分组为“年”分组

步骤34 利用快速计算得出销售额环比增长率，再次拖动“销售额”字段到“纵轴”，单击“销售额”字段右侧的下拉按钮，在下拉菜单中选择“快速计算”→“同比/环比”→“环比增长率”，销售额环比增长率揭示了销售额随年份的变化情况，如图4.1.38所示。

步骤35 单击纵轴计算过环比增长率的“销售额”指标，对其重命名为“销售额环比增长率”，以符合这个指标当前的实际值，如图4.1.39所示。

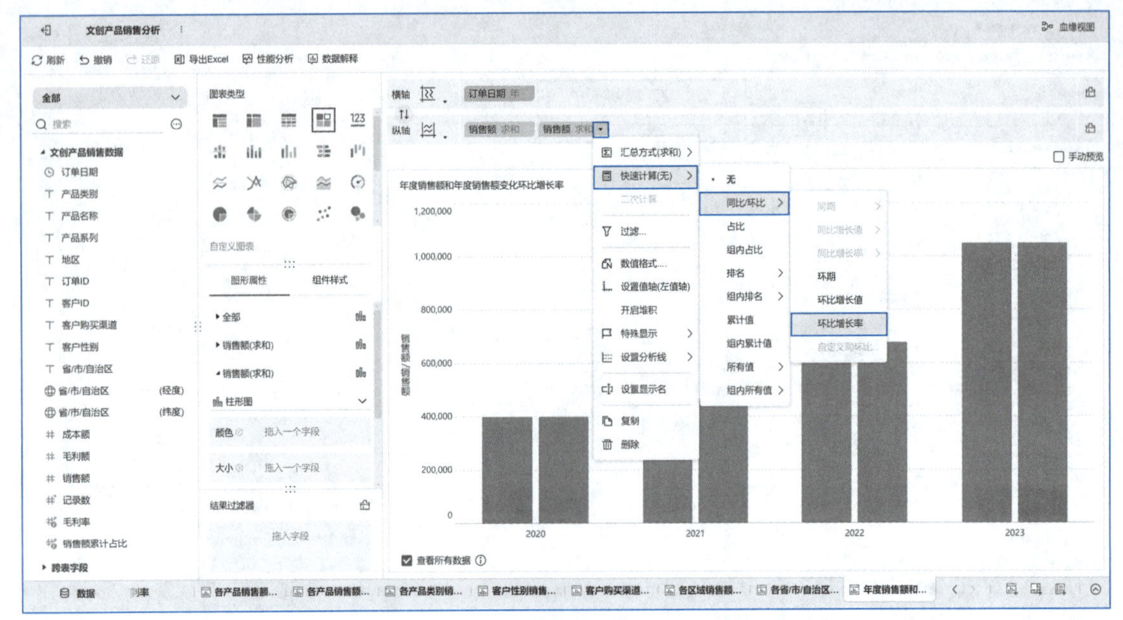

图 4.1.38　快速计算销售额的环比增长率

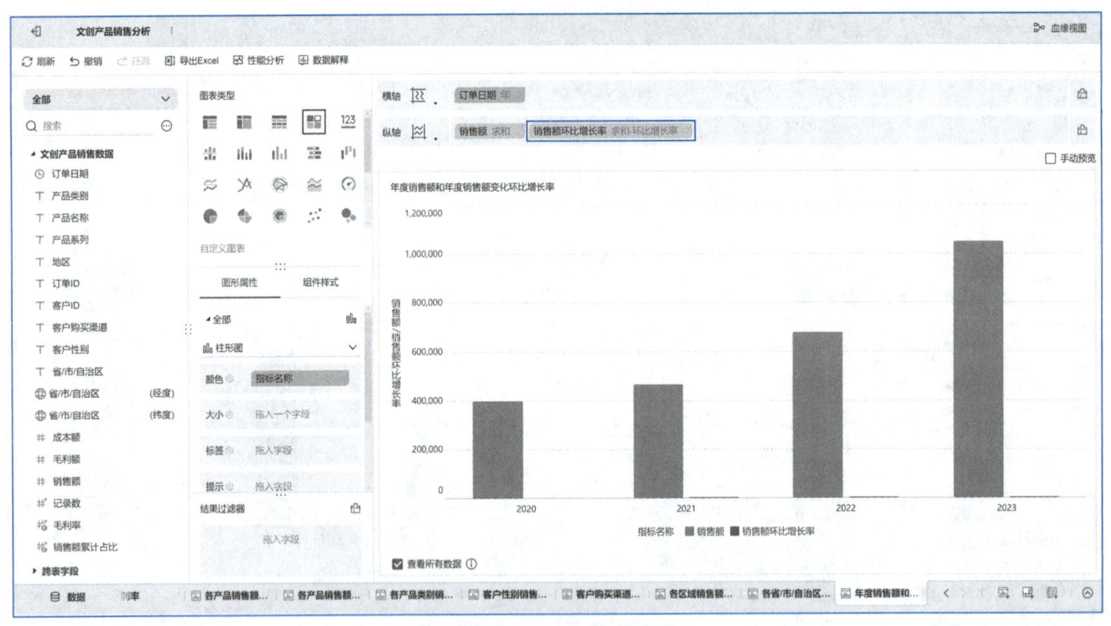

图 4.1.39　重命名字段

步骤36 调整图形属性，将原先以柱状图表示的“销售额环比增长率”改为线型显示，如图4.1.40（a）所示，单击“图形属性”中的“连线”，选择“曲线”，如图4.1.40（b）所示。

步骤37 对图形纵轴的设置进行优化，将“毛利率环比”的值轴从左侧移至右侧。单击“销售额环比增长率”右侧的下拉按钮，选择“设置值轴（左值轴）”，如图4.1.41（a）所示，在弹出的设置值轴对话框中，将“共用轴”设置为“右值轴”，如图4.1.41（b）所示。

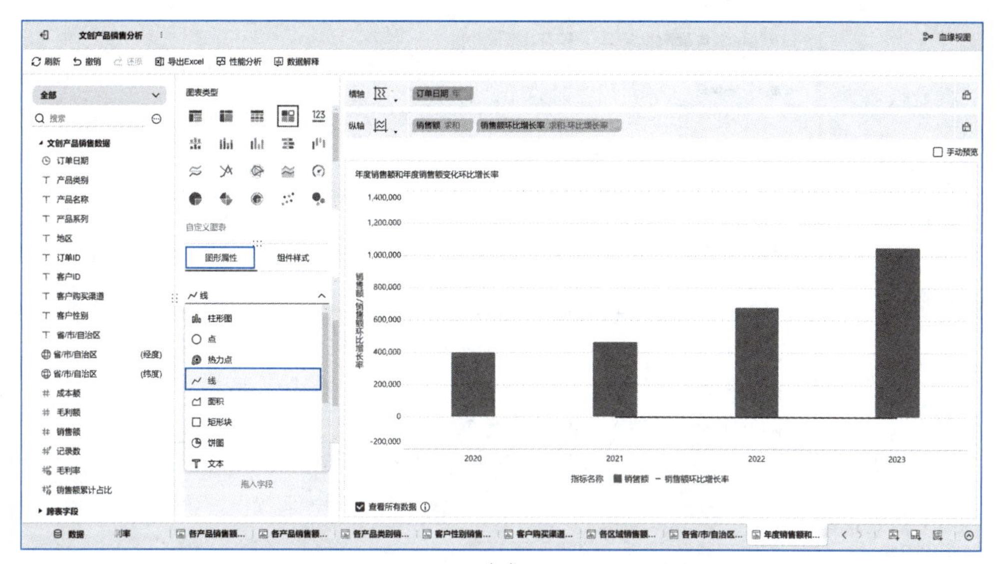

(a)

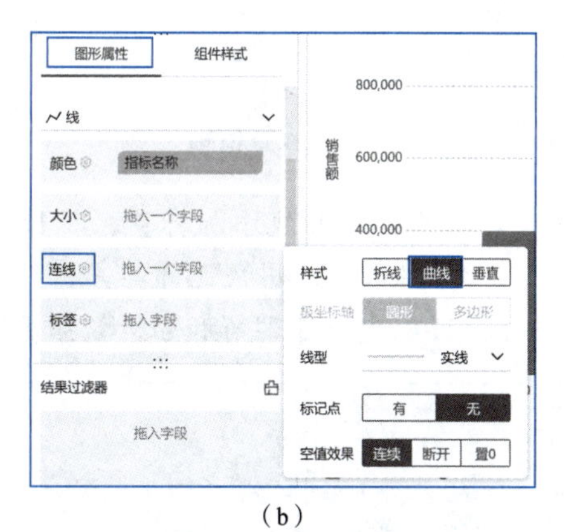

(b)

图 4.1.40　更改组合图的图表类型及线的样式

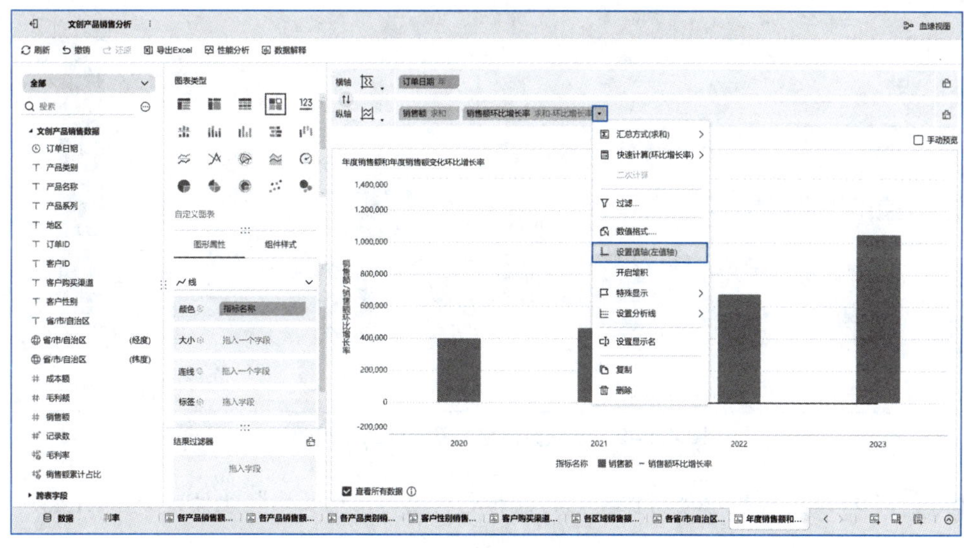

(a)

图 4.1.41　设置值轴

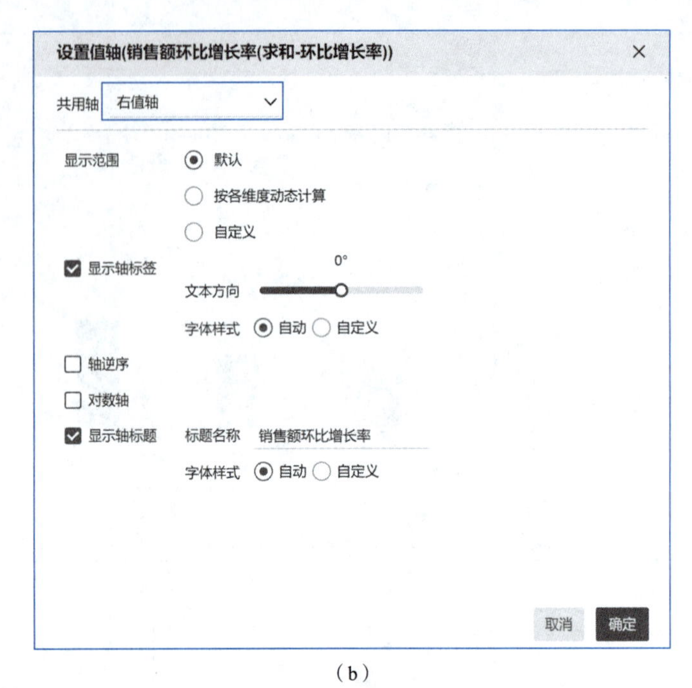

（b）

图 4.1.41　设置值轴（续）

步骤38 为“销售额环比增长率”曲线添加标签，将待分析区域“销售额环比增长率”字段拖动到“图形属性”中的“标签”，用快速计算算出环比增长率，并将其数值格式设定为百分比。通过这样的设置，可以更快速理解和分析数据走势，如图4.1.42所示。

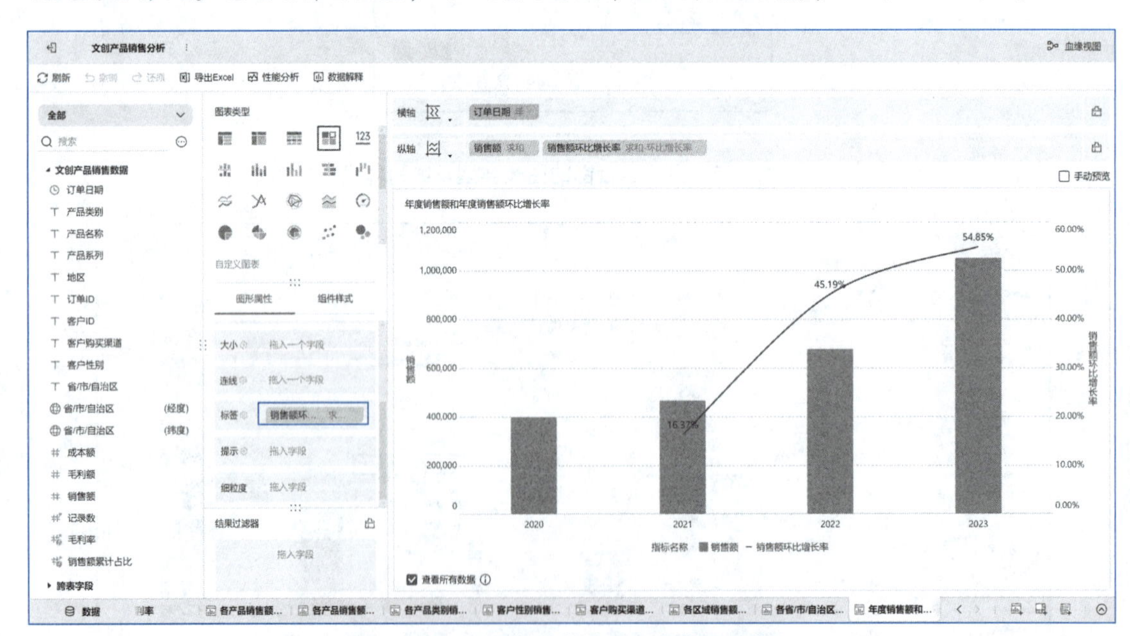

图 4.1.42　设置数值格式及组件的呈现效果

步骤39 用同样的步骤制作“毛利额和毛利额环比增长率”组件，如图4.1.43所示。

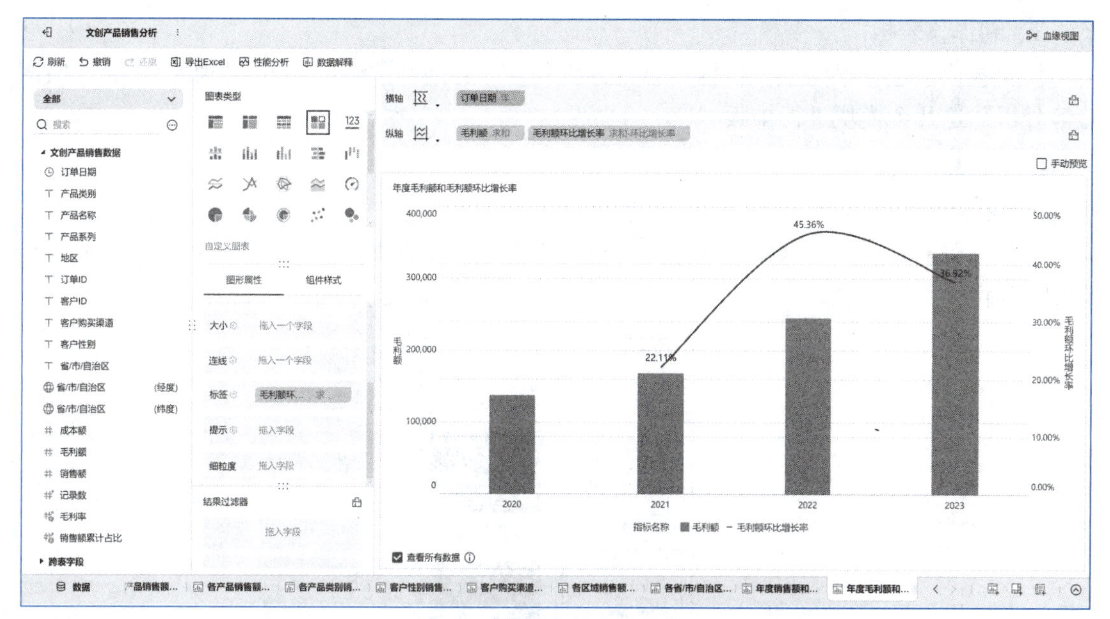

图 4.1.43 “毛利额和毛利额环比增长率”组件的呈现效果

2）组件美化

对“各产品销售额帕累托分析”“各产品销售额毛利率分析”“各产品类别销售额和毛利额”“客户性别销售比例”“客户购买渠道分析”“各省/市/自治区销售额情况”组件进行图例设置。

操作步骤：

选择“性别&年龄构成情况”组件，单击“组件样式”选项卡，展开“图例”分组，单击展开“图例”前的▸，取消勾选“显示全部图例”，效果如图4.1.44所示。其他组件用同样的方式将图例取消显示。

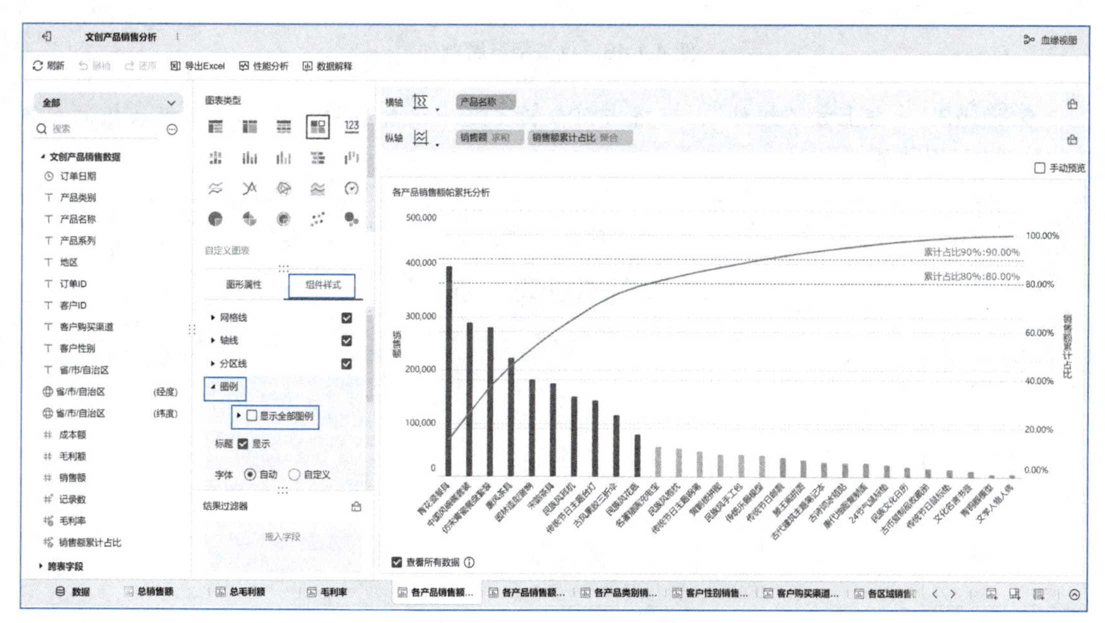

图 4.1.44　取消显示图例

3）制作仪表板

仪表板以浅色背景为主。根据“总览分析”“产品分析”“客户分析”“地域分析”“时间趋势分析”这几个模块进行排版。

操作步骤：

步骤1 在窗口的下方，单击“添加仪表板”按钮，进入仪表板编辑窗口，单击窗口上方的“仪表板样式”按钮，在展开的样式中选择“淡雅浅绿”作为仪表板基础样式，如图4.1.45所示。

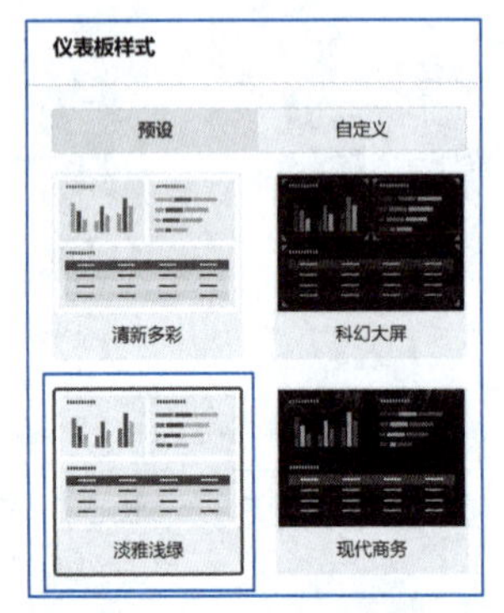

图 4.1.45　仪表板样式

步骤2 单击上方“其他”，在展开的菜单中选择“文本组件”，为当前仪表板添加标题，并设置标题的背景色与文字颜色，如图4.1.46所示。

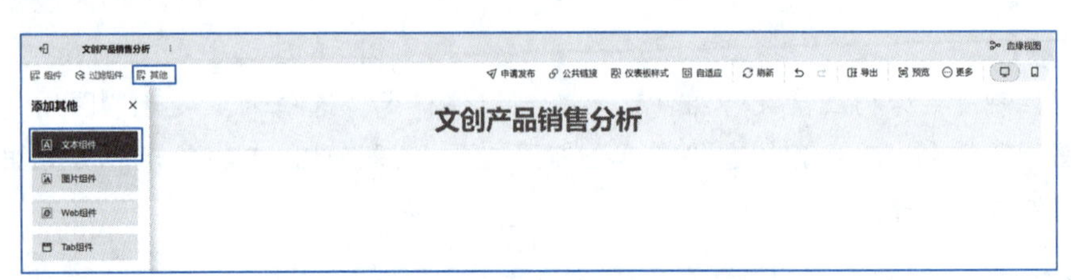

图 4.1.46　仪表板标题制作

步骤3 单击上方“组件”，可将当前分析主题中设计好的组件拖动到仪表板的主窗口，如图4.1.47所示。

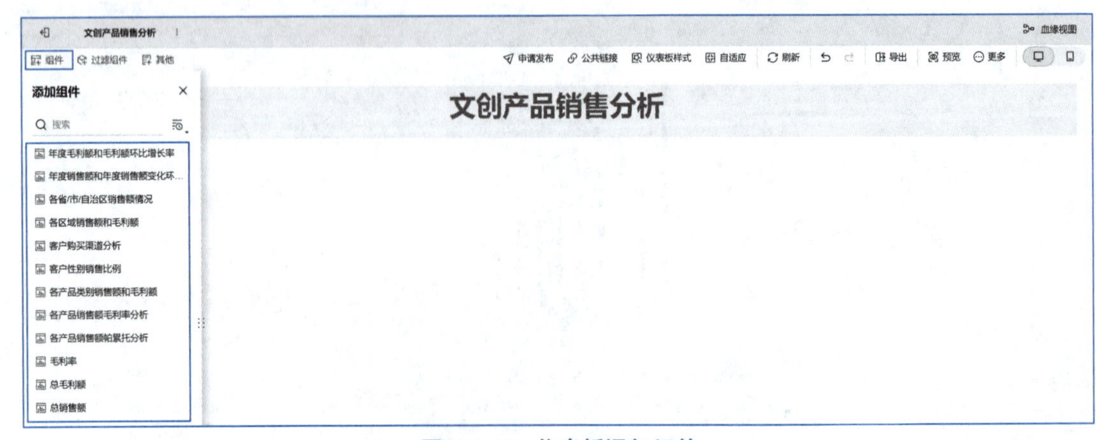

图 4.1.47　仪表板添加组件

步骤4 首先制作“分析总览”模块，将“总销售额”“总毛利额”“毛利率”组件拖动到仪表板的主窗口，调整大小与位置并在这三个组件的上方加上文本组件，写上小标题“分析总览”，如图4.1.48所示。

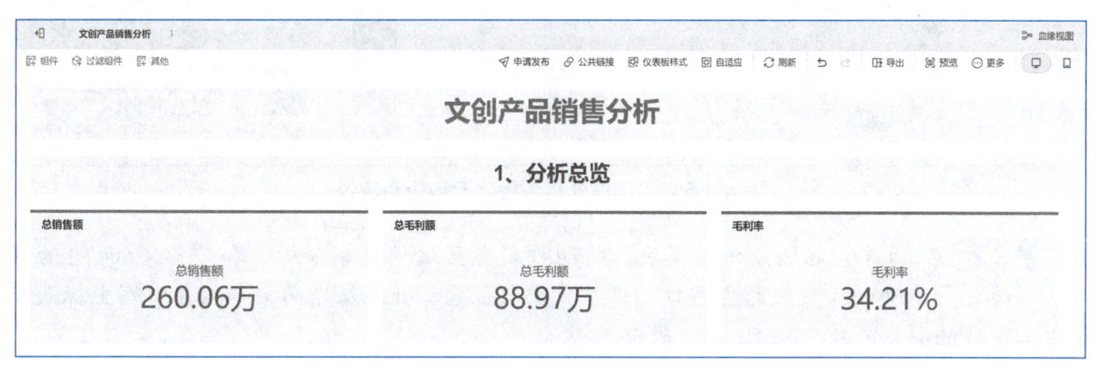

图 4.1.48 “分析总览”模块

步骤5 制作“产品分析”模块，对当前写“分析总览”的文本组件进行复制，用于写该模块的小标题。这样做的优势是可以使得新添加的文件组件与之前的文本组件大小一致，将复制出来的“分析总览”文本组件文字改成“产品分析”，将“各产品销售额帕累托分析”“各产品销售额毛利率分析”“各产品类别销售额和毛利额”三个组件拖动到仪表板的主窗口，并在这三个组件的右侧加上文本组件，写上对当前组件的分析结论，如图4.1.49所示。

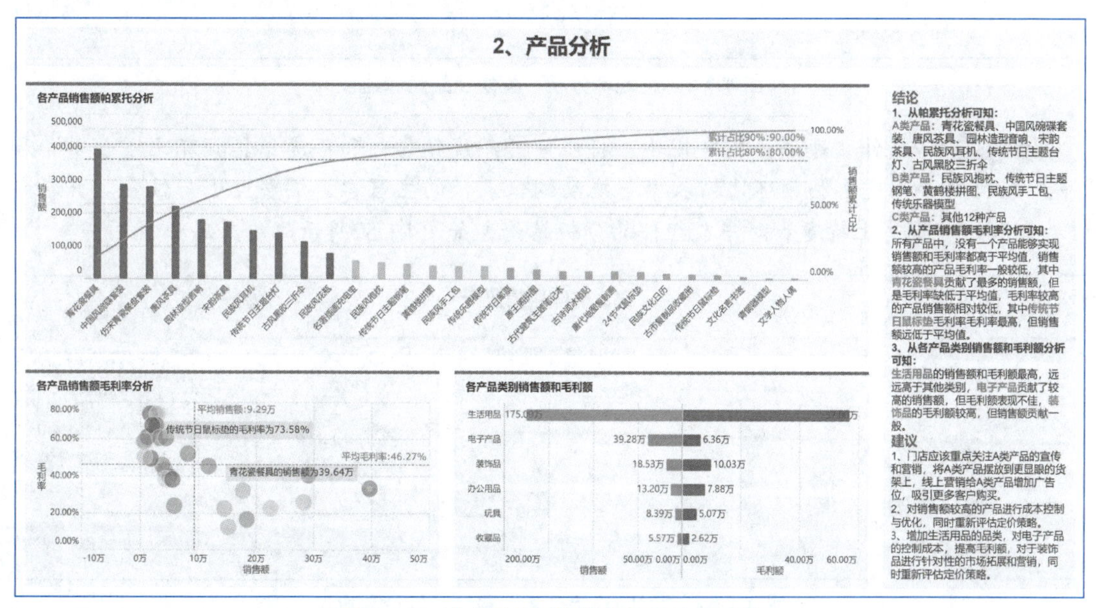

图 4.1.49 “产品分析”模块及结论和建议

步骤6 制作“客户分析”模块，用同样的方法写上第三模块的小标题“客户分析”，将组件“客户性别销售比例”“客户购买渠道分析”两个组件拖动到仪表板的主窗口，调整大小与位置，复制前一个“小结”文本组件，修改为当前模块的小结，如图4.1.50所示。

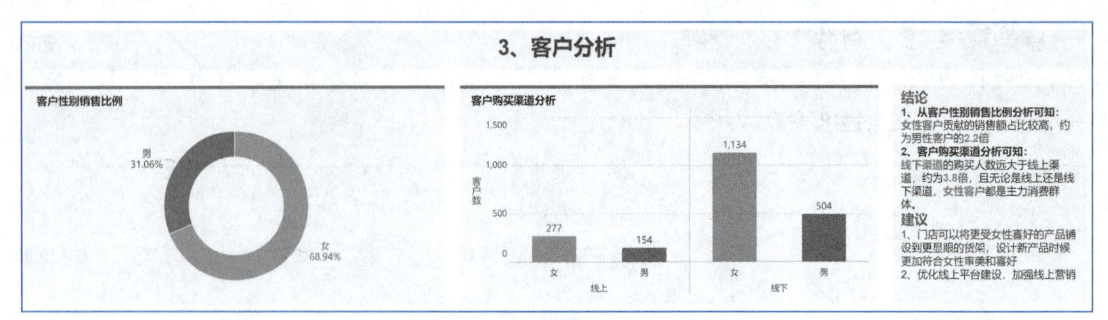

图 4.1.50 “客户分析”模块及结论和建议

步骤7 制作“地域分析”模块，将组件“各区域销售额分析”和“各省/市/自治区销售额情况”拖动到仪表板的主窗口，调整大小与位置，并在新增的文本组件中写上标题和对当前组件的分析结论，如图4.1.51所示。

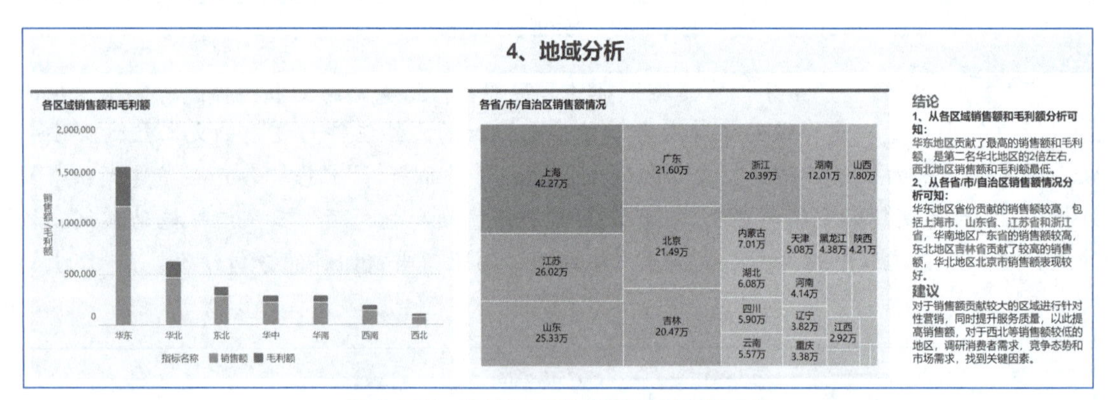

图 4.1.51 “地域分析”模块及结论和建议

步骤8 制作“地域分析”模块，将组件“年度销售额和年度销售额环比增长率”和“年度毛利额和年度毛利额环比增长率”拖动到仪表板的主窗口，调整大小与位置。并在新增的文本组件中写上标题和对当前组件的分析结论，如图4.1.52所示。

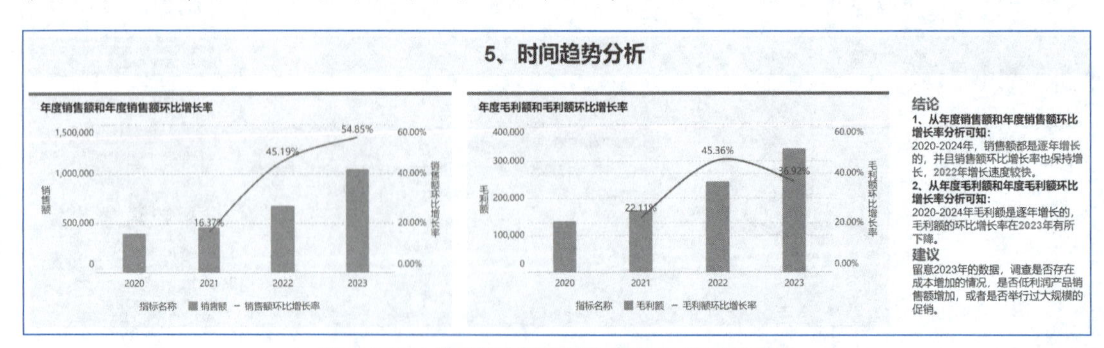

图 4.1.52 “时间趋势分析”模块及结论和建议

4）导出仪表板

操作步骤：

单击仪表板上方的“导出”按钮，选择“导出Pdf”，可以导出当前仪表板的当前状态PDF文件格式，仪表板最终效果如图4.1.53所示。

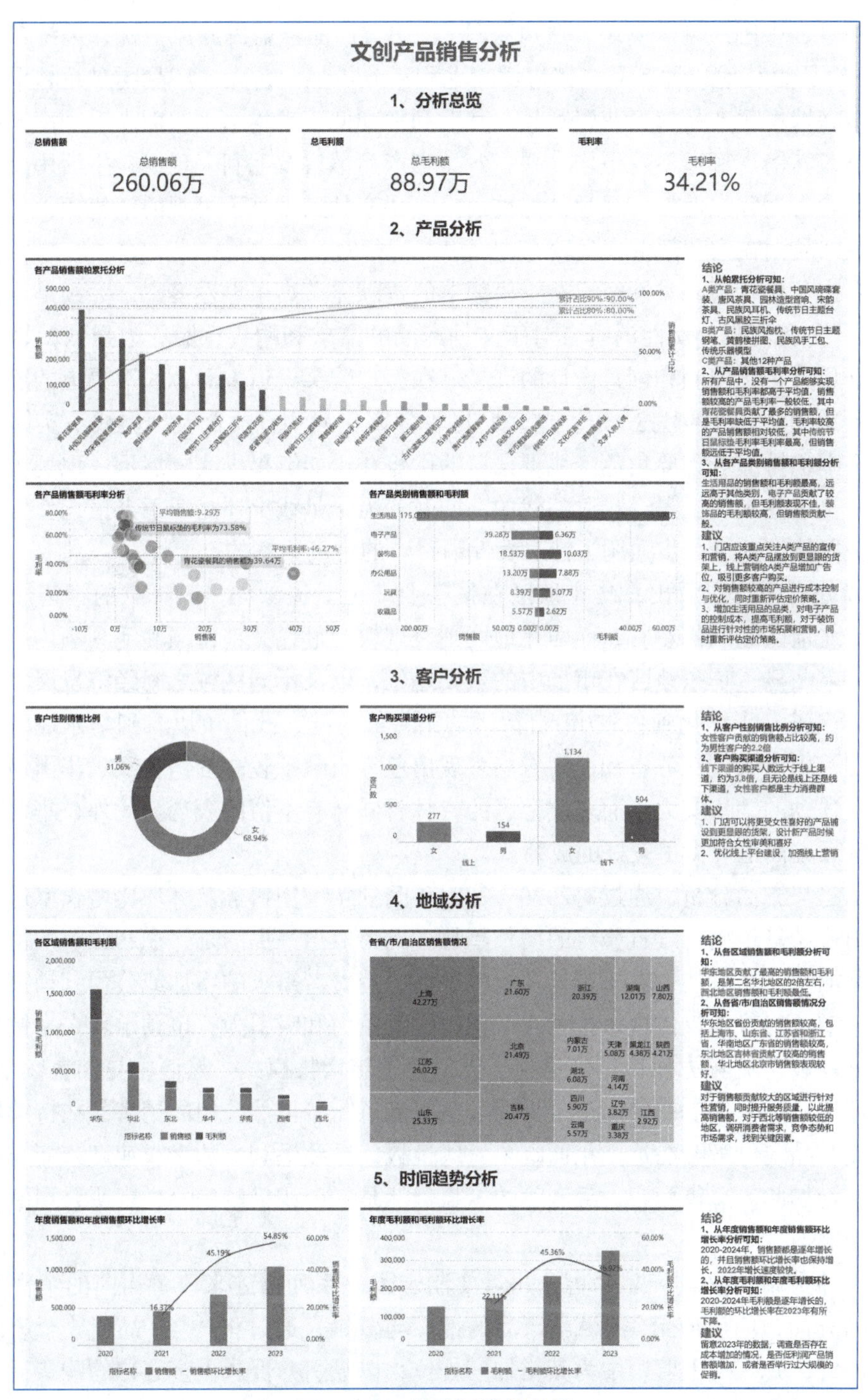

图 4.1.53 仪表板最终效果

6. 分析结果

某文创公司计划深入分析各品类、系列的产品销售与利润，以及区域和渠道的销售情况，同时研究会员数据。此举旨在识别营销与客户体验的短板，以优化战略、提升顾客满意度，确保市场竞争优势。

产品维度的分析可以发现多方面的信息，帕累托分析揭示了产品类别分布：A类产品包括青花瓷餐具、中国风碗碟套装、唐风茶具等，B类产品涵盖民族风抱枕、传统节日主题钢笔等，C类产品为其他12种产品。销售额与毛利率分析显示，无一产品同时超越平均销售额和毛利率。高销售额产品如青花瓷餐具，其毛利率却低于平均水平；而高毛利率产品如传统节日鼠标垫，其销售额远不及平均水平。各类别产品销售及毛利表现中，生活用品在销售额与毛利额上均占据领先地位，远超其他类别。电子产品虽贡献了可观的销售额，但毛利额不尽人意。装饰品则在毛利额上表现较好，但销售额相对一般。

通过客户分析发现，女性客户在销售额上的贡献显著高于男性客户，大约是男性客户的2.2倍。这一发现表明，女性消费者对于文创产品的需求和购买意愿更为强烈，她们可能更倾向于寻求具有文化内涵和创意设计的产品。在客户购买渠道方面，线下渠道的购买人数远远超过线上渠道，比例约为3.8倍。这表明尽管数字化购物日益普及，但线下实体店在文创产品的销售中仍扮演着重要角色。线下渠道的优势在于能够提供实物展示、现场体验和即时咨询等服务，这些是线上渠道难以替代的。同时，无论是线上还是线下渠道，女性客户都是主要的消费群体，这进一步强调了针对女性消费者的市场策略的重要性。

从地域分析中可以看出，华东地区在销售业绩上遥遥领先，其贡献的销售额和毛利额均达到了华北地区的两倍左右，而西北地区则表现较为逊色，销售额和毛利额均处于最低水平。这一结果凸显了华东地区在市场中的重要地位，以及不同区域之间经济发展水平和消费能力的差异。进一步细化到各省/市/自治区的销售额情况，我们可以看到华东地区的多个省份如上海市、山东省、江苏省和浙江省均表现出色，贡献了较高的销售额。华南地区的广东省也展现出强劲的销售实力，而东北地区的吉林省同样有不俗的表现。此外，华北地区的北京市在销售额方面也取得了较好的成绩。

从时间趋势方面分析，通过对2020—2024年间的年度销售额及其环比增长率进行细致分析，发现销售额呈现出持续且稳定的增长趋势。尤为值得一提的是，在2022年，销售额的增长速度显著加快，这可能得益于市场环境的改善、消费者需求的增加或公司营销策略的有效实施。这一增长趋势不仅体现了公司在市场中的竞争力和吸引力，也预示着未来销售业绩的进一步向好。在毛利额方面，也观察到了类似的逐年增长模式。然而，与销售额不同的是，毛利额的环比增长率在2023年出现了下降。这可能意味着虽然公司的销售额在持续增长，但成本控制或产品定价策略在这一年面临了一些挑战，导致毛利额的增长速度未能与销售额保持同步。尽管如此，总体而言，毛利额的增长仍然是一个积极的信号，表明公司的整体盈利能力在不断增强。

基于上述分析，文创产品销售公司需要制定了一系列措施来改善当前的销售和营销状况。在产品方面，门店应聚焦于A类产品的推广与营销，通过将A类产品摆放至店内更为显眼的货架位置，并在线上营销中为其增加广告位，以吸引并促进更多客户的购买行为。针对销售额较高的产品，需实施成本控制与优化措施，同时重新审视其定价策略，以确保盈利能力的提升。为丰富产品线，建议增加生活用品的品类选择。对于电子产品，应加强成本控制以提高毛利额。同时，对装饰品进行有针对性的市场拓展和精准营销，并再次评估其定价策略，以适应市场需求并提升销售效益。在客户营销方面，销售策略应充分考虑到女性消费者的主导地位，以及线下渠道在销售中的重要性。企业可以通过优化线下门店的购物体验、加强与女性消费者的沟通互动，以及在产品设计和营销活动中融入更多符合女性审美和文化追求的元素来提升销售业绩和市场份额。同时，虽然线上渠道的购买人数相对较少，但企业也不应忽视线上市场的潜力，通过提升线上购物体验、加强社交媒体营销等方式，吸引更多线上消费者。在地域营销方面，对于销售额贡献突出的区域，实施精准的营销策略，并致力于提升服务质量，以巩固市场地位并推动销售额的持续增长。针对西北等销售额相对较低的地区，深入调研消费者需求、竞争态势以及市场需求，全面剖析制约销售增长的关键因素。通过精准定位和有效施策，在各个区域实现销售额的稳步攀升。对2023年的数据进行深入分析，以调查是否存在成本增加的情况。同时，关注低利润产品销售额的变化趋势，以及是否在当年举行过大规模的促销活动。这些因素都可能对销售额和毛利额业绩产生重要影响，因此需要仔细研究并采取相应的应对措施。通过实施上述一系列策划的措施，可以提升经营效益，实现更加稳健和可持续的发展。

拓展训练

使用“文创产品销售额数据”从更多角度探索，并提出针对性的营销策略和优化建议。

具体要求：

（1）产品分析：从更多维度进行产品分析。

（2）客户分析：从更多维度进行客户分析。

（3）时间趋势分析：从更多维度进行销售额数据时间趋势分析。

（4）给出结论和建议：基于上述分析所得结论给出建议和策略。

项目小结

通过深入参与文创产品销售分析的数据分析和数据可视化项目，读者能够全方位、多角度地掌握零售类分析的方法和流程。这一过程不仅涵盖了从数据收集、整理到分析、解读的各个环节，还让读者亲身体验了如何将理论知识应用于实际情境中。

在帕累托模型的学习中，读者不仅理解了其定义和基本原理，还通过具体的案例分析和实际操作掌握了在不同场景下如何运用帕累托模型进行数据分析。同样地，对于四项限图的学习也让读者对其定义、使用场景和实现方法有了更加深入的认识，并能够灵活运用于实际工作中。

此外，聚合计算和明细计算作为数据处理的两种重要方法，也在项目中得到了充分的体现。读者通过实际操作，深刻理解了这两种计算方法的区别和联系，以及它们在数据分析中的不同应用场景。同时，对比分析的方法也贯穿于整个项目过程中，帮助读者更加准确地评估不同产品或区域的销售表现，为制定针对性的营销策略提供了有力支持。

最后，撰写分析报告是整个项目的收尾环节，也是检验学习成果的重要环节。读者通过亲自动手撰写报告，不仅锻炼了文字表达能力，还学会了如何将复杂的数据分析结果以清晰、有条理的方式呈现出来，使报告更具说服力和可读性。

综上所述，这一项目不仅让读者掌握了零售类分析的基本方法和流程，还培养了他们的逻辑思维能力、数据处理能力和文字表达能力，为他们未来的职业发展奠定了坚实的基础。

项目二 企业员工离职趋势分析

项目目标

（1）掌握人事数据的分析流程。

（2）掌握FineBI中自助数据集的构建方法。

（3）理解FineBI中的参数传递机制。

（4）理解多维度数据分析方法。

项目描述

近期，某企业注意到其员工的离职率有所上升，这种趋势若持续下去可能会对组织结构稳定性和团队士气产生负面影响。此外，频繁的人才流失也将导致招聘成本增加以及知识与经验的损失。为了解决这些问题并改善员工满意度与留存率，公司领导层希望通过深入分析现有人事数据来确定离职行为背后的驱动因素。HR部门被赋予任务利用数据可视化工具对历史人事记录进行全面审查。目标是从多个角度（如部门、职级、教育程度等）探索离职模式，并识别出高风险群体或任何不寻常的趋势。通过理解哪些因素最能预测或解释员工离开公司的行为，企业将能够制定更有效的策略来提高员工满意度和忠诚度，并建立起更健康、更具吸引力和保留价值的工作环境。具体分析要求如下：

（1）人事数据整理。对原始人事记录数据表进行数据加工，得到期间在职人数、期间离职人数、期末入职人数及期末离职人数等核心指标，以确保数据的准确性和完整性，为后续分析打下基础。

（2）离职率计算与趋势监测。基于收集到的核心指标计算员工离职率，并对其进行时间序列分析，以直观反映公司员工流失比例及变化趋势。这一指标将作为评估HR政策有效性的关键参数。

（3）多维度离职率分析。深入分析不同部门、不同职级、不同文化程度及不同性别群体的离职率变化，通过可视化工具展示各类群体之间的差异，从而揭示潜在原因。

（4）根本原因调查与策略建议。结合上述分析结果，确定影响员工满意度和留存率的重要因素，如晋升机会及工作环境等。基于这些发现，为企业制定针对性的改进策略，提高员工满意度和忠诚度，并建立更加健康且具吸引力的工作环境。

项目实施

1. 分析思路

1）确定核心指标

确定核心指标体系，如图4.2.1所示。

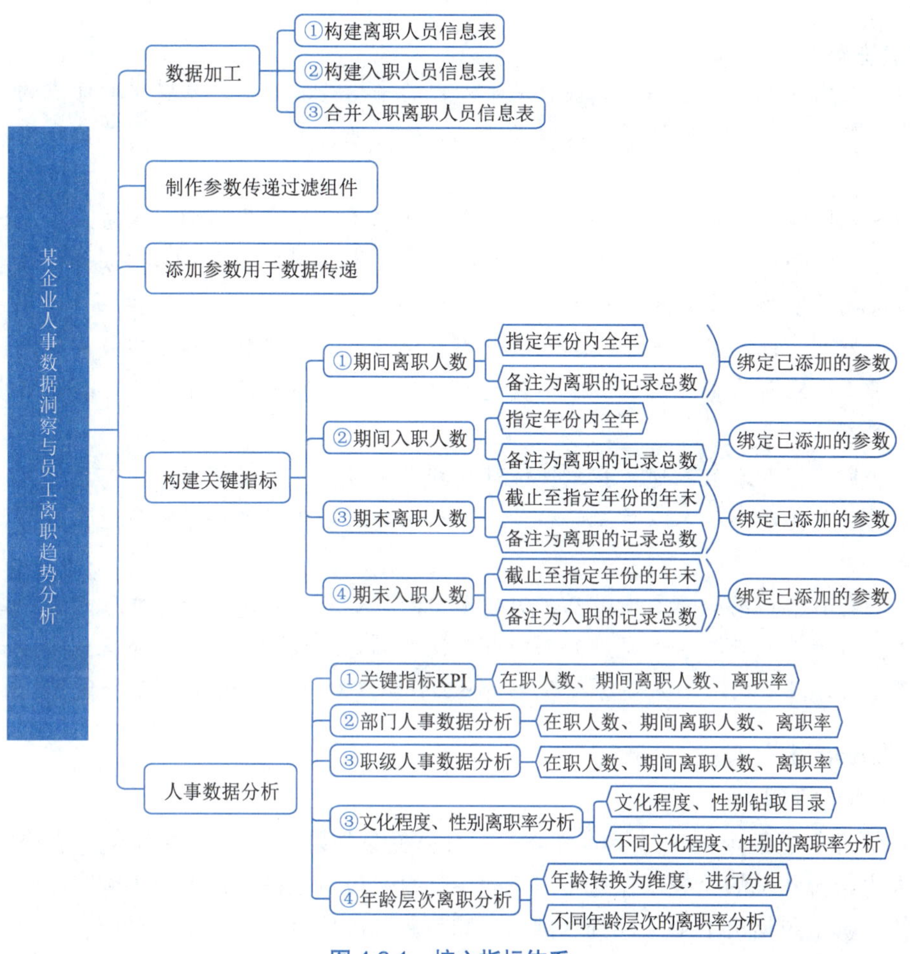

图 4.2.1　核心指标体系

2）分析指标

人事数据分析的过程中将重点监测几个核心指标来衡量和理解员工离职趋势，主要包括期间在职人数、期间离职人数、期末入职人数、期末离职人数。通过这几个核心指标，进一步构建离职率指标。离职率能够直观地反映出公司员工流失的比例，并且是评估HR政策有效性的关键参数。此外，为了深入理解离职率变化的内在原因，本项目还将分析不同部门、不同职级、不同文化程度及不同性别的离职率变化，如图4.2.2所示。这些分析能够更具体地揭示出员工离职的潜在原因和模式。例如，如果某个特定部门或职级的离职率异常高，可能表明该领域存在管理问题、不满足的工作条件或者是晋升机会缺乏等问题。通过对不同文化程度及性别群体的离职率进行比较，可以检测公司政策是否公平。

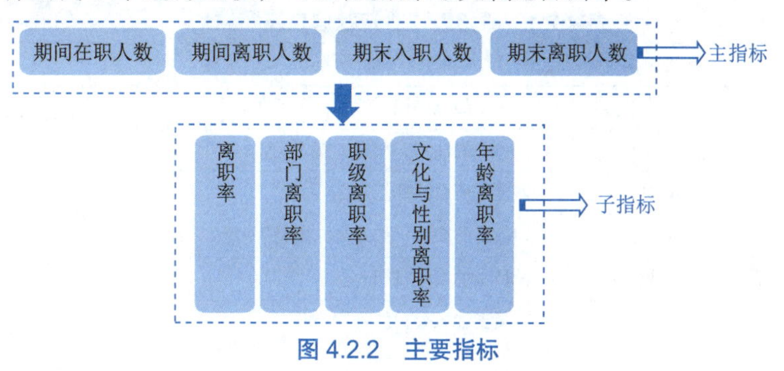

图 4.2.2　主要指标

知识详解：

（1）期间在职人数：指企业在一定时期内的平均员工数量或某特定时间点的员工总数。这个数字反映了企业规模和人力资源配置的情况，是衡量组织运营能力和市场活动需求的基础数据。

（2）期间离职人数：指同一时期内从企业离职（包括自愿离职、被解雇等）的员工数量。它可以帮助分析员工流失问题，并通过对比不同周期内变化趋势来评估人事政策和市场状况对于员工稳定性的影响。

（3）期末入职人数：通常指截至统计周期结束时，在册且实际上岗或有假期但仍归属于公司名下的所有员工总数。这个数据有助于了解一个阶段结束时公司具备多少有效劳动力资源。

（4）期末离职人数：通常指截至统计周期结束时，一个时间段内所有已经完成离职流程且不再归属于公司名下员工的数量。这个数据有助于了解一个阶段结束时公司的劳动力流失情况。

（5）离职率：离职率是衡量员工流失水平的关键人力资源指标，它表示在一定时期内离开公司的员工数量占该时期开始时或平均在职员工数的比例。这个比例可以帮助企业了解其人才保留状况，并评估人事政策和工作环境对于员工稳定性的影响。

2. 数据准备

1）数据源说明

本案例汇集了某企业2023年的“企业人力资源综合数据”，这份员工信息表描绘了该公司内部人力资源状况的全貌。在这张信息表中，每一位员工都通过多个关键字段被精确地记录和分析，其中包括员工ID、性别、部门、职称等基础信息，以及出生日期、入职日期和离职日期等时间线索。此外，还有反映当前就业情况的在岗状态、标识教育水平的文化程度以及定义组织层级位置的职级。这些数据不仅呈现了各个部门间人才结构与性别比例差异，并且透露了员工流动趋势与留存率指标。借助于收集到的详实数据，HR能够进行有效地人事规划和培训发展项目设计，最终目标是通过对这些关键指标深入分析来降低离职率并提升整体组织效能。

2）数据标准化

对原始数据表进行结构化的了解不仅能够帮助构建起数据之间的逻辑桥梁，还能为后续的数据分析、挖掘乃至决策支持奠定坚实的基础。本案例使用的原始数据表中对应字段及结构见表4.2.1。

表 4.2.1　原始表“旅行社信息表”结构

字段名	字段结构	备　注
员工 ID	数值	员工的唯一识别编号，用于区分不同员工
性别	文本	员工的性别，如男、女等
部门	文本	员工所属的部门名称
职称	文本	员工的职称，如专员、主管等
出生日期	日期	员工的出生日期
入职日期	日期	员工加入公司的日期

续表

字段名	字段结构	备　注
离职日期	日期	员工离开公司的日期，如果当前在岗则为空（NULL 或空字符串）
在岗状态	文本	员工当前是否在岗的状态，如在职、离职等
文化程度	文本	员工的文化程度，如本科、大专等
职级	文本	员工的职级
员工 ID	数值	员工的唯一识别编号，用于区分不同员工
性别	文本	员工的性别，如男、女等
部门	文本	员工所属的部门名称
职称	文本	员工的职称，如专员、经理等

3. 指标定义

本例的分析目标分别为在职人数、离职人数、新入职人数。由此可以拆解为以下几个指标，见表4.2.2。

表 4.2.2　指标定义

指　标	定　义
期间在职人数	该字段表示在特定时间段内（如一个季度、一年等），公司中保持在职状态的员工总数。根据员工信息表中的“入职日期”和“离职日期”筛选出在该时间段内入职且未离职的员工。如果“离职日期”为空或晚于时间段结束日期，则认为员工在该时间段内仍在职。然后，对这些筛选出的记录进行计数，得到期间在职人数
期间离职人数	该字段表示在特定时间段内，公司中离职的员工总数。通过员工信息表中的“离职日期”字段筛选出在该时间段内离职的员工（即离职日期在该时间段内）。然后，对这些筛选出的记录进行计数，得到期间离职人数
期末入职人数	该字段表示在特定时间段结束时（如季度末、年末等），公司中仍在职的员工总数。确定时间段的结束日期。然后，根据员工信息表中的“离职日期”字段筛选出在该日期之前未离职的员工（即离职日期为空或晚于结束日期的员工）。最后，对这些筛选出的记录进行计数，得到期末入职人数
期末离职人数	该字段表示在特定时间段结束时（如季度末、年末等），公司离职的员工总数。确定时间段的结束日期。然后，根据员工信息表中的“离职日期”字段筛选出在该日期之前离职的员工。最后，对这些筛选出的记录进行计数，得到期末入职人数

4. 数据处理

（1）数据表及内容。根据分析框架，梳理出所需数据包含员工ID、性别、部门、职称、出生日期、入职日期、离职日期、职级这几部分数据。

（2）创建分析主题。

（3）添加数据。导入指定的Excel表：企业人力资源综合数据。

（4）数据处理。本案例数据为企业员工信息表，包括员工ID、出生日期、入职日期、离职日期、职级等。这些数据是理解员工流动情况、分析人力资源状况的基础。具体来说，这些数据可以帮助识别哪些员工已经离职、哪些员工仍在公司内，以及他们的入职和离职时间。此外，通过出生日期还可以计算出员工的年龄，这对于分析员工群体的年龄结构、制定针对不同年龄段的员工策略具有重要意义。

本数据处理流程旨在通过构建和整合两个自助数据集——“离职人员信息表”与“入职人员信息表”，全面而高效地分析员工的入职与离职情况。首先，创建“离职人员信息表”并过滤掉非空离职日期，能够直接聚焦于已离职员工，排除在职及未明确离职日期的员工，确保分析对象的准确性。进一步添加备注列“离职”，通过明确的标签区分离职记录，便于后续数据处理与分析中的快速识别与筛选。接着构建“入职信息表”，聚焦于全部员工的入职信息，添加备注列“入职”。最后将“入职人员信息表”与“离职人员信息表”合并，将“入职”与“离职”的状态信息整合至同一字段中，大大简化了数据表的结构。这种简化的数据结构可以直接轻松地筛选出在职员工、已离职员工，使得数据分析与可视化处理变得更加高效。

操作步骤：

步骤1 进入分析主题中的“数据”标签，选择“企业人力资源综合数据”作为数据源来创建数据集。在“企业人力资源综合数据”右侧的扩展窗口中，选择“创建数据集”命令，如图4.2.3所示。

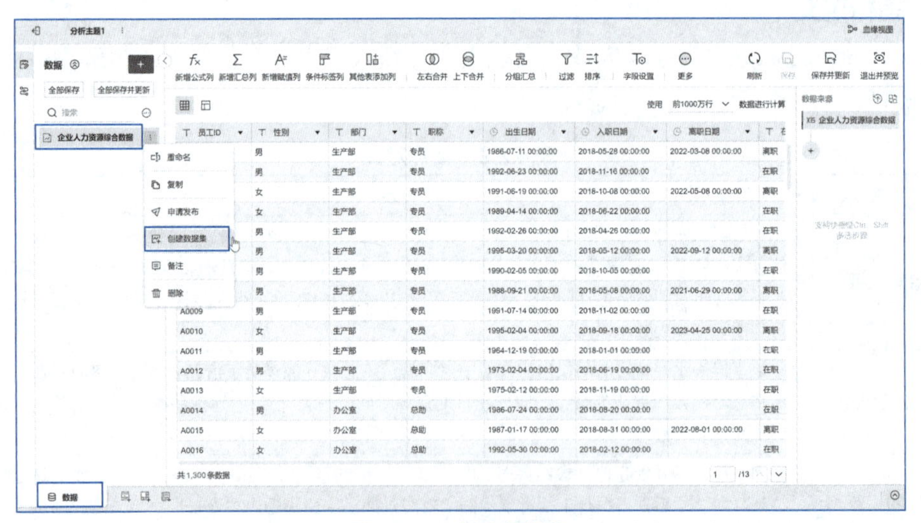

图 4.2.3　创建数据集

步骤2 在新产生的数据集的右侧的扩展窗口中，选择“重命名”命令，如图4.2.4所示，命名为“离职人员信息表”。

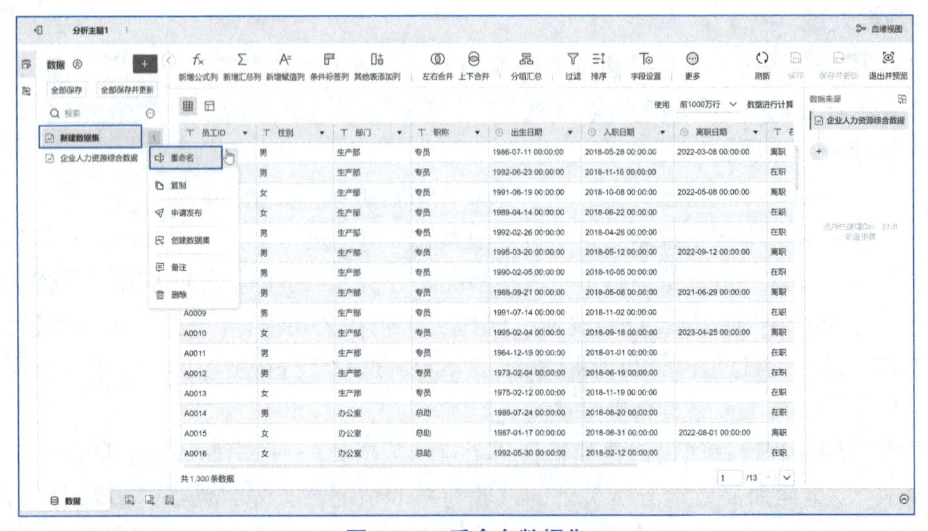

图 4.2.4　重命名数据集

步骤3 选择数据处理上方的“字段设置”命令，在字段选择界面，不勾选“入职日期”字段，以便进一步处理数据集，专注于离职人员信息，如图4.2.5所示。

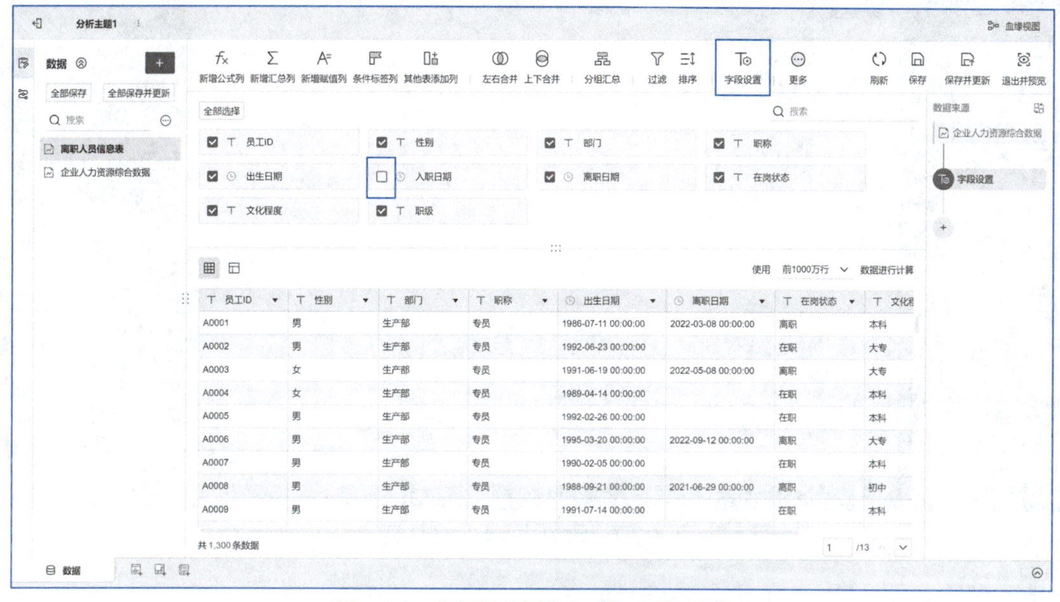

图 4.2.5　“离职人员信息表”字段设置

步骤4 选择数据处理上方的“过滤”命令，在字段选择界面，设置“离职日期”字段为“非空”，以确保该数据集专注于离职人员信息，如图4.2.6所示。

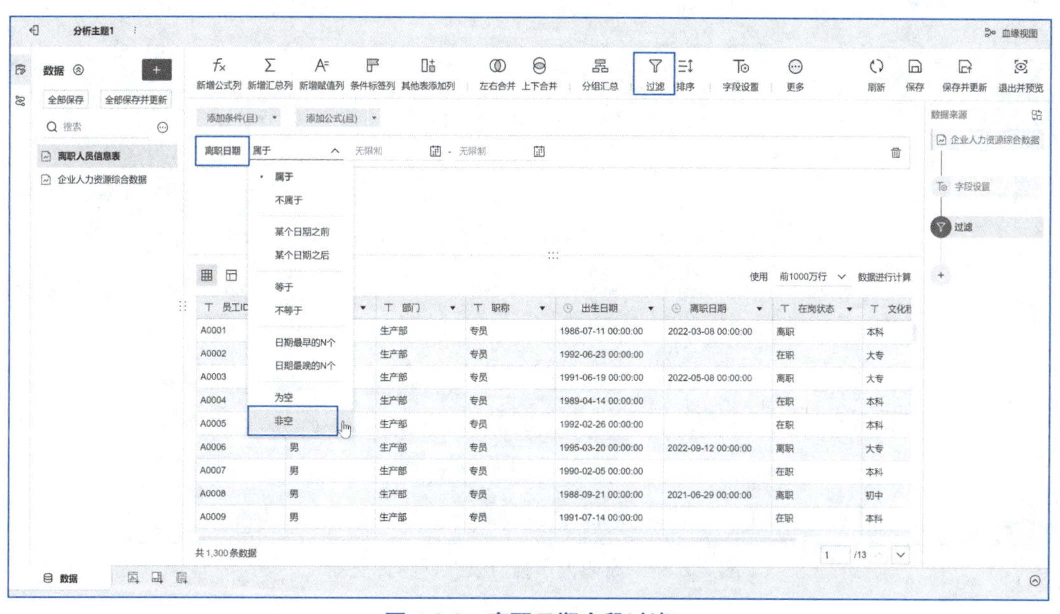

图 4.2.6　离职日期字段过滤

步骤5 选择数据处理上方的“条件标签列”命令进行备注列的添加，为该列命名为“备注”，并为其设置了固定的标签文本值“离职”，如图4.2.7所示。这一步骤的目的是在数据集中明确标识这些记录是关于离职人员的，便于后续的数据分析和报表制作。

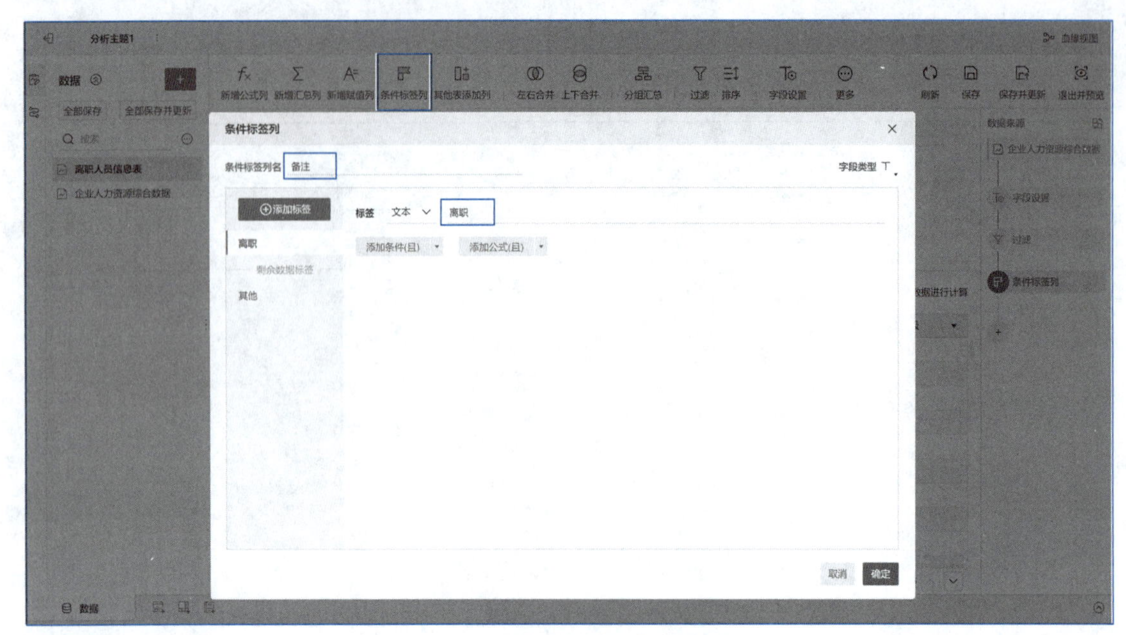

图 4.2.7　添加“离职”备注列

步骤6 选择数据处理上方的“保存并更新”命令对当前数据集进行保存更新，如图4.2.8所示。

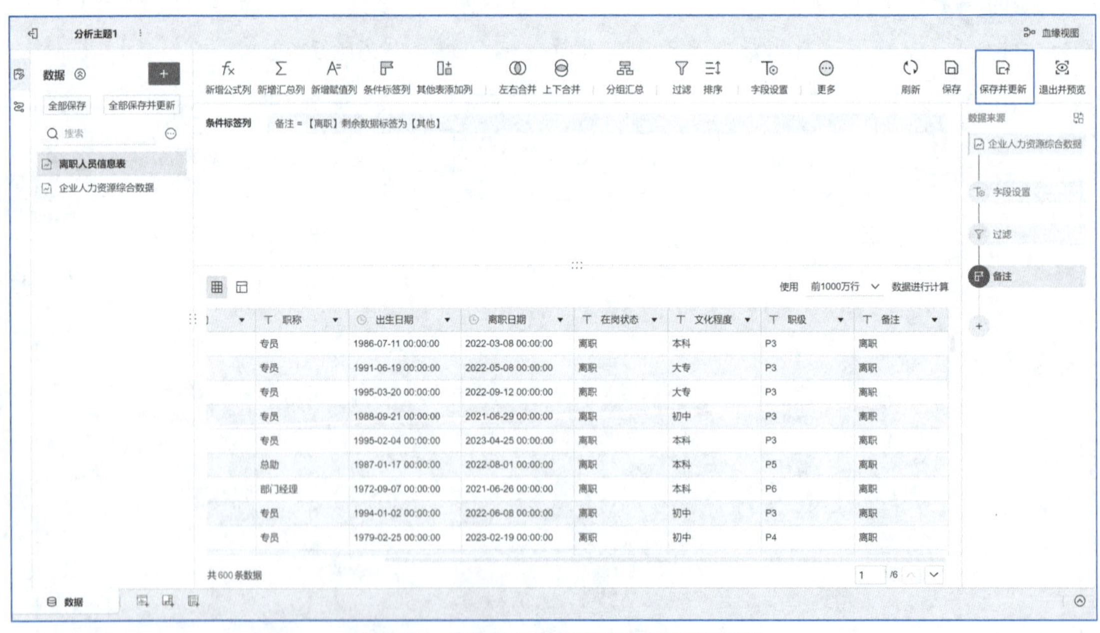

图 4.2.8　“离职人员信息表”保存并更新

步骤7 重复步骤（1）（2）的操作，再次选择“企业人力资源综合数据”作为数据源来创建数据集。在“企业人力资源综合数据”右侧的扩展窗口中，选择“创建数据集”命令。在新产生的数据集的右侧的扩展窗口中，选择“重命名”命令，命名为“入职人员信息表”，如图4.2.9所示。

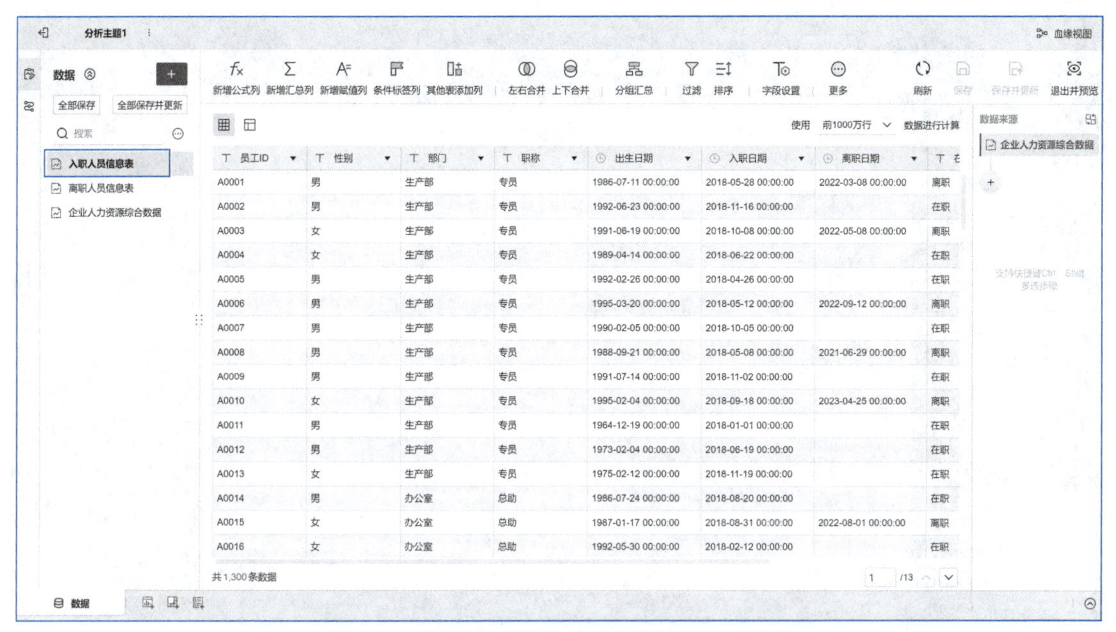

图 4.2.9 创建自动数据集“入职人员信息表”

步骤8 选择数据处理上方的“字段设置”命令，在字段选择界面，不勾选“离职日期”字段，以确保该数据集专注于入职人员信息，如图4.2.10所示。

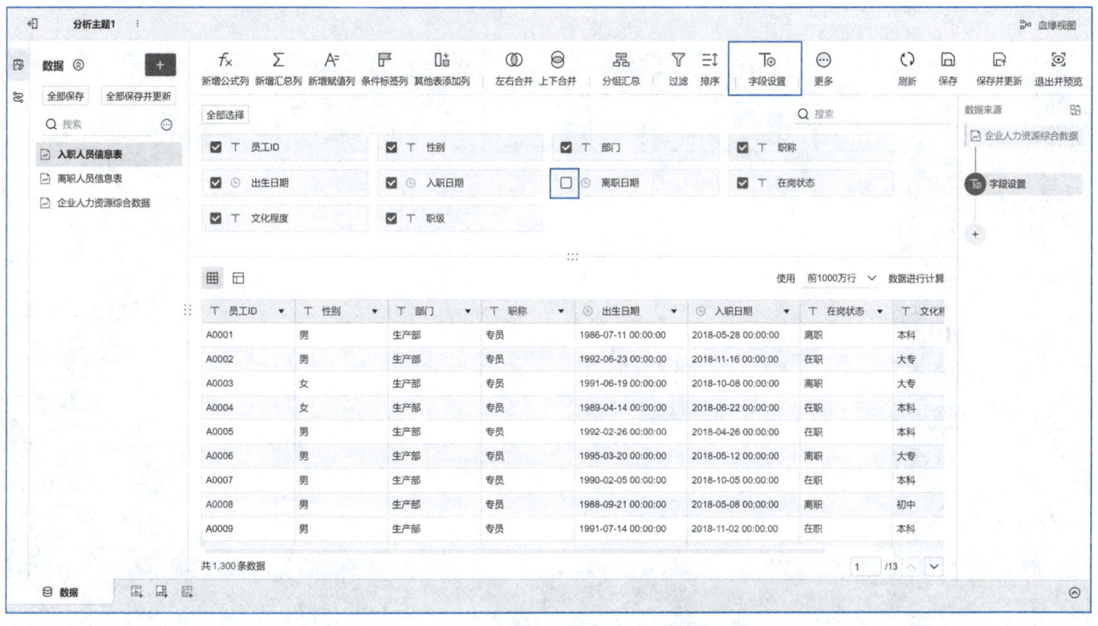

图 4.2.10 “入职人员信息表”字段设置

步骤9 重复步骤（5），在“入职人员信息表”数据集中添加一个备注列“入职”，用于标识入职记录。这一步骤为数据集提供了入职员工的信息标记，如图4.2.11所示。

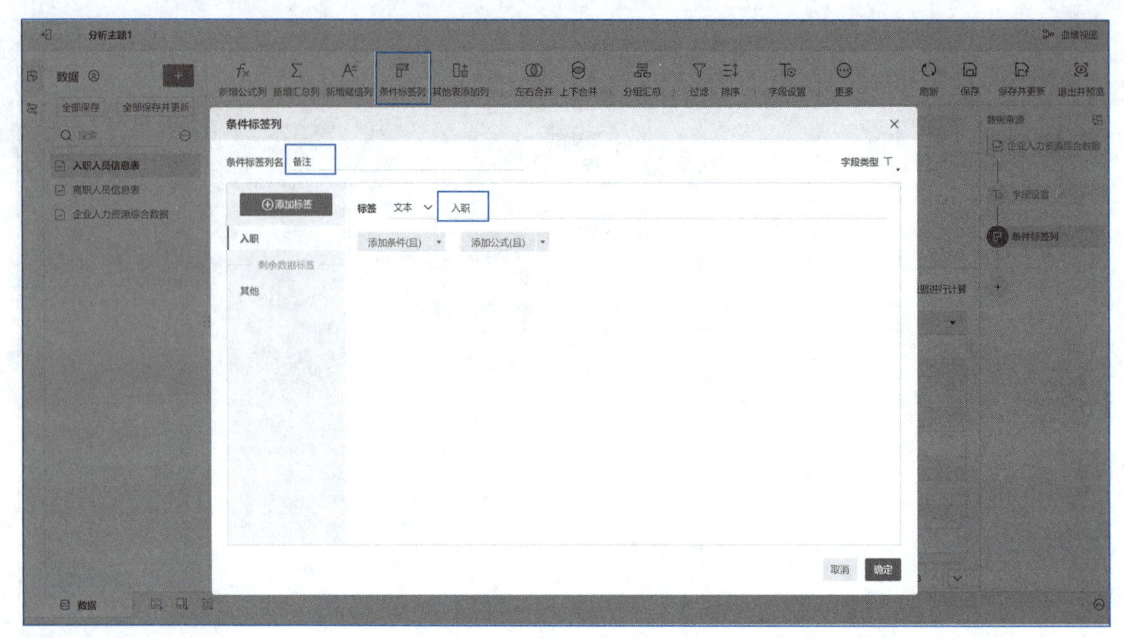

图 4.2.11　添加“入职”备注列

步骤10　将“入职信息表”与“离职人员信息表”进行合并。在“入职信息表”的数据处理界面的上方选择“上下合并”命令。在合并设置中，指定“离职人员信息表”作为合并的数据集，如图4.2.12所示。

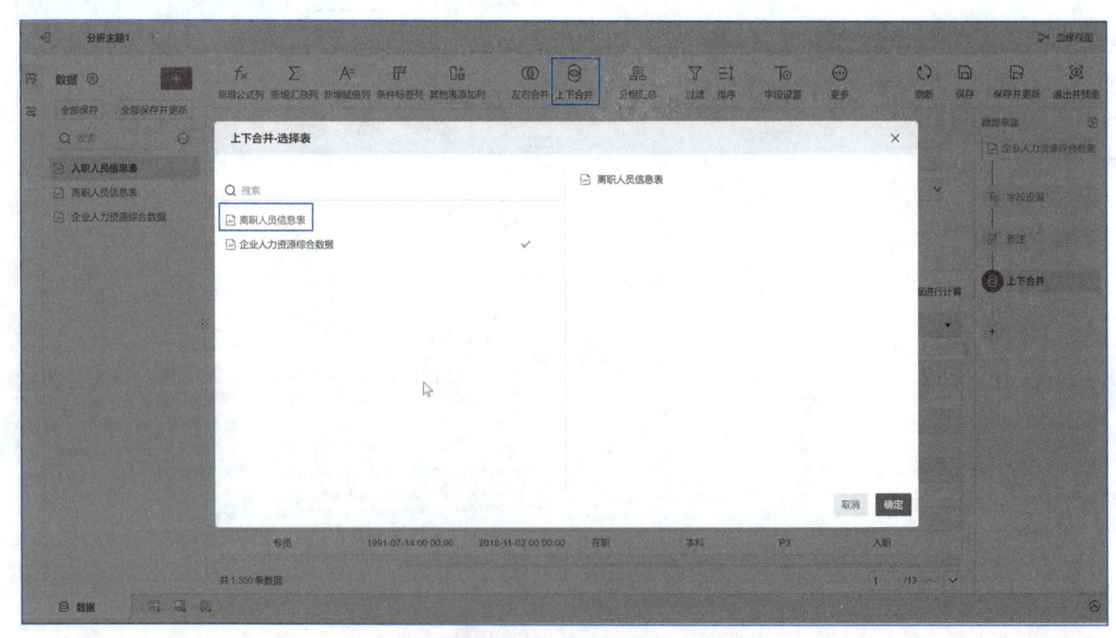

图 4.2.12　上下合并

步骤11　在指定了“离职人员信息表”作为待合并的数据集之后，软件会自动匹配两个数据表中具有相同名称的字段，但考虑到入职日期与离职日期在逻辑上虽相关却不直接对应，因此这两个字段不会自动匹配。此时需要手动介入，将“入职信息表”中的入职日期字段与“离职人员信息表”中的离职日期字段进行匹配设置，这一操作旨在确保合并后的数据集既包含了员工的入职信息，也涵盖了其离职情况，如图4.2.13所示。

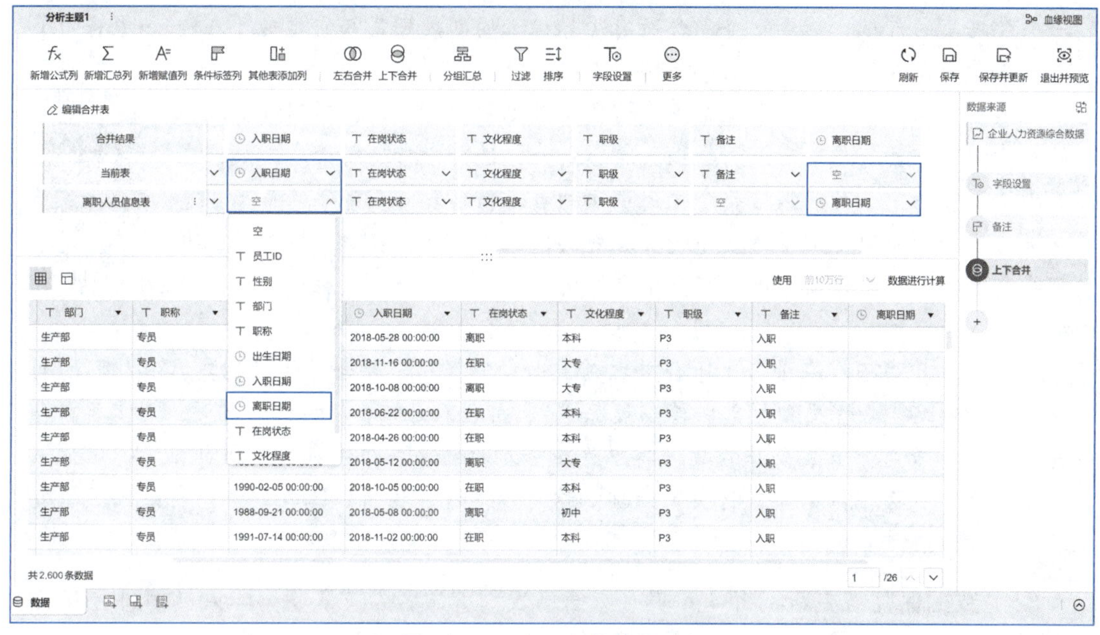

图 4.2.13　上下合并字段匹配

步骤12 将合并结果中的“入职日期”字段改为“日期”，使之更符合当前的数据情况，如图4.2.14所示。

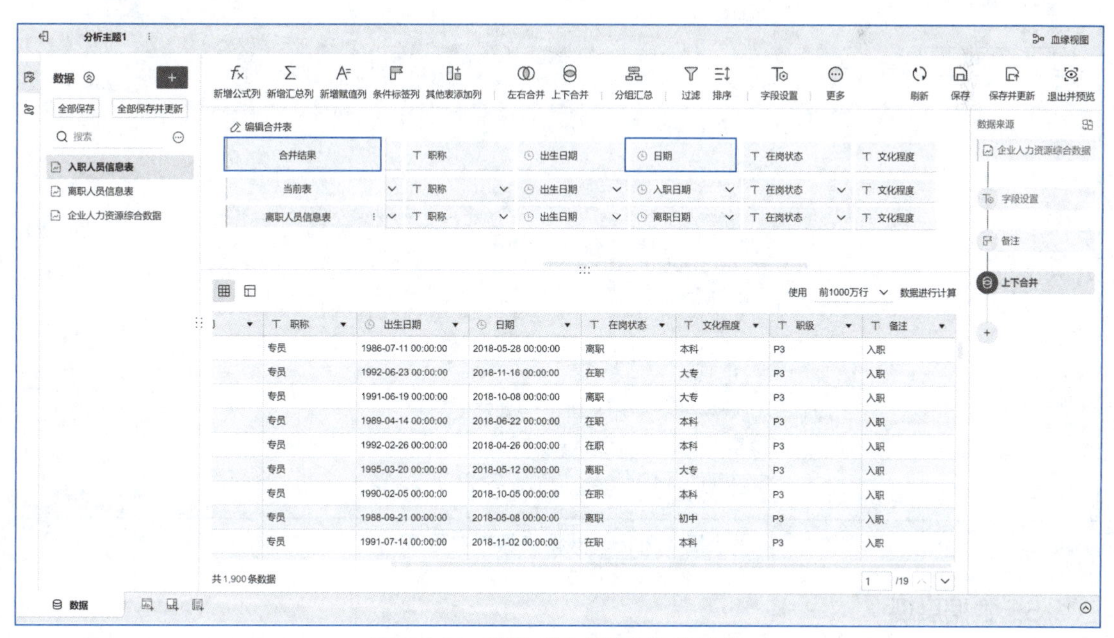

图 4.2.14　修改“合并结果”字段名

知识详解：

上下合并：在数据处理中，上下合并（也称为垂直合并或堆叠合并）是一种将两个或多个数据集基于相同的字段结构进行纵向连接的操作。这种合并方式不涉及数据集之间基于共同字段的匹配或连接条件，而是简单地将一个数据集的所有记录添加到另一个数据集的末尾，形成一个包含所有原始记录的新数据集。它类似于在Excel中将两个工作表的内容直接复制粘贴到一个新的工作表中。

（1）应用场景：上下合并常用于需要将来自不同时间段、不同数据源但结构相同（即具有相同列）的数据集整合到一起进行分析的场景。例如，在人力资源分析中，可能需要将今年上半年的员工信息表与下半年的员工信息表进行合并，以便全面了解全年的员工变动情况。同样，在财务报告中，也可能需要将不同月份或季度的财务报表数据进行上下合并，以生成年度汇总报告。

微视频
数据表上下合并

（2）注意事项：在进行上下合并之前，必须确保所有要合并的数据集具有相同的列结构（即列名、数据类型等需保持一致）。如果列名不同但表示的信息相同，则需要在合并前进行重命名。如果合并的数据集中存在重复的记录（即所有列的值都相同的记录），则需要在合并后根据需要进行去重处理。这可以通过数据清洗工具或编写特定的数据处理逻辑来实现。

（5）数据保存与更新。将“入职人员信息表”重命名为“入职离职人员信息合并表”，选择“保存并更新”命令，将当前数据集所作的改动保存，如图4.2.15所示。

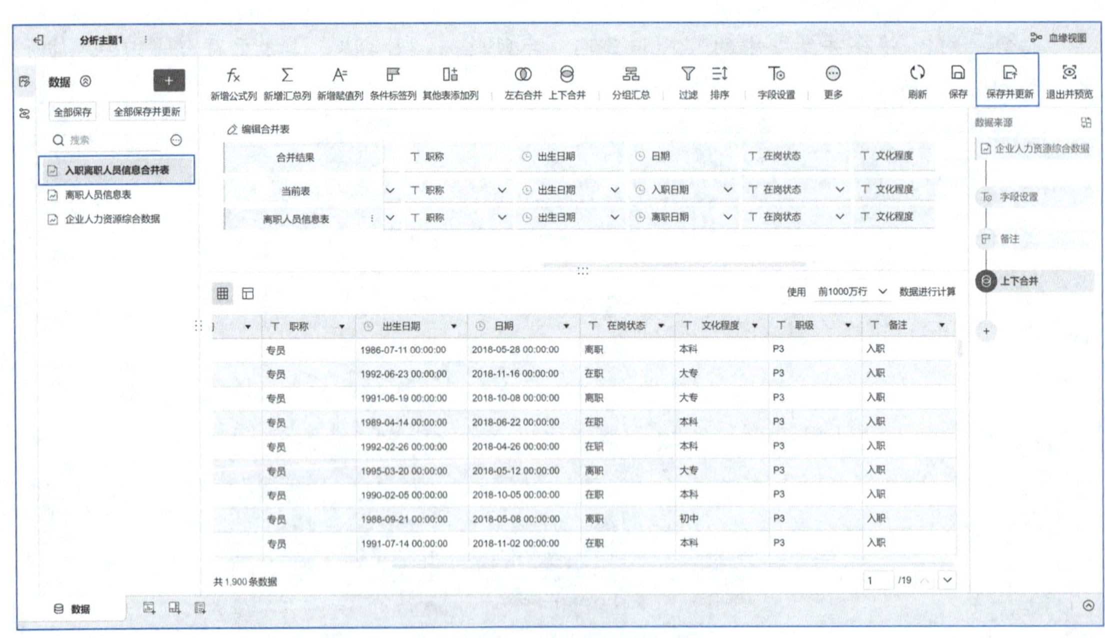

图 4.2.15　数据集保存并更新

5. 数据展现

1）制作组件

首先需要仪表板时间过滤组件参数传递的机制来构建“期间在职人数”“期间离职人数”“期末入职人数”“期末离职人数”几个指标，进而在此基础上通过公式计算得到“期末入职人数”“离职率”。接下来构建几个KPI组件，以直观审视公司的人事离职情况。接着细化分析至部门层面，通过比较各部门间的离职率差异，识别出离职率异常偏高的部门。这一步骤有助于了解是否存在特定部门管理、工作环境或福利政策等方面的问题。进一步深入到职级层面，分析不同职级员工的离职率情况。这有助于理解离职是否集中在某一类特定职级，从而推断可能与职业发展路径或薪酬待遇等相关的原因。考虑员工的文化程度、性别、年龄等属性因素，分析这些因素是否与离职率存在关联。比如，新员工的高离职率可能反映了入职培训或入职初期支持不足的问题；而资深员工的离职则可能涉及职业发展瓶颈或公司文化不适应等深层次原因。

知识详解：

在FineBI中，仪表板时间过滤组件的参数传递机制是实现动态数据分析与报告的关键功能之一。这一机制允许用户通过调整时间过滤组件（如日期选择器、年份选择器、年月区间选择器等）来动态地控制仪表板中各个指标（如“期间在职人数”“期间离职人数”“期末入职人数”“期末离职人数”等）的数据范围，从而获取不同时间段内的详细数据洞察。

时间过滤组件通过参数传递机制与仪表板中的各个指标进行联动。具体流程如下：

（1）设置过滤组件：在仪表板上添加一个过滤组件，这可以是文本型过滤组件、时间过滤组件等。用户通过这些控件设定他们想要查看的数据范围。例如，在一个销售分析报告中，可能会有时间范围选择器来限定用户希望查看的销售周期。用户可以指定开始日期和结束日期，以便只展示该时段内的销售数据。这样的动态筛选功能使得报告更加灵活和有用。

（2）创建参数：参数是用于存储从过滤组件接收到值的变量。在数据可视化工具中，需要定义一个参数来保存过滤组件中所产生的值。

（3）创建明细过滤字段：明细过滤字段通常指那些将被应用于实际数据集以执行过滤操作的字段，确保它们能够根据传入的参数正确地影响明细数据的结果。

（4）绑定参数到明细过滤字段：将前面创建好的参数与明细过滤字段进行关联，即把仪表板上用户在过滤组件上选择的输入值（如选取了某个特定日期）映射到数据库查询里去返回经过参数过滤的明细数据集（比如只返回该特定日期内发生的明细数据记录）。

（5）在过滤组件中绑定参数：将前面创建好的参数与仪表板上的过滤组件进行关联。例如，在时间过滤组件的属性设置中绑定前面创建好的时间参数。这样一来，当用户在仪表板上操作时间选择器时，所选取的特定日期就会自动作为值传递给相应的后台查询条件。

最后检验更改筛选条件是否正确反映在相关图表和组建展示上。确保当使用者更改了筛选条件时，相关的明细过滤字段是否也做出了相应的数据更新显示。通过实施过滤组件参数传递机制，企业可以提高其仪表板的交互性与用户体验，基于洞察力导向做出更好的决策。

操作步骤：

步骤1 进入仪表板管理界面，选择“新建仪表板”命令以创建一个新的空白仪表板。随后，选择“其他”→“文本组件”命令，在文本组件的编辑框中输入标题“企业人事数据洞察与员工离职趋势分析”，将其放置在仪表板上的适当位置。接下来，对文本组件进行样式设置，设置背景色、字体颜色、字体大小，以满足视觉上的清晰度和美观性，如图4.2.16所示。

图 4.2.16 “企业人事数据洞察与员工离职趋势分析”仪表板标题制作

步骤2 在仪表板编辑界面中，选择“过滤组件”→“时间过滤组件”→“年份”命令，拖入一个年份时间过滤组件，该组件用于筛选或传递年份参数至相关数据集。拖入后，直接选择确认或应用命令，无须进一步配置，即可将其集成至仪表板中，为后续的数据分析提供灵活的年份筛选功能，如图4.2.17所示。

图 4.2.17 添加“年份”过滤组件

步骤3 调整“年份”过滤组件的大小，并在右侧菜单中选择“悬浮”命令，如图4.2.18所示。

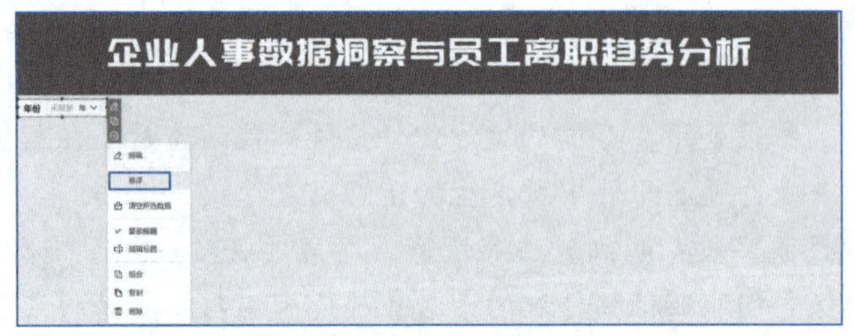

图 4.2.18 “年份”过滤组件悬浮设置

步骤4 调整“年份”过滤组件的位置，使排版更简洁，如图4.2.19所示。

图 4.2.19 “年份”过滤组件位置设置

步骤5 创建一个新的组件，利用先前整合好的“入职离职人员信息合并表”作为数据源。在仪表板编辑区域，选择添加组件的命令，并从数据源列表中选择“入职离职信息合并表”。选定后，选择右上侧的扩展按钮“…”，选择“添加参数”命令，进行参数的添加，如图4.2.20所示。

步骤6 在弹出的“添加参数”对话框，将新参数命名为“人事数据时间参数”，并明确其类型为“时间”型，如图4.2.21所示，以便在后续操作中灵活应用于人事数据的时间范围筛选，确保数据分析的准确性和灵活性。

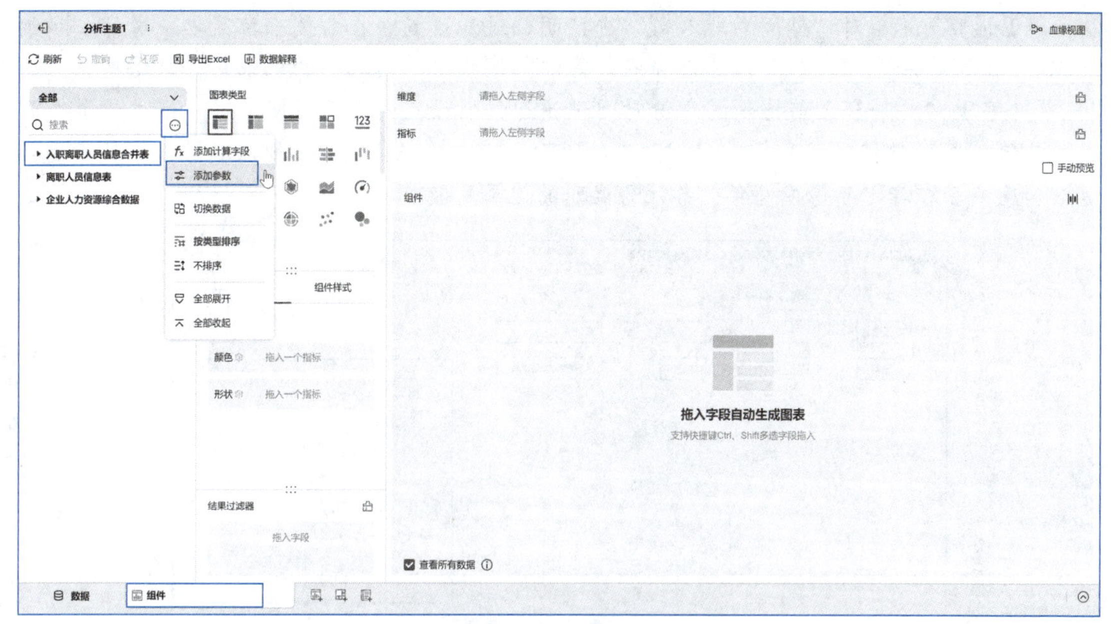

图 4.2.20　添加参数

图 4.2.21　添加参数

步骤 7　构建期间离职人数：复制已存在的“记录数”组件，如图4.2.22所示，并在右侧下拉菜单中选择“…”→“重命名”命令将其重命名为“期间离职人数”，以明确其代表的数据含义。

图 4.2.22　复制“记录数”指标

步骤 8 随后对“期间离职人数”进行明细过滤设置。在右侧下拉菜单中选择“明细过滤”，在过滤条件中，指定筛选出那些“备注”字段为“离职”的记录，并且这些记录的“日期”字段需要符合之前拖入的年份时间过滤组件所设定的全年时间范围。通过设置“日期”属于“人事数据时间参数”，如图4.2.23所示，可以确保“期间离职人数”组件展示的数据准确反映了在指定年份内全年、备注为离职的记录总数。

图 4.2.23 “期间离职人数”指标明细过滤设置

步骤 9 构建期间入职人数：做法与构建期间离职人数相似，用户同样需要复制一个已有的“记录数”组件，并将其重命名为“期间入职人数”，以准确反映该组件所代表的数据内容。随后，在过滤条件中，指定筛选出那些“备注”字段为“入职”的记录，并且这些记录的“日期”字段需要符合之前拖入的年份时间过滤组件所设定的全年时间范围。设置“日期”属于“人事数据时间参数”，如图4.2.24所示。

图 4.2.24 “期间入职人数”指标明细过滤设置

步骤 10 构建期末离职人数：为了构建期末累计离职人数，应复制一个现有的“记录数”字段，并将其重命名为“期末离职人数”，以清晰表明该字段的数据含义。随后设置明细过滤条件。过滤条件应指定“备注”字段被标记为“离职”的记录，并且这些记录的“日期”字段需符合至年末时间点的要求，以便过滤出截至期末时点的总离职人数，设置界面如图4.2.25所示。

图 4.2.25　“期末离职人数”指标明细过滤设置

步骤11　构建期末入职人数：做法与构建期末离职人数相似，同样需要复制一个已有的“记录数”组件，并将其重命名为“期末入职人数”。在过滤条件中，用户应指定筛选出所有“备注”字段标记为“入职”的记录，并且这些记录的“日期”字段需符合至年末时间点的要求，以便过滤出截至期末时点的总入职人数，设置界面如图4.2.26所示。

图 4.2.26　“期末入职人数”指标明细过滤设置

步骤12　新增一个计算字段，并命名为“在职人数”。该计算字段的公式设定为“在职人数=期末入职人数－期末离职人数”，其中“期末入职人数”与“期末离职人数”为先前已构建的两个指标，分别代表了截至期末某时点的总入职人数和总离职人数。通过这样的计算，能够客观地反映出期末时点的在职人员数量，为后续的企业人力资源管理决策提供准确的数据支持。“在职人数”计算字段设置如图4.2.27所示。

图 4.2.27　添加“在职人数”计算字段

步骤13　继续新增一个计算字段，并命名为“离职率”。其计算公式为“离职率 = 期间离职人数 / (在职人数 + 期间离职人数)”。通过该计算字段，可以直观地了解在特定时间段内员工的离职比例，为评估员工稳定性、调整人力资源管理策略提供重要参考。“离职率”计算字段设置如图4.2.28所示。

图 4.2.28　添加“离职率”计算字段

步骤14　接下来需要配置年份过滤组件。单击年份过滤组件左侧的编辑按钮，如图4.2.29所示。

企业人事数据洞察与员工离职趋势分析

图 4.2.29　编辑年份过滤组件

步骤 15　打开过滤组件对话框，勾选“绑定参数”命令，以启用参数绑定的功能。单击旁边的小齿轮按钮，以打开参数选择界面。在“组件参数”选项卡下，勾选之前已经建立的“人事数据时间参数”，以选择它作为过滤组件的绑定目标，如图4.2.30所示。

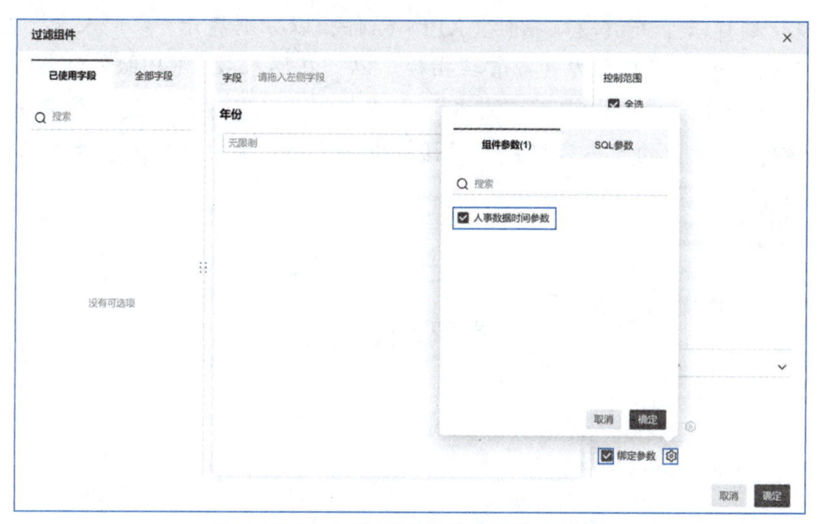

图 4.2.30　年份过滤组件参数绑定设置

步骤 16　为了更直观地展示每位员工的年龄信息，继续新增一个计算字段，并命名为“年龄”。这个“年龄”字段将基于已存在的“出生日期”字段计算得出，具体公式为：YEAR(TODAY()) - YEAR(出生日期)。这个公式通过计算当前年份与出生年份的差值来得出年龄，如图4.2.31所示。

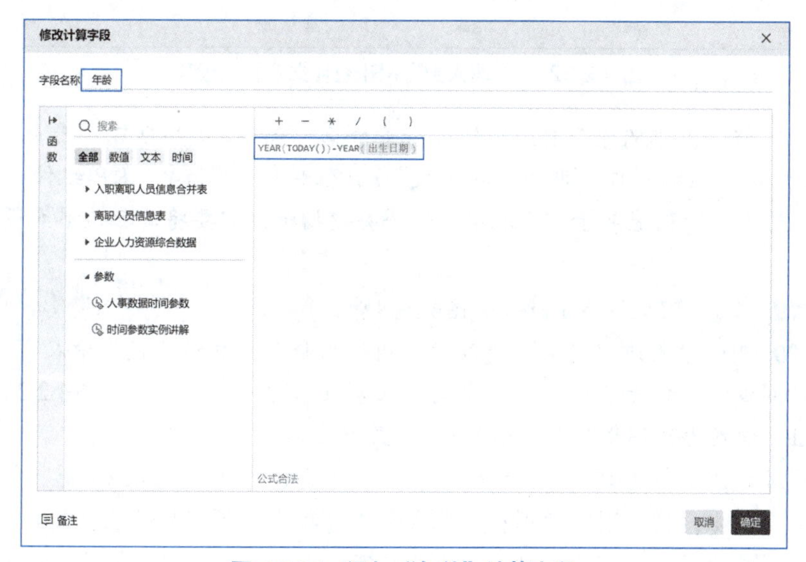

图 4.2.31　添加“年龄”计算字段

知识详解：

（1）TODAY 函数：返回当前的日期（包含年、月、日）。

（2）YEAR 函数：从给定的日期中提取年份部分。

在FineBI中，通过函数YEAR和TODAY的结合使用，可实现年龄的计算。YEAR(TODAY())得到的是当前年份，而YEAR(出生日期)得到的是某人的出生年份。两者相减得到了该人的年龄。

步骤17 创建三个关键绩效指标（KPI）组件，以分别展示“在职人数”“期间离职人数”“离职率”这三个重要的人力资源管理指标。以“在职人数”KPI组件制作方法为例，如图4.2.32所示，选择图表类型，设置“文本”为“在职人数”字段。进一步单击“文本”命令右侧的按钮，在弹出的“内容格式”对话框中，单击按钮进行文本外观的设置。

图 4.2.32 “在职人数”KPI 组件文字样式设置

步骤18 将“在职人数”KPI组件进行重命名，如图4.2.33所示。参照“在职人数”KPI组件制作方法，继续制作“期间离职人数”KPI组件、“离职率”KPI组件，并修改相应组件的标题。为了更清晰地展示“离职率”这一关键指标，需要将其数值格式设置为百分比形式。

步骤19 三个KPI组件显示效果如图4.2.34所示。

步骤20 测试参数绑定效果：更改过滤组件的命令，并观察报表中人事数据的变化，以验证年份时间过滤组件是否已正确绑定到“人事数据时间参数”上。图4.2.35所示为将年份时间过滤组件设置为2023年时三个KPI组件的数据。

注：当更改过滤组件的命令，比如将年份时间过滤组件设置为2023年时，仪表板中的人事数据随之发生变化，这是因为数据在报表内部通过参数绑定，实现了动态交互与过滤。这一过程的背后，涉及了数据传递与过滤逻辑的紧密配合。首先，当在过滤组件中选定特定的

年份（如2023年）时，这个选择会被转换为一个参数值。这个参数值代表了想要查看的数据的时间范围或条件。接下来，这个参数值通过参数绑定机制被传递给报表中依赖于时间参数进行数据筛选和展示的组件。一旦组件接收到了新的时间参数值，它就会根据这个值来重新查询或过滤数据源中的数据。具体来说，它会从原始的人事数据集中筛选出那些属于2023年的记录，并基于这些筛选后的数据来计算和展示KPI指标。这一数据传递与过滤的过程是实时且动态的，它允许用户通过简单地更改过滤组件的命令来探索不同时间范围下的数据趋势和变化，从而更深入地理解数据背后的故事。

图 4.2.33　“在职人数”KPI 组件标题设置

企业人事数据洞察与员工离职趋势分析

年份

在职人数KPI	期间离职人数KPI	离职率KPI
在职人数 700	期间离职人数 600	离职率 46.15%

图 4.2.34　仪表板 KPI 组件显示效果

企业人事数据洞察与员工离职趋势分析

年份　2023　年

在职人数KPI	期间离职人数KPI	离职率KPI
在职人数 700	期间离职人数 268	离职率 27.69%

图 4.2.35　仪表板 KPI 组件显示效果

步骤21　使用“柱状图+圆点图”组合图分析不同部门间的人力资源动态，制作“部门分析”组件。按部门对在职人数、期间离职人数及离职率进行综合分析。设置横轴为“部门”，纵轴则同时承载在“职人数”、“期间离职人数”及“离职率”这三个指标的数据展示，如图4.2.36所示。

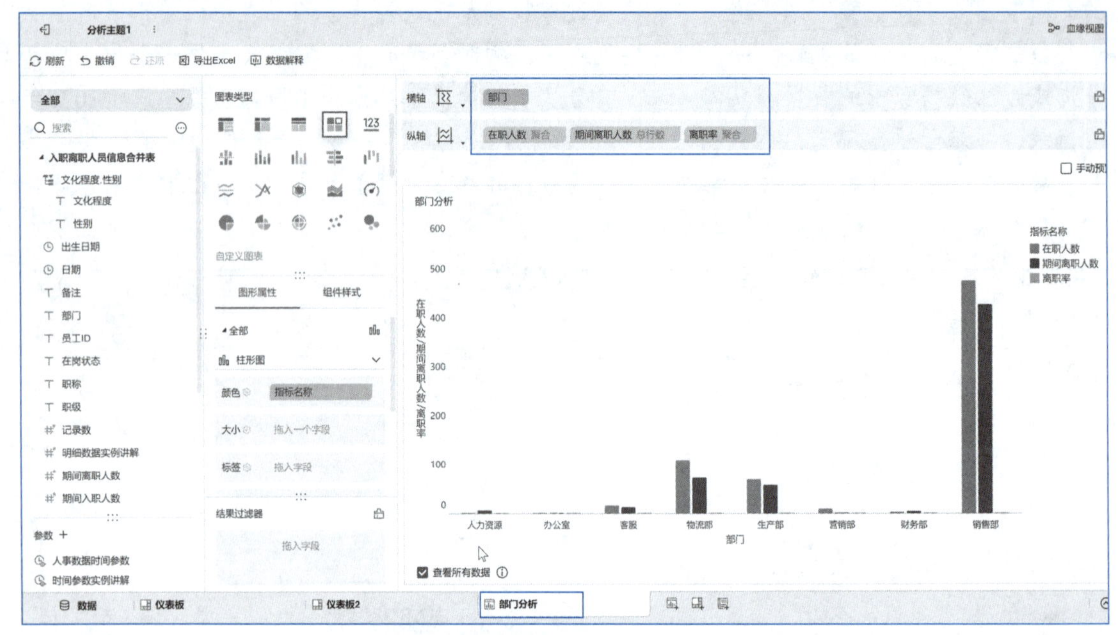

图 4.2.36 “部门分析”组件制作

注： 制作组合图的目的是为了深入分析不同职级间的人力资源动态，特别是关注在职人数、期间离职人数以及离职率的变化趋势。这样的分析有助于企业理解各个职级的人才稳定性、流失情况及潜在的流失风险，从而制定更有效的招聘、留任及人才管理策略。

步骤22 同时，将“离职率”以圆点形式绘制，单击“离职率”右侧的下拉按钮，在下拉菜单中选择“设置值轴”命令，设置其轴值为“右值轴”，以确保离职率数据的清晰展示。此外，继续单击“离职率”右侧的下拉按钮，在下拉菜单中选择“设置分析线”→“警戒线”命令，为“离职率”添加平均警戒线，以便快速识别离职率是否超出预设范围。继续单击“离职率”右侧的下拉按钮，在下拉菜单中选择“数值格式”命令，将离职率的数值格式需设置为百分比（%），以确保数据的准确性和易读性。此外，为了保持图表的简洁与清晰，取消“组件”样式下“网格线”的勾选，以去除网格线。最终效果如图4.2.37所示。

注： 可以进一步优化图表组件的样式，注意到图例当前位于右侧，可能会占据一定的空间并影响图表的整体美观和可读性。为了改善这一状况，可以调整图例的位置，将其从右侧移至图表的上方或其他非干扰性区域。通过这样的调整，图表不仅能够更高效地传达数据背后的故事，还能提升整体的美观度和专业度，为读者带来更佳的阅读体验。

步骤23 采用同样的方法，使用“柱状图+折线图”组合图分析不同职级间的人力资源动态，制作“职级分析”组件。配置横轴同时展示“在职人数”、“期间离职人数”及“离职率”，并按职级分布设置纵轴。将“在职人数”和“期间离职人数”配置为柱状图，同时，将“离职率”配置为折线图。单击“离职率”右侧的下拉按钮，在下拉菜单中选择“设置值轴”命令，设置其轴值为“上值轴”，以增强可读性。为“离职率”添加平均警戒线，以便快速识别离职率是否超出预设范围。最后，去除网格线。“职级分析”组件最终效果如图4.2.38所示。

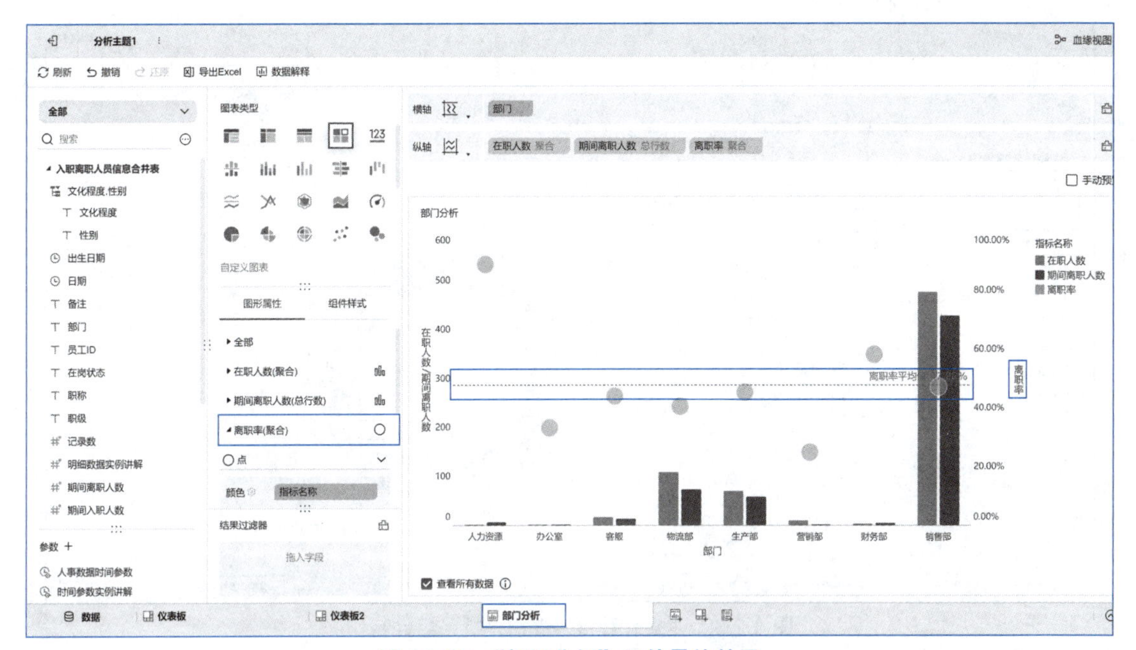
图 4.2.37　“部门分析”组件最终效果

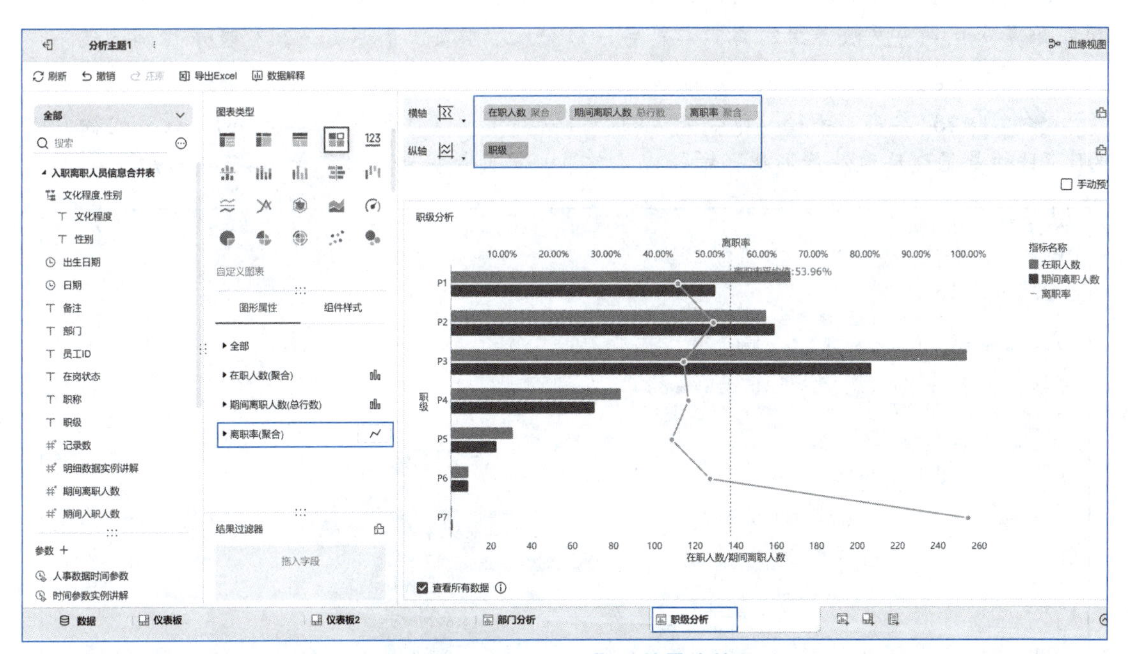
图 4.2.38　“职级分析”组件最终效果

步骤24　制作玫瑰图时，需设定分析维度为文化程度分布，并允许下钻至性别层面进行更细致的分析。首先，构建文化程度-性别钻取目录，进一步配置图形属性，将“文化程度”字段映射到玫瑰图的颜色属性上，以便不同文化程度能够以不同的颜色清晰区分。设置半径、角度直接反映离职率的高低，即离职率越高，扇区的半径就越大，角度也越大，如图4.2.39所示。

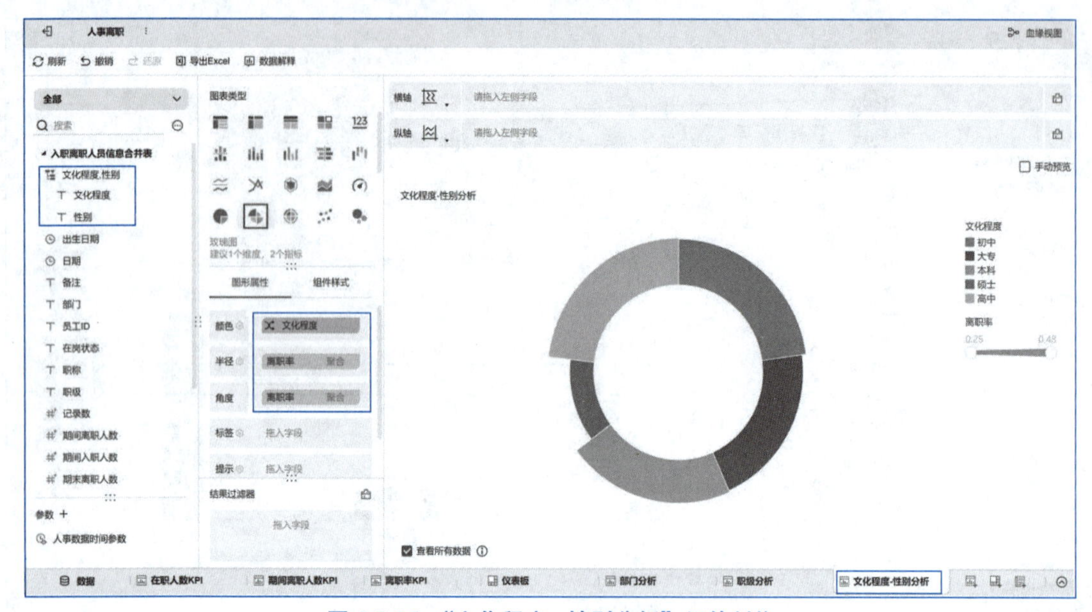

图 4.2.39 “文化程度 - 性别分析”组件制作

注：该图表专注于展示不同文化程度及性别分组下的离职率情况，通过玫瑰图的扇形面积或角度变化直观反映各组的离职率差异，为深入了解员工离职与文化程度及性别的关系提供可视化支持。

步骤25 单击“半径”命令旁边的小齿轮按钮，以打开参数选择界面，设置内径占比为0，目的是呈现玫瑰花瓣形状，增强视觉效果，提升数据表现力，如图4.2.40所示。

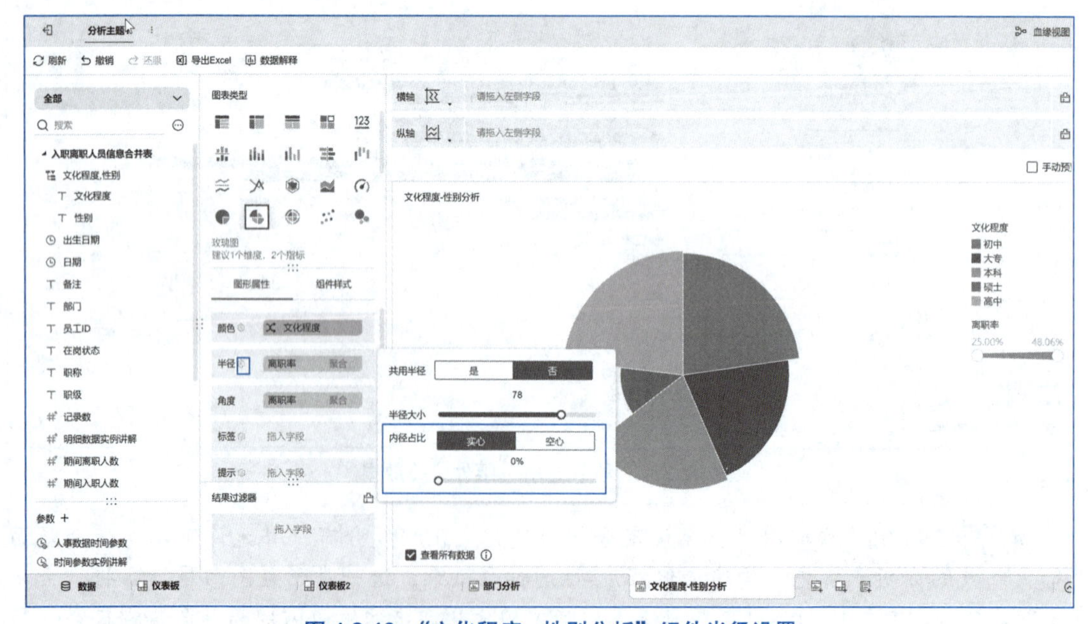

图 4.2.40 “文化程度 - 性别分析”组件半径设置

步骤26 单击“颜色”右侧下拉按钮，在下拉菜单中对钻取目录字段依照“离职率”的大小进行排序，确保玫瑰图的各个扇区能够按照离职率的大小进行有规律的排列，如图4.2.41所示。

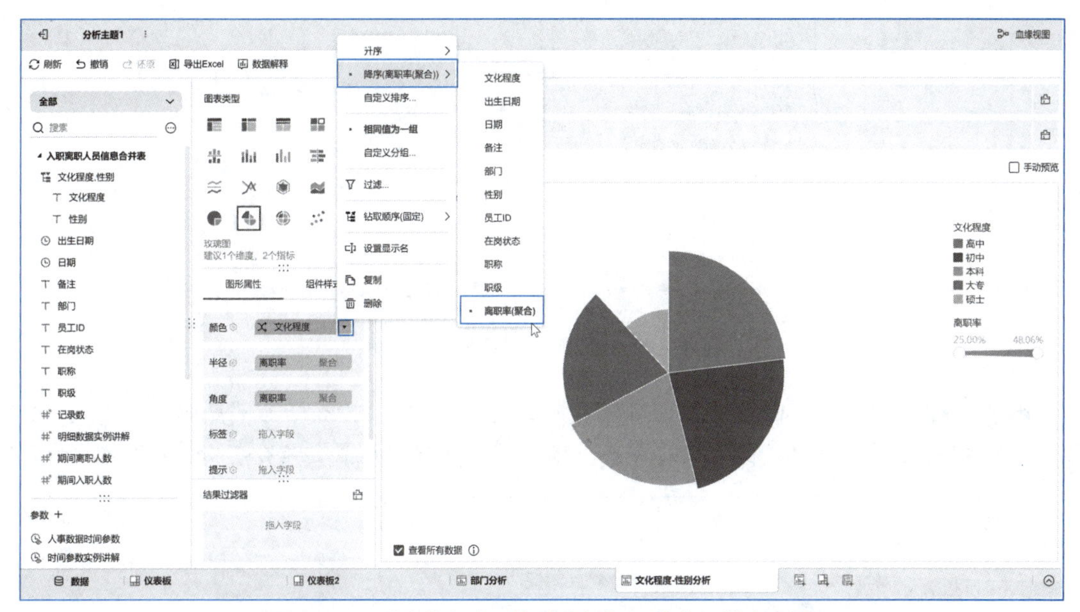

图 4.2.41　“文化程度 - 性别分析”组件扇区排序设置

步骤 27 依照钻取目录字段与离职率字段为玫瑰图设置标签，同时设置“离职率”的数值格式为百分比，最终显示效果如图4.2.42所示。在这个组件中，当用户选择某个扇区时，能够展示出该文化程度下不同性别的离职率情况。

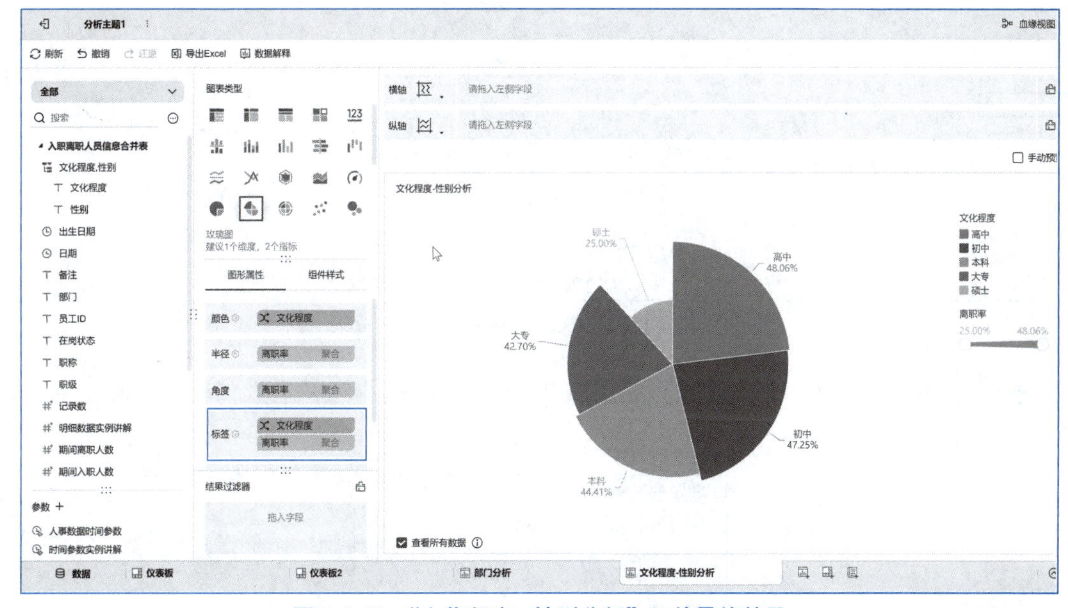

图 4.2.42　“文化程度 - 性别分析”组件最终效果

步骤 28 继续制作折线图聚焦于展示不同年龄离职人数的变化趋势。以年龄为分类依据，通过折线直观反映各年龄段员工的离职情况。当前“年龄”指标为数值型数据 ，不支持分类操作，因此需要将其转化为维度，在右侧下拉菜单中选择“转化为维度”命令，如图4.2.43所示。

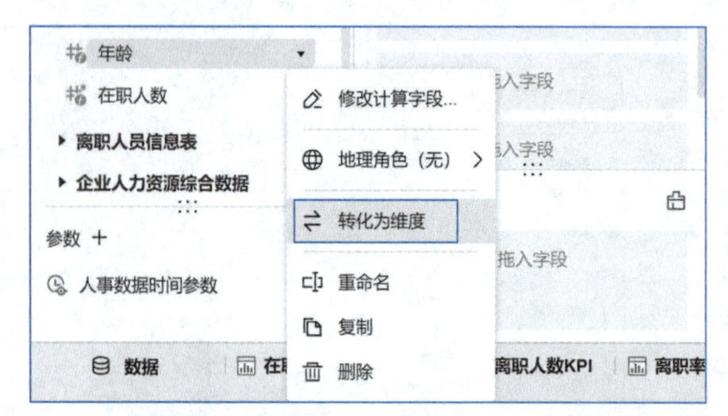

图 4.2.43 “年龄”字段转化为维度

步骤 29 制作“年龄分析”组件，横轴设置为“年龄”，纵轴为“离职率”。单击“年龄”字段右侧的下拉按钮，在下拉的菜单中选择“区间分组设置”命令，如图4.2.44所示。

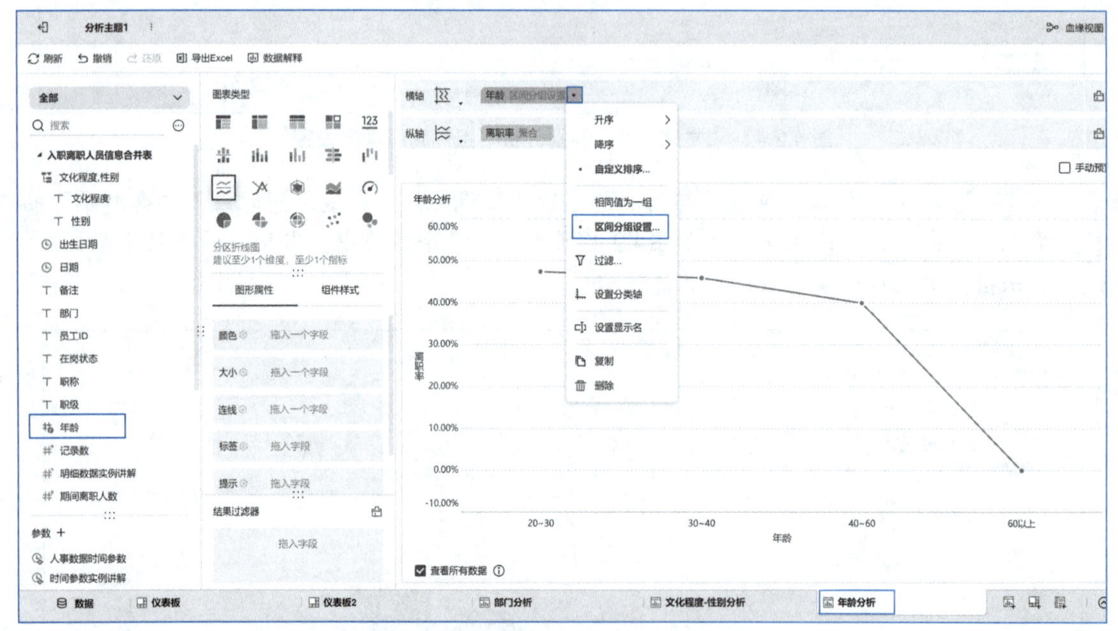

图 4.2.44 “年龄”字段区间分组设置

步骤 30 在“区间分组设置”对话框中对当前“年龄”对应的数值进行区间分类，如图4.2.45所示。

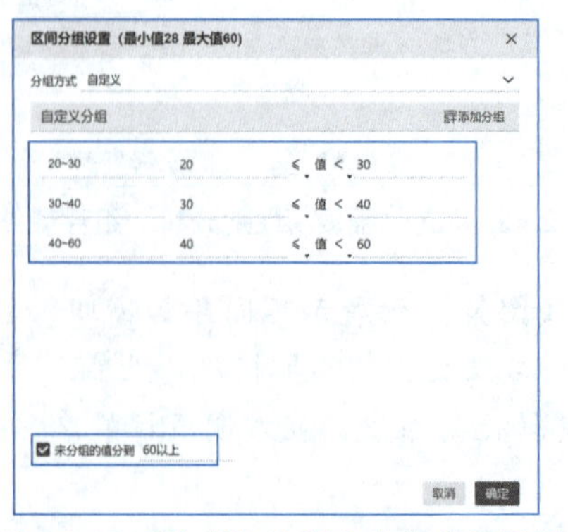

图 4.2.45 “年龄”字段自定义分组设置

步骤31 进一步设置折线图的标签为“离职率”，数值格式为百分比，该折线图最终效果如图4.2.46所示。

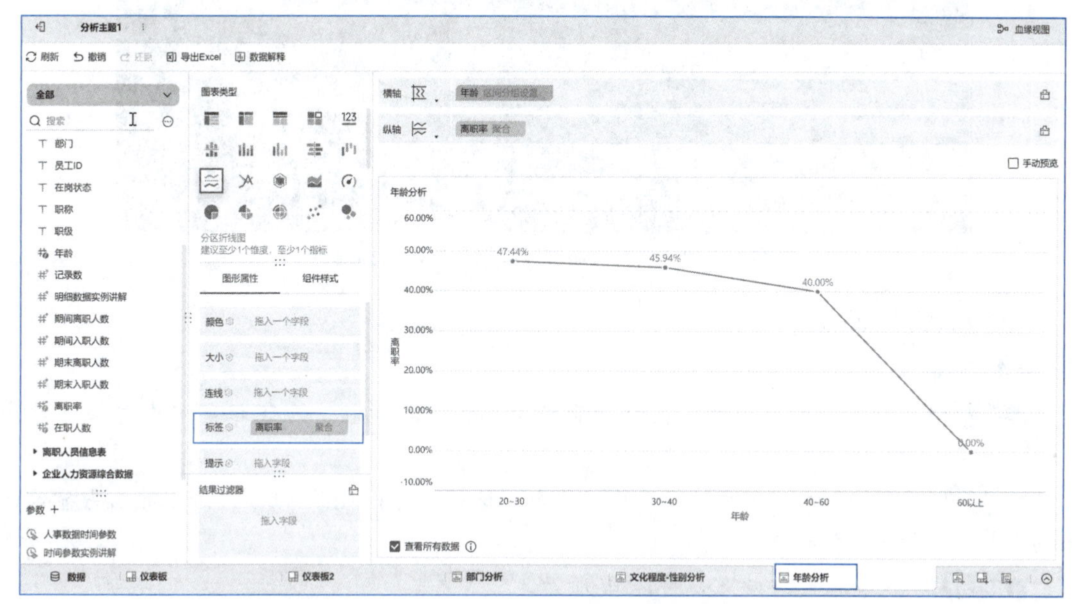

图 4.2.46　“年龄分析”组件最终效果

2）组件美化

对所有组件进行图例设置，位置统一选择左上或左下，能够使组件的整体布局平衡美观。

操作步骤：

选择“组件样式”选项卡，展开“图例”下的命令，勾选取消“显示全部图例”。

3）制作仪表板

秉承组件配色的主体思想，仪表板以深色背景为主。主体内容只有一张交叉表，以及根据表得到的结论，因此，仪表板的构成为交叉表和文字组件。

操作步骤：

步骤1 选择仪表板上方“组件”，将当前分析主题中设计好的组件拖动到仪表板的主窗口，如图4.2.47所示。

图 4.2.47　仪表板添加组件界面

步骤2 在仪表板的最下方位置插入文本组件，根据仪表板中展示的多维度图表分析，针对企业当前面临的员工离职现状及问题做出结论分析并提出相应的策略建议，如图4.2.48所示。

结论

一、整体离职率：2023年公司面临较高的员工流动性，总体离职率达到了27.69%，这个数字表明每四名员工中就有超过一人在该时期内离开了公司。
二、部门差异：人力资源部门的离职率异常地高于公司平均水平，这可能指出该部门存在特定问题或挑战需要被解决。
三、职级与教育背景影响：P7级别呈现最高的离职比例，同时具有高中学历背景的员工也显示出更高倾向于离开。
四、性别与年龄分布：男性员工相对女性而言拥有更高的流失率。此外，在20-30岁之间年龄段内，员工流失情况尤其突出。

建议

一、深入调查原因：
对人力资源部门进行深入调研以确定导致较高流失率的具体原因。
针对P7级别及拥有高中学历背景群体展开满意度和退出访谈来收集反馈信息。

二、改善留存策略：
设计针对关键群体（如P7级别、20-30岁年龄段）的留存计划和激励措施。
提供个性化发展路径和进修机会给予低学历但愿意成长提升自我的员工。

三、加强培训与发展：
为新晋及在任经理制定领导力培养方案以增强团队凝聚力。
实施针对青年才俊特别是男性雇员适用且吸引他们参与其中的继续教育项目。

四、文化与环境优化：
加强企业文化建设，创建一个包容多样、支持成长并鼓励平衡生活方式等价值观念共享空间。
定期检视并改进薪资待遇、奖金分配公正性及晋升通道是否顺畅透明等核心问题以降低不必要流失风险。

图 4.2.48　仪表板添加“建议”文本组件结论

4）导出仪表板

操作步骤：

步骤1　选择交叉表组件，在浮动面板中单击下拉按钮，在下拉菜单中选择“导出Excel”命令，导出该组件的Excel文件。

步骤2　选择仪表板上方的“导出”命令，选择“导出Pdf”命令，可以导出当前仪表板的当前状态PDF文件格式。

步骤3　仪表板最终效果如图4.2.49所示。

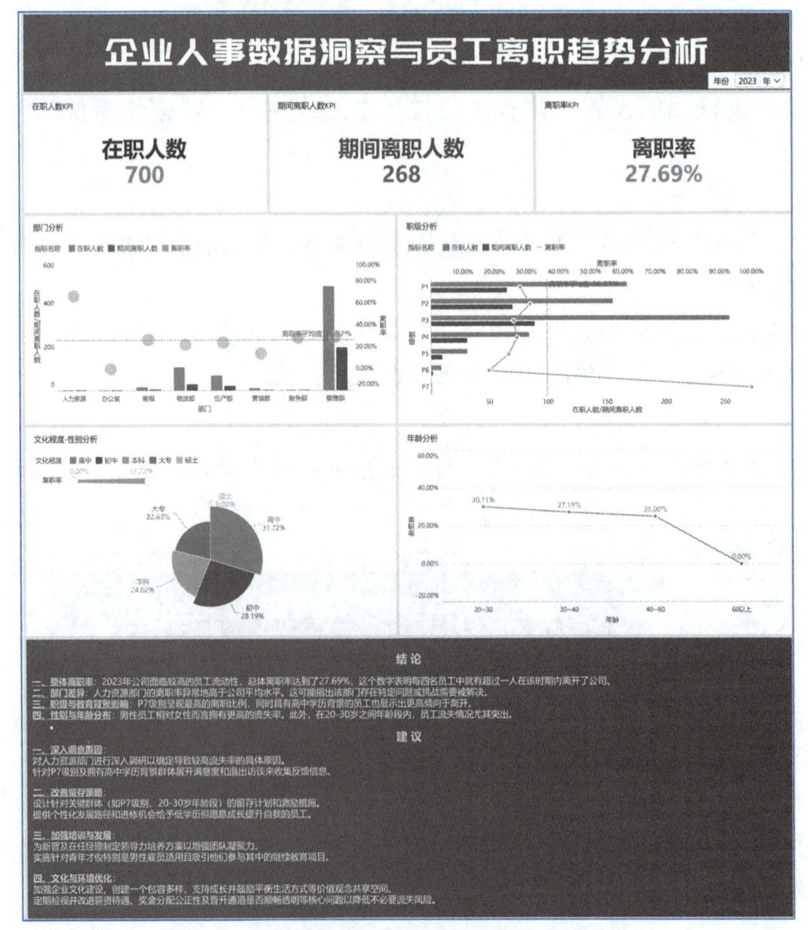

图 4.2.49　仪表板最终效果

6. 分析结果

在分析企业人事数据中的员工离职趋势项目中，揭示了公司当前面临的一系列挑战与关键发现。2023年，公司整体离职率攀升至27.69%。离职率的显著上升，无疑加剧了企业招聘成本，同时也带来了知识与经验的巨大损失。

深入分析发现，不同部门间的离职率呈现出显著差异，其中人力资源部门的离职率异常的高于公司平均水平。这一异常现象可能预示着该部门内部存在着特定的问题或挑战，例如管理不善、工作压力过大或职业发展机会有限等，这些问题亟需得到企业的重视和解决。此外，职级与教育背景也对员工的离职倾向产生了显著影响。具体而言，P7级别的员工表现出了最高的离职比例，这可能反映了该层级员工对于职业发展、薪资待遇或工作环境的不满。同时，具有高中学历背景的员工也呈现出更高的离职倾向，这提示企业应关注这一群体的职业发展需求，提供必要的培训和晋升机会，以增强其归属感和忠诚度。

性别与年龄分布方面，男性员工相对于女性员工拥有更高的流失率，特别是在20~30岁这一年龄段内，员工流失情况尤为突出。这一发现表明，年轻男性员工可能对于职业发展前景、薪资待遇以及工作环境有着更为迫切的需求和期望。为了降低这些关键群体的流失率，企业需要深入了解他们的需求和期望，并制定相应的留存策略和激励措施。

基于以上分析，企业应采取一系列措施来改善员工留存状况。首先，应针对关键群体，如P7级别员工和20~30岁年龄段的员工，设计个性化的留存计划和激励措施，提供明确的职业发展路径和进修机会，以激发其工作积极性和忠诚度。其次，应加强新晋及在任经理的领导力培养，通过制定系统的领导力培养方案，增强团队凝聚力，提升员工对于企业的认同感和归属感。同时，应实施针对青年才俊的继续教育项目，特别是针对男性雇员，设计具有吸引力和实用性的培训内容，以满足其职业发展需求。最后，企业应注重文化与环境的优化，加强企业文化建设，营造一个包容多样、支持成长并鼓励平衡生活方式的共享空间。同时，应定期检视并改进薪资待遇、奖金分配以及晋升通道等核心问题，确保公平性和透明度，以降低不必要的流失风险。通过这些措施的实施，企业有望构建一个更加健康、稳定和具有吸引力的工作环境，从而有效提升员工的满意度和忠诚度。

拓展训练

本次拓展训练要求使用数据可视化工具从多角度探索企业提供的服务与客户忠诚度之间的关系，并基于分析结果提出针对性的服务优化和客户关系管理策略。利用过滤组件参数传递机制，以构建动态、交互式图表和仪表板来深入理解不同条件下客户行为模式的变化，利用这些洞察制定有效提升客户满意度与忠诚度的策略。

具体要求：

（1）数据准备与加工。提取客户基本信息（如年龄、性别、职业等）、交易记录（如购买产品、服务使用时间、消费金额等）、客户反馈（如满意度调查、投诉记录等）等数据。使用数据加工自助数据集功能，对数据进行清洗（去除重复项、处理缺失值）、转换（如将日期转换为月份、季度等）和聚合（计算总消费金额、平均消费频率等），构建适合分析的数据集。

（2）制作参数传递过滤组件。在分析仪表板中，设置过滤组件，允许用户根据特定条件（如客户年龄段、服务类型、消费金额区间等）筛选数据，实现参数传递。

（3）构建分析仪表板。创建柱状图、折线图、散点图等图表，展示不同客户群体的消费习惯、满意度分布、投诉率等关键指标；特别关注忠诚客户（如高消费频率、高满意度、低投诉率的客户）与非忠诚客户的对比分析。

（4）深入分析与策略建议。整理分析结果，撰写综合报告，分析忠诚客户与非忠诚客户在行为特征上的显著差异，探讨影响客户忠诚度的关键因素。结合企业实际情况提出针对性的策略建议，如优化产品组合、提升服务质量、加强客户关系管理等，以提升客户忠诚度。

项目小结

在本项目中，读者深入探索了企业人事数据中的员工离职趋势，通过构建详细的分析框架和指标体系，成功揭示了离职行为背后的复杂因素。这一过程中，读者不仅掌握了人事数据分析的基本流程，还熟练运用了FineBI工具展示了问题解决能力。

在数据准备阶段，读者充分利用了FineBI的自助数据集构建功能，通过合理设置参数和筛选条件，高效地整合了企业的人事数据。同时，读者也深入理解了FineBI中的参数传递机制，能够灵活地在不同数据集和分析模块之间传递参数，确保了数据分析的连贯性和准确性。

在数据分析阶段，读者运用了多维度数据分析方法，从部门、职级、教育程度、性别等多个角度对离职数据进行了深入剖析。通过对比不同群体的离职率变化，读者成功识别出了高风险群体和异常趋势，为后续的改进策略提供了有力的数据支持。此外，读者还巧妙地构建了离职率指标，通过直观的比例展示，帮助企业快速了解了人才保留状况和员工稳定性。

在可视化报告呈现阶段，读者充分利用了FineBI的图表和可视化功能，将复杂的数据分析结果以直观、易懂的形式呈现出来。通过图表展示，企业领导层和HR部门能够清晰地看到离职趋势的变化和不同群体之间的差异，从而更准确地把握问题的本质和关键所在。

综上所述，本项目不仅帮助读者掌握人事数据分析的基本流程，还培养了读者的数据处理能力和问题解决能力。通过深入分析企业人事数据中的员工离职趋势，读者不仅揭示了离职行为背后的复杂因素，还为企业的改进策略提供了有力的数据支持和建议。

附录 练习题